图解
顺序控制电路
实用篇

（原书第4版）

[日] 大浜　庄司　著

赵智敏　韩伟真　秦晓平　译

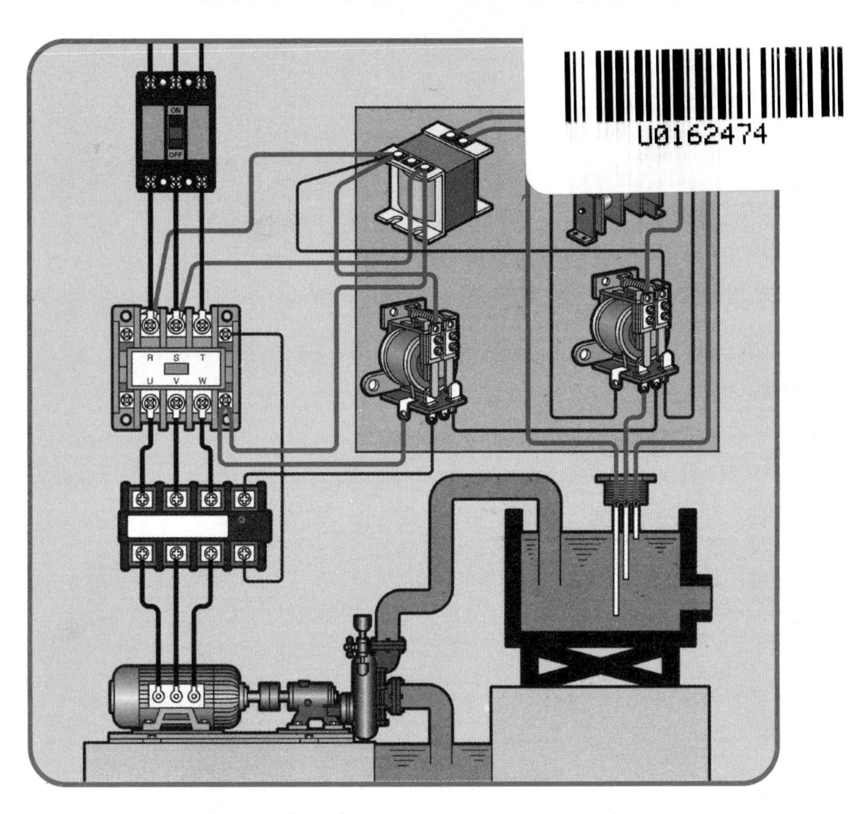

机械工业出版社
CHINA MACHINE PRESS

本书是一本为了通俗易懂地讲解顺序控制的基础，将实际控制设备的操作和动作的顺序用颜色表示，全页用图画进行说明的技术解剖书。具体内容包括电气设备的构成和控制、顺序控制的基础知识、简单的顺序控制实例、电动机控制的实用基本电路、温度控制的实用基本电路、压力控制的实用基本电路、延时控制的实用基本电路、企业自用配电设备的顺序控制、空调设备的顺序控制、电梯设备的顺序控制、给排水设备的顺序控制、传送带和升降机等设备的顺序控制、水泵设备的顺序控制、停车场设备和防灾设备的顺序控制等内容。

本书可帮助电工技术初学者、从业者快速提高电工技能，提升工作效率。本书也可作为职业院校相关专业师生的参考读物或企业员工的再教育培训教材。

絵とき シーケンス制御読本—実用編—（改訂 4 版），Ohmsha，4th edtion，大浜 庄司著，ISBN: 9784274507083.

Original Japanese Language edition
ETOKI SEQUENCE SEIGYO DOKUHON –JITSUYO HEN– (KAITEI 4 HAN)
by Shoji Ohama

图书在版编目（CIP）数据

图解顺序控制电路.实用篇：原书第4版 /（日）大浜 庄司著；赵智敏，韩伟真，秦晓平译.—北京：机械工业出版社，2022.7

ISBN 978-7-111-70851-3

Ⅰ.①图…　Ⅱ.①大…②赵…③韩…④秦…　Ⅲ.①控制电路–图解　Ⅳ.①TM710-64

中国版本图书馆CIP数据核字（2022）第090422号

机械工业出版社（北京市百万庄大街22号　邮政编码100037）
策划编辑：任　鑫　　　　　责任编辑：任　鑫　朱　林
责任校对：陈　越　贾立萍　封面设计：马若濛
责任印制：任维东
北京中兴印刷有限公司印刷
2022年11月第1版第1次印刷
148mm × 210mm · 7.625印张 · 348千字
标准书号：ISBN 978-7-111-70851-3
定价：59.00元

电话服务	网络服务
客服电话：010-88361066	机　工　官　网：www.cmpbook.com
010-88379833	机　工　官　博：weibo.com/cmp1952
010-68326294	金　　书　　网：www.golden-book.com
封底无防伪标均为盗版	机工教育服务网：www.cmpedu.com

译者的话

我国现在是一个制造业大国，每年需要大量的技师型人才充实到生产一线。职业教育正是培养这些人才的摇篮，而且还肩负着成人继续教育的使命。随着国家对职业教育的加大投入和政策倾斜，职业教育的教材也必须要与时俱进、推陈出新。

随着智能控制的逐步普及，对于生产者、设备维护者都提出了更高的要求。如何把硬件构成的顺序控制电路转化成 PLC 的程序，如何迅速查找到设备故障，如何安全顺利地完成高压设备常规试验，这些都是新形势对技术人员提出的新的技能要求。在这种背景下，本书的及时出版，为蓬勃发展的职业教育送上了一份礼物。

本书是继《图解顺序控制电路 入门篇》的又一本教材式读物，非常适合作为职业教育的教材和参考书。本书的内容覆盖面宽，既涉及自动门、电梯、空调、停车场、防火等日常生活中常见的顺序控制实例，也包括电动机、水泵、自动给排水、配电设备等工业领域的顺序控制实例。在翻译过程中，多年来从事自动控制行业的译者也从本书中学到了一些新的知识。

本书另一个特点是把枯燥的控制过程图形化、趣味化。具有真实感的实际接线图和具有动态感的顺序图，使读者在阅读本书时会产生浓厚的兴趣，尤其是当读懂一段顺序动作时，心情会十分愉悦，豁然开朗。参考本书的顺序图和说明文字，可以把顺序控制电路图做成动画形式，教学效果倍增！

无论是顺序控制技术的初学者，还是有进一步提高需要的技术英才，都会从本书中受益。

纸上学来不觉浅，躬行更有奥妙长。

祝愿阅读本书的读者，谨记知识改变命运的理念，早日圆了成才之梦！

译　者

2021 年 12 月

原书前言

本书介绍了电动机控制、温度控制、压力控制、定时控制等控制系统的实用基本电路，讲解了企业自用配电设备、空调、电梯、给排水、传送带、水泵等设备的顺序控制，并将顺序动作表示为不同颜色，以绘画的形式说明电路原理，成为“顺序控制实务书籍”。

本书为了使读者更加容易理解顺序控制电路的原理，在如下几方面体现了独有的特色。

1）将构成设备的机械配置和控制接线表示为具有十足立体感的实际接线图，使读者对于控制系统的整体结构有了直观的实际代入感。

2）将顺序图与实际接线图对照解说，可以使读者更加具体地理解顺序图上的电路结构。

3）根据顺序控制的功能将动作顺序分解成为一个一个的顺序图，形成所谓的“幻灯片图解方式”，使读者能够系统地理解每一个动作所实现的功能。

4）在顺序图中，按照控制机械的动作流程形成顺序动作的各个回路，并且在顺序图中以彩色箭头表示动作的顺序。只要依次地跟随箭头所指示的回路，就能够一目了然、顺理成章地读懂顺序图。

5）在顺序图中是根据动作的顺序来标记动作的序号，只要依次跟随动作的编号读图，就可以轻松地理解全部顺序动作了。

6）对于常开触点、常闭触点、切换触点等触点，用彩色线段标记动作后动触点的闭合或分开的状态。读者可以体验到信号流连续的效果。

作者向立志于学习顺序控制的初学者推荐本书的姊妹篇《图解顺序控制电路 入门篇》。

学好用好这两本顺序控制的图书，让更多的人早日成才，掌握好顺序控制技术，游刃有余地尽到技术人员的重要职责，并在各个领域中大显身手，这就是作者的最大快乐所在。

OS综合技术研究所、所长　大浜　庄司

2018年9月

目　录

第1章

电气设备的构成和控制——为了理解顺序控制

本章关键点

为了理解顺序控制系统，有必要从使用顺序控制的电气设备的构成和控制方法开始学习。

为了学习顺序控制系统，本书列举了一些非常实用的案例。本章首先介绍了这些实例中所用到的电气设备的基本知识。

此外，本章还介绍了企业自用高压配电设备、备用电源、电动机和电炉设备、空调、电梯、给排水设备、传送带等多种电气设备的构成，并以设备的立体图为基础，对设备的动作要求和控制方案做了图文对照、简明易懂的描述。

1-1 企业自用高压配电设备的构成和控制

1 什么是柜式高压配电设备

企业自用高压配电设备

❖ **企业自用高压配电设备：**一般是指用电企业将电力公司（或输配电公司）提供的高压电转换为企业内部电气设备所需要的电压等级的低压电所需要的设备。这类设备包括高压配电盘、高压变压器、低压配电盘、安保开闭器、测量仪表等高压配电、变电装置以及存放这些装置的电气室或柜体。

❖ 配电设备的容量在4000kVA以下的柜体的制造标准是由日本工业规格JIS C 4620—2004（柜式高压受电设备）所规定的。配电用断路装置有PF-S型和CB型两种类型。

柜式高压配电设备的构造〔例〕 ● PF-S型 ●

❖ **柜式高压配电设备：**主要是指用电企业接受电力公司（或输配电公司）提供的高压电，并将高压电转换成为需要的电压等级所用到的配电、变电设备，并将这些高压配电、变电设备和相关的辅助设备装入一系列接地良好的金属柜体之内，成为高压柜式的配电、变电设备。

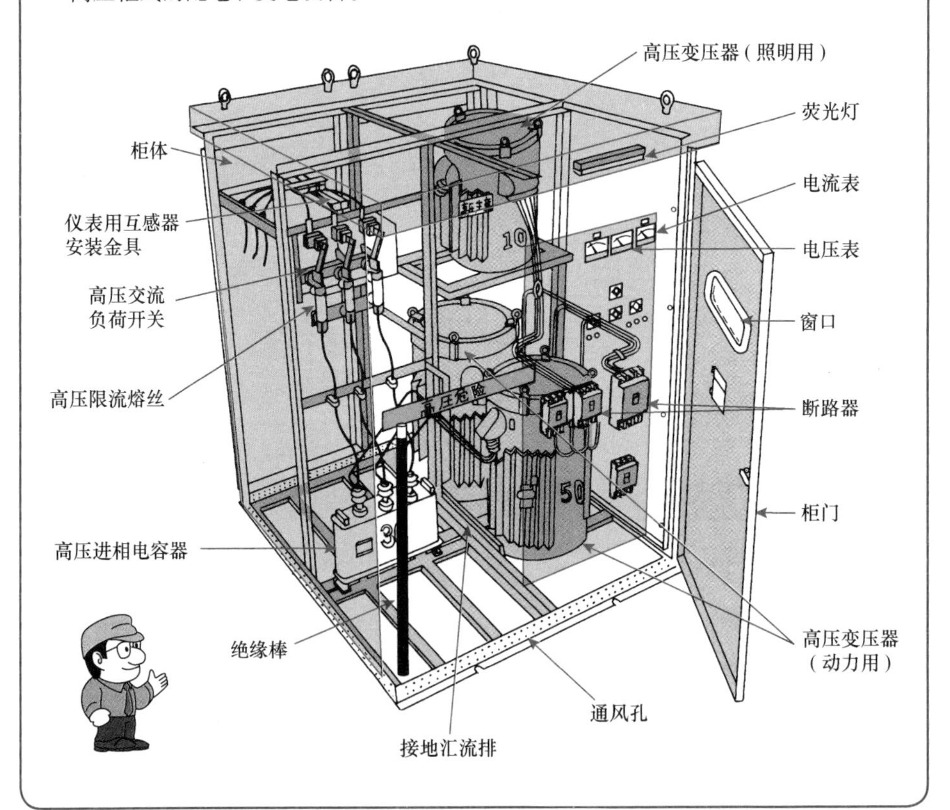

高压限流熔丝、高压交流负荷开关类型的柜式高压配电设备 ● PF-S 型 ●

❖ **高压限流熔丝、高压交流负荷开关类型的柜式高压配电设备**是以高压限流熔丝（PF）和高压交流负荷开关（LBS：S）的组合作为主断路器的配电设备，也称为 PF-S 型配电设备。

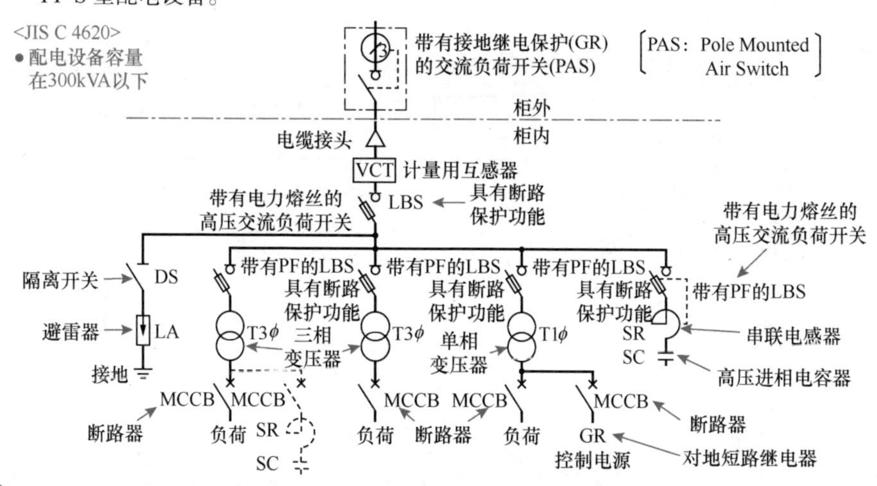

断路器型柜式高压配电设备 ● CB 型 ●

❖ **断路器型柜式高压配电设备**是采用断路器（CB）作为主断路器的设备，也称为 CB 型配电设备。

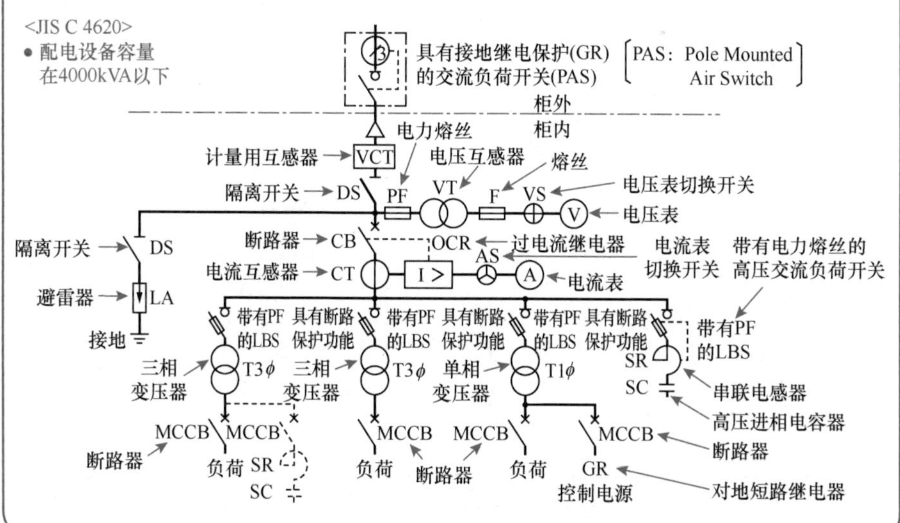

开放式高压配电设备主电路的设备构成〔例〕

❖ **开放式高压配电设备**是在高压电气室内，利用金属框架安装开闭器、断路器、高压变压器和计量仪表等高压受、变电装置，以开放形式的高压配电盘和低压配电盘为用户供电。

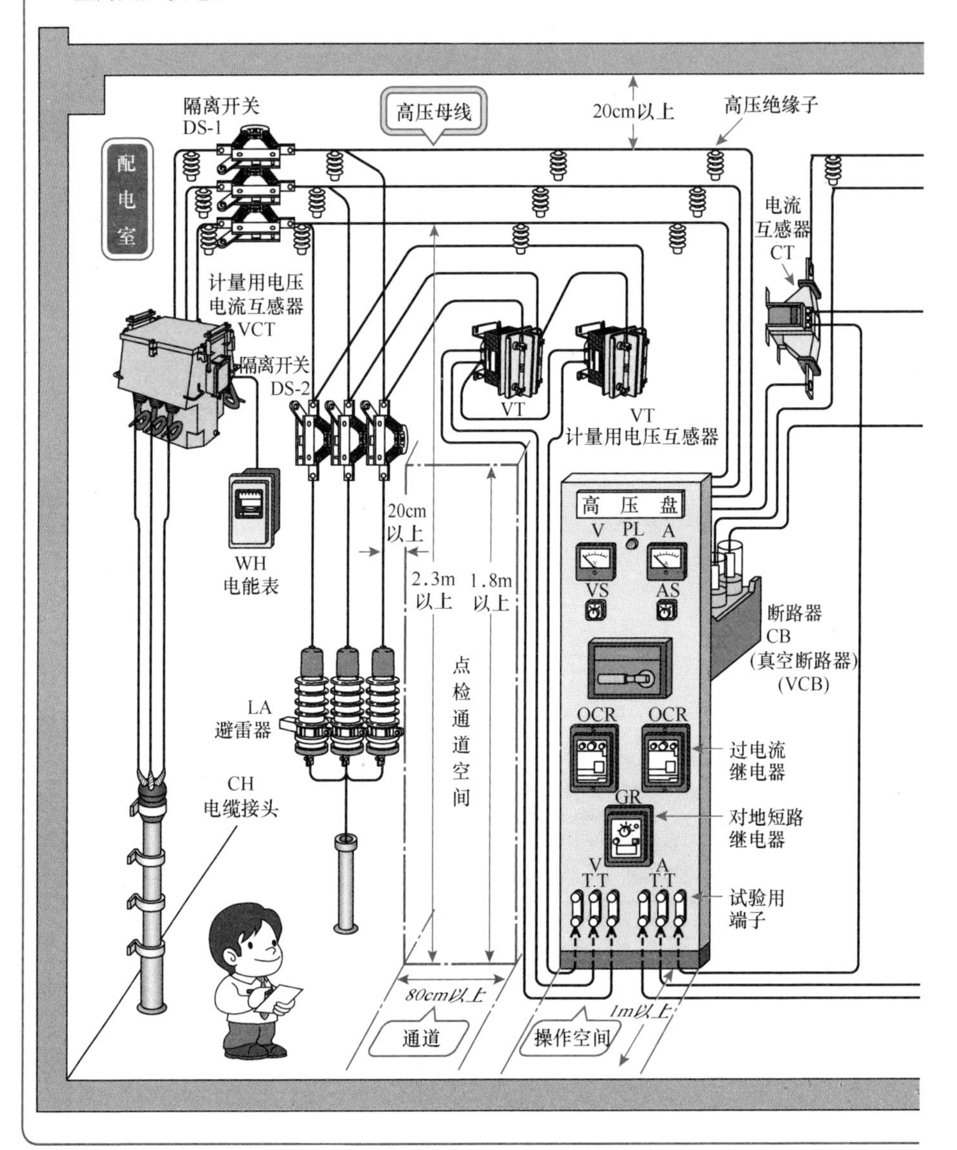

●断路器型（CB 型）●

❖ **高压配电室**是用来安放开闭器、高压断路器、高压变压器、高压配电盘和低压配电盘等高压配电、变电装置的房间。

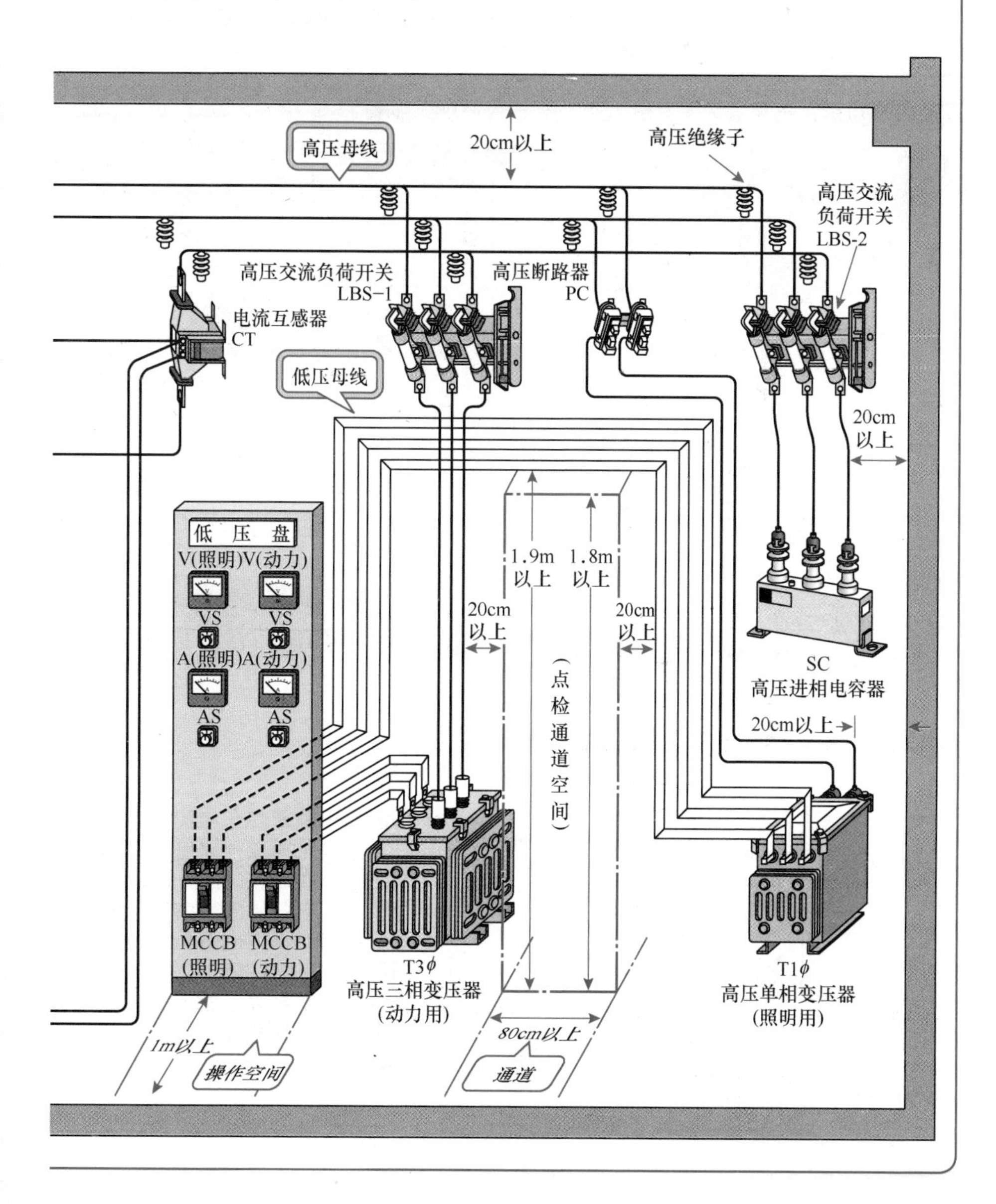

3 备用电源设备的控制

备用电源设备

❖ **备用电源设备：**在商场、剧场、广播通信设施、电力、石油、化工、钢铁等行业中，有一些必须保证不间断供电的重要负荷。当来自电力公司（或输配电公司）的供电电源发生停电时，必须有预先配备的为这些重要负荷提供可靠电力的备用发电的设备。通常采用柴油发电机作为备用电源设备。

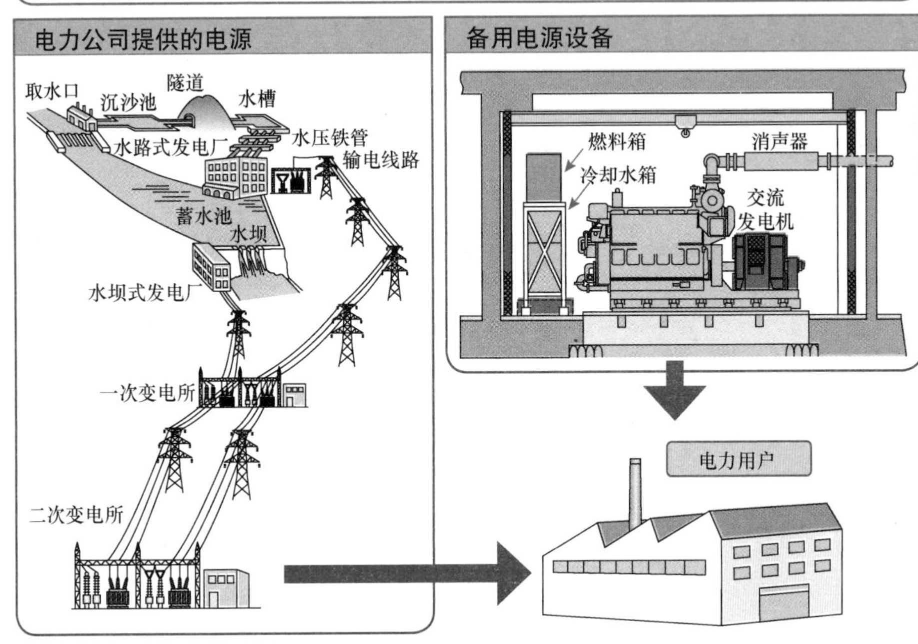

柴油发电装置的主电路接线图〔例〕

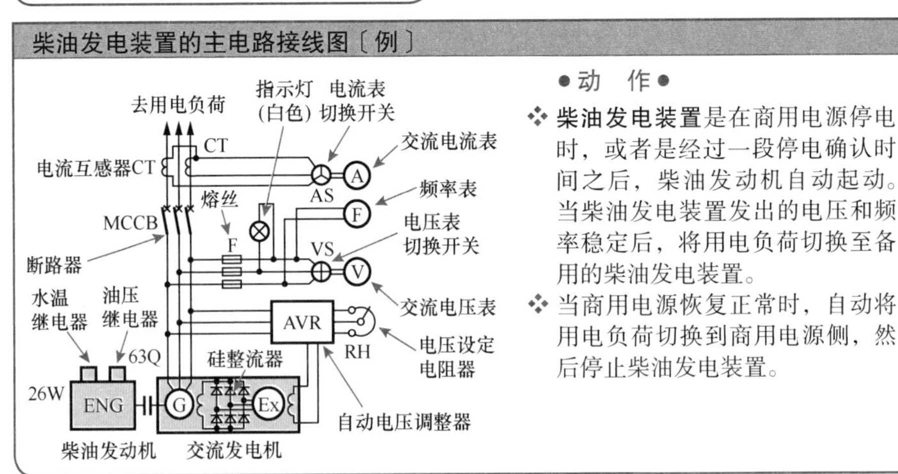

●动　作●

❖ **柴油发电装置**是在商用电源停电时，或者是经过一段停电确认时间之后，柴油发动机自动起动。当柴油发电装置发出的电压和频率稳定后，将用电负荷切换至备用的柴油发电装置。

❖ 当商用电源恢复正常时，自动将用电负荷切换到商用电源侧，然后停止柴油发电装置。

柴油发电装置的构成〔例〕 ●空气起动方式●

❖ **柴油发电装置**是由柴油发动机、交流发电机、飞轮、励磁机等部分构成发电装置的主体部分，由燃油、润滑油、压缩空气、冷却水、排气等部分构成发电装置的辅助系统。此外，柴油发电装置还包括由配电盘组成的配电系统。

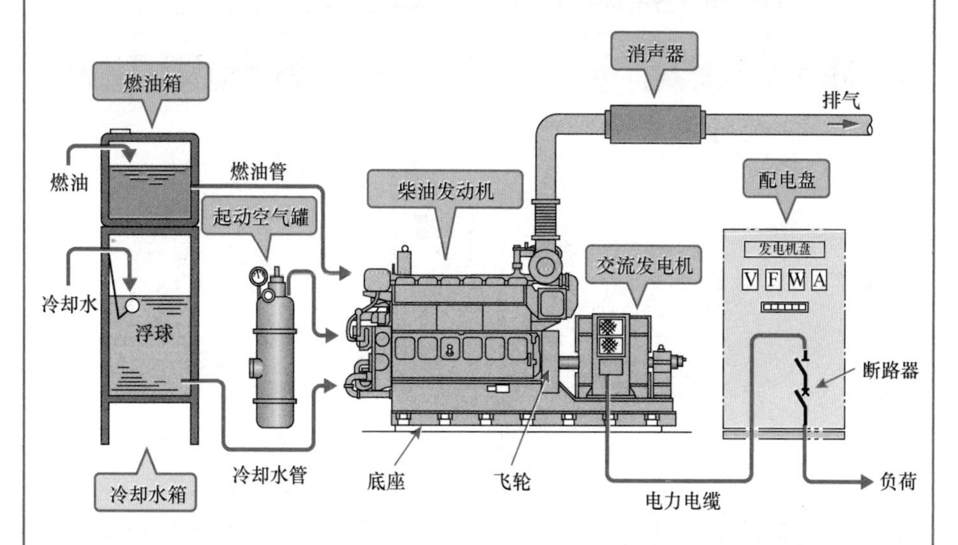

- 柴油发动机：是由气缸、活塞以及与活塞连接的曲轴等机构组成。柴油发动机是将活塞的上下运动转换为曲轴旋转运动的机械装置。
- 交流发电机：柴油发动机旋转运动的机械动力带动发电机旋转，使其发出交流电。通常多采用交流同步发电机。
- 起 动 装 置：是给予柴油发动机起动力的装置，有压缩空气起动和电动机起动两种起动方式。压缩空气起动方式需要增设空气压缩机和压缩空气罐。

●动　作●

❖ 柴油发动机是由燃油箱提供燃料，从外界吸入空气，两者混合后燃烧，为交流发电机提供动力。由柴油发动机提供动力的交流发电机以额定转速旋转，通过励磁装置的作用，发出一定电压的电力。当合上配电盘（发电机盘）上的断路器后就开始向用电负荷提供电力。另外，柴油发动机的起动是由起动装置完成的，发动机各部分的冷却是由冷却水箱提供的冷却水进行循环冷却的。

企业自用高压配电设备顺序控制的详细解说请参见本书第 8 章。

1-2 电动机、电炉设备的构成和控制

1 电动机设备的构成和控制

电动机设备

- **电动机**具有易于控制速度、短时间过载能力强、易于实现远距离监视和控制等优点，因此在物料搬运、产品加工等行业中，经常用来作为顺序控制过程的动力源。
- 电动机控制装置是由便于安装在机械设备上的控制器、检测元件以及主电路的开闭器、接触器、保护继电器、控制继电器和检测仪表等部分构成。

电动机设备的实际接线图〔例〕　● 电动机的起动、停止控制 ●

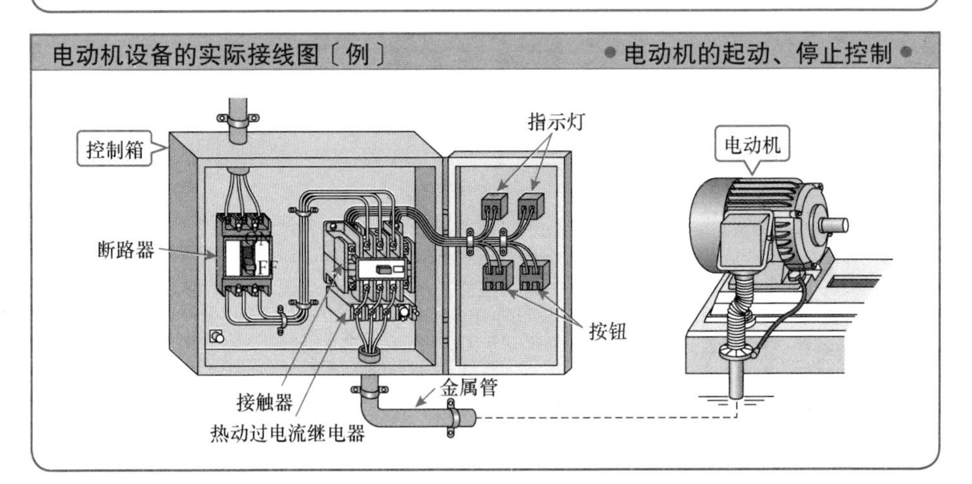

电动机的控制方式　● 三相感应电动机 ●

（1）**直接起动控制**：是将电源电压直接加到电动机上完成起动过程的控制方式，也叫作**全电压起动法**，一般用于容量比较小的电动机。

（2）**星三角起动控制**：电动机起动时将电动机的绕组接成星形联结，相当于把电源电压的 $1/\sqrt{3}$ 加到电动机上使电动机起动，这样做的好处是可以减小起动电流。当电动机加速到一定转速时，再将绕组切换到三角形联结，电动机加上全电压进入正常运转状态。

（3）**点动运转控制**：是指当按下点动按钮时，电动机旋转，当手放开点动按钮时，电动机随即停止的控制方式。也就是使电动机稍微转动一点，通常是使机械做微小运动时使用。有时也称为“微动”或“寸动”。

（4）**正反转控制**：是指使电动机在正向旋转和反向旋转两者之间实现切换的控制方式。

（5）**转速控制**：是指通过改变电动机绕组的接线方式来改变电动机的极对数，或者通过改变电源的频率实现改变电动机转速的控制方式。

（6）**反相制动控制**：为了使电动机停止运转，先切除电动机的电源，然后将三相电源中的二相电源线交换后再接到电动机上，使电动机反方向运转，从而实现电动机快速停止。

电动机控制的实用基本电路的详细解说请参见本书第 4 章。

2 电炉设备的构成和控制

电炉设备

❖ **电炉**是利用电流的热效应产生的高温作为热源的工业炉。电炉具有容易获得高温、便于实现温度调节、操作简单、热效率高等优点。因此，电炉广泛用于金属（或合金）的加热、熔炼、精炼等领域。

❖ 将电炉的温度控制在给定值区间的控制方式被称为**温度控制**。这种控制方式在很多领域得到了广泛的应用。

电炉设备的实际接线图〔例〕

● 温度控制 ●

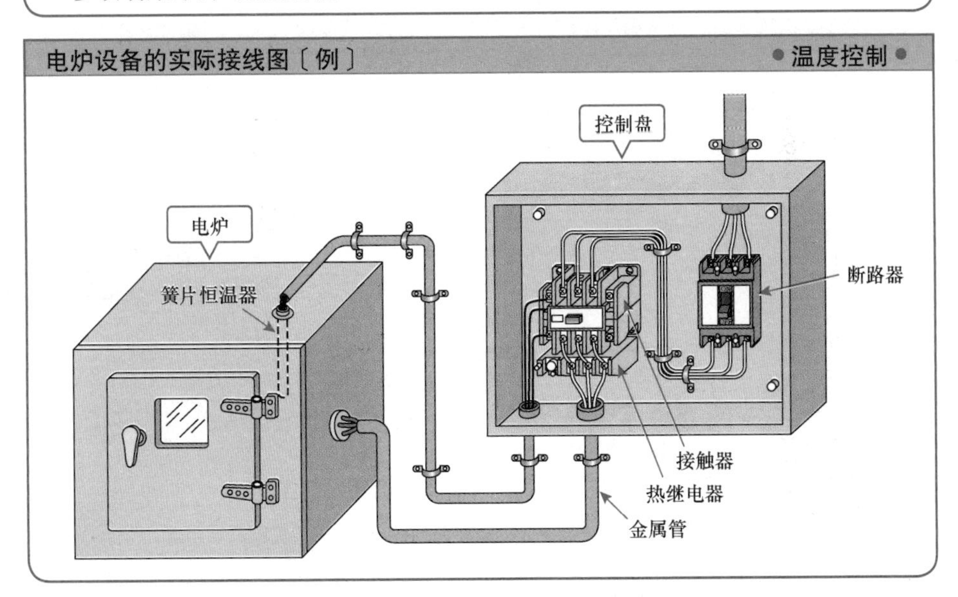

各种温度控制

❖ 作为温度控制的温度检测元件一般使用温度开关。**温度开关**根据检测的温度高于或者低于设定的目标值，发出相应的 ON、OFF 信号。簧片恒温器就相当于控制温度的温度开关。

〔例〕

（1）**利用温度开关的警报电路**：在供应加热蒸气的设备中，利用温度控制器控制蒸气室内的温度，当温度超过设定值时，温度开关动作，发出警报信号。

（2）**三相电加热器的温度控制**：利用温度开关，对作为热源的三相电加热器进行开闭控制，使电炉内的温度保持恒定。当温度超过设定值时，发出警报信号。

（3）**室内温度控制**：室内的冷暖空调设备或者恒温室的温度调节都是利用温度开关控制加热器和制冷器，使室内温度保持在指定的范围。

温度控制的实用基本电路的详细解说请参见本书第 5 章。

3 压力控制设备的构成与控制

压力控制

- **压力控制**是通过检测水压、油压等液体压力，或者是检测空气压、煤气压等气体压力，对控制系统的压力实施调节，或者对压力进行监视、警报等方面的控制技术。
- 在压力控制中，压力监视、压力检测是由随着压力变化，能够输出 ON、OFF 两种开关信号的**压力开关**实现的。

压缩空气设备的实际接线图

● 空气压缩机的压力控制 ●

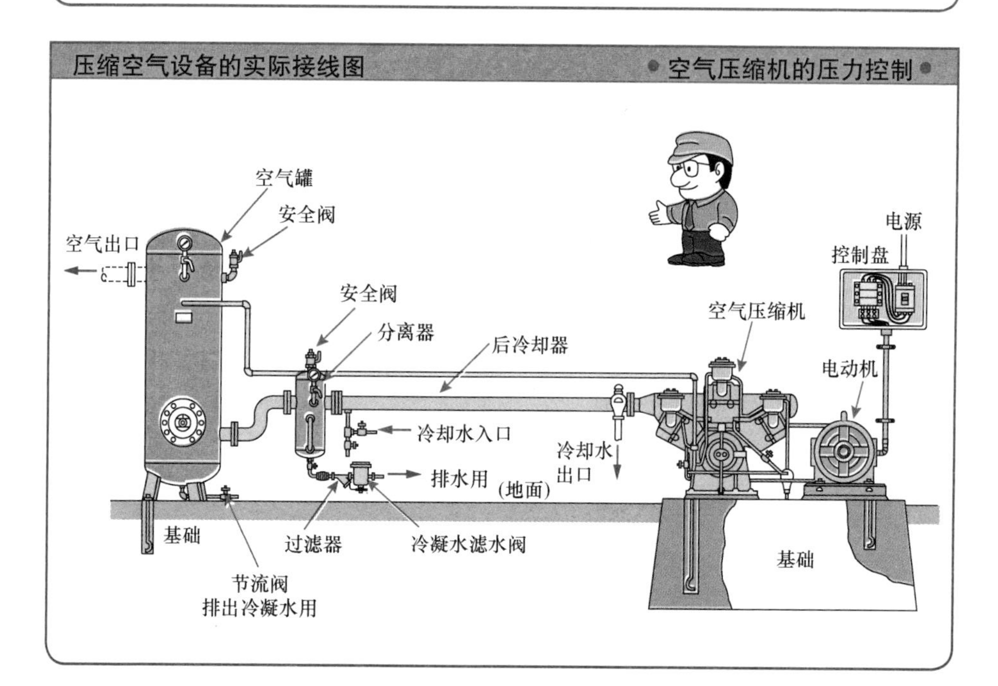

各种压力控制

（1） **压力监视、警报电路：**是压力开关和警报器的组合。当控制系统检测到压力达到压力开关的设定压力以上或以下时，开关触点闭合，发出警报。

（2） **压力、电磁阀控制电路：**是压力开关和电磁阀及警报器的组合。当控制系统检测到压力达到压力开关的设定压力以上或以下时，电磁阀闭合或分开，同时发出警报。

（3） **空气压缩机的压力控制电路：**是两个压力开关和空气压缩机的组合。当压力上升时，电动机停止，空气压缩机也随之停止；当压力下降时，电动机起动，空气压缩机也随之工作。

压力控制的实用基本电路的详细解说请参见本书第 6 章。

4 定时控制设备的构成与控制

定时控制

- **定时控制**是从输入信号变化时开始计时，经过设定的时间后输出信号发生变化的控制方式，也称为时间控制。
- 以经过预定的时间引发动作为主要目的的继电器叫作**时间继电器**（定时器）。在定时控制电路中，定时器用于延时时间的计时。
- 对于定时器而言，有经过设定时间后动作的延时动作瞬时复位的触点，也有经过设定时间后复位的瞬时动作延时复位的触点。

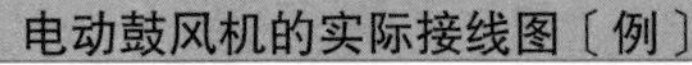

电动鼓风机的实际接线图〔例〕

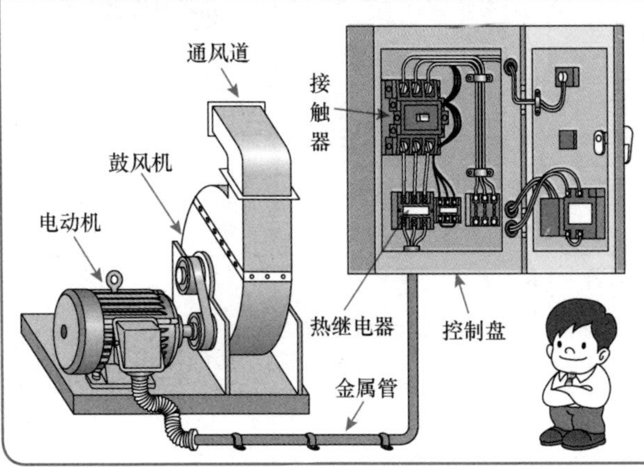

- 在这幅接线图中，虽然在控制盘上只安装了接触器、热继电器，起动开关和停止开关，但是，只要追加安装定时器和辅助继电器，就可以实现电动鼓风机的定时动作运转控制。详细说明请参照7-2节“电动鼓风机的延时起动电路”。

各种定时控制方式

- 定时控制有如下的基本电路

（1）**延时动作电路**：从加上输入信号（例如按下按钮）开始，经过 T 时间后，自动地使负载通电的电路。

（2）**一定时间动作电路**：加上输入信号（例如按下按钮），立刻使负载通电，经过 T 时间后，自动停止的电路。

（3）**延时投入、一定时间动作电路**：加入输入信号（例如按下按钮），经过 T_1 时间后，使负载通电，再经过 T_2 时间后，自动停止的电路。

（4）**反复动作电路**：可以使负载实现反复运行停止的电路。当施加输入信号（例如按下按钮）后，负载立刻通电，经过 T_1 时间后，负载自动停止。但是，再经过 T_2 时间后，负载再次通电，进入运行状态。

定时控制的实用基本电路的详细解说请参见本书第7章。

1-3 空气调节设备的构成和控制

1 空气调节设备的构成

空气调节

❖ **空气调节**是通过调整室内的温度、湿度、气流，人为地创造出室内一年四季不同条件下的最适宜的空气状态。除此之外还要去除空气中的尘埃、浮游粉尘、有害物质、有害气体，使室内环境经常保持在优良的状态。这就是空气调节，简称为**空调**。

空气调节设备的构成〔例〕 ●全空气方式●

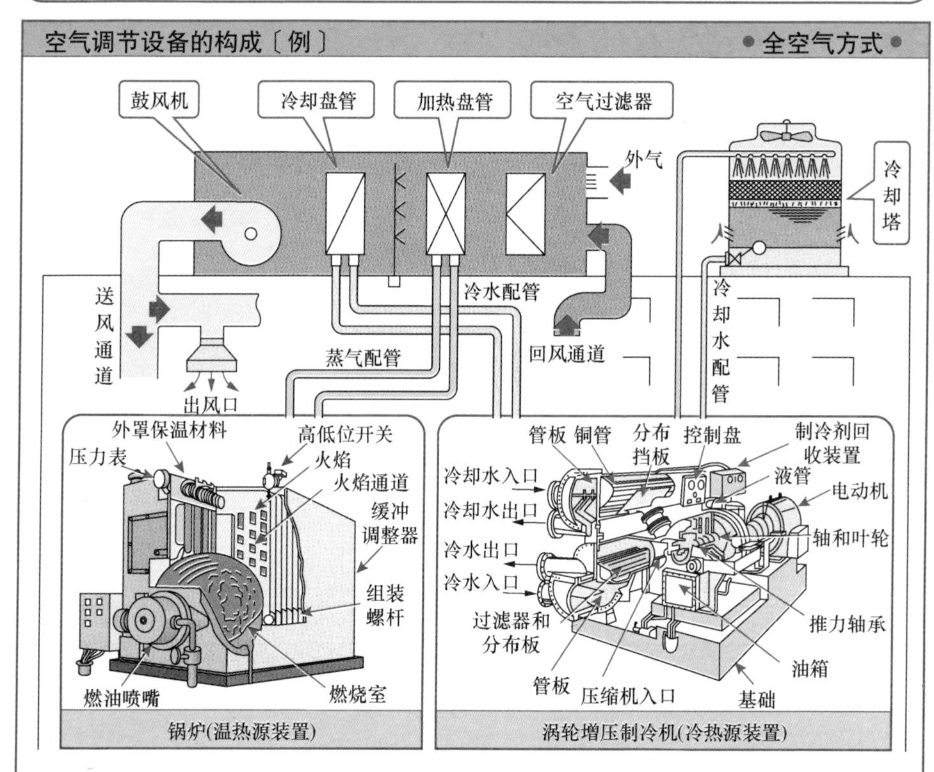

❖ **空气调节设备**也称为**空调设备**，除了温冷热源装置的锅炉、制冷机及其附属机器外，还包括鼓风机、水泵、冷却塔、各种空气过滤器、空气清洁机、热交换盘管、冷温水配管、通风道、缓冲器、出风口和换气口等。这些就是空气调节所需的主要设备。

● 锅炉 ●

❖ 作为温热源的锅炉是对密闭容器内的水进行加热，产生水蒸气或者温水的装置。锅炉是由燃烧装置和燃烧室、锅炉本体等主体设备和给水、通风类附属设备以及安全阀、水位计等附属装置构成。

● 制冷机 ●

❖ 作为冷热源的制冷机是以吸取热量实现制冷为主要目的的装置。在空气调节方面常用的制冷机有涡轮增压式制冷机、压缩式制冷机和吸收式制冷机等机型。

2 单元式空气调节机

单元式空气调节机的构成〔例〕

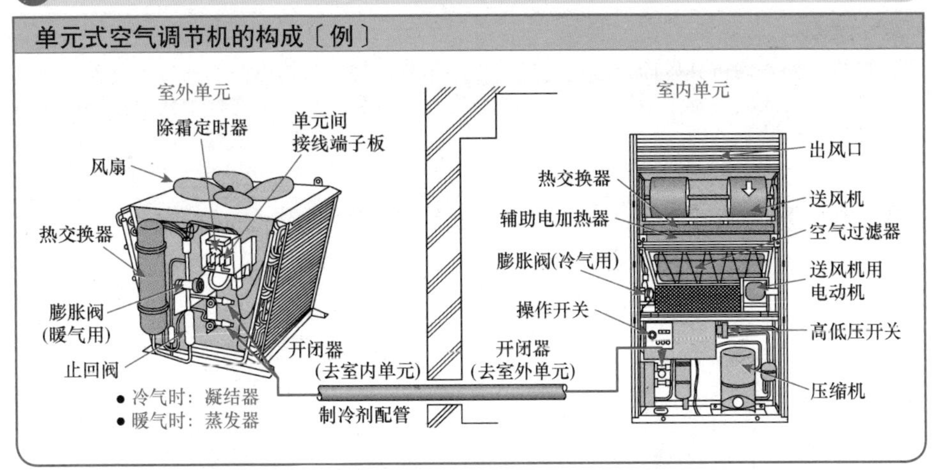

单元式空气调节机的冷气、暖气系统图〔例〕

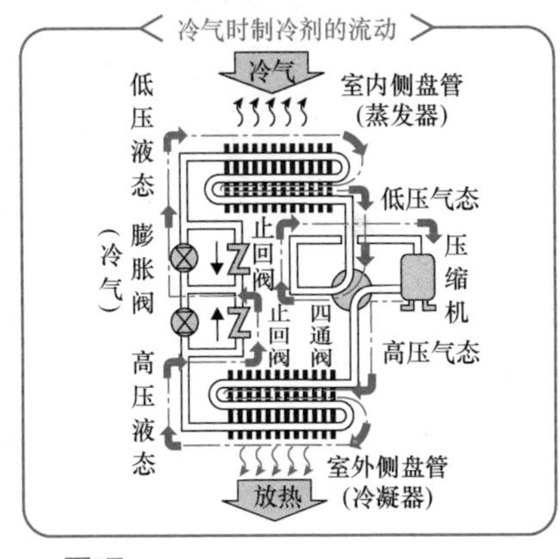

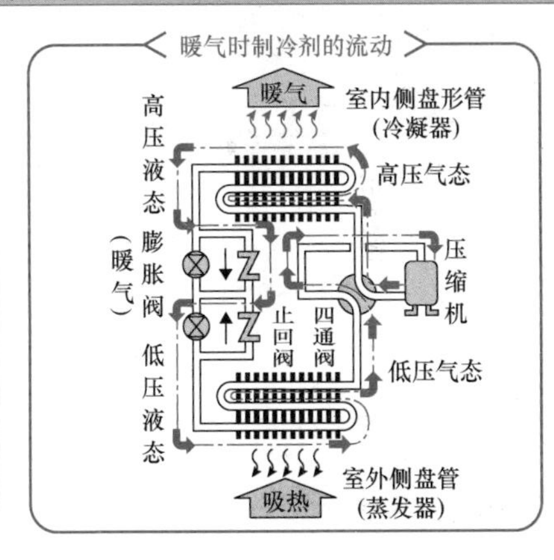

● 原理 ●

❖ **制冷机**是利用制冷剂的性质，吸取热量而实现冷却功能的装置。左上图是由膨胀阀减压的制冷剂在室内侧盘管内蒸发（冷却），吸取热量。然后，带有热量的制冷剂按照箭头所指的方向，通过压缩机后进入室外侧盘管，将吸收的热量放散（散热）到室外。接下来制冷剂再次被送入膨胀阀减压，继续在室内吸走空气中的热量。像这样周而复始循环下去，实现空调制冷的功能。

右上图是由四通阀和止回阀的组合实现制冷剂的反方向流动，从而实现在室外吸取热量，并将该热量在室内放散，由此完成空调供暖的功能。也就是说，可以通过开关的切换，实现冷气和暖气的工况切换。

空调设备的顺序控制的详细解说请参见本书第 9 章。

1-4 电梯设备的构成和控制

1 电梯设备的构成

电梯设备

❖ 最近，随着城市开发而建设的高层楼房的不断增高，作为纵向的通行工具，电梯已经成为人们日常生活中不可或缺的必需品，也是在众多的通行工具中自动化程度最高的设备之一。

载人用无齿轮式电梯

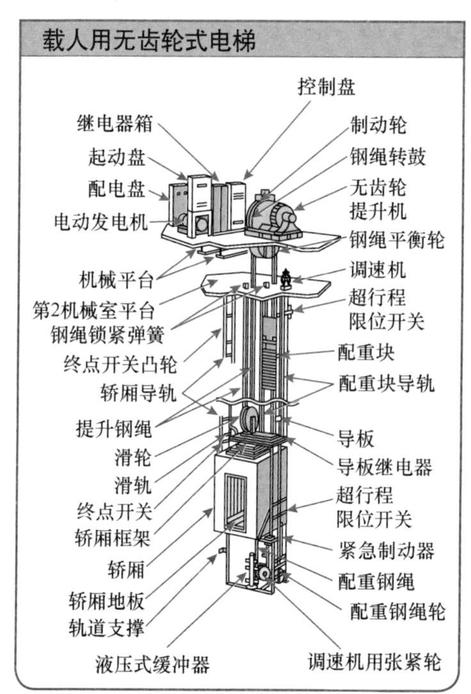

货物用有齿轮式电梯

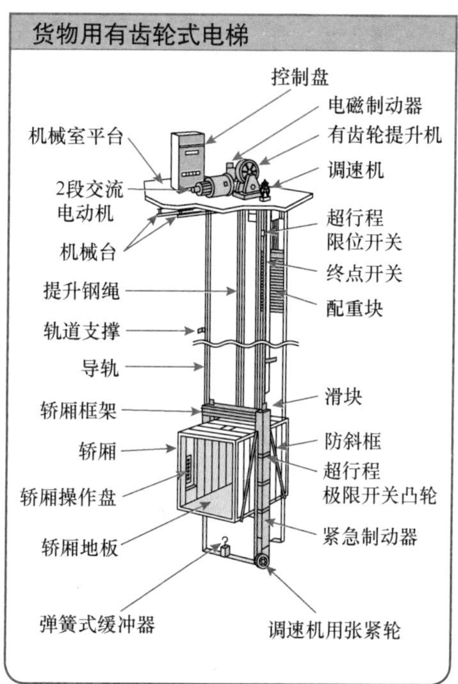

电梯的控制方式

❖ 所谓的**电梯控制**就是对驱动电动机的起动、停止、加速、减速和旋转方向切换等动作实施的控制。通常使用的驱动电动机分为交流电动机和直流电动机两种类型。

对于交流电动机，在主电路中通过串入电阻或电感（或电阻电感同时使用），或将电阻或电感短路，实现交流电动机的起动、减速以及正常运转控制的切换。

对于直流电动机，通常是利用直流发电机为电动机供电。通过控制直流发电机的励磁电流改变发电机的输出电压，从而实现对直流电动机的转速控制。

❖ 电梯的运行方式可分为有驾驶人操作方式、无驾驶人操作方式、两者并用方式和群管理方式等。在无驾驶人操作方式运行时，电梯控制系统响应轿厢内操作按钮和各楼层呼叫按钮的要求，由顺序控制系统实现电梯自动起动，并且在到达目的楼层后自动停止。

群管理方式的目的是根据乘客人流的需要，使多部电梯以最佳效率运行。利用计算机的高效计算能力，可以为多部电梯选择出最优化的运行模式。

2 电梯设备的控制

电梯的控制系统图〔例〕

❖ **电梯控制**系统的构成如下所示。

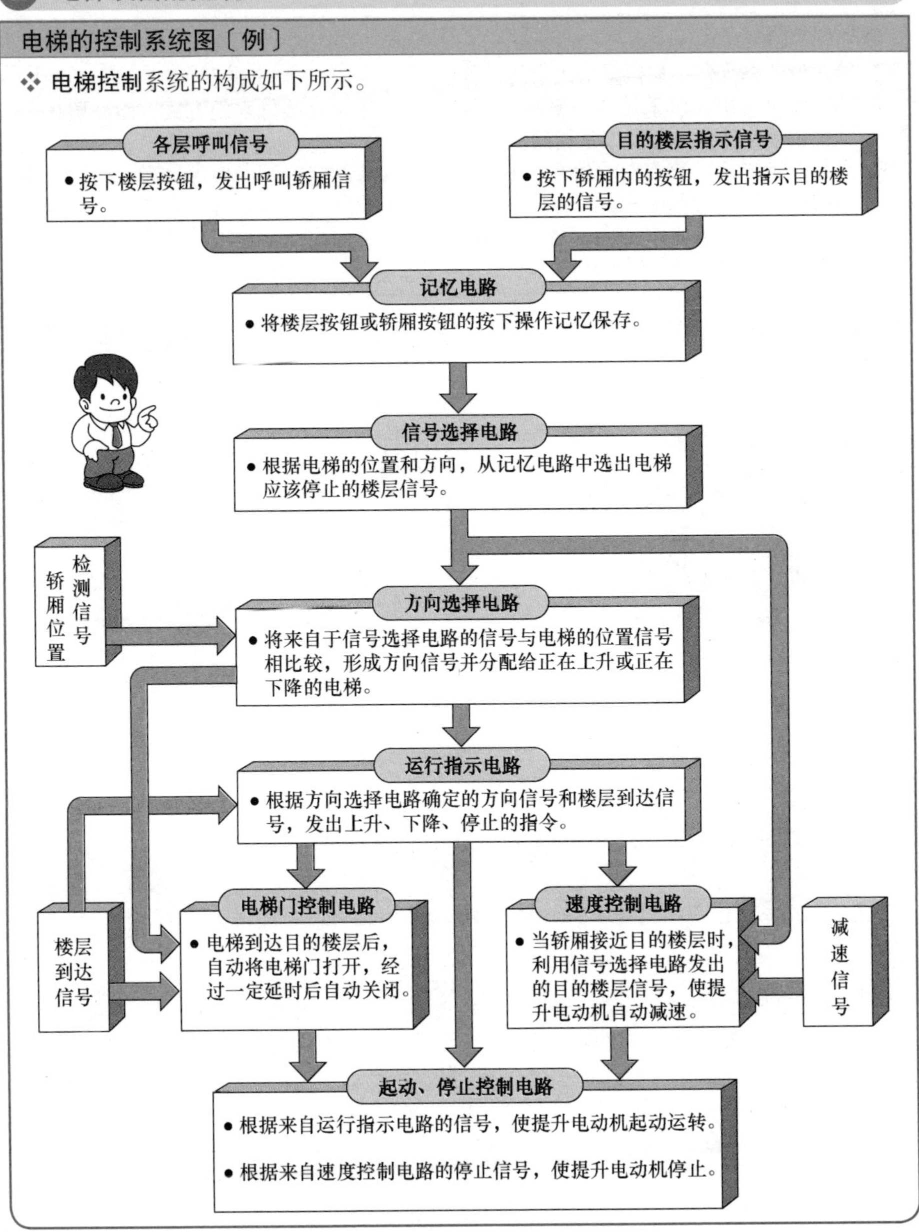

电梯设备的顺序控制的详细解说请参见本书第 10 章。

1-5 给排水设备的构成和控制

1 给排水设备的构成和控制

给水设备

- 给水设备是为住户提供生活用水的设备。

  低层楼房大多采用由自来水主管道为各个住户直接供水的方式，而高层楼房则是采用在楼顶设置高架水箱的供水方式。
- **高架水箱方式：**首先要设置高架水箱。水箱的高度应能满足楼内最高处的用水阀门或用具所需要的压力。高架水箱方式的工作原理是先将来自于自来水主管道或者深井的水存入蓄水池内，然后用扬水泵将蓄水池内的水送入高架水箱。水箱内的水通过重力送往各用水住户。

给水设备的构成〔例〕

● 给水控制 ●

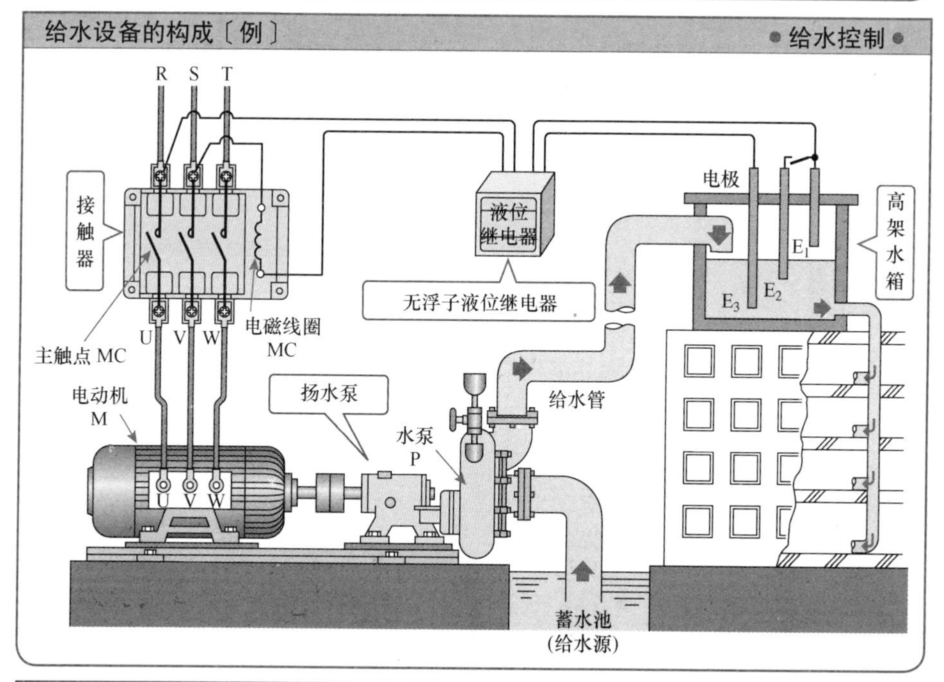

各种给水控制

- 在给水控制设备中，可以在水箱内安装浮子开关或者安装无浮子液位继电器的电极，实现水位检测。
- **给水控制**是当高架水箱的水位下降到下限水位 E_2（参照上图）时，扬水泵自动起动，开始运转，从蓄水池向高架水箱扬水。当高架水箱的水位上升到上限水位 E_1 以上时，扬水泵自动停止运转，停止扬水。另外，因某种原因使高架水箱的水位更低时，系统会发出水箱缺水的异常警报㊀。

㊀ 为了使系统发出异常缺水警报，还要新增警报用电极，详情可参见本书 11-2 节。——译者注

2 排水设备的构成和控制

排水设备

❖ 楼房排出的废水大致包括锅炉、冷冻机等机械类排出的废水，卫生间、饮水处、浴室等排出的生活废水，雨水、地下涌水等自然水。这些无用的废水或者污水都是通过楼房内废水排水设备排放的。这些废水首先被收集到楼内的地下集水罐、排水池或污水池中，然后由排水泵将这些废水排放到楼外的下水道中。

排水设备的构成〔例〕

● 排水控制 ●

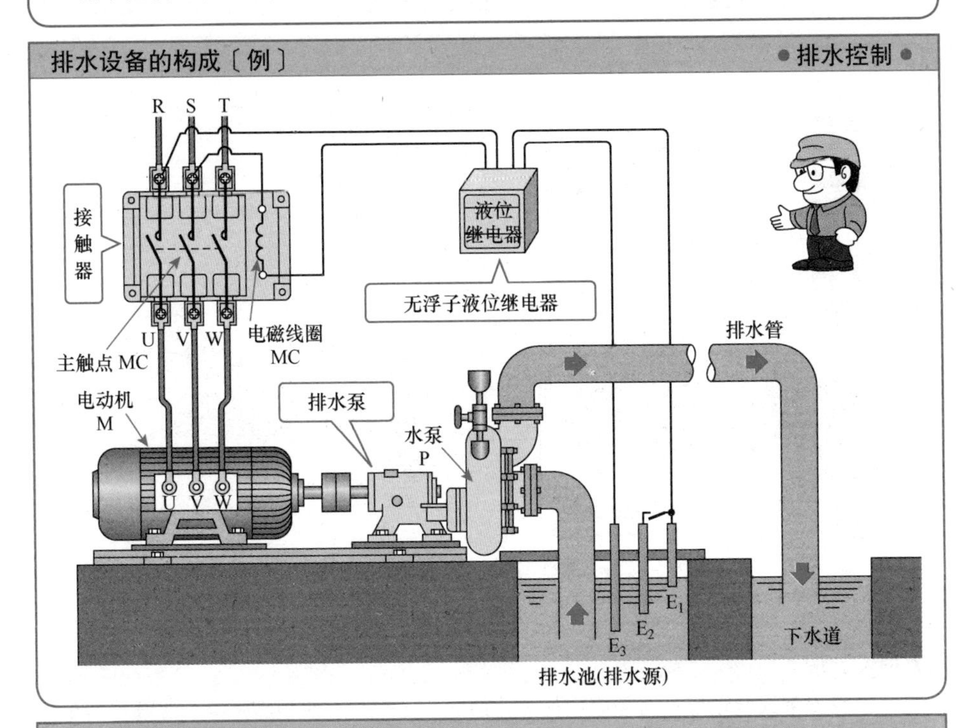

各种排水控制

❖ 为了实现排水控制，在排水池内安装浮子开关或无浮子液位继电器的电极，进行水位检测。

❖ **排水控制**是当排水池的水位上升到上限水位 E_1（参照上图）时，排水泵自动起动，开始运转，从排水池（排水源）抽水，排放到下水道。当排水池的水位下降到下限水位 E_2 以下时，排水泵自动停止运转，停止抽水。另外，排水池的水位因某种原因，使得水位超过上限水位 E_1 并继续上升时，系统会发出水位异常满水的警报⊖。

给排水设备的顺序控制的详细解说请参见本书第 11 章。

⊖ 为了使系统发出异常满水警报，还要新增警报用电极，详情可参见本书 11-4 节。——译者注

1-6 传送带设备的构成和控制

1 传送带设备的构成

传送带设备

❖ 随着工业的快速发展，各种生产设备的规模不断扩大，设备的内容也更加复杂。与此同时，企业的业务更加合理化，对于提高生产效率、重视操作的安全性、追求省力化等方面的呼声也越来越高。正是这种需求使得作为基本搬运设备的传送带获得了广泛的应用。

传送带设备的实际接线图〔例〕

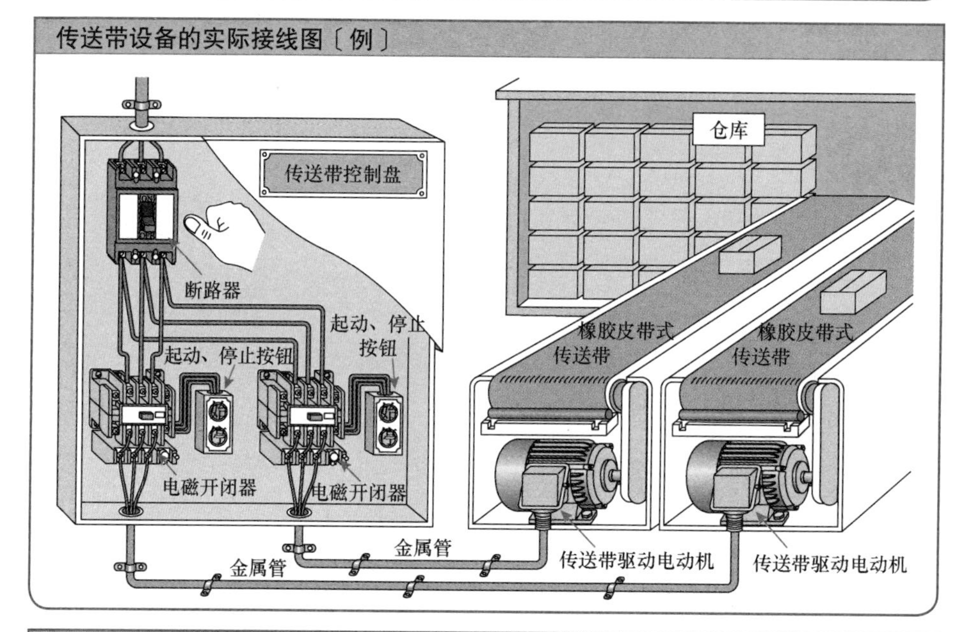

各种传送带⊖

（1）**橡胶皮带式传送带：**这是应用最为普遍的传送带。有使用高强度合成纤维的皮带，也有使用钢丝内网外部覆有橡胶的皮带。此类传送带被广泛用于工厂的生产线、物料补给线、物料分类线等物料传送场合。

（2）**金属网带式传送带：**使用金属网作为传送带，一般用于干燥、水分分离等场合。

（3）**链式传送带：**在传送线的两侧分别安装一根链条，然后将木板条或铁板条跨接安装在链条上，这种结构的传送带称为链式传送带。链式传送带分为倾斜式和水平式。

（4）**空中吊篮式传送带：**在厂房的天花板下面安装工字钢横梁或其他形状的轨道，在轨道上安装能够沿轨道移动的吊篮（或吊钩），用链条带动吊篮移动。

（5）**辊式传送带：**在橡胶传送带的上面安装一系列金属辊，当传送带运动时带动金属辊转动。这种方式的好处是可以运送底面不规则的物品。

⊖ 这里介绍的传送带泛指类似皮带机的各种传送机械，以后将这些传送机械统称为传送带。——译者注

2 传送带设备的控制

传送带的控制方式

1）**集中按钮控制：** 在中央控制室里，对每一条传送带的驱动电动机都配置了操作按钮或旋钮开关，可以依据工艺流程对每一条传送带进行起动、停止等操作。也可以按照起停顺序对多台传送带进行有联锁的顺序控制。

2）**主干联动控制：** 在中央控制室内配置了主干控制开闭器，并由开闭器的档位实现对电动机的起动、停止等操作。在对多条传送带进行联动操作时，要考虑各条传送带之间的联锁关系。

3）**定时联动控制：** 由主控开闭器操作，或者根据料仓、料罐内的料位传感器检测到的料位信号，按照预定的时间间隔自动地执行起动、停止等动作。

传送带的顺序起动、逆序停止控制

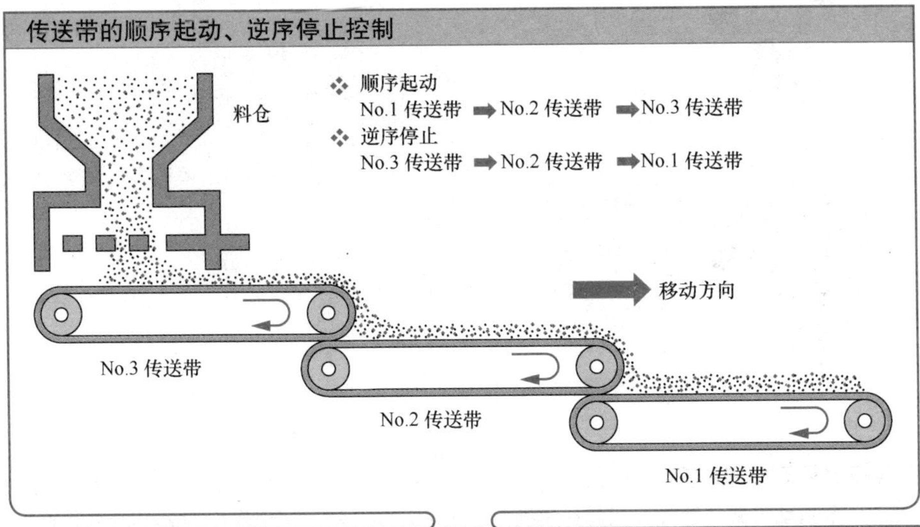

顺序起动　　逆序停止

例：3 条传送带直列接续配置，送料方向为 No.3 → No.2 → No.1。现在假设 No.1 传送带为停止状态，No.2、No.3 传送带正在运转。当物料被连续送来后，就会在 No.1 传送带和 No.2 传送带之间产生堆积。因此，传送带系统的起动必须从终端开始，按照 No.1、No.2、No.3 的顺序进行。反之，停止时必须从始端开始，按照 No.3、No.2、No.1 的顺序进行。这样就不会在途中产生堆积。以上就是传送带系统的**顺序起动、逆序停止**的基本控制思想。

传送带设备的顺序控制的详细解说请参见本书第 12 章。

1-7 水泵设备的构成和控制

1 水泵设备的构成

水泵设备

❖ 最近，各种用途的水泵设备逐渐趋于大型化。因此，工厂、楼宇等用户出于合理化和经济性的考虑，对于水泵设备的自动化程度提出了更高的要求。

❖ **水泵**是将液体输送到远处，或者从低处向高处输送液体的设备。水泵分为离心式水泵和轴流式水泵。水泵是借助于叶轮的离心力作用，给液体施加运动能量并将液体排放出去的设备。

水泵设备的实际接线图〔例〕 ● 小型水泵的场合 ●

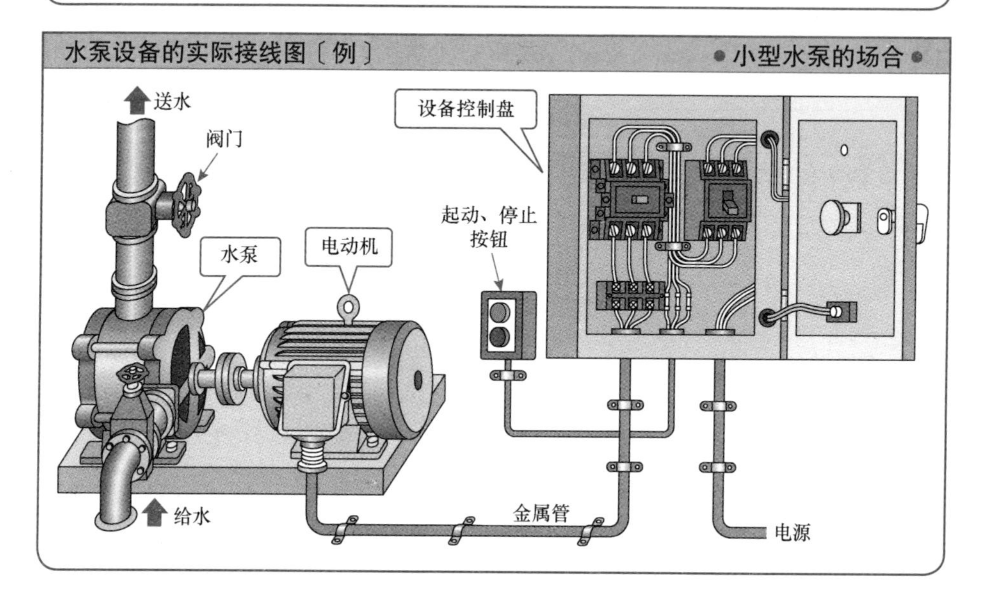

水泵设备的控制方式

（1）**全自动方式**：这种方式包括单纯对水泵的起动、停止实施操作的简单控制形式，也包括对压力、流量进行自动调节的复杂控制形式。小型水泵设备多借助于浮子开关或压力开关实现自动运转。

（2）**1 人控制方式**：这种控制方式通常用于城市的上下水道的水泵设备控制。该方式只是由 1 人通过操作开关给出起动、停止的操作指令。水泵的起动、停止等一系列动作都是按照预定的顺序自动完成的。所以只需要很少的操作人员就可以完成全部的运转操作。

（3）**远程控制方式**：这种方式的控制内容与 1 人控制方式基本相同，只不过水泵设备的场地是无人值守的。对于水泵的各种操作都是在远程的操作室内，按照与 1 人控制相同的方式完成的。

水泵设备的顺序控制的详细解说请参见本书第 13 章。

第2章

顺序控制的基础知识

本章关键点

为了理解实际的电气设备的顺序控制，本章学习顺序控制中必须掌握的基础知识。

（1）详细介绍顺序控制中经常用到的主要控制设备的构成和动作原理。

（2）将主要的控制设备的电气图形符号，按照 JIS C 0617（电气用图形符号）中的规定归纳在一览表中。特别是对按钮、电磁继电器、接触器等带有开闭触点的设备的电气图形符号及其画法做了详细的说明。

（3）把在顺序图中作为顺序控制符号使用的文字符号和控制器件的序号进行分类归纳列于表中，请务必牢记。

（4）对于顺序图中的电气图形符号的状态以及顺序图表示方法的基本规定，按照顺序进行说明。

（5）本书关于开闭触点，使用在 JIS C 0617（电气用图形符号）中规定的常开触点、常闭触点、切换触点的叫法。但是，作为参考，本章也把 JIS C 0301 中规定的 a 触点、b 触点和 c 触点的叫法标记在上面。

2-1 顺序控制元器件的结构和动作

1 按钮、钮子开关和限位开关

按钮

〔例〕平面按钮

端子金具

触点部分

ON

铭牌

橡胶垫圈

安装环

按钮部分

常开触点的情况

弹簧

接线

闭合

静触点

动触点

按钮

按下

❖ 按钮是一种控制用操作开关。当它被按下时，触点会分开或闭合；当手从按钮上放开后，开关内部的弹簧使触点返回到原位。

❖ 按下按钮时，动触点移动与静触点接触使开关闭合，这样的触点被称为常开触点（a 触点）。

钮子开关

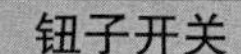

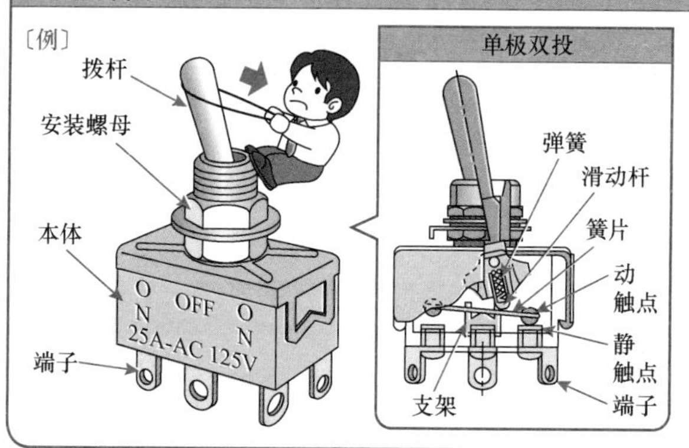

❖ 钮子开关是一种控制用操作开关。用手指尖拨动拨杆使之做往复运动时，可以将运动传递给触点部分，使电路实现开闭动作。

❖ 将拨杆向前后推拉时，拨杆以安装螺母为轴动作、滑动杆以簧片的中点为轴动作，从而实现触点的切换。

限位开关

● 点动开关 ●

〔例〕 横向限位开关

滚轮

摆臂

接线

LIMIT SWITCH

10A 250V AC

15A 125V AC

外壳

点动开关

柱销

动作销

动作杆

动作簧片

❖ 限位开关是在机械运动行程中到达预定位置就会动作的检测开关。其结构是将点动开关封入外壳内，使之具有耐油、防水等防护能力。

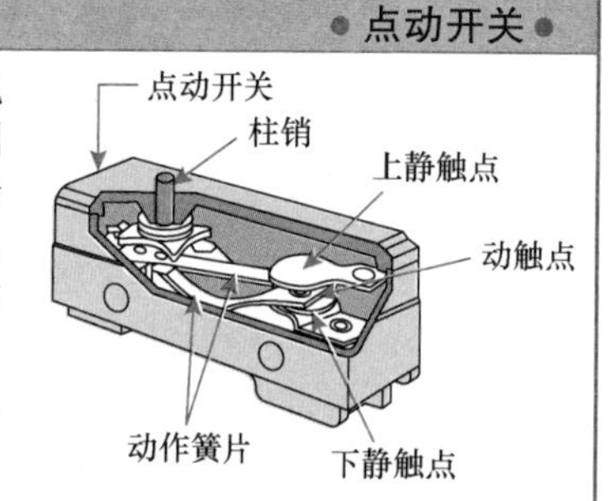

❖ 点动开关具有微小触点间隙和瞬时动作机构，其触点机构能够按照规定动作方式和规定的力做出开闭动作。触点机构被封装在外壳内，只露出柱销头部。这是一种小型的开关。

2 热继电器、断路器和指示灯

热继电器

●热过载继电器●

〔例〕

主电路端子
调整旋钮

旁热型

复位柄 调整旋钮 动作杆 端子 公共端子 电热丝 动作板 静触点(常开) 拉簧 静触点(常闭) 动触点 推板 环境温度补偿双金属片 双金属片

❖ 热继电器也称为热过载继电器，是由热动元件和触点部分构成，其热动元件一般是由短栅型的加热元件和双金属片组合而成，触点部分是具有对操作电路进行快速投入和快速切出功能的机构。

❖ 当电动机过负载或者堵转，有异常电流发生时，因电热丝发热，使双金属片发生弯曲。当弯曲达到一定程度时，通过与其相连的联动机构，使触点机构部分动作。触点将接触器的电磁线圈电路分断，由此可以防止由异常电流引起的电动机烧损。

断路器

●无熔丝断路器●

〔例〕

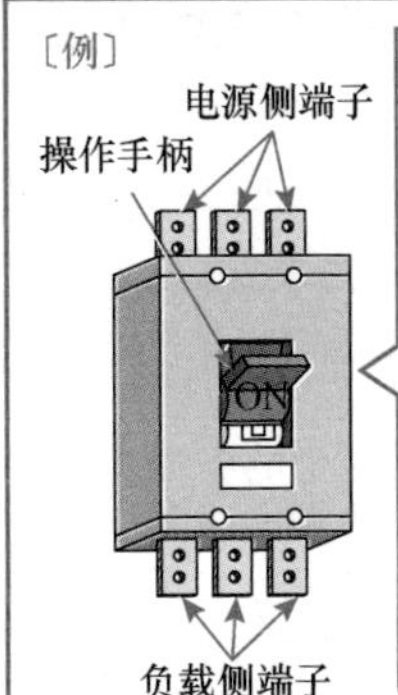

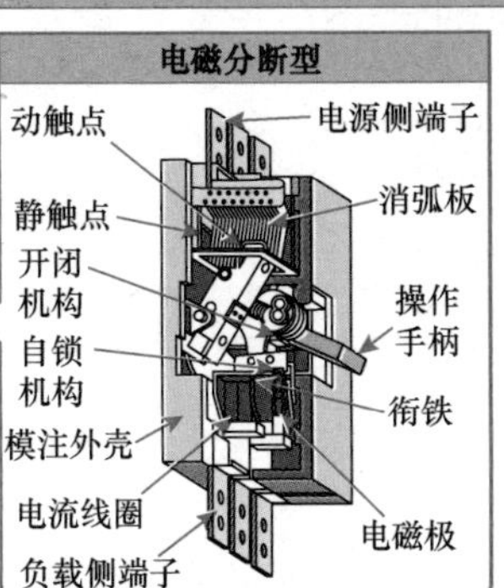

❖ 断路器一般也称为无熔丝断路器，一般安装在低压开闭器盘等，除了可以开闭低压干线和其分支线路的负载电流外，当发生过负载或短路等事故时，还可以自动切断电路。

❖ 断路器是由连接机构、自锁机构、断路弹簧等部件构成。在正常负载状态下，开闭操作是通过操作手柄的“合”“分”完成的。当发生过电流或短路事故时，电磁切断机构可将电路分断。

指示灯

●标签式指示灯●

〔例〕

发光部分 端子 底座部分(内置变压器)

变压器式

小灯泡 有机玻璃罩 密封用橡胶垫 外罩固定环 安装环 调整用橡胶 本体外罩 垫板 灯座 本体 变压器 端子盖 端子螺钉

❖ 指示灯是由发光部分和底座部分构成。发光部分是由小灯泡和玻璃罩组合成的，底座部分内置小灯泡用的降压变压器。

❖ 指示灯被应用于电源状态显示、被控机器的运行状态显示、故障显示、顺序控制的进行状态显示等方面。

❖ 标签式指示灯是灯盖使用有机玻璃，滤光板上可以刻上任意文字的指示灯。还有可以在灯罩内部插入有色有机玻璃片，这样就可以在灯亮时，通过滤光板显示出彩色文字。

❖ 最近，出现了使用发光二极管作为发光源的指示灯。

3 电磁继电器和电磁接触器

电磁继电器

〔例〕簧片式电磁继电器

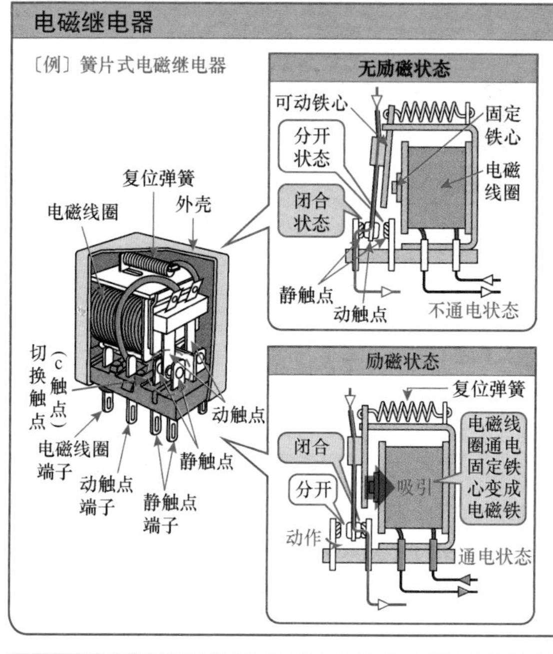

❖ 电磁继电器是指利用电磁力将触点分开或闭合的元器件的总称。它在有触点顺序控制系统中起到中枢作用。

❖ 在电磁继电器中，当电磁线圈通电（称为励磁）时，固定铁心变成电磁铁，吸引可动衔铁，带动动触点移动，与静触点接触或分离，从而接通或分断电路。

当电磁线圈不通电时称为无励磁时，固定铁心不再是电磁铁，由复位弹簧的拉力使动触点返回到初始状态。

❖ 电磁继电器的触点包括常开触点（a 触点），常闭触点（b 触点）和切换触点（c 触点）。

电磁接触器

〔例〕可动铁心型电磁接触器

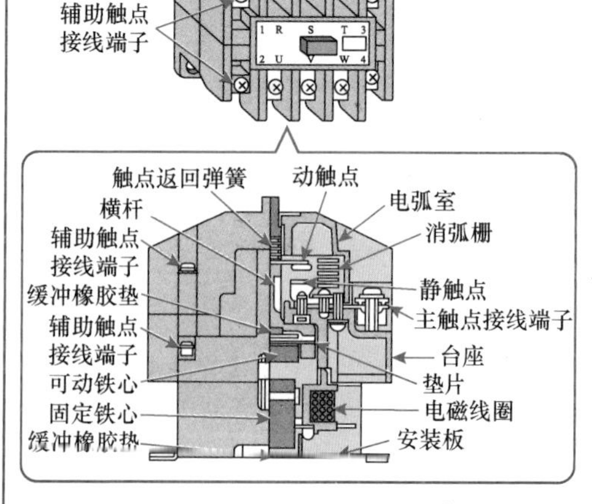

❖ 电磁接触器在模具成型的框架上部安装有主触点和辅助触点，在下部安装有电磁线圈，就像一个大尺寸的电磁继电器，常用于开闭电力电路中的负载电流。

❖ 当电流流过电磁线圈时，固定铁心变成电磁铁，吸引可动铁心克服复位弹簧的弹性力而向下方运动，主触点的动触点以及辅助触点的动触点都和可动铁心联动，也向下方运动，直至与静触点接触，完成闭合动作。

❖ 电磁接触器与小型电磁继电器在结构上的不同之处除了主触点之外，还具有辅助触点。

主触点是指可以安全通过类似电动机主电路中那种大电流的大容量触点。

辅助触点是指与小型电磁继电器触点相同的小容量触点。

2-2 电气图形符号的表示方法㊀

1 开闭触点的图形符号和动作

开闭触点的图形符号

❖ 本书中对于开闭触点的图形符号使用了符合国际标准 IEC 60617 的 JIS C 0617（电气用图形符号）中规定的电气用图形符号。本节也列出了 JIS C 0301 中部分电气用图形符号作为参考。

常开触点的图形符号 ● a 触点 ●

● 手动操作自动复位的常开（a）触点 ●

❖ **手动操作自动复位的常开（a）触点**是指当用手操作时，触点“闭合”；当放开手时，借助于弹簧的弹力作用，触点自动恢复到原来的“分开”状态的触点。

● 按钮的常开（a）触点就是这种触点，其构造如下图所示。

〔例〕按钮

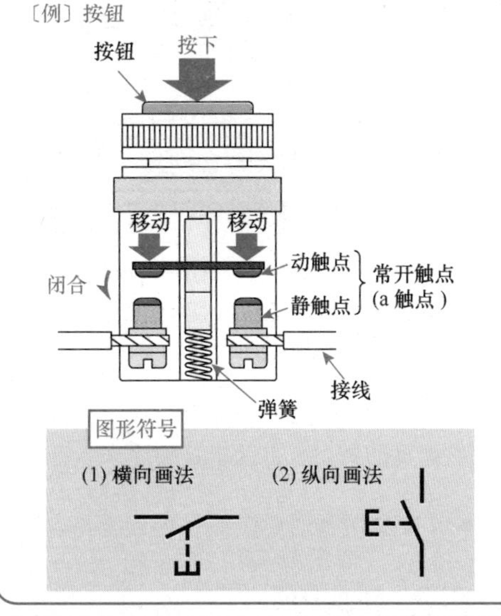

● 电磁操作自动复位的常开（a）触点 ●

❖ **电磁操作自动复位的常开（a）触点**是指当电磁线圈通电时，触点“闭合”；当电磁线圈断电时，借助于弹簧的弹力自动恢复到原来的“分开”状态的触点。

● 电磁继电器的常开（a）触点就是这种触点，其构造如下图所示。

〔例〕簧片式电磁继电器

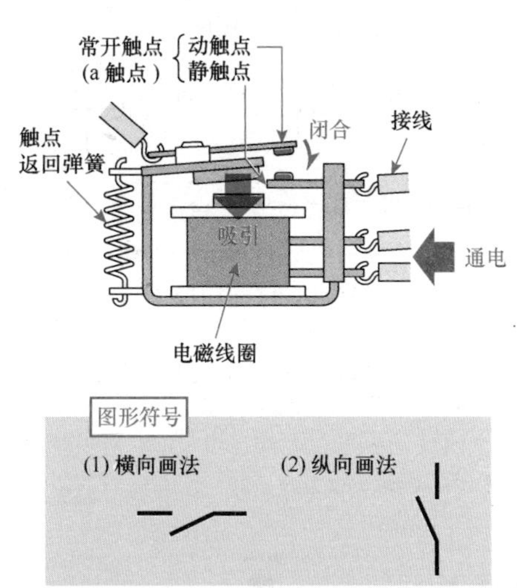

开闭触点的称呼 ● JIS C 0617 ●

❖ 在 JIS C 0617（电气用图形符号）中，把开闭触点分别称为**常开触点**（make contact）、**常闭触点**（break contact）和**切换触点**（change-over contact）。

❖ 在 JIS C 0301 中，把常开触点称为 **a 触点**（arbeit contact），把常闭触点称为 **b 触点**（break contact），把切换触点称为 **c 触点**（change-over contact）。在本节中把 a 触点、b 触点、c 触点也一并进行了标记。

㊀ 虽然本书介绍的是日本标准中的图形符号和文字符号，但大部分与我国现行标准一致，读者可参考使用。——译者注

常闭触点的图形符号 ●b 触点●

● 手动操作自动复位的常闭（b）触点 ●

❖ **手动操作自动复位的常闭（b）触点**是指用手操作时，触点“分开”；当放开手时，借助于弹簧的弹力，自动恢复到原来的“闭合”状态的触点。

● 按钮的常闭（b）触点就是这种触点，其构造如下图所示。

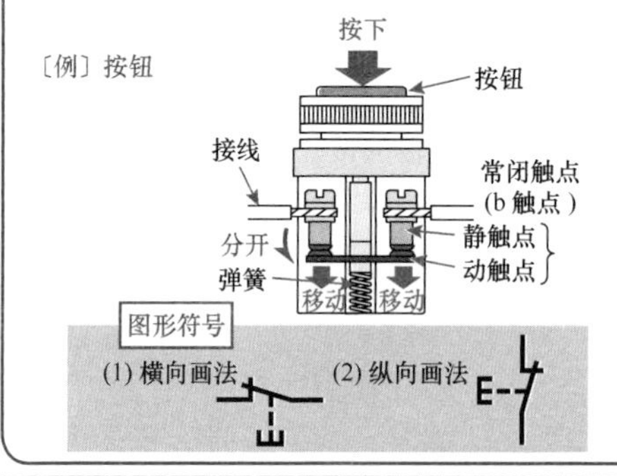

● 电磁操作自动复位的常闭（b）触点 ●

❖ **电磁操作自动复位的常闭（b）触点**是指电磁线圈通电时，触点“分开”；当电磁线圈断电时，借助于弹簧的弹力自动恢复到原来的“闭合”状态的触点。

● 电磁继电器的常闭（b）触点就是这种触点，其构造如下图所示。

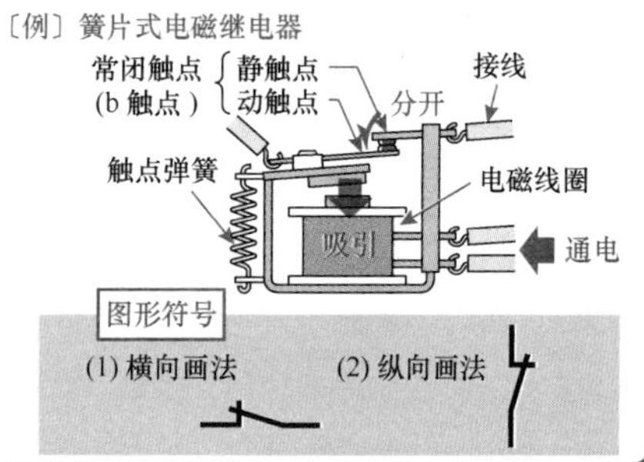

切换触点的图形符号 ●c 触点●

● 手动操作自动复位的切换（c）触点 ●

❖ **手动操作自动复位的切换（c）触点**是指用手操作时，常开（a）触点部分“闭合”常闭（b）触点部分“分开”；放开手后，借助于弹簧的弹力，自动恢复到原来状态的触点。

● 按钮的切换（c）触点就是这种触点，其构造如下图所示。

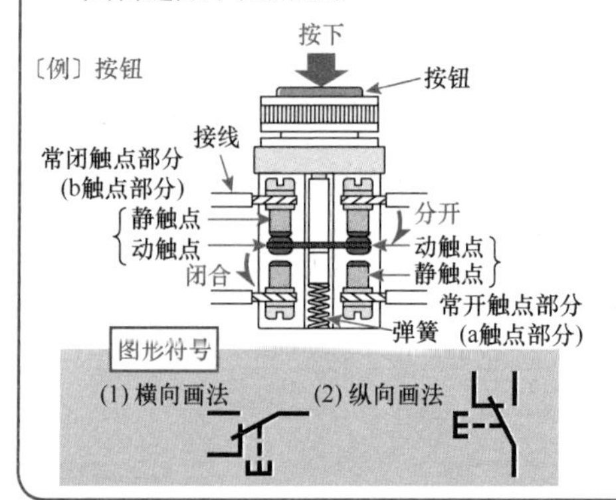

● 电磁操作自动复位的切换（c）触点 ●

❖ **电磁操作自动复位的切换（c）触点**是指当电磁线圈通电时，常开（a）触点部分“闭合”，常闭（b）触点部分“分开”；当电磁线圈断电后，借助于弹簧的弹力，自动恢复到原来状态的触点。

● 电磁继电器的切换（c）触点就是这种触点，如下图所示。

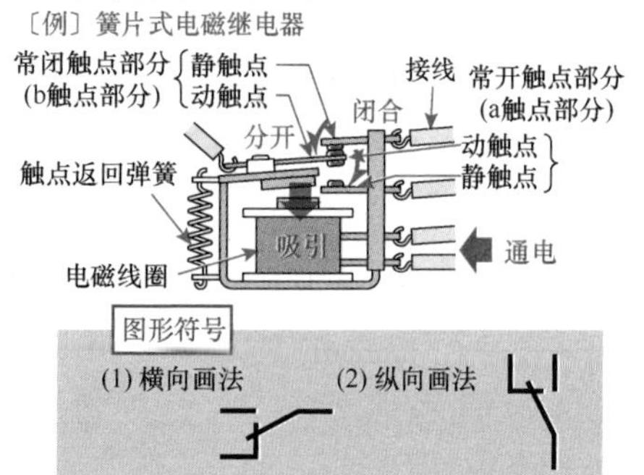

2 主要开闭触点的图形符号

—JIS C 0617-7(电气用图形符号、第 7 部分开闭装置、控制装置和保护装置)—

开闭触点名称		JIS图形符号(JIS C 0617)		旧JIS图形符号(JIS C 0301)	
		常开触点	常闭触点	a 触点	b 触点
电力用触点	电力用触点	(07-02-01)	(07-02-03)		
	自动复位触点	(07-06-01)	(07-06-03)		
	带有保持功能的触点	(07-06-02)	(参考)		
	限位开关	(07-08-01)	(07-08-02)		
	接触器主触点	(07-13-02)	(07-13-04)		
继电器触点	继电器触点	(07-02-01)	(07-02-03)		
	带有保持功能的触点	(07-06-02)	(参考)		
	延时动作瞬时复位触点	(07-05-01)	(07-05-03)		
	瞬时动作延时复位触点	(07-05-02)	(07-05-04)		

注：( ) 内的数值是 JIS C 0617 规定的图形符号的序号。

3 开闭触点图形符号和触点功能图形符号

❖ 开闭触点电气用图形符号（JIS C 0617）是由开闭触点图形符号和触点功能图形符号或操作机构图形符号的组合表示的。

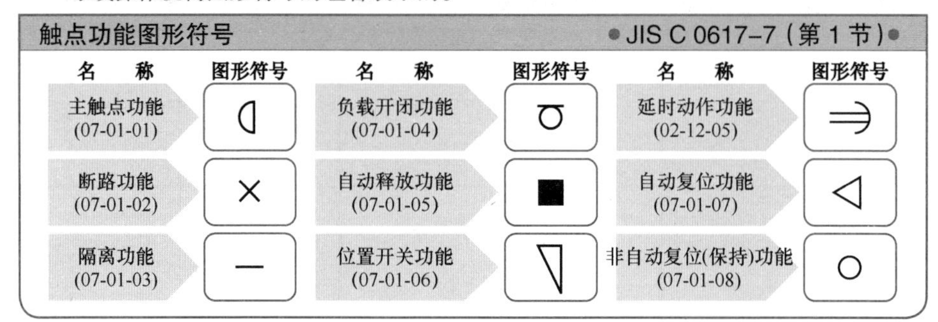

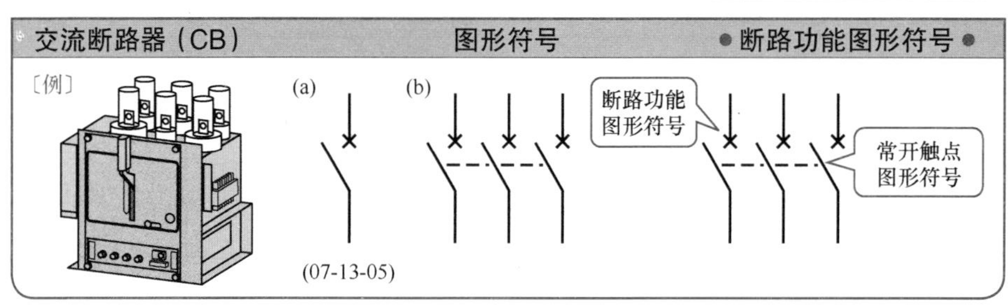

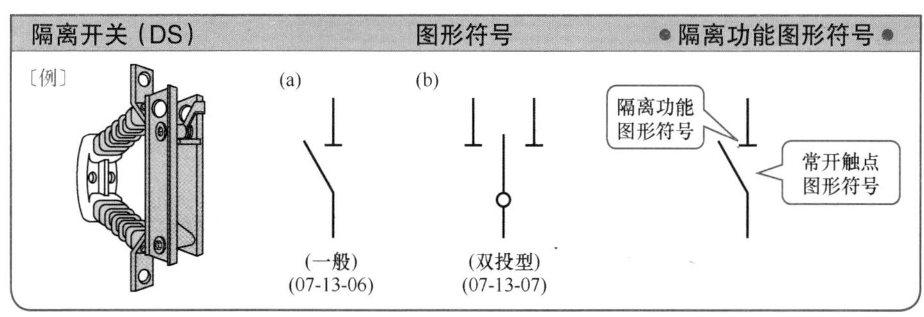

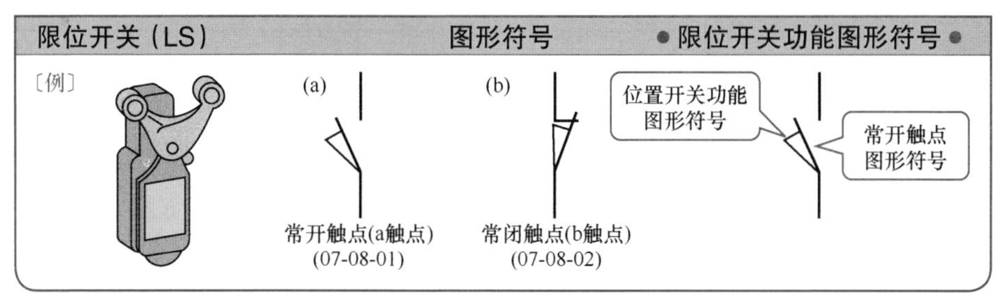

注：（ ）内的数值是 JIS C 0617 中规定的图形符号的序号。

4 开闭触点图形符号和操作机构图形符号

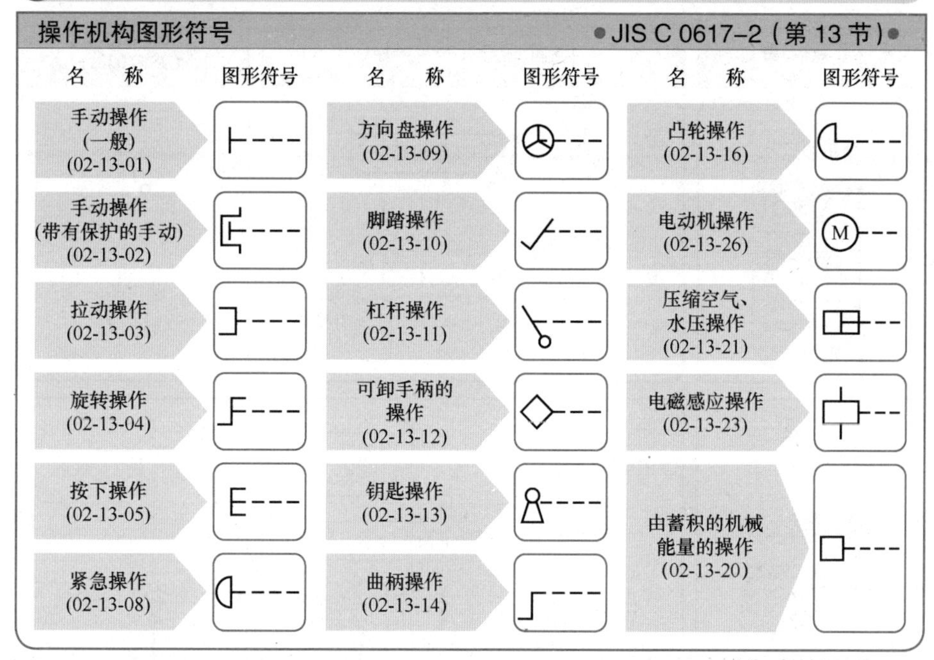

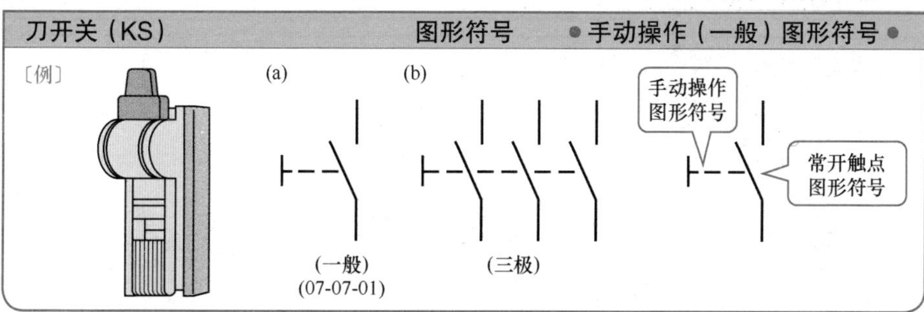

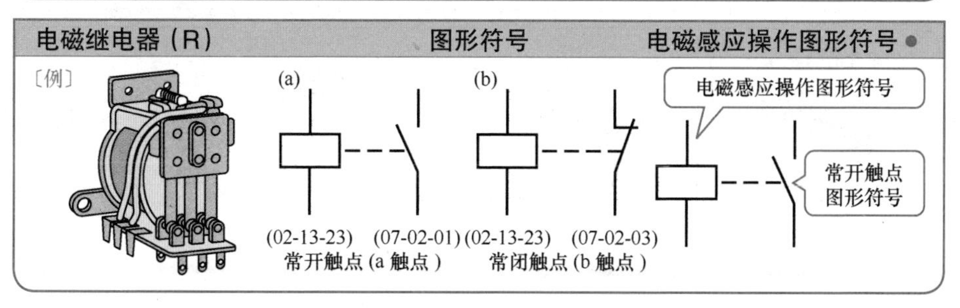

注：( ) 内的数值是 JIS C 0617 中规定的图形符号的序号。

5 常用电气元器件的图形符号

元器件名称	JIS 图形符号 (JIS C 0617)	旧 JIS 图形符号 (JIS C 0301)
断路器 (CB) 	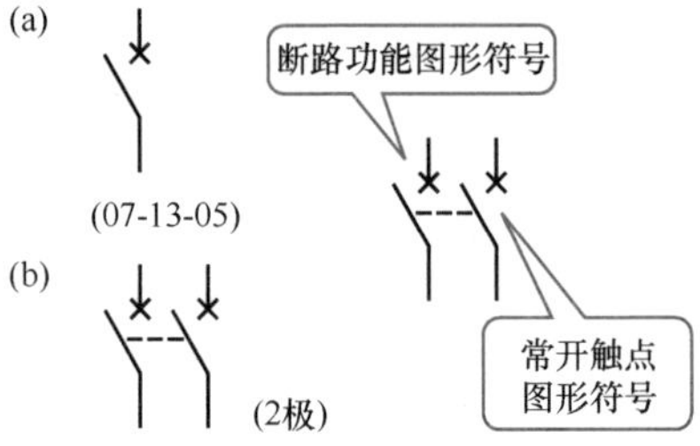 (a) (07-13-05) 断路功能图形符号 常开触点图形符号 (b) (2极)	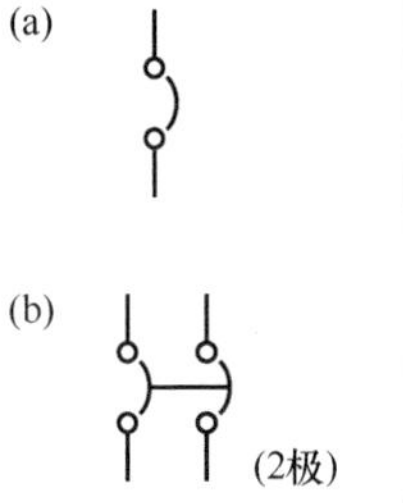 (a) (b) (2极)
按钮 (PBS) 	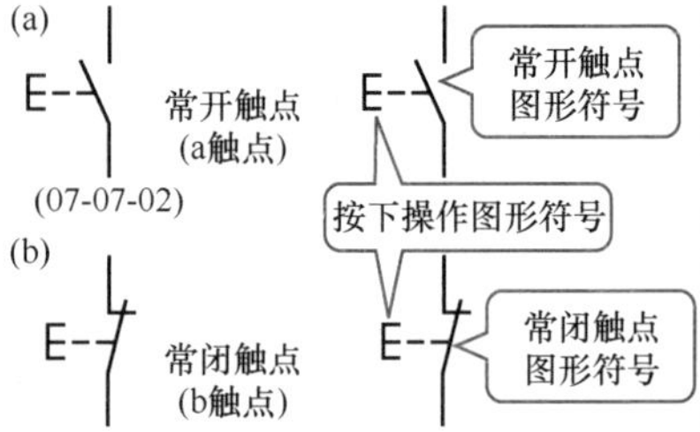 (a) 常开触点 (a触点) (07-07-02) 常开触点图形符号 按下操作图形符号 (b) 常闭触点 (b触点) 常闭触点图形符号	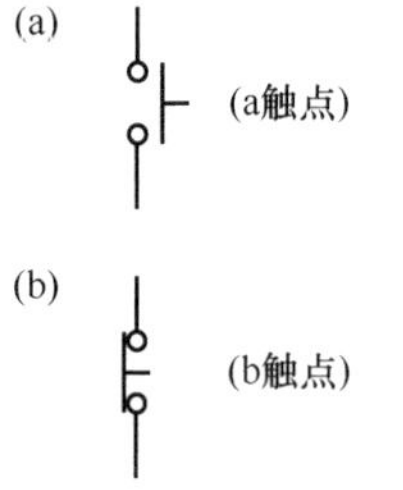 (a) (a触点) (b) (b触点)
限位开关 (LS) 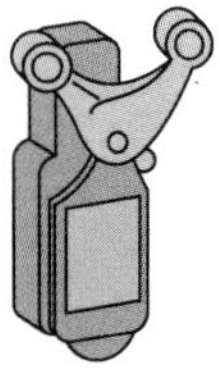	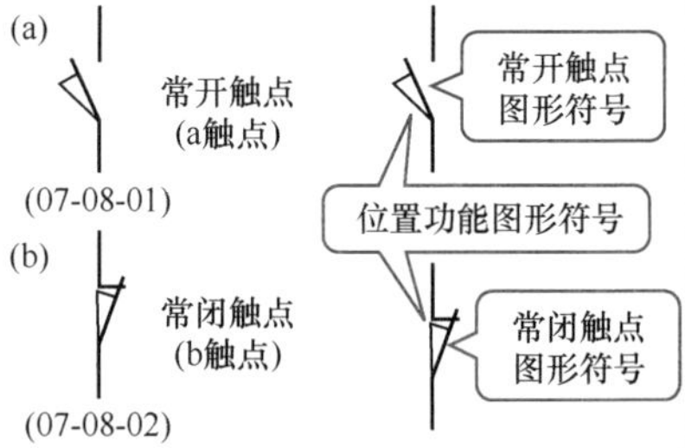 (a) 常开触点 (a触点) (07-08-01) 常开触点图形符号 位置功能图形符号 (b) 常闭触点 (b触点) (07-08-02) 常闭触点图形符号	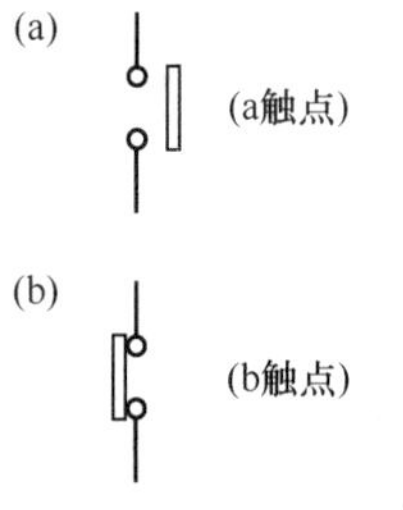 (a) (a触点) (b) (b触点)
带熔丝的隔离开关 (DS) 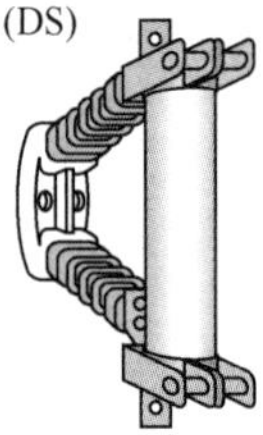	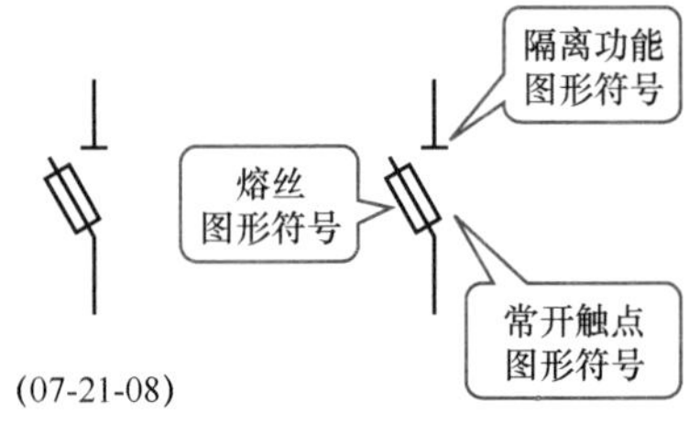 隔离功能图形符号 熔丝图形符号 常开触点图形符号 (07-21-08)	

注：( ) 内的数值是 JIS C 0617 中规定的图形符号的序号。

元器件名称	JIS 图形符号 (JIS C 0617)	旧 JIS 图形符号 (JIS C 0301)
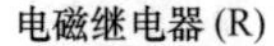 电磁继电器 (R) 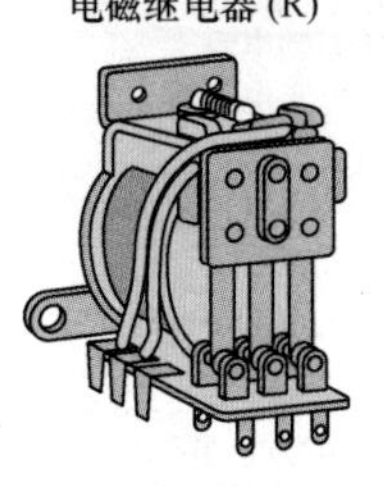	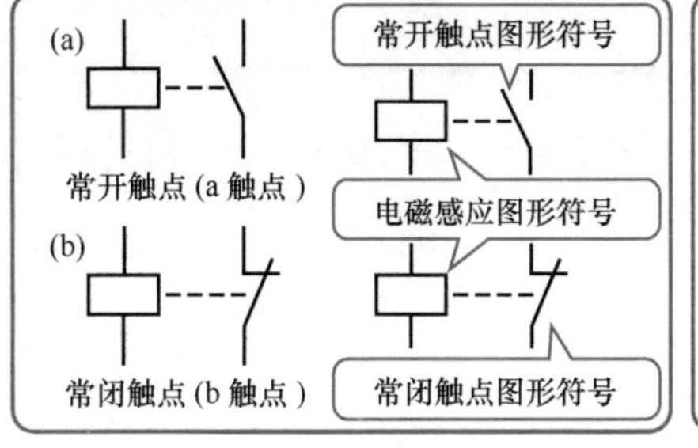 	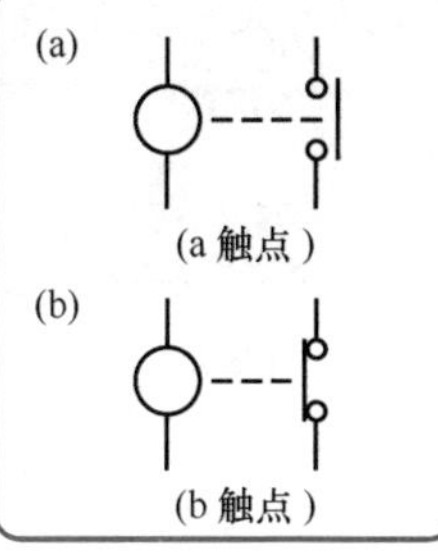
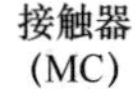 接触器 (MC) 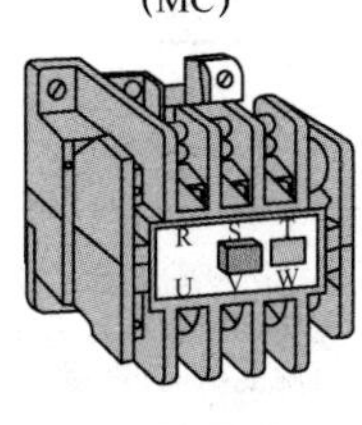 	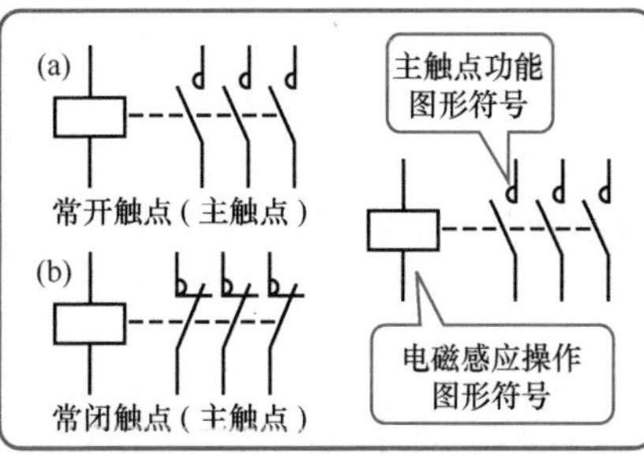 	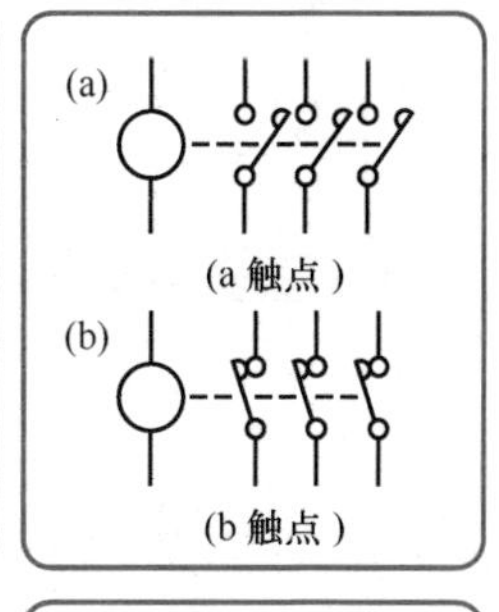
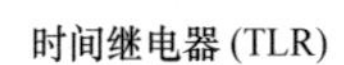 时间继电器 (TLR) 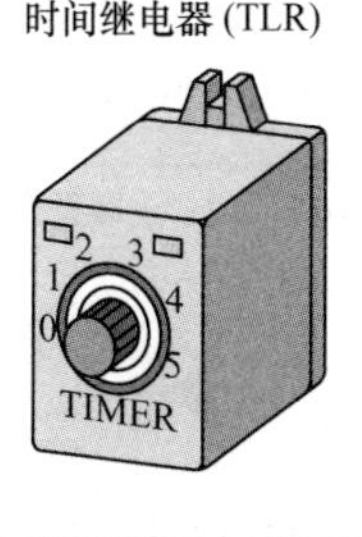 	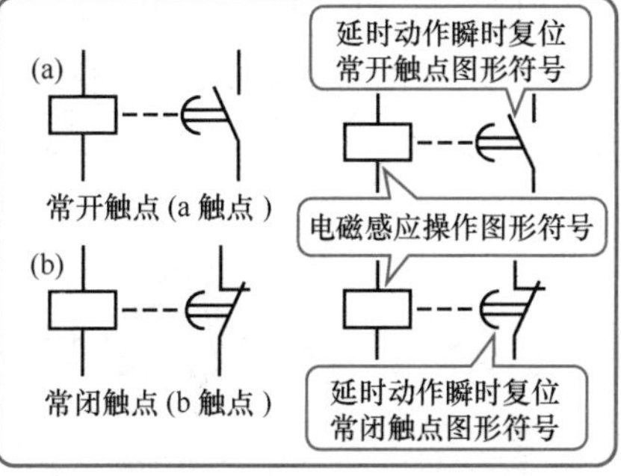 	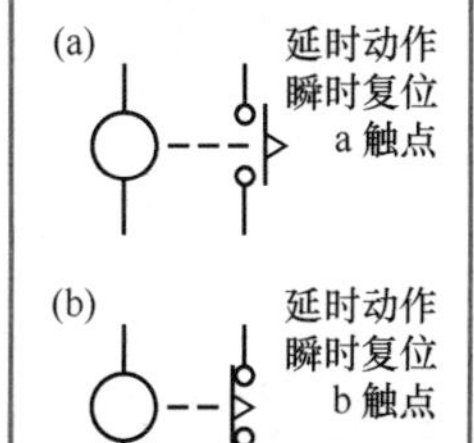
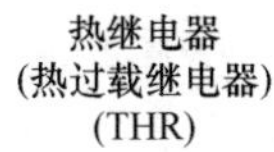 热继电器 (热过载继电器) (THR) 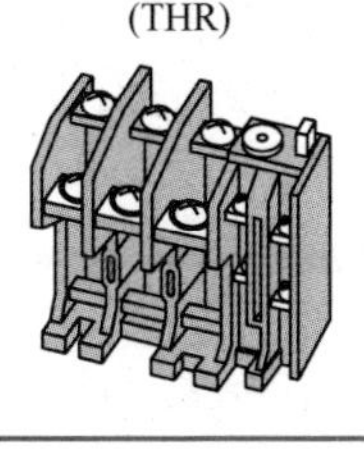	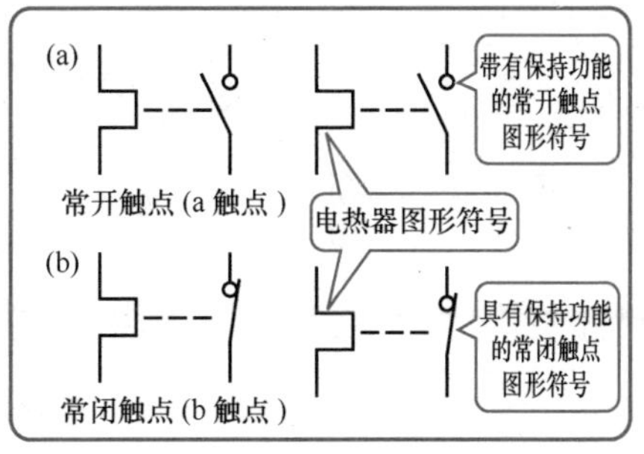 	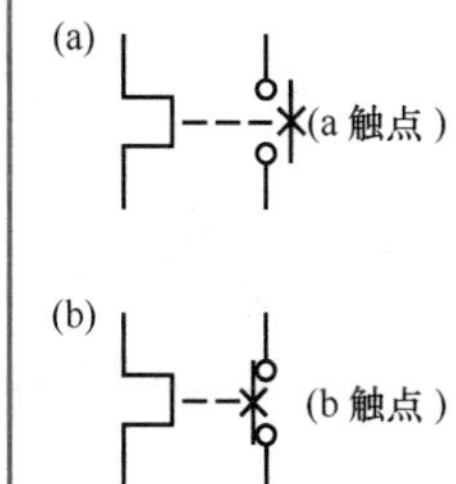

5 常用电气元器件的图形符号（续）

元器件名称	JIS 图形符号 (JIS C 0617)	摘　要
电　阻 (R) 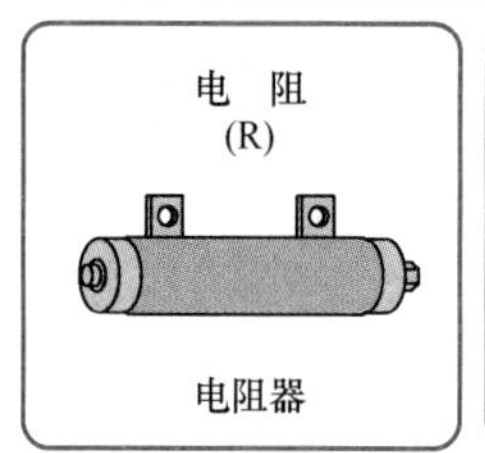 电阻器	(a) (b) (c) (04-01-01) (旧JIS图形符号) (旧JIS图形符号)	• (c) 专门用于表示无感电阻 • 可变电阻器 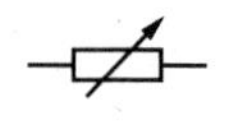 (04-01-03)
电　容(C) 	(a) (b) (c) (04-02-01) (有极性) (04-02-05) (有极性) (旧JIS图形符号)	• 两极的间隔为极长度的1/5~1/3 • 可变电容 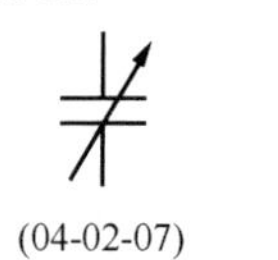 (04-02-07)
电　池(B) 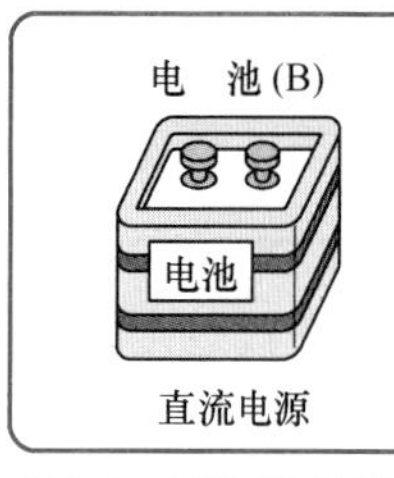 直流电源	(a) (b) (c) 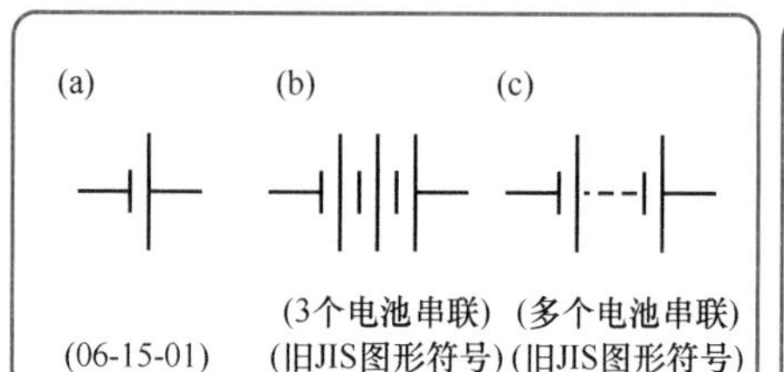 (06-15-01) (3个电池串联) (旧JIS图形符号) (多个电池串联) (旧JIS图形符号)	• 若把正极画成长线、把负极画成短线，可能出现混淆时，可画成 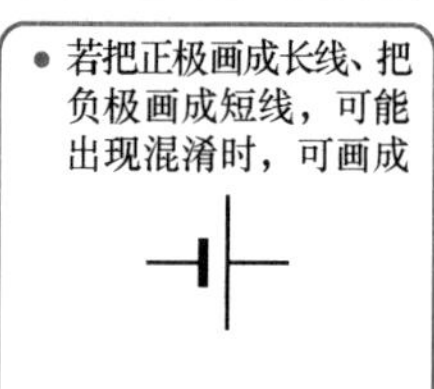 (旧JIS图形符号)
二极管(D) 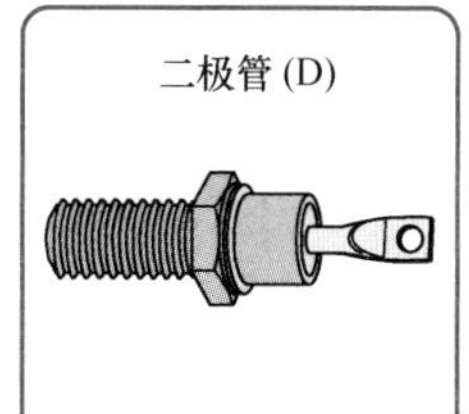	(a) (b) (旧JIS图形符号) 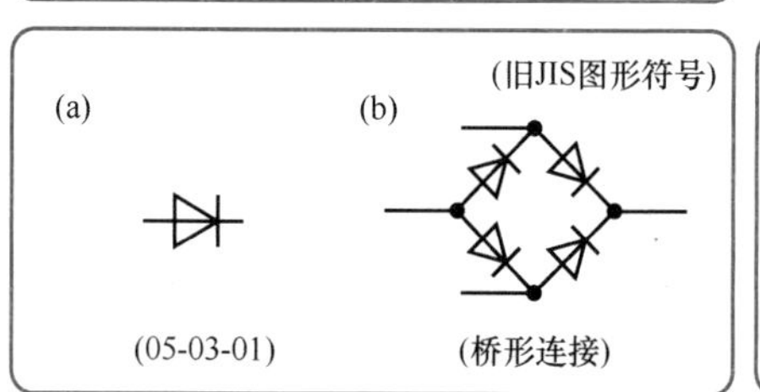 (05-03-01) (桥形连接)	• (a) 三角形里面要涂黑  (旧JIS图形符号)
熔丝(F) 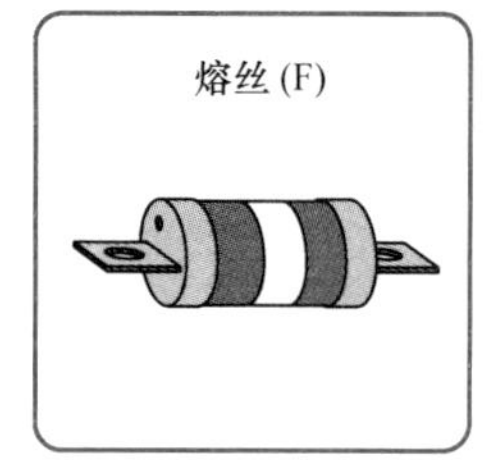	(a) (b) (c) (开放形) 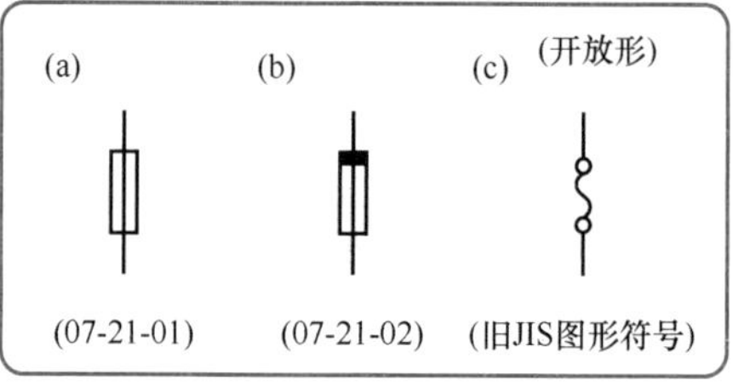 (07-21-01) (07-21-02) (旧JIS图形符号)	• (b) 电源侧可以用粗线表示 • 警报熔丝 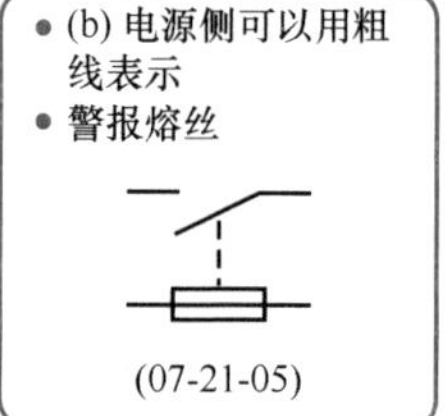 (07-21-05)

注：( ) 内的数值是 JIS C 0617 中规定的图形符号的序号。

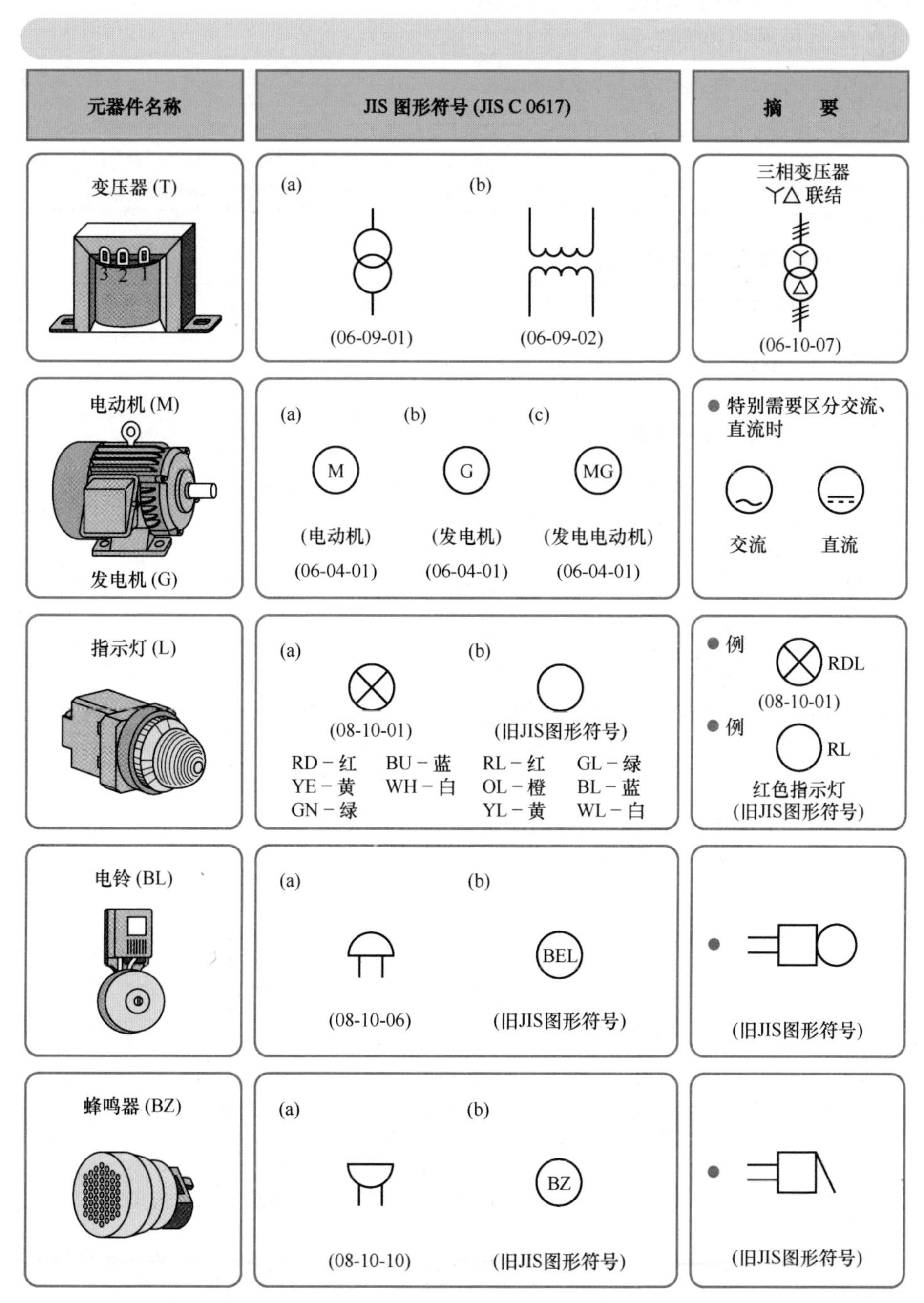

元器件名称	JIS 图形符号 (JIS C 0617)	摘　要
变压器 (T)	(a) (06-09-01)　(b) (06-09-02)	三相变压器 Y△ 联结 (06-10-07)
电动机 (M) 发电机 (G)	(a) M (电动机) (06-04-01)　(b) G (发电机) (06-04-01)　(c) MG (发电电动机) (06-04-01)	● 特别需要区分交流、直流时 交流　直流
指示灯 (L)	(a) (08-10-01)　(b) (旧JIS图形符号) RD－红　BU－蓝　RL－红　GL－绿 YE－黄　WH－白　OL－橙　BL－蓝 GN－绿　YL－黄　WL－白	● 例　RDL (08-10-01) ● 例　RL 红色指示灯 (旧JIS图形符号)
电铃 (BL)	(a) (08-10-06)　(b) BEL (旧JIS图形符号)	● (旧JIS图形符号)
蜂鸣器 (BZ)	(a) (08-10-10)　(b) BZ (旧JIS图形符号)	● (旧JIS图形符号)

注：( ) 内的数值是 JIS C 0617 中规定的图形符号的序号。

2-3 顺序控制符号的表示方法

1 什么是顺序控制符号

顺序控制符号（文字符号）

❖ **顺序控制符号**是通过缩写控制设备的名称而形成的文字符号。原则上，表示设备名称的英文名称的首字母以大写字母列出。这些文字符号作为顺序控制的符号包括在日本电气工业协会标准 JEM1115(配电盘，控制面板和控制设备的术语和符号)中。

● 顺序控制符号（文字符号）的例 ●

元器件名称	断路器	按钮	定时继电器
英文名称	Circuit Breaker	Push Button Switch	Time-Lag Relay
文字符号	CB	PBS	TLR

顺序控制符号（文字符号）

类别	元器件名称	文字符号	元器件名称	文字符号	元器件名称	文字符号	元器件名称	文字符号
开关和断路器类	吹弧断路器	ABB	熔丝	F	电平开关	LVS	开关	S
	空气断路器	ACB	磁场断路器	FCB	磁吹灭弧断路器	MBB	速度开关	SPS
	电流表切换开关	AS	浮力开关	FLTS	电磁接触器	MC	翻转开关	TS
	按钮	PBS	磁场开关	FS	断路器	CB	真空断路器	VCB
	断路器	CB	脚踏开关	FTS	油断路器	OCB	真空开关	VCS
	切换开关	COS	气体断路器	GCB	柱上空气开闭器	PAS	电压表切换开关	VS
	控制用操作开关	CS	高速断路器	HSCB	电力熔丝	PF	控制器	CTR
	隔离开关	DS	刀开关	KS	压力开关	PRS	起动器	STT
	紧急开关	EMS	限位开关	LS	旋转开关	RS	星三角起动器	YDS
继电器类	继电器	R	过电流继电器	OCR	压力继电器	PRR	热继电器	THR
	频率继电器	FR	断相继电器	OPR	功率继电器	PWR	时间继电器	TLR
	接地继电器	GR	接地过电压继电器	OVGR	延时继电器	TDR	欠电压继电器	UVR

译者注：柱上是指安装在电线杆上。

2 主要元器件符号、功能符号的表示方法

顺序控制符号（文字符号）

	名称	文字符号	名称	文字符号	名称	文字符号	名称	文字符号
电源	交流	AC	高压	HV	三相	3ϕ	接地	E
	直流	DC	低压	LV	单相	1ϕ	接地故障	G
旋转机械	发电机	G	直流发电机	DG	感应电动机	IM	电动发电机	MG
	电动机	M	直流电动机	DM	同步电动机	SM	测速发动机	TG
变压器	变压器	T	零序电流互感器	ZCT	仪表用电压电流互感器	VCT	感应电压调节器	IVR
	电流互感器	CT	仪表用电压互感器	VT	接地变压器	GT	自耦变压器	AT
测量仪器	电流表	AM	计时表	HM	压力计	PG	电压表	VM
	频率计	FM	最大需要电功率表	MDWM	液面计	LI	无功功率表	VARM
	流量计	FLM	转速表	NM	温度计	THM	功率表	WM
	验电表	VD	功率因数表	PFM	热电偶	THC	电能表	WHM
其他	电池	B	电容	C	电磁制动器	MB	指示灯	SL
	电铃	BL	电缆分线盒	CH	电磁离合器	MCL	电磁阀	SV
	充电器	BC	电热器	H	电动阀	MOV	脱扣线圈	TC
	蜂鸣器	BZ	保持线圈	HC	过电流脱扣线圈	OTC	欠电压脱扣线圈	UVC

	功能名称	文字符号	功能名称	文字符号	功能名称	文字符号	功能名称	文字符号
功能符号	自动	AUT	发电制动	DB	增	INC	反	R
	辅助	AX	减	DEC	瞬时	INS	右	R
	制动	B	紧急	EM	左	L	运转（运行）	RUN
	后	BW	正	F	低	L	复位	RST
	控制	C	前	FW	手动	MAN	起动	ST
	关闭	CL	高	H	关机（关）	OFF	设定	SET
	切换	CO	点动（寸动）	ICH	开机（开）	ON	停止	STP
	下降	D	互锁	IL	打开	OP	上升	U

关于顺序控制符号的详细说明请参照《图解顺序控制电路 入门篇》5-1 节。

2-4 控制器件序号的表示方法

1 什么是控制器件序号

控制器件序号

- **控制器件序号**是根据日本电机工业协会标准 JEM1090（控制器件序号）为控制器件确定的固有序号，由 1~99 的“**基本器件序号**”和以字母为基础的“**辅助符号**”组成，该“辅助符号”表示控制器件的种类，性质和用途等。
- 控制器件序号在顺序控制中作为一种技术术语是通用的，但由于无法联想到机器本身的性能，所以必须要记住（请参见本书 37 页和 38 页的基本器件序号列表）。

控制器件序号的构成方法

基本器件序号

〔例〕 52…… 交流断路器（断开或开闭交流电路的断路器）

4…… 主控制电路用继电器（开闭主控制电路的继电器）

8…… 控制电源开关（开闭控制电源的开关）

基本器件序号——**基本器件序号**

〔例〕 3-52…… 交流断路器操作开关（3 ：操作开关　52 ：交流断路器）

43-95…… 频率继电器切换开关（43 ：控制电路切换开关　95 ：频率继电器）

48-24…… 抽头切换动作缺失检测继电器（48 ：动作缺失继电器　24 ：抽头切换装置）

基本器件序号　**辅助符号**

〔例〕 27A…… 空气压缩机用欠电压继电器（27 ：交流欠电压继电器　A ：空气压缩机）

88F…… 风扇用接触器（88 ：辅机用接触器，F ：风扇）

51Q…… 液压油泵用交流过电流继电器（51 ：交流过电流继电器　Q ：液压油泵）

基本器件序号　**辅助符号**　**辅助符号**

〔例〕 88WCG…… 气体冷却水泵用接触器（WC ：冷却水泵，G ：气体）

52HP …… 户内变压器一次侧用交流断路器（H ：户内，P ：一次）

88AB …… 制动用空气压缩机用接触器（A ：空气压缩机，B ：制动）

2 基本器件序号和辅助符号

基本器件序号和器件名称

序号	器件名称
1	主干控制器、开关
2	起动、闭合延时继电器
3	操作开关
4	主控制电路用控制器、继电器
5	停止开关、继电器
6	起动断路器、接触器、继电器
7	调整开关
8	控制电源开关
9	励磁极性转换开关、继电器
10	顺序开关、程序控制器
11	试验开关、继电器
12	超速开关、继电器
13	同步速度开关、继电器
14	低速开关、继电器
15	速度调节装置
16	表示线监视继电器
17	表示线继电器
18	加速、减速接触器
19	起动 - 运转切换接触器
20	辅机阀
21	主机阀
22	漏电断路器、继电器
23	温度调整装置、继电器
24	抽头切换装置
25	同步检测装置

序号	器件名称
26	静止器温度开关、继电器
27	交流欠电压继电器
28	警报装置
29	灭火装置
30	机器的状态、故障显示装置
31	改变磁场的断路器、接触器
32	直流逆流继电器
33	位置检测开关、装置
34	电动顺序控制器
35	集电环短路装置
36	极性继电器
37	欠电流继电器
38	轴承温度开关、继电器
39	机械异常监视装置
40	励磁电流或失磁继电器
41	励磁断路器、接触器、开关
42	运行断路器、接触器、开关
43	控制电路切换接触器、开关
44	距离继电器
45	直流过电压继电器
46	反相、相不平衡电流继电器
47	断相、反相电压继电器
48	动作缺失继电器
49	旋转机械温度开关、继电器
50	短路、对地短路选择继电器

序号	器件名称
51	交流过电流继电器
52	交流断路器、接触器
53	励磁继电器、励弧继电器
54	高速断路器
55	功率因数继电器、自动功率因数调节器
56	转差率检测器、失步继电器
57	电流继电器、自动电流调节器
58	(备用序号)
59	交流过电压继电器
60	电压平衡继电器
61	电流平衡继电器
62	停止、开路延时继电器
63	压力开关、继电器
64	对地短路过电压继电器
65	调速装置
66	断续继电器
67	对地短路方向继电器
68	混入检测器
69	流量开关、继电器
70	可调电阻器
71	整流元件故障检测装置
72	直流断路器，接触器
73	短路用断路器，接触器
74	调整阀
75	制动装置

2 基本器件序号和辅助符号（续）

基本器件序号和器件名称

序号	器件名称
76	直流过电流继电器
77	负载调整装置
78	调制保护相位比较继电器
79	交流再闭路继电器
80	直流欠电压继电器
81	调速机驱动装置
82	直流再闭路继电器
83	选择开关、继电器
84	电压继电器
85	信号继电器

序号	器件名称
86	锁定继电器
87	差动继电器
88	辅机用断路器、接触器
89	隔离开关、负载开闭器
90	自动电压调节器
91	电功率调节器或电功率继电器
92	扉门或风洞门
93	（备用序号）
94	脱扣优先接触器或继电器
95	频率继电器

序号	器件名称
96	静止机器内部故障检测装置
97	转子
98	连接装置
99	自动记录装置

辅助符号和内容

序号	主要内容
A	交流、自动、风、空气、放大、电流，空气压缩机
B	断线、旁路、电铃、电池、母线、制动、断路、轴承
C	共同、冷却、投入、补偿、控制、电容，闭合
D	直流、数字、差动、刻度盘
E	紧急、励磁
F	支线、火灾、故障、风扇、熔丝、频率、闪烁、正
G	对地短路、气体、发电机

序号	主要内容
H	高、户内、电加热器、保持
I	内部、初期
J	结合、喷气
K	三次、外罩
L	灯、漏、低、下降
M	仪表、动力、电动机、主
N	中性、氮，负极
O	外部、打开、欧姆元件
P	正极、输出、泵、一次、电力、压力、程序
Q	油、液压油泵、无功功率

序号	主要内容
R	复位、提升、远程、受电、电阻、室内、接收、调节
S	电磁、动作、同步、短路、二次、速度、选择
T	变压器、温度、延时、脱扣
U	使用
V	电压、真空、阀
W	水、水位、给水、排水
X	辅助
Y	辅助
Z	辅助、蜂鸣器、阻抗

关于控制器件序号的详细说明请参照《图解顺序控制电路 入门篇》的附录。

2-5 顺序图的表示方法

1 顺序图表示方法的规则

顺序图表示方法的规则

- **顺序控制被定义为“根据预先确定的顺序或由一定逻辑关系确定的顺序，逐次执行控制的每个阶段的一种控制方式”。**
- **顺序图**是指使用顺序控制的设备、装置和机器的动作，通过以功能为中心的电气连接的展开，而不考虑每个部件的物理结构和形状，用图形符号表示的电路图，也称为“**展开连接图**”。

（1）顺序图中使用的图形符号是采用在 JIS C 0617（电气用图形符号）中规定的电气图形符号（参见本书 2-2 节“电气图形符号的表示方法”）。

（2）顺序图中的控制电源母线不是详细画出具体的连线，而是在顺序图的上下方用水平横线或左右侧用垂直纵线表示为电源的导线。

（3）在顺序图中，在上方和下方控制电源母线之间，连接控制设备的连接线表示为垂直连线；在左侧和右侧控制电源母线之间的连接线表示为水平连线。

（4）顺序图中的连接线按照动作的顺序从左到右排列或者从上到下排列。

（5）对于在顺序图中带有开闭触点的控制器件，省略了其机构部分、支撑部分和保护部分等相关机构，只用触点和电磁线圈等符号来表示，各触点、线圈及连接线是分别画出的。

（6）在顺序图中，用来表示控制器件名称的文字符号和控制器件序号被分别标注在触点和电磁线圈的图形符号旁边，用以表明其所属关系。有关控制符号和器件序号的表示方法，请参见本书 2-3 节和 2-4 节。

（7）对于顺序图中的触点状态，由手动操作的器件（如按钮），以手没有接触到操作部分时触点的状态来表示；由电力或其他能量驱动的器件（如电磁继电器，电磁接触器，定时器等），以驱动部分没有施加电源或其他能量时触点的状态来表示。

按钮的图形符号的表示方法

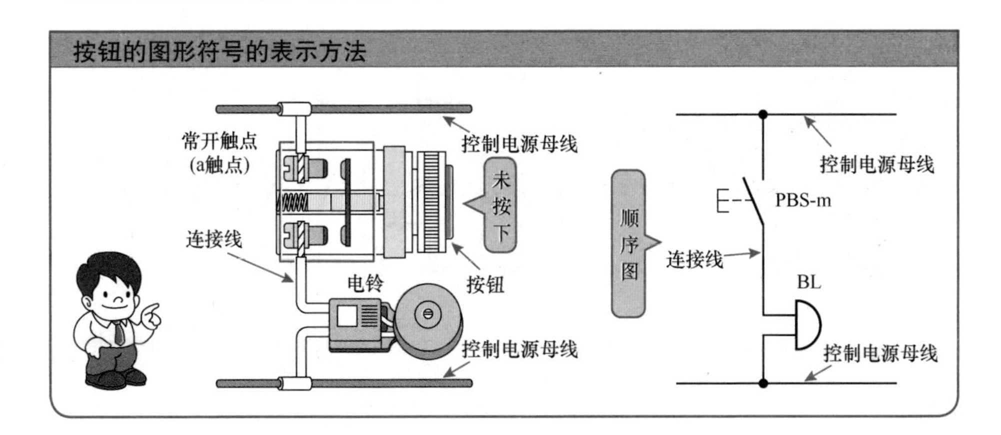

2 带有开闭触点器件的图形符号的表示方法

带有开闭触点器件的图形符号的表示方法

❖ 在顺序图中，对于带有开闭触点的器件，省略了其中的机构部分、支撑部分和保护部分等关联机构，只表示为独立的触点和电磁线圈的图形符号，并用相应的连接线将各自独立的触点、电磁线圈连接。同时要标注表示名称的文字符号和相应序号，以便把同一器件的各个分离部分关联起来。

电磁继电器图形符号的表示方法

❖ 电磁继电器的图形符号只画出电磁线圈和触点，省略了其他机构部分，并表示为电流没有流过电磁线圈时的状态。

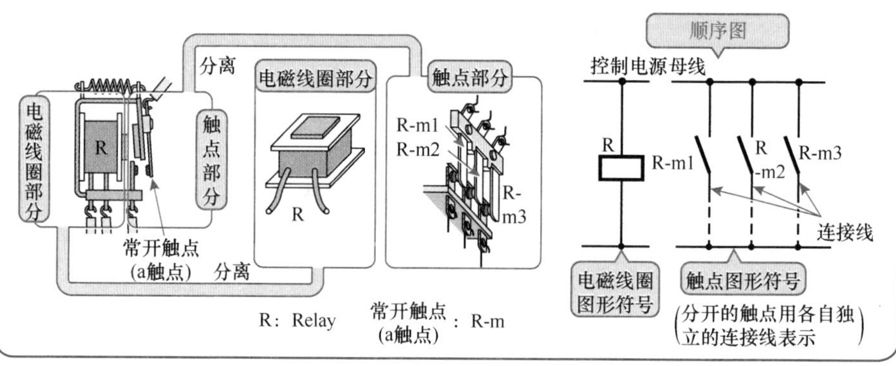

接触器图形符号的表示方法

❖ 接触器的图形符号省略了固定铁心、可动铁心、弹簧、外壳等机械部分以及支撑、保护等关联部分，只画出独立的电磁线圈、主触点和辅助触点，并表示为电流没有流过电磁线圈时的状态。

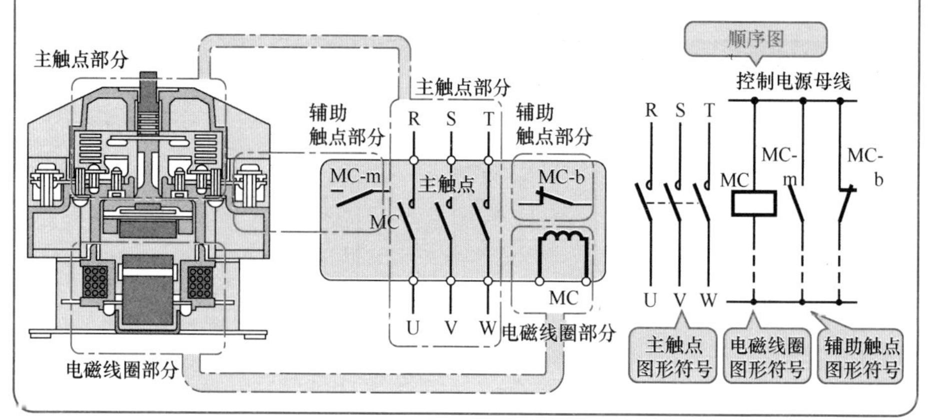

3 纵向画法顺序图的表示方法

纵向画法顺序图和横向画法顺序图

- 在 JIS C 10821（电气技术文档第 1 部分：一般要求项目）中要求：电路图中的信号流的流向基本上是按照从左到右，或者从上到下顺序排列的。
- 根据顺序图中连接线的信号流动方向，可以将顺序图分为“纵向顺序图”和“横向顺序图”。

纵向顺序图的表示方法

- **纵向顺序图**是连接线中的信号流的方向大部分按照从上到下纵向排列的。

（1）控制电源母线在顺序图的上下方用横线表示。
（2）连接线在控制电源母线之间沿着信号流的方向用纵线表示。
（3）连接线从左到右大致按动作顺序排列。
（4）在连接线内，把各种切换开关、操作开关、电磁继电器等触点依次连接到上方控制电源母线，把定时器（时间继电器），电磁继电器、接触器等电磁线圈原则上连接到下方控制电源母线。

● 电动鼓风机的延时动作运转电路 ●

〔例〕

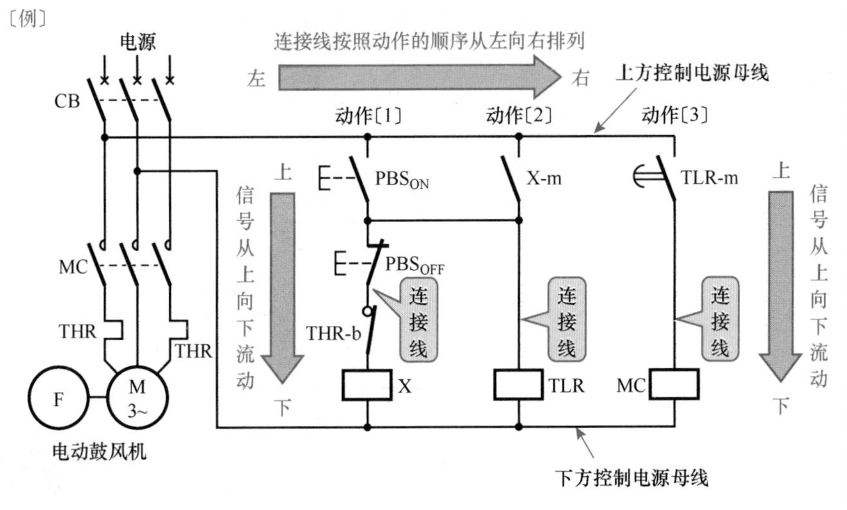

文字符号

CB	:	断路器	Ⓜ	:	电动机	X□	:	辅助继电器的电磁线圈
MC	:	接触器的主触点	Ⓕ	:	鼓风机	X-m	:	辅助继电器的常开触点
MC□	:	接触器的电磁线圈	PBS_{ON}	:	起动用按钮	TLR□	:	定时器的驱动部分
THR	:	热继电器	PBS_{OFF}	:	停止用按钮	TLR-m	:	定时器的常开触点

4 横向画法顺序图的表示方法

横向画法顺序图的表示方法

❖ **横向顺序图**是连接线中的信号流的方向大部分是左右横向排列的。

（1）控制电源母线在顺序图的左右两侧，用竖线表示。

（2）连接线在控制电源母线之间，沿着信号的流动方向，用左右方向的横线表示。

（3）连接线从上向下大致按动作顺序排列。

（4）在连接线内，把各种切换开关、操作开关、电磁继电器等触点依次连接到左侧控制电源母线，把定时器，电磁继电器、接触器等电磁线圈原则上连接到右侧控制电源母线。

● 电动鼓风机的延时动作运转电路 ●

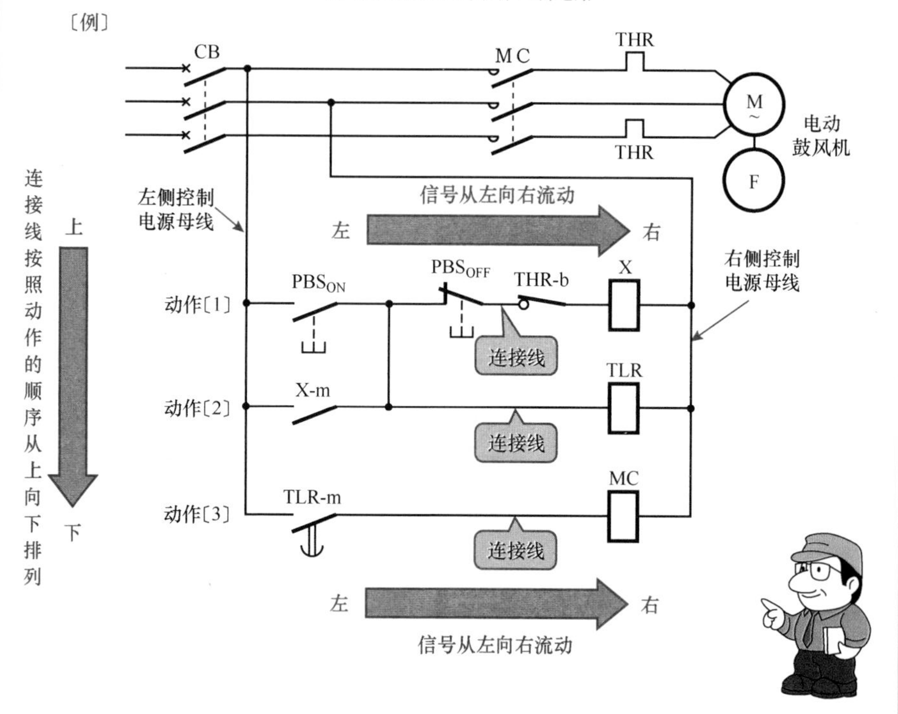

❖ 作为纵向顺序图和横向顺序图的例“电动鼓风机的延时动作运转电路”，可参见本书 7-2 节“电动鼓风机的延时起动电路”。该节对实际接线图及其动作顺序做了详细说明。

关于顺序图画法的详细说明请参照《图解顺序控制电路 入门篇》的第 6 章。

第3章

简单的顺序控制实例

本章关键点

本章以自动门的开闭控制为例，简要说明如何控制实际的顺序控制系统。

（1）如何控制日常生活中常见的自动门开闭呢？本章给出了实际装置的接线图，以了解自动门的开闭控制机构。

（2）利用 JIS C 0617 规定的电气用图形符号将自动门的实际接线图改画成顺序图。对照实际接线图，尝试读懂顺序图。

（3）基于每一个具有独立功能的电路，把自动门的顺序动作分解成为类似于幻灯片那样一幅一幅的顺序图，并以此来描述自动门的动作顺序，使读者能够轻松地理解顺序控制的过程。

3-1 自动门的开闭控制机构

1 自动门（液压式）的实际接线图和顺序图

液压式自动门〔例〕 ● 入口的开闭控制电路 ●

❖ 因为自动门的入口和出口的开闭控制机构完全相同，所以只以入口的开闭控制机构为例进行说明。自动门的实际接线图如下图所示。

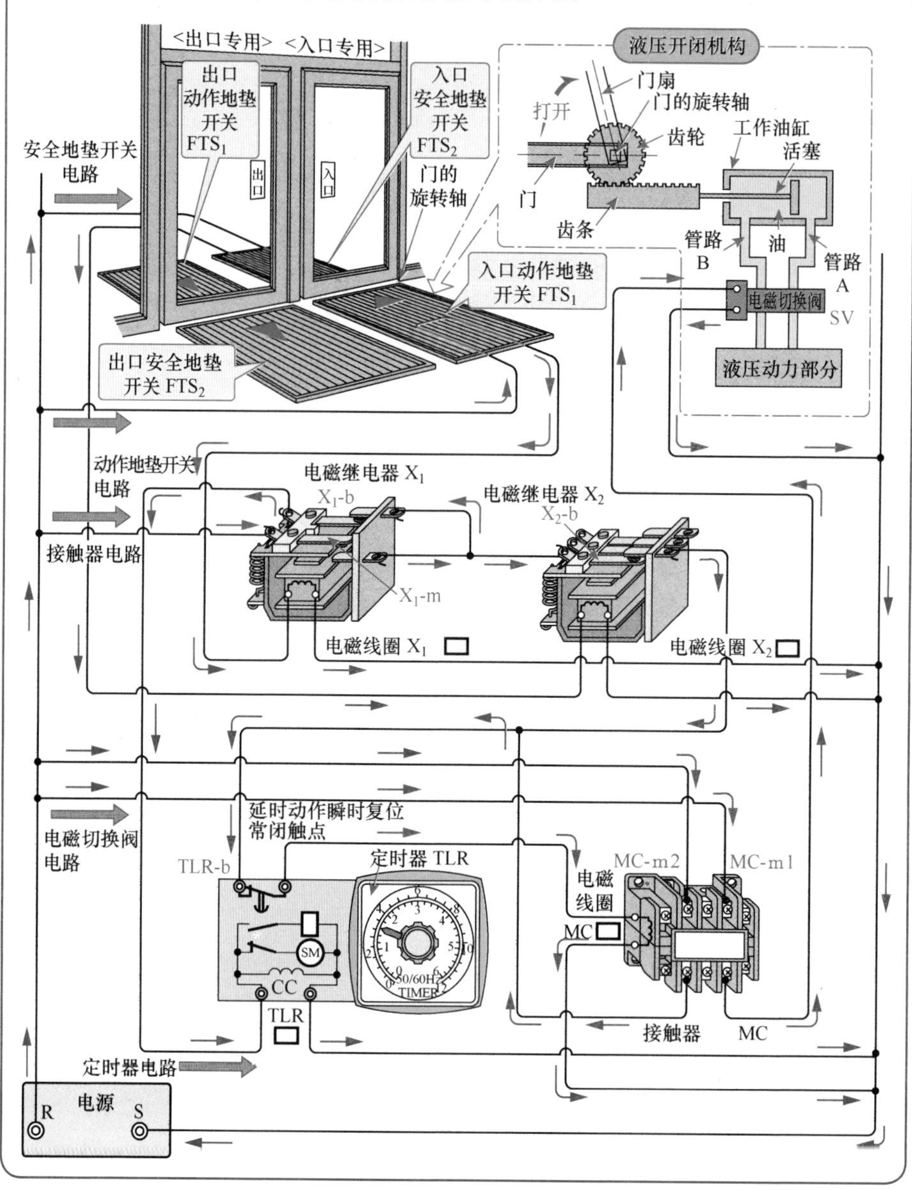

自动门的种类

● 自动门的传感器 ●

- 随着门扇开闭的合理化要求以及采暖和空调设备的普及，不仅在人流通行量很大的楼宇入口、工厂的办公室等处使用了可以自动开闭的自动门，甚至在很多商店、餐饮店等服务行业的入口处也配置了自动门。
- 近年来，多数自动门的控制方式是利用电动机直接驱动门扇开闭的电动方式。但是，为了便于读者理解，本节以利用液压开闭机构的液压式自动门为例，对自动门的顺序控制进行说明。
- 为了检测是否有人接近了自动门，常用的传感器有如下的几种类型
- 有通过人体发出热量（红外线）检测出通行者走近自动门的热开关；有通过微波变化来检测通行者走近自动门的雷达开关；还有利用电容量变化的触摸式开关。
- 在本例中将介绍结构简单的地垫开关。这种开关的特点是只要通行者踏上具有开关功能的地垫，门扇就会自动打开。

自动门的顺序图

● 横向画法的顺序图 ●

- 下图是将自动门的实际接线图改画成以信号流为基准的横向画法顺序图。读图时请对照从下页开始列出的说明。

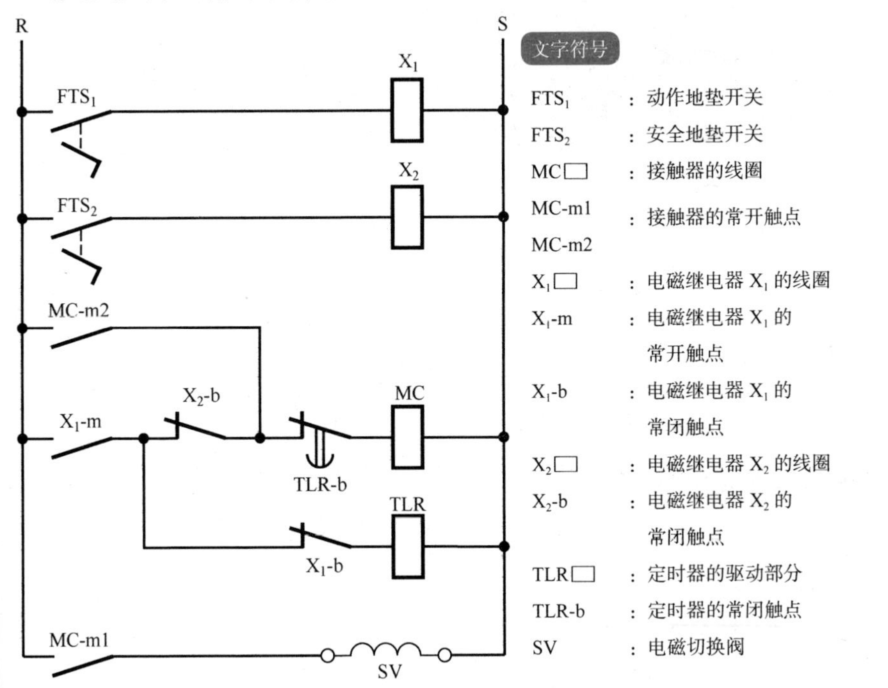

2 自动门（液压式）的开闭机构

液压式自动门的开闭机构

❖ 液压式自动门的动作（参照前页的顺序图）：当通行人踏到敷设在入口处的动作地垫开关，则动作地垫开关 FTS_1 闭合，使得电磁继电器 X_1 动作，其常开触点 X_1-m 闭合。X_1-m 的闭合使接触器 MC 动作，驱动液压开闭机构将门打开。与此同时，定时器 TLR 开始计时，到达设定时间后定时器动作，其延时动作瞬时复位的常闭触点 TLR-b 分开使接触器 MC 复位，驱动液压开闭机构将门关闭。

❖ 液压式自动门的开闭机构是由电动机、油泵、蓄能器等部件组成的“液压动力部分”和由电磁切换阀、工作油缸、齿轮等部件组成的“动作部分”所构成。

自动门（液压式）的开门动作　　● 液压开门机构的动作〔例〕●

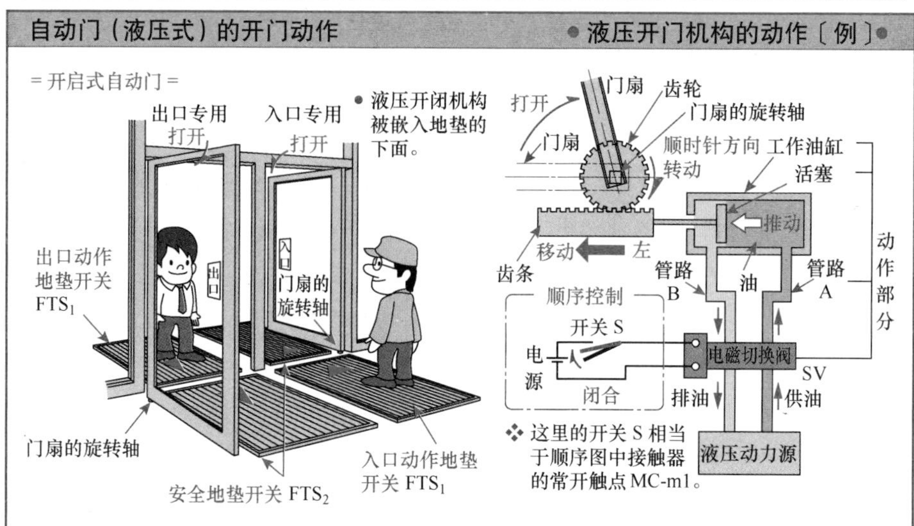

● 动作说明 ●　　　——参见前页的顺序图——

❖ 当通行人员踏上入口动作地垫开关 FTS_1 上面时，接触器 MC 动作，其常开触点 MC-m1 闭合，使得电磁切换阀 SV 动作。由于电磁切换阀 SV 动作，液压动力源的压力油就会向管路 A 供油，推动工作油缸内的活塞向左移动，带动齿条和齿轮联动，使门扇的旋转轴沿顺时针方向转动，门扇被打开。

动作地垫与安全地垫的功能

❖ 对于开启式自动门，为了使通行人员走到门扇摆动侧不被摆动的门扇拍到，于是在门的两侧敷设“动作地垫”和“安全地垫”。

❖ “动作地垫”敷设在对应于通行方向的门扇前侧，“安全地垫”敷设在门扇后侧。当通行人员站在“安全地垫”上面时，即使有其他人踏到“动作地垫”，门扇也不会打开。这样就保证了通行人员的安全（参见本书 56 页）。

自动门（液压式）的关门动作

● 液压关门机构的动作〔例〕●

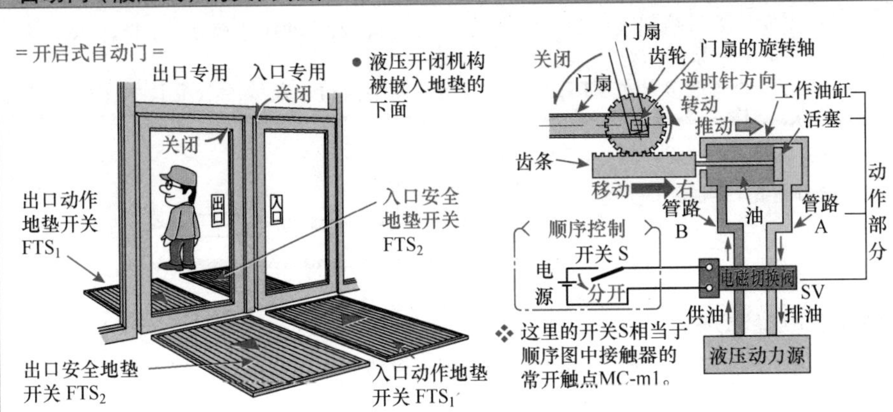

● 动作说明 ●

——参见 45 页的顺序图——

❖ 当通行人员从入口安全地垫开关 FTS_2 上面走过，定时器 TLR 开始计时，其延时动作瞬时复位常闭触点 TLR-b 分开，使接触器 MC 复位，其常开触点 MC-m1 分开。MC-m1 的分开使得电磁切换阀 SV 复位，液压动力源的压力油就会向管路 B 供油，推动工作油缸内的活塞向右移动，带动齿条和齿轮联动，使门扇的旋转轴沿逆时针方向转动，门扇被关闭。

地垫开关

● 地垫开关的结构〔例〕●

❖ 当人（或物体）接近自动门时，利用人（或物体）的重量压迫地垫开关 FTS 使之动作。这个开关是驱使门扇开闭动作的起动装置。

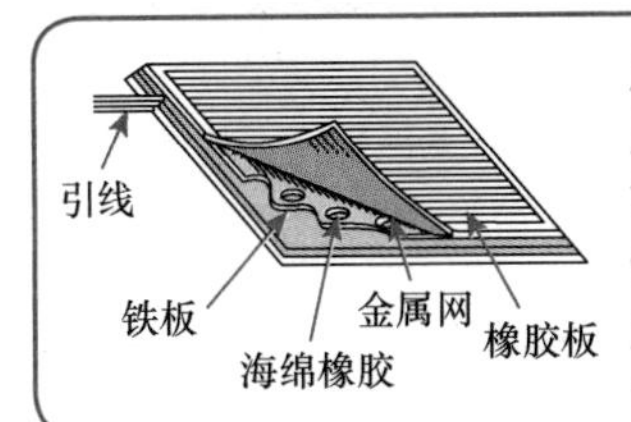

所谓地垫开关，就是在金属网和铁板之间夹着一层海绵橡胶，通过金属网和铁板的接触或分离实现开关的开闭动作，有的场合也叫作橡胶开关。

● 地垫开关的“分开”状态 ●

❖ 当没有人踏到地垫开关上时，金属网与铁板之间被绝缘的海绵橡胶隔开，开关为“分开”状态。

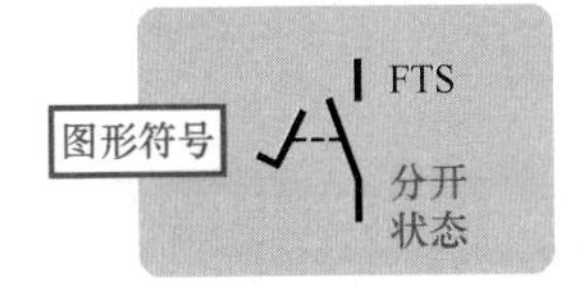

● 地垫开关的“闭合”状态 ●

❖ 当有人踏到地垫开关上面时，海绵橡胶就会因为人的重量被压缩，金属网和铁板会在海绵橡胶开孔的部位相接触，开关为“闭合”状态。

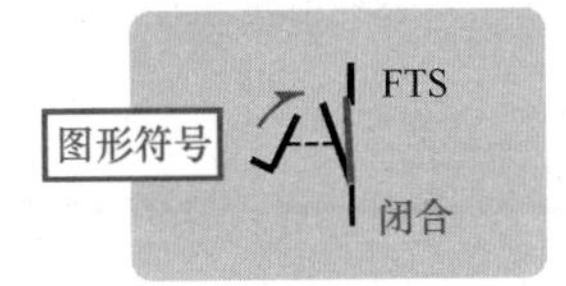

3-2 自动门的顺序控制

1 自动门的开门顺序动作

动作地垫开关电路的动作 ● 顺序〔1〕●

▶（1）当通行人员踏到入口动作地垫开关上面时，入口动作地垫开关 FTS_1。就会因为人的重量而闭合。

▶（2）入口动作地垫开关 FTS_1 闭合后，电流就会流过电磁线圈 X_1 ▭，电磁继电器 X_1 动作。

〔电路构成〕

= 入口动作地垫开关电路 =

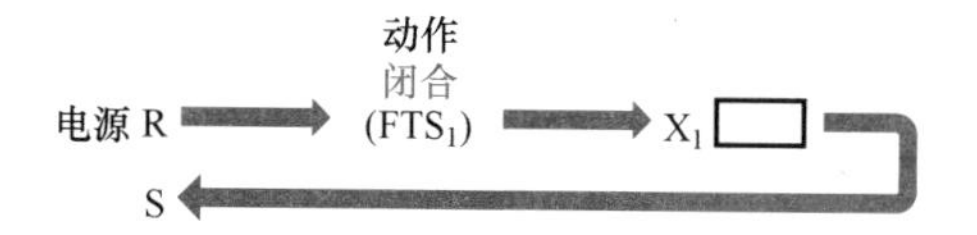

接触器电路的动作 ● 顺序〔2〕●

▶（1）电磁继电器 X_1 动作，串联在接触器电磁线圈电路中的继电器常开触点 X_1-m 闭合。

▶（2）电磁继电器 X_1 的常开触点 X_1-m 闭合后，接触器的电磁线圈 MC▭通电，接触器 MC 动作。

▶（3）电磁继电器 X_1 动作，串联在定时器电路中的常闭触点 X_1-b 分开。

▶（4）电磁继电器 X_1 的常闭触点 X_1-b 分开后，定时器线圈 TLR▭断电，定时器 TLR 复位。

〔电路构成〕

= 电磁线圈 MC ▭ 电路 =

= 定时器 TLR ▭ 电路 =

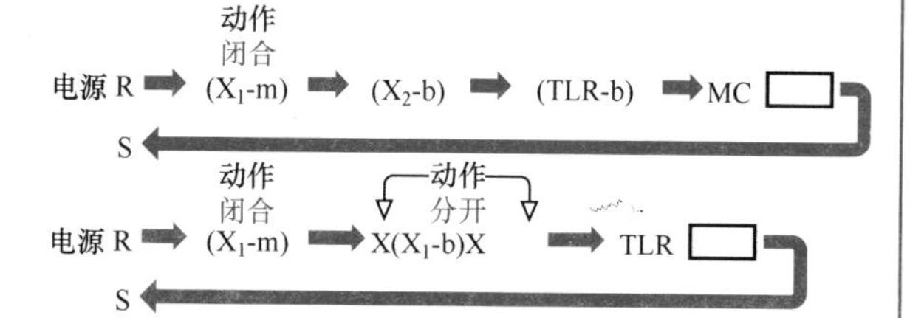

说 明

● 接触器 MC 动作后，接下来顺序〔3〕、〔4〕的动作同时发生。

电磁切换阀电路的动作 ● 顺序〔3〕●

▶（1）接触器 MC 动作，串联在电磁切换阀电路中的常开触点 MC-m1 闭合。

▶（2）接触器的常开触点 MC-m1 闭合后，电磁切换阀的电磁线圈 SV 通电，电磁切换阀 SV 动作。

▶（3）电磁切换阀 SV 动作，使得液压开门机构（参见本书 46 页）开始动作，活塞推动齿条和齿轮联动，门扇被打开。

〔电路构成〕

= 电磁切换阀电路 =

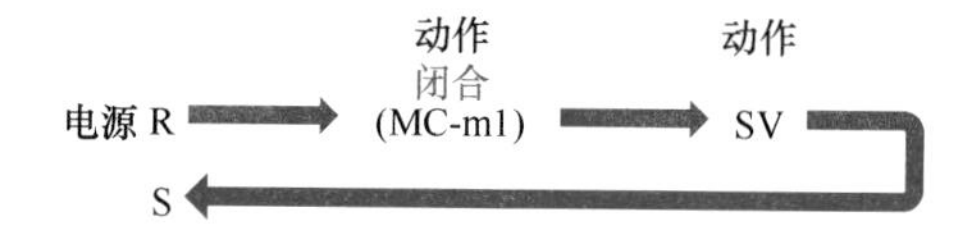

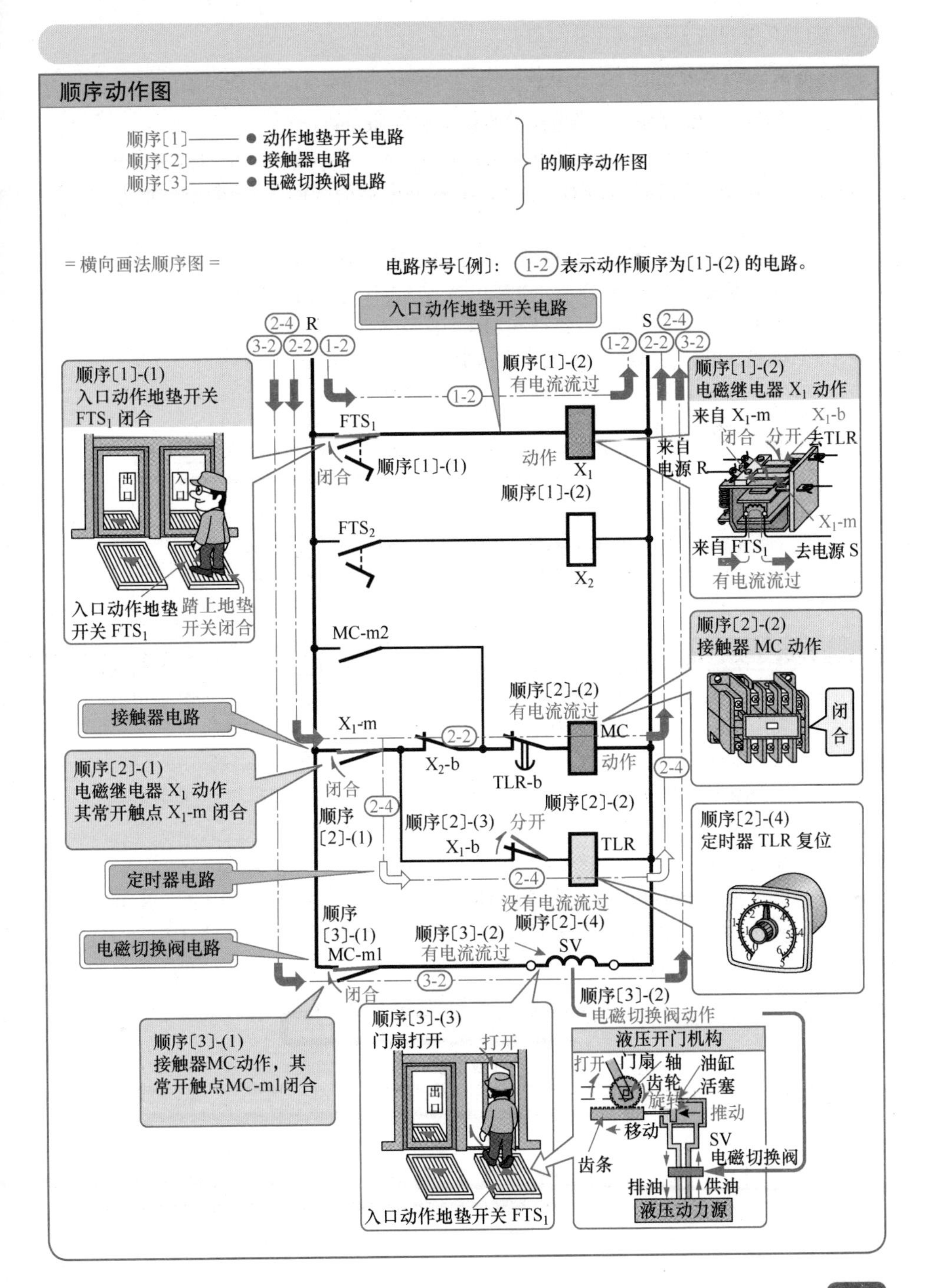
顺序动作图
顺序〔1〕——● 动作地垫开关电路
顺序〔2〕——● 接触器电路
顺序〔3〕——● 电磁切换阀电路
的顺序动作图
= 横向画法顺序图 =
电路序号〔例〕: 1-2 表示动作顺序为〔1〕-(2) 的电路。
入口动作地垫开关电路
顺序〔1〕-(1)
入口动作地垫开关
FTS1 闭合
出口
入口
入口动作地垫开关 FTS1
踏上地垫开关闭合
FTS1
闭合
顺序〔1〕-(1)
顺序〔1〕-(2)
有电流流过
动作
X1
顺序〔1〕-(2)
FTS2
X2
顺序〔1〕-(2)
电磁继电器 X1 动作
来自 X1-m
X1-b
闭合
分开
去TLR
来自电源 R
X1-m
来自 FTS1
去电源 S
有电流流过
MC-m2
接触器电路
X1-m
X2-b
TLR-b
顺序〔2〕-(2)
有电流流过
MC
动作
顺序〔2〕-(2)
接触器 MC 动作
闭合
顺序〔2〕-(1)
电磁继电器 X1 动作
其常开触点 X1-m 闭合
闭合
顺序〔2〕-(1)
顺序〔2〕-(2)
顺序〔2〕-(3)
分开
X1-b
TLR
顺序〔2〕-(4)
定时器 TLR 复位
定时器电路
没有电流流过
顺序〔2〕-(4)
顺序〔3〕-(1)
MC-m1
顺序〔3〕-(2)
有电流流过
SV
电磁切换阀电路
闭合
顺序〔3〕-(2)
电磁切换阀动作
顺序〔3〕-(1)
接触器MC动作，其常开触点MC-m1闭合
顺序〔3〕-(3)
门扇打开
打开
出口
入口动作地垫开关 FTS1
液压开门机构
打开
门扇
轴
油缸
齿轮
活塞
旋转
推动
移动
齿条
SV
电磁切换阀
排油
供油
液压动力源

1 自动门的开门顺序动作（续）

起保停电路的动作

●顺序〔4〕●

▶（1）接触器 MC 动作，自保电路中的常开触点 MC-m2 闭合。

▶（2）通行人员从入口动作地垫开关通过之后，入口动作地垫开关 FTS_1 复位分开。

▶（3）入口动作地垫开关 FTS_1 分开，电磁继电器的线圈 X_1 ▭断电，继电器 X_1 复位。

▶（4）电磁继电器 X_1 复位，接触器电路中的常开触点 X_1-m 分开。

▶（5）即使常开触点 X_1-m 分开，电流也会通过自保电路的常开触点 MC-m2 流过接触器线圈 MC▭，所以接触器 MC 会保持继续动作。

▶（6）电磁继电器 X_1 复位，定时器电路中的常闭触点 X_1-b 闭合。

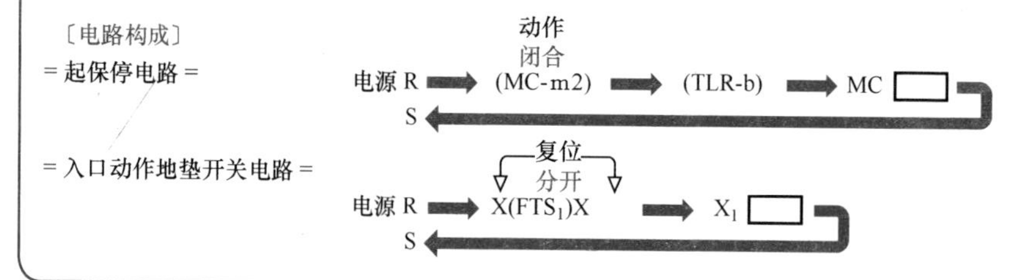

安全地垫开关电路

●顺序〔5〕●

▶（1）通行人员从入口动作地垫开关 FTS_1 通过之后，只要踏上入口安全地垫，入口安全地垫开关 FTS_2 就会闭合。

▶（2）入口安全地垫开关 FTS_2 闭合后，电流流过线圈 X_2▭，电磁继电器 X_2 动作。

▶（3）电磁继电器 X_2 动作，接触器电路中的常闭触点 X_2-b 分开。

▶（4）即使触点 X_2-b 分开，电流也会通过起保停电路的常开触点 MC-m2 流过接触器线圈 MC▭，所以接触器 MC 会保持继续动作。

▶（5）虽然起保停电路中的常开触点 MC-m2 是导通的，但是，由于触点 X_2-b 是分开的，所以定时器的线圈 TLR □是不通电的，计时器不会起动。

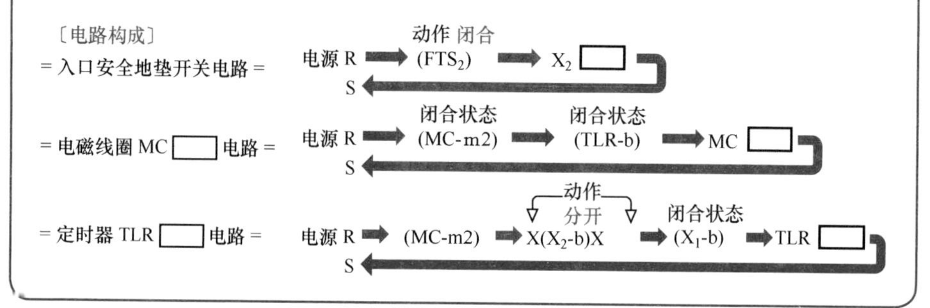

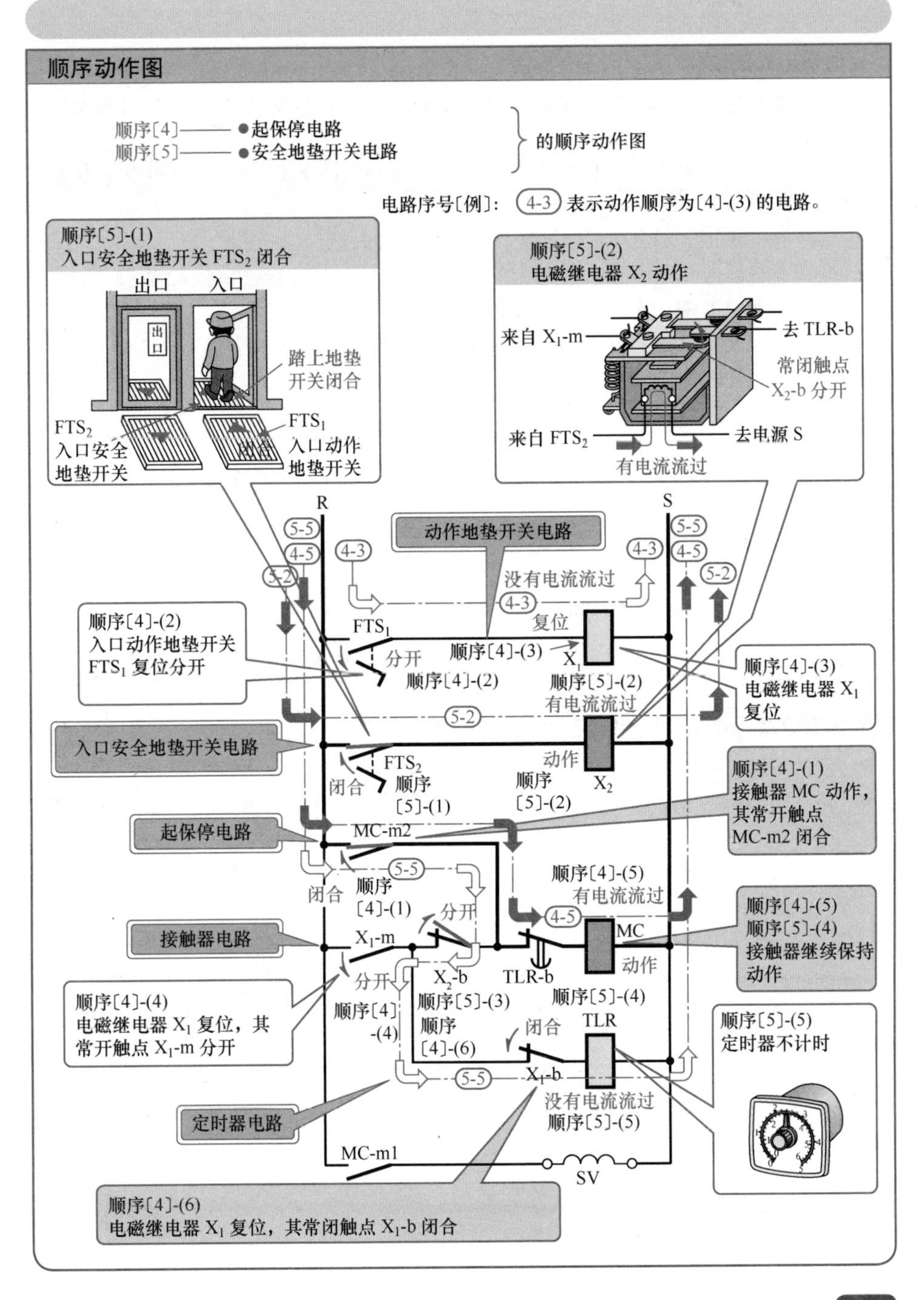
顺序动作图
顺序〔4〕——●起保停电路
顺序〔5〕——●安全地垫开关电路
的顺序动作图
电路序号〔例〕: 4-3 表示动作顺序为〔4〕-(3) 的电路。
顺序〔5〕-(1)
入口安全地垫开关 FTS2 闭合
出口
入口
出口
踏上地垫开关闭合
FTS2
入口安全地垫开关
FTS1
入口动作地垫开关
顺序〔5〕-(2)
电磁继电器 X2 动作
来自 X1-m
去 TLR-b
常闭触点
X2-b 分开
来自 FTS2
去电源 S
有电流流过
R
S
动作地垫开关电路
没有电流流过
顺序〔4〕-(2)
入口动作地垫开关
FTS1 复位分开
FTS1
复位
分开
顺序〔4〕-(3)
X1
顺序〔4〕-(2)
顺序〔5〕-(2)
有电流流过
顺序〔4〕-(3)
电磁继电器 X1
复位
入口安全地垫开关电路
FTS2
动作
闭合
顺序
〔5〕-(1)
顺序
〔5〕-(2)
X2
顺序〔4〕-(1)
接触器 MC 动作，
其常开触点
MC-m2 闭合
起保停电路
MC-m2
闭合
顺序
〔4〕-(1)
顺序〔4〕-(5)
有电流流过
分开
顺序〔4〕-(5)
顺序〔5〕-(4)
接触器继续保持
动作
接触器电路
X1-m
MC
动作
X2-b
TLR-b
分开
顺序〔4〕
-(4)
顺序〔5〕-(3)
顺序
〔4〕-(6)
顺序〔5〕-(4)
顺序〔4〕-(4)
电磁继电器 X1 复位，其
常开触点 X1-m 分开
闭合
TLR
顺序〔5〕-(5)
定时器不计时
X1-b
没有电流流过
顺序〔5〕-(5)
定时器电路
MC-m1
SV
顺序〔4〕-(6)
电磁继电器 X1 复位，其常闭触点 X1-b 闭合

2 自动门的关门顺序动作

定时器电路的动作 ●顺序〔6〕●

▶（1）当通行人员从入口安全地垫开关通过之后，入口安全地垫开关 FTS_2 复位分开。

▶（2）入口安全地垫开关 FTS_2 复位分开后，电磁线圈 X_2□断电，电磁继电器 X_2 复位。

▶（3）电磁继电器 X_2 复位后，接触器电路中的常闭触点 X_2-b 闭合。

▶（4）常闭触点 X_2-b 闭合，电流就会通过自保电路的常开触点 MC-m2 流过定时器线圈 TLR■，定时器 TLR 开始计时。

- 虽然定时器 TLR 开始计时，但是只要没到达设定时间，就不会动作。定时器 TLR 将在顺序〔7〕-〔1〕动作。

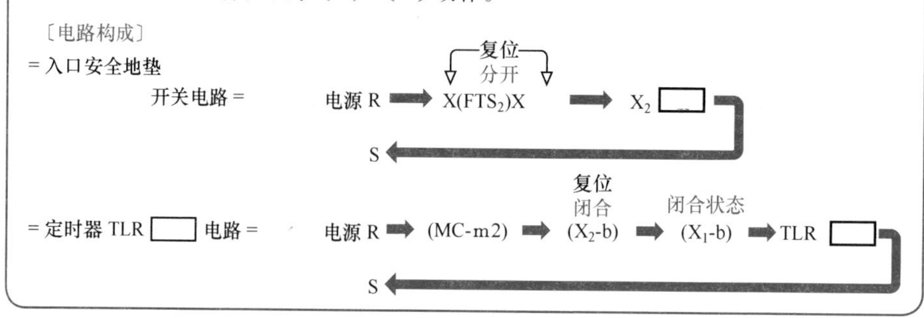

接触器电路（到达定时器设定时间后）的动作 ●顺序〔7〕●

▶（1）定时器 TLR 计时到达设定时间，定时器动作。

▶（2）定时器 TLR 动作后，接触器电路中的延时动作瞬时复位常闭触点 TLR-b 分开。

▶（3）延时动作瞬时复位常闭触点 TLR-b 分开，接触器线圈 MC□断电，接触器 MC 复位。

〔电路构成〕

= 电磁线圈 MC □ 电路 = 电源 R ➡ (MC-m2) ➡ X(TLR-b)X（动作 分开）➡ MC □ ➡ S

说 明

- 接触器 MC 复位，接下来的顺序〔8〕、〔9〕的动作同时进行。

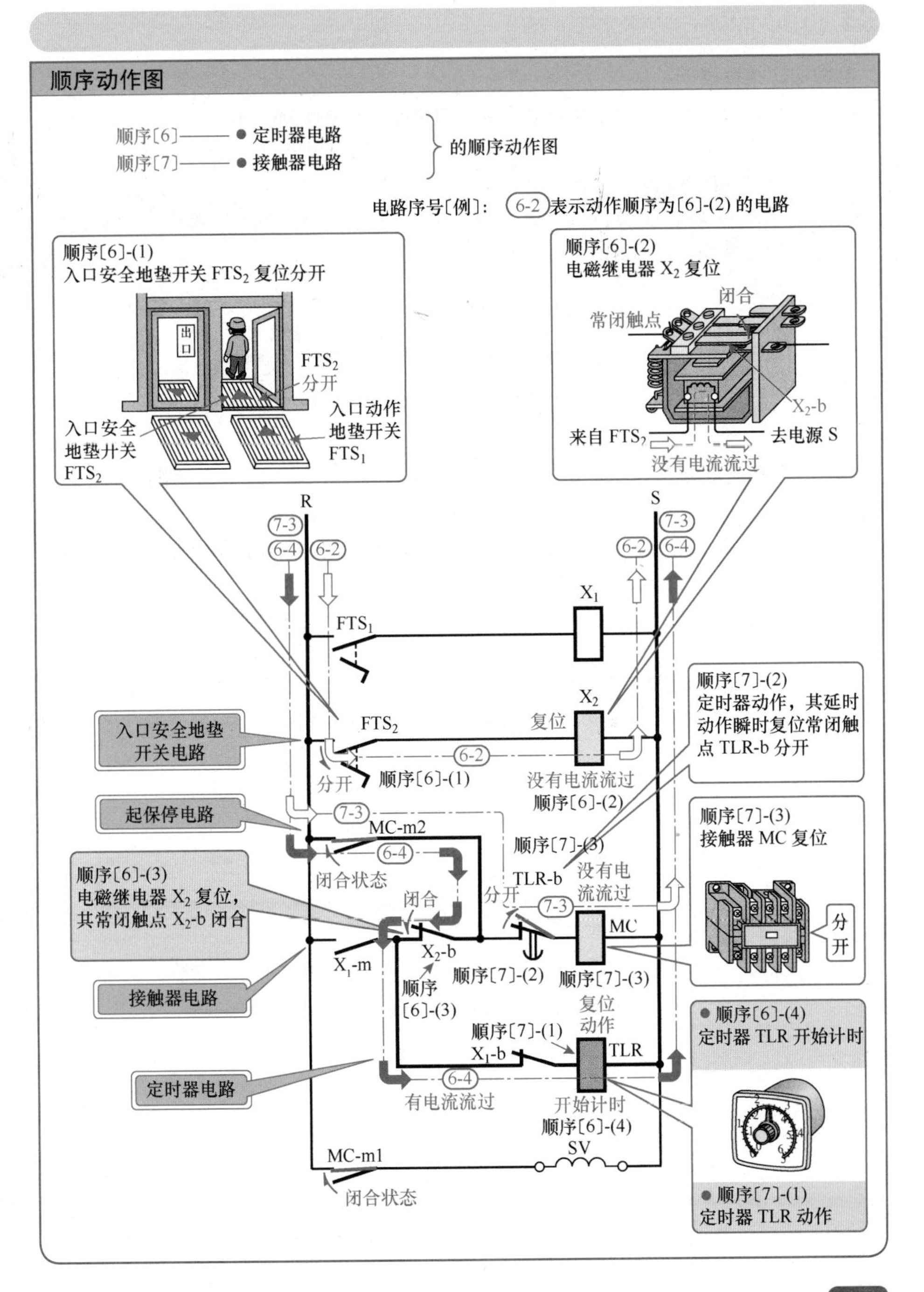

顺序动作图
顺序〔6〕——● 定时器电路
顺序〔7〕——● 接触器电路
的顺序动作图
电路序号〔例〕：6-2 表示动作顺序为〔6〕-(2) 的电路
顺序〔6〕-(1)
入口安全地垫开关 FTS2 复位分开
出口
FTS2
分开
入口动作
地垫开关
FTS1
入口安全
地垫开关
FTS2
顺序〔6〕-(2)
电磁继电器 X2 复位
闭合
常闭触点
X2-b
来自 FTS2
去电源 S
没有电流流过
R
S
7-3
6-4
6-2
X1
FTS1
X2
FTS2
复位
6-2
分开
顺序〔6〕-(1)
没有电流流过
顺序〔6〕-(2)
顺序〔7〕-(2)
定时器动作，其延时动作瞬时复位常闭触点 TLR-b 分开
入口安全地垫开关电路
起保停电路
MC-m2
6-4
闭合状态
顺序〔7〕-(3)
TLR-b
没有电流流过
分开
7-3
MC
顺序〔7〕-(3)
接触器 MC 复位
分开
顺序〔6〕-(3)
电磁继电器 X2 复位，其常闭触点 X2-b 闭合
闭合
X2-b
X1-m
顺序〔6〕-(3)
顺序〔7〕-(2)
顺序〔7〕-(3)
复位动作
接触器电路
顺序〔7〕-(1)
X1-b
TLR
顺序〔6〕-(4)
定时器 TLR 开始计时
定时器电路
6-4
有电流流过
开始计时
顺序〔6〕-(4)
SV
MC-m1
闭合状态
顺序〔7〕-(1)
定时器 TLR 动作

电磁切换阀电路的动作

● 顺序〔8〕●

▶（1）接触器 MC 复位后，电磁切换阀电路中的常开触点 MC-m1 分开。

▶（2）接触器的常开触点 MC-m1 分开后，电流不再流过电磁切换阀的线圈 SV，电磁切换阀 SV 复位。

▶（3）电磁切换阀 SV 复位后，液压关门机构（参照 47 页）动作，液体压力使活塞向右移动，推动齿条将门扇关闭。

〔电路构成〕

= 电磁切换阀电路 =

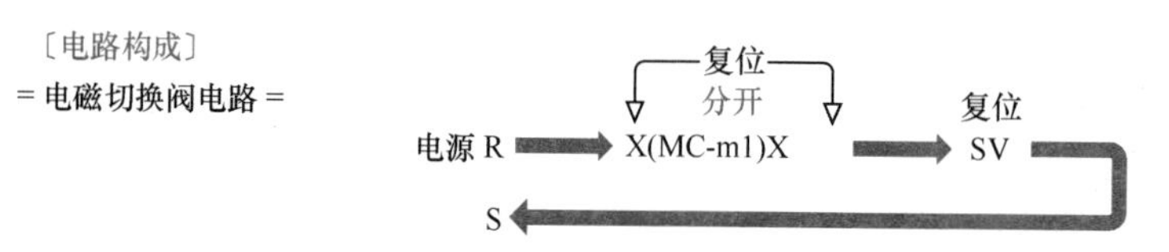

起保停电路的动作

● 顺序〔9〕●

▶（1）接触器 MC 复位，则起保停电路的常开触点 MC-m2 分开。

▶（2）接触器的常开触点 MC-m2 分开后，电流不再通过起保停电路流过定时器的电磁线圈 TLR□，定时器复位。

▶（3）定时器 TLR 复位，接触器电路中的延时动作瞬时复位常闭触点 TLR-b 复位闭合。

▶（4）虽然延时动作瞬时复位常闭触点 TLR-b 闭合，但是起保停电路中的常开触点 MC-m2 是分开的，所以电流不会流过电磁线圈 MC□，接触器 MC 仍然保持复位后的状态。

〔电路构成〕

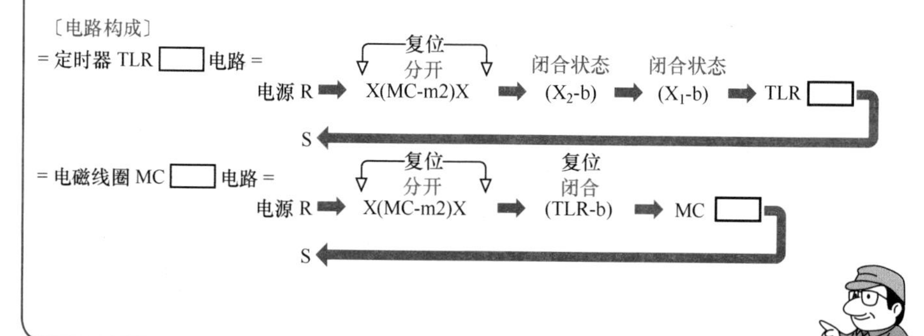

至此，所有的动作都会返回到顺序〔1〕的初始状态。

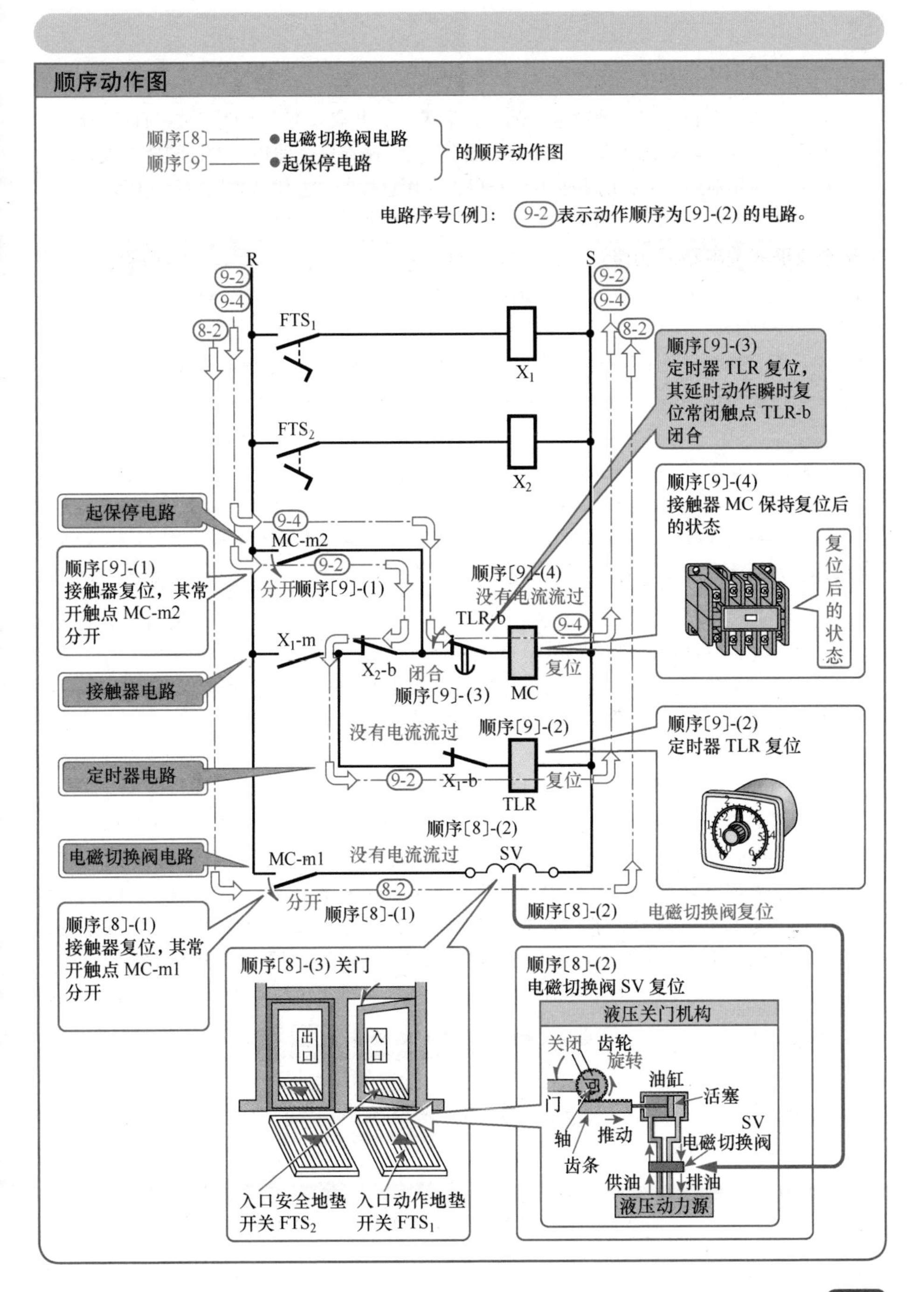
顺序动作图
顺序〔8〕——●电磁切换阀电路
顺序〔9〕——●起保停电路
的顺序动作图
电路序号〔例〕：9-2 表示动作顺序为〔9〕-(2) 的电路。
R
S
9-2
9-4
8-2
FTS1
X1
FTS2
X2
顺序〔9〕-(3)
定时器 TLR 复位，其延时动作瞬时复位常闭触点 TLR-b 闭合
顺序〔9〕-(4)
接触器 MC 保持复位后的状态
复位后的状态
起保停电路
MC-m2
顺序〔9〕-(1)
接触器复位，其常开触点 MC-m2 分开
分开顺序〔9〕-(1)
顺序〔9〕-(4)
没有电流流过
TLR-b
X1-m
X2-b
闭合
复位
顺序〔9〕-(3)
MC
接触器电路
没有电流流过
顺序〔9〕-(2)
顺序〔9〕-(2)
定时器 TLR 复位
定时器电路
X1-b
复位
TLR
顺序〔8〕-(2)
电磁切换阀电路
MC-m1
没有电流流过
SV
分开
顺序〔8〕-(1)
顺序〔8〕-(2)
电磁切换阀复位
顺序〔8〕-(1)
接触器复位，其常开触点 MC-m1 分开
顺序〔8〕-(3) 关门
出口
入口
入口安全地垫开关 FTS2
入口动作地垫开关 FTS1
顺序〔8〕-(2)
电磁切换阀 SV 复位
液压关门机构
关闭
齿轮
旋转
油缸
活塞
门
轴
推动
SV
电磁切换阀
齿条
供油
排油
液压动力源

3 动作地垫与安全地垫的互锁动作

动作地垫与安全地垫的互锁

❖ 当有人站立在自动门扇摆动这一侧时，如果门扇开启，那个人就有被拍打的危险。因此，在入口的对面敷设了“安全地垫”。当人站在这个地垫上时，即使有人踩踏到了“动作地垫”上，门扇也不会开启，采用这样的“互锁装置”，保证了安全。

安全地垫开关电路的动作　●顺序〔1〕●

▶（1）当门关闭时，只要人（A）踏到安全地垫开关的上面，安全地垫开关 FTS_2 就会闭合。

▶（2）安全地垫开关 FTS_2 闭合后，电磁线圈 X_2 □通电，电磁继电器 X_2 动作。

▶（3）电磁继电器 X_2 动作，接触器电路中的常闭触点 X_2-b 断开。

〔电路构成〕

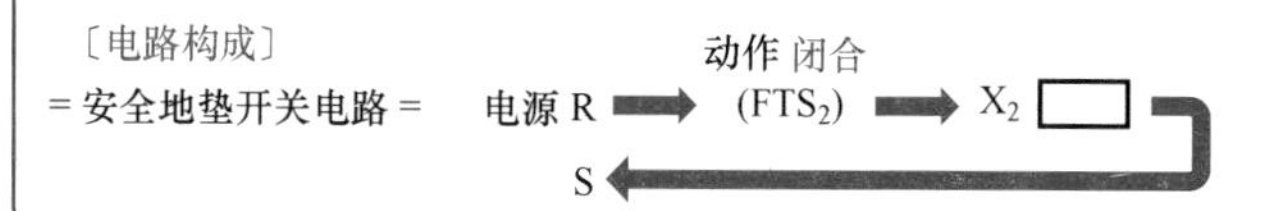

动作地垫开关电路的动作　●顺序〔2〕●

▶（1）当人（A）还站在安全地垫上的情况下，如果另一个人（B）踏到动作地垫开关之上，动作地垫开关 FTS_1 就会闭合。

▶（2）动作地垫开关 FTS_1 闭合后，电磁线圈 X_1 □通电，电磁继电器 X_1 动作。

▶（3）电磁继电器 X_1 动作，接触器电路中的常开触点 X_1-m 闭合。

▶（4）在接触器电路中，即使触点 X_1-m 闭合，由于触点 X_2-b 是断开的（顺序〔1〕-（3）)，电流并不流通，所以接触器 MC 不会动作。

▶（5）因为接触器 MC 不动作，所以常开触点 MC-m1 还是分开的，48 页顺序〔3〕的电磁切换阀电路不会动作，所以门不会被打开。

▶（6）电磁继电器 X_1 动作，定时器电路的常闭触点 X_1-b 分开。

▶（7）在定时器电路中，即使常开触点 X_1-m 闭合了，但是由于常闭触点 X_1-b 是分开的，电流也不会流过定时器线圈 TLR□，所以定时器不会开始计时。

〔电路构成〕

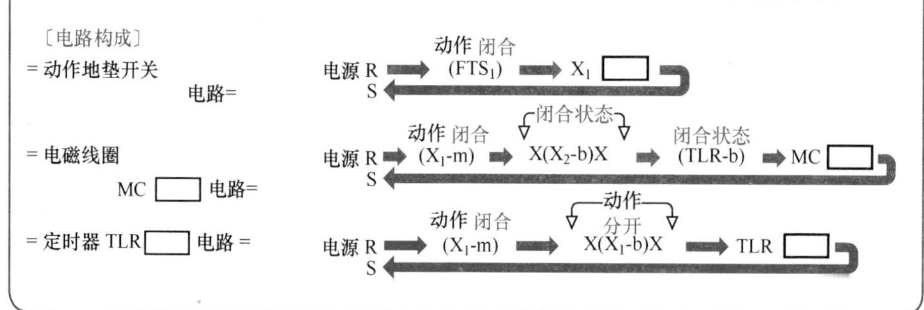

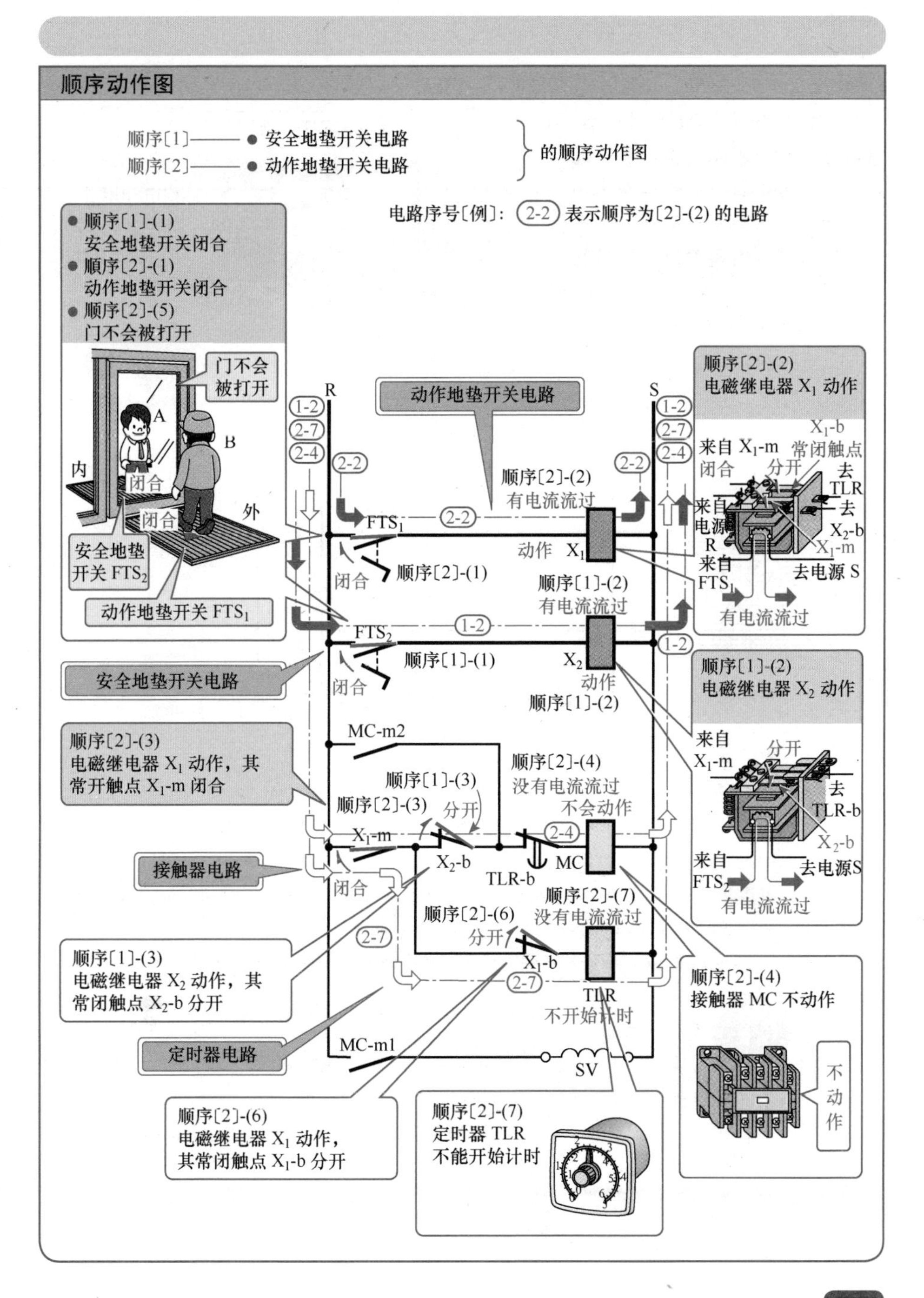
顺序动作图
顺序〔1〕——● 安全地垫开关电路
顺序〔2〕——● 动作地垫开关电路
的顺序动作图
电路序号〔例〕：2-2 表示顺序为〔2〕-(2) 的电路
● 顺序〔1〕-(1) 安全地垫开关闭合
● 顺序〔2〕-(1) 动作地垫开关闭合
● 顺序〔2〕-(5) 门不会被打开
门不会被打开
内
外
闭合
安全地垫开关 FTS₂
动作地垫开关 FTS₁
动作地垫开关电路
顺序〔2〕-(2) 有电流流过
动作
顺序〔2〕-(1)
顺序〔1〕-(2) 有电流流过
顺序〔1〕-(1)
安全地垫开关电路
顺序〔1〕-(2)
顺序〔2〕-(2) 电磁继电器 X₁ 动作
来自 X₁-m 闭合
常闭触点 分开
去 TLR
去 X₂-b
来自 R
来自 FTS₁
去电源 S
有电流流过
顺序〔1〕-(2) 电磁继电器 X₂ 动作
来自 X₁-m
去 TLR-b
来自 FTS₂
去电源S
顺序〔2〕-(3) 电磁继电器 X₁ 动作，其常开触点 X₁-m 闭合
顺序〔1〕-(3)
顺序〔2〕-(3)
分开
顺序〔2〕-(4) 没有电流流过 不会动作
接触器电路
顺序〔2〕-(7) 没有电流流过
顺序〔2〕-(6)
顺序〔1〕-(3) 电磁继电器 X₂ 动作，其常闭触点 X₂-b 分开
TLR 不开始计时
顺序〔2〕-(4) 接触器 MC 不动作
不动作
定时器电路
顺序〔2〕-(6) 电磁继电器 X₁ 动作，其常闭触点 X₁-b 分开
顺序〔2〕-(7) 定时器 TLR 不能开始计时

资料 借助于地垫开关的方向性出入计数控制电路

方向性出入计数控制

❖ 方向性出入计数控制是指，在银行、展示会场等场所的入口处设置方向性检测用地垫开关，只是计数进入的来客人数，实现对出入人员数量的管理。

❖ 在这个电路中，不计算出去的人数。

外观图〔例〕

方向性出入计数控制的顺序图〔例〕

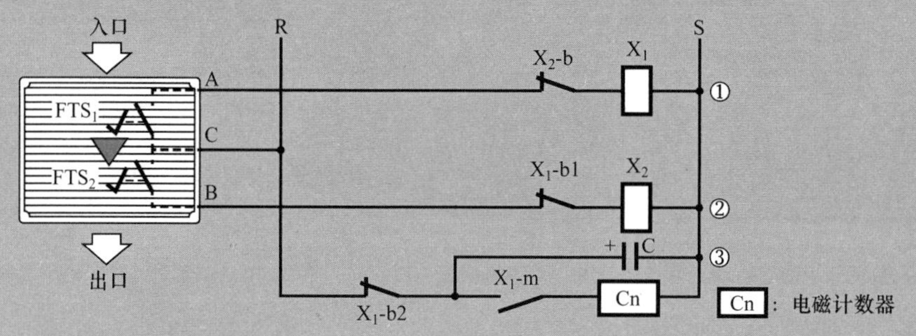

● 动作顺序 ●

1. 客人从入口进来时的动作

（1） 当有客人从入口进入时，位于地垫开关 A-C 之间的触点 FTS_1 闭合，电路①中的辅助继电器 X_1 动作。

（2） 辅助继电器 X_1 动作，电路③中的常闭触点 X_1-b2 分开，同时常开触点 X_1-m 闭合，由于电容器 C 放电，电磁计数器 Cn 通电，进行计数。

（3） 辅助继电器 X_1 动作，电路②中的常闭触点 X_1-b1 分开，辅助继电器 X_2 被互锁。

2. 客人从出口出去时的动作

（1） 当有客人从出口走出时，地垫开关 FTS_1 分开，辅助继电器 X_1 复位，电路②中的常闭触点 X-b1 闭合，解除辅助继电器 X_2 的互锁。

（2） 当有客人从出口走出，位于地垫开关的 B-C 之间的触点 FTS_2 随即闭合，电路②中的辅助继电器 X_2 动作。

（3） 辅助继电器 X_2 动作，电路①中的常闭触点 X_2-b 分开，辅助继电器 X_1 被互锁，因此电磁计数器不计数。

第4章

电动机控制的实用基本电路

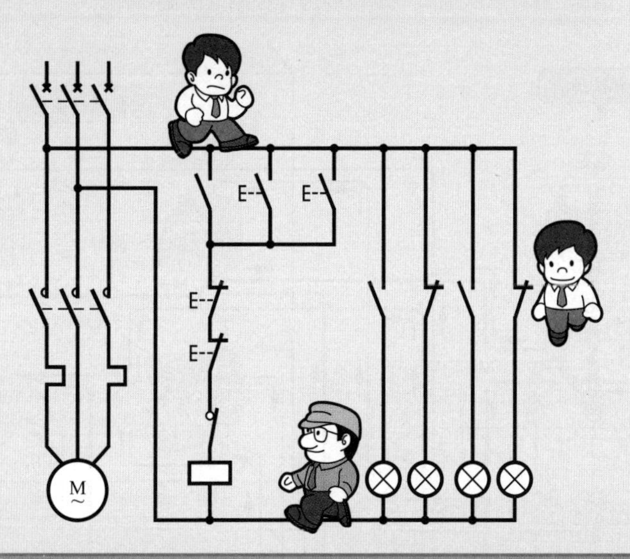

本章关键点

希望通过对本章的学习，能够掌握作为设备、机械动力之源的电动机，特别是感应电动机的基本控制方法。

（1）不仅能够从现场控制盘，而且也能够从远距离的控制盘控制电动机的起动、停止，这就是“由现场或远程操作的起动、停止控制电路”。因为这种控制思想是各种远程控制的基础，所以一定要达到深刻理解的程度。

（2）通过《图解顺序控制电路　入门篇》的学习，读者虽然掌握了三相感应电动机的正反转控制，但是却很容易忽略常见的“单相电容运转电动机的正反转控制电路”。希望通过对本章的学习，能够熟练地掌握该控制方法。

（3）为了使电动机做出“少量转动”，可以使用“点动运转控制电路”。为了使电动机做到“紧急停车”，可以使用“反相制动控制电路”。本章对这些电路的动作要点做了详细说明。

（4）在笼型感应电动机的起动控制方式中，有“电抗器起动控制”“起动补偿器起动控制”、“星三角起动控制”等方式（参见《图解顺序控制电路　入门篇》）。对于绕线转子感应电动机，还有“电阻起动控制”方式。希望通过本章的学习详细地了解这些起动方式的特点。

4-1 由现场或远程操作的三相感应电动机起动、停止控制电路

1 由现场或远程操作的起动、停止控制电路的实际接线图和顺序图

由现场或远程操作的起动、停止控制电路的实际接线图

❖ 下图是由现场或远程两地操作的三相感应电动机起动、停止控制电路的实际接线图。在控制一台三相感应电动机的起动、停止时，既可以从电动机附近的现场控制盘实施操作，也可以从远离电动机的远程控制盘实施操作。

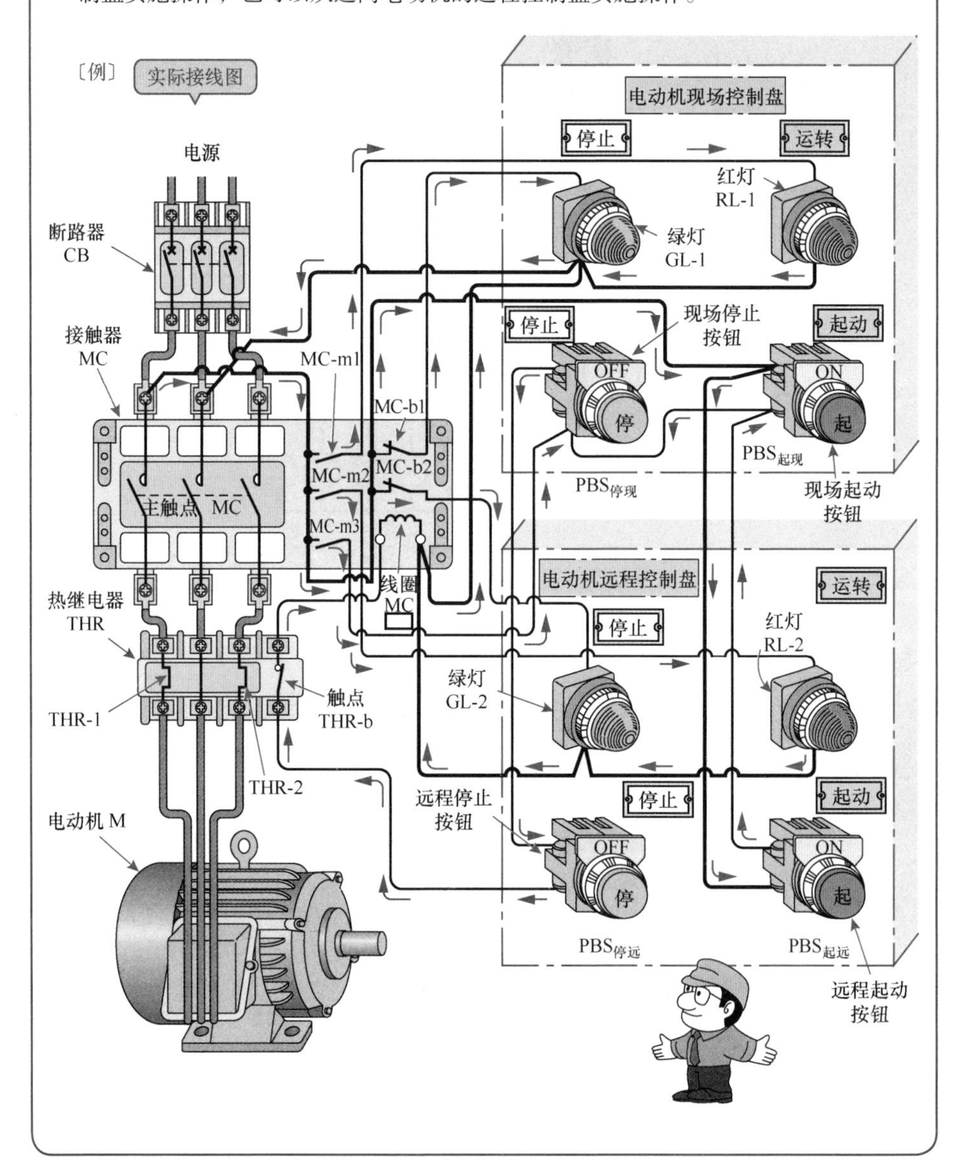

由现场或远程操作的起动、停止控制电路的顺序图

- 由现场或远程操作的三相感应电动机起动、停止控制电路的实际接线图改画成的顺序图如下图所示。
- 当电动机运转时，红色指示灯会在现场和远程两处控制盘上点亮。当电动机停止时，绿色指示灯会在现场和远程两处控制盘上点亮。
- 从现场或者远程的控制盘都能使电动机运转。当电动机过载时，热继电器动作，接触器复位，电动机停止。

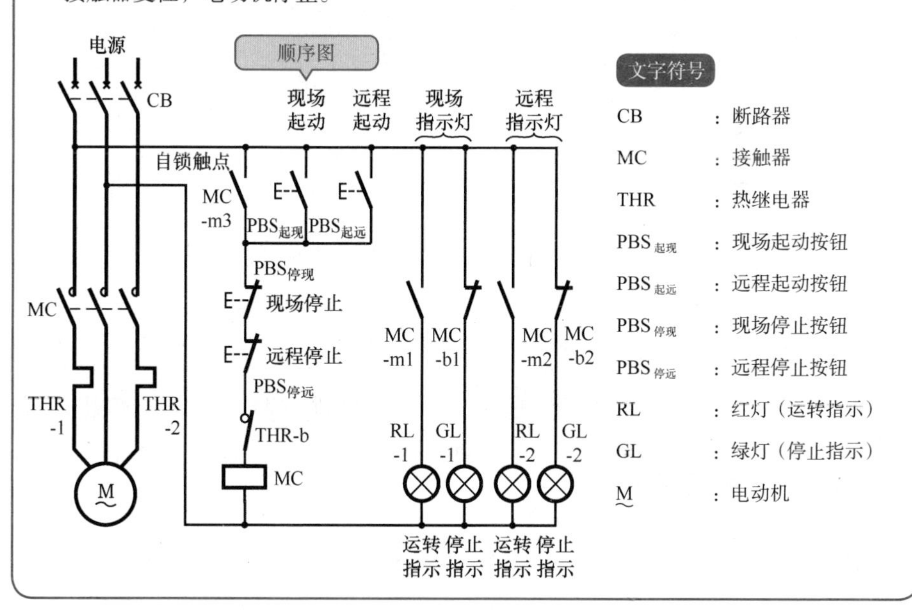

怎样从现场、远程两地操作三相感应电动机

- 为了从现场、远程两处操作三相感应电动机，必须做到不论从哪一边的操作用按钮都能实现电动机的起动、停止。因为起动按钮平时是“断开”状态，停止按钮平时是“闭合”状态，所以要将起动按钮“并联”，将停止按钮“串联”。
- 因此，无论现场还是远程控制盘的起动按钮，都能够起动电动机。同样，无论现场还是远程控制盘的停止按钮，都能够停止电动机。现场和远程的操作是等效的。
- 电动机的现场、远程操作电路，也可以推广到其他场合。例如，从传送带的两端实施起动、停止的操作，或者从车间和办公室两地实施对设备的操作。
- 如果想要从“三地”或更多地点操作时，只要将起动按钮全部“并联”连接到自锁触点，将停止按钮全部“串联”连接到自锁触点，就可以实现“多地”操作了。

来自现场控制盘的三相感应电动机起动动作〔1〕 ● 电动机的起动 ●

顺序〔1〕 将电源的断路器 CB 的操作柄置于"ON"位置，其触点闭合，接通电源。

〔2〕 断路器 CB 合闸后，电流流过现场指示灯电路⑥，现场控制盘的绿灯 GL-1 点亮。

〔3〕 断路器 CB 合闸后，电流流过远程指示灯电路⑧，远程控制盘的绿灯 GL-2 点亮。

- 即使电动机是停止的状态，只要绿灯 GL-1 和 GL-2 是点亮的，就表示电源开关（断路器 CB）已经合闸。

〔4〕 当按下现场起动电路③中的现场起动按钮 PBS起现时，其触点闭合。

〔5〕 PBS起现闭合后，电流流过现场起动电路③中的电磁线圈 MC□，接触器 MC 动作。接下来的顺序〔6〕、〔8〕、〔9〕、〔11〕、〔13〕、〔15〕的动作将会同时进行。

〔6〕 接触器 MC 动作时，主电路①中的主触点 MC 闭合。

〔7〕 接触器的主触点 MC 闭合后，电流流过主电路①的电动机，电动机起动运转。

〔8〕 当接触器 MC 动作时，起保停电路②中的自锁常开触点 MC-m3 闭合，实现自锁。

顺序动作图

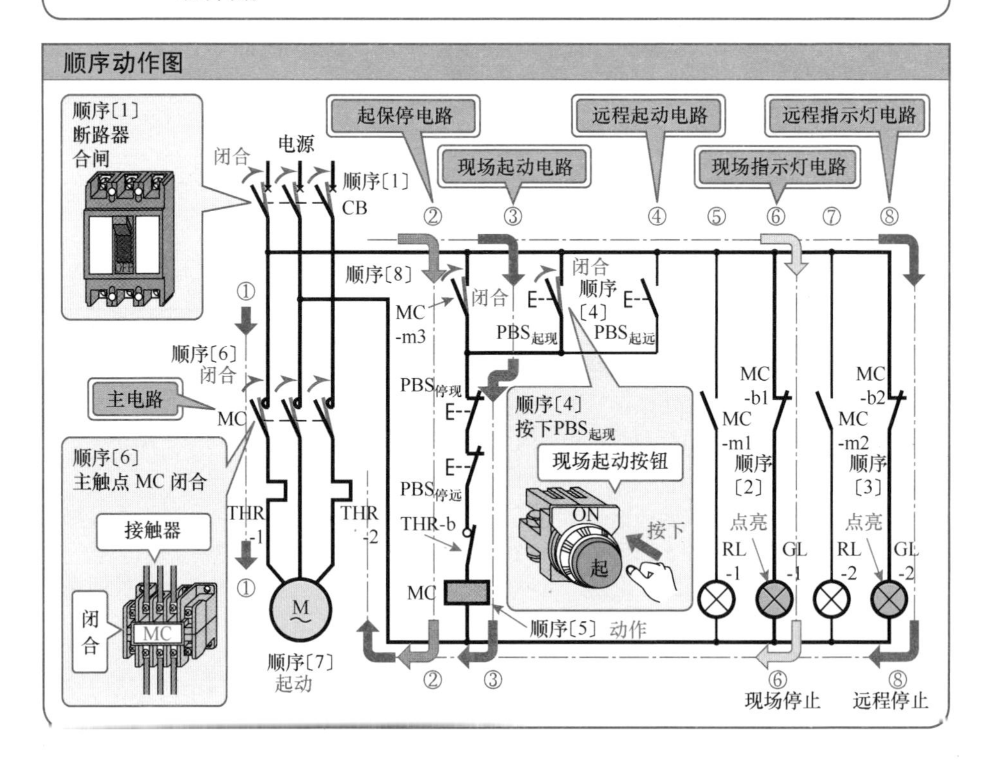

来自现场控制盘的电动机起动动作〔2〕 ● 指示灯电路 ●

顺序〔9〕 当接触器 MC 动作时，现场指示灯电路⑥中的常闭触点 MC-b1 分开。

〔10〕 接触器 MC 的常闭触点 MC-b1 分开后，现场指示灯电路⑥中的绿灯 GL-1 断电，熄灭。

〔11〕 当接触器 MC 动作时，远程指示灯电路⑧中的常闭触点 MC-b2 分开。

〔12〕 接触器 MC 的常闭触点 MC-b2 分开后，远程指示灯电路⑧中的绿灯 GL-2 断电，熄灭。

〔13〕 当接触器动作时，现场指示灯电路⑤中的常开触点 MC-m1 闭合。

〔14〕 接触器 MC 的常开触点 MC-m1 闭合后，现场指示灯电路⑤中的红灯 RL-1 通电，点亮。

〔15〕 当接触器动作时，远程指示灯电路⑦中的常开触点 MC-m2 闭合。

〔16〕 接触器 MC 的常开触点 MC-m2 闭合后，远程指示灯电路⑦中的红灯 RL-2 通电，点亮。

顺序动作图

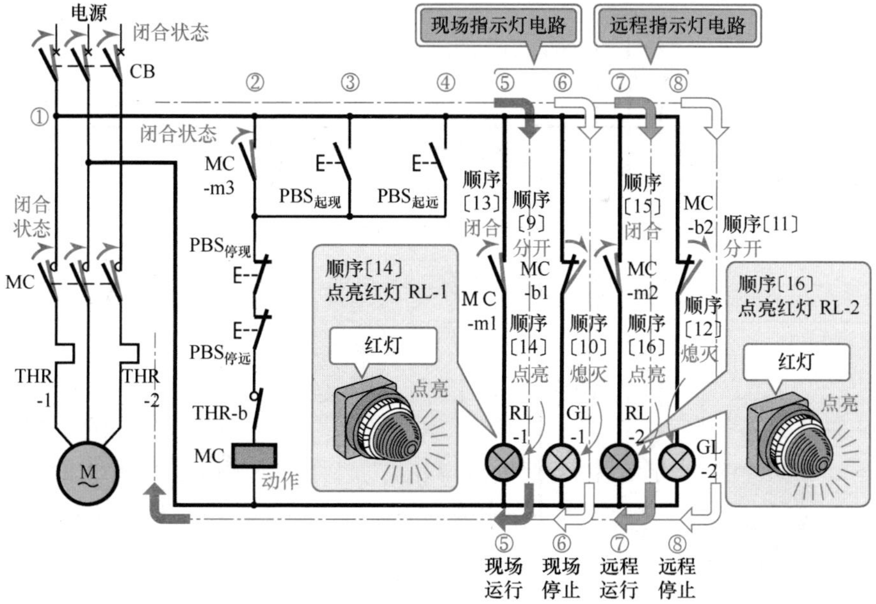

电源
闭合状态
CB
现场指示灯电路
远程指示灯电路
① ② ③ ④ ⑤ ⑥ ⑦ ⑧
闭合状态
MC -m3
PBS起现
PBS起远
闭合状态
MC
PBS停现
PBS停远
THR -1
THR -2
THR-b
MC
动作
M
顺序〔14〕 点亮红灯 RL-1
红灯
点亮
顺序〔13〕 闭合
MC -m1
顺序〔9〕 分开
MC -b1
顺序〔14〕 点亮
顺序〔10〕 熄灭
RL -1
GL -1
顺序〔15〕 闭合
MC -m2
顺序〔16〕 点亮
RL -2
MC -b2
顺序〔11〕 分开
顺序〔12〕 熄灭
GL -2
顺序〔16〕 点亮红灯 RL-2
红灯
点亮
⑤ 现场运行
⑥ 现场停止
⑦ 远程运行
⑧ 远程停止

● 来自远程控制盘的起动动作 ●

❖ 来自远程控制盘的起动动作，与现场控制盘的起动动作顺序〔4〕相似，不同之处只是用远程起动电路④中的远程起动按钮 PBS起远代替现场起动控制按钮 PBS起现，其余的动作完全相同。按下 PBS起远后，电动机 M 起动。

3 电动机的停止动作

来自现场控制盘的电动机停止动作〔1〕 • 电动机的停止 •

顺序〔1〕 按下起保停电路②中的现场停止按钮 $PBS_{停现}$时，其触点分开。

〔2〕 现场停止按钮 $PBS_{停现}$分开后，电流不再流过起保停电路②中的电磁线圈 MC□，接触器 MC 复位。

- 接触器 MC 复位后，接下来的顺序〔3〕、〔5〕以及下页的顺序〔6〕、〔8〕、〔10〕、〔12〕的动作将同时进行。

〔3〕 当接触器 MC 复位时，主电路①中的主触点分开。

〔4〕 接触器的主触点 MC 分开后，主电路①中的电动机 M 断电，电动机停止运转。

〔5〕 当接触器 MC 复位时，起保停电路②中的自锁常开触点 MC-m3 分开，自锁被解除。

顺序动作图

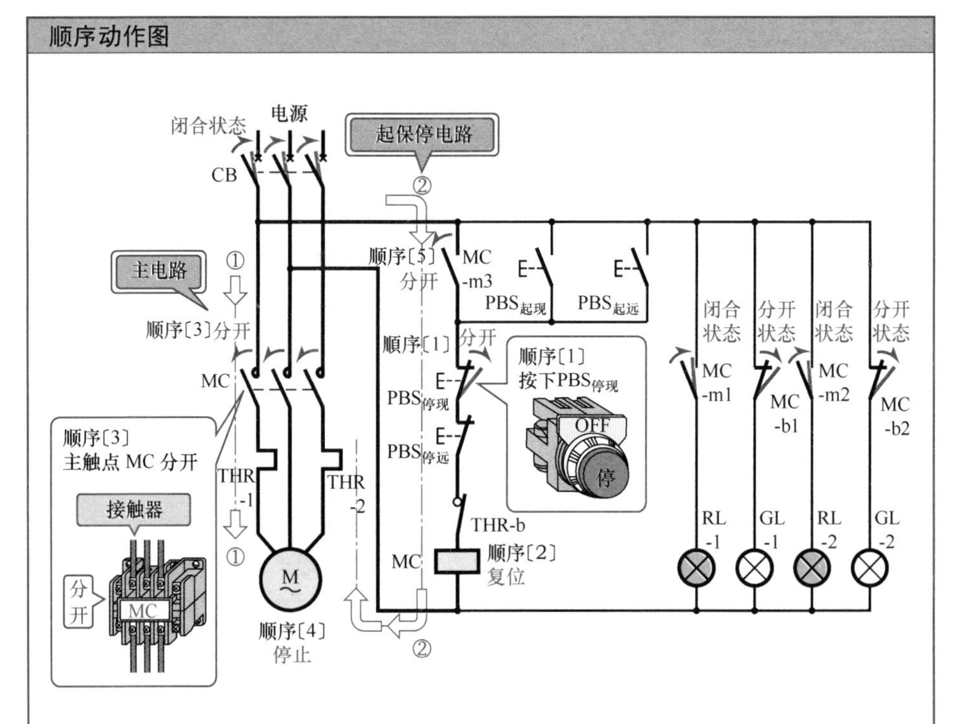

• 由过负载电流引起的停止动作 •

❖ 如果过负载电流流过电动机，主电路①中的热继电器的 THR-1、THR-2 就会被加热并引发动作，起保停电路②中的常闭触点 THR-b 分开，使得接触器 MC 复位，主电路①中的主触点 MC 分开，电动机 M 断电停止。

来自现场控制盘的电动机停止动作〔2〕 ●指示灯电路●

顺序〔6〕 当接触器复位时，现场指示灯电路⑤中的常开触点 MC-m1 分开。

〔7〕 接触器 MC 的常开触点 MC-m1 分开后，现场指示灯电路⑤中的红灯 RL-1 断电，熄灭。

〔8〕 当接触器复位时，远程指示灯电路⑦中的常开触点 MC-m2 分开。

〔9〕 接触器 MC 的常开触点 MC-m2 分开后，远程指示灯电路⑦中的红灯 RL-2 断电，熄灭。

〔10〕当接触器 MC 复位时，现场指示灯电路⑥中的常闭触点 MC-b1 闭合。

〔11〕接触器 MC 的常闭触点 MC-b1 闭合后，现场指示灯电路⑥中的绿灯 GL-1 通电，点亮。

〔12〕当接触器 MC 复位时，远程指示灯电路⑧中的常闭触点 MC-b2 闭合。

〔13〕接触器 MC 的常闭触点 MC-b2 闭合后，远程指示灯电路⑧中的绿灯 GL-2 通电，点亮。

顺序动作图

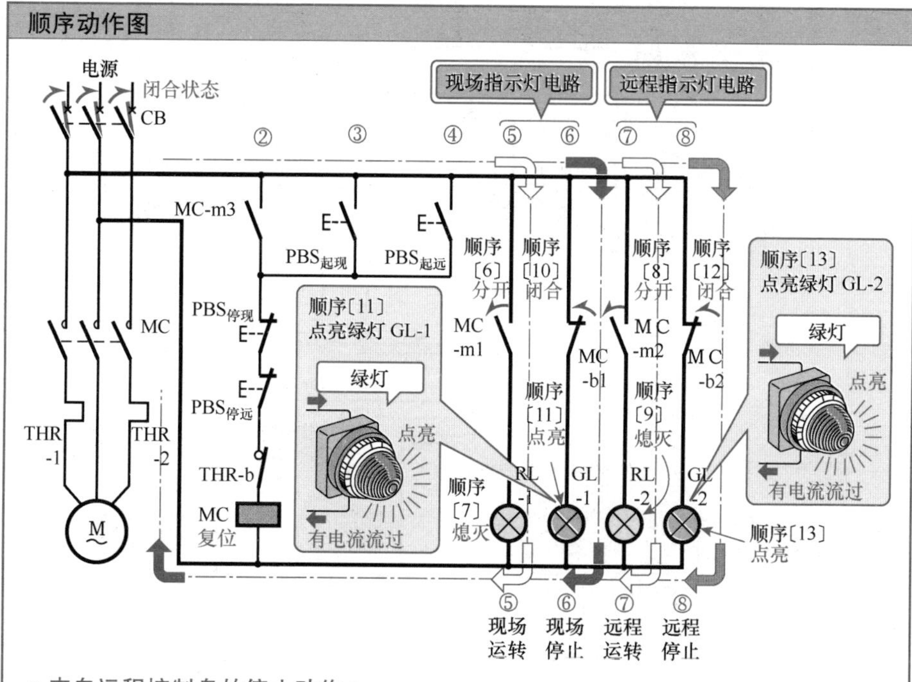

● 来自远程控制盘的停止动作 ●

❖ 来自远程控制盘的停止动作，与现场控制盘的停止动作顺序〔1〕相似，只是用远程停止电路②中的远程停止按钮 $PBS_{停远}$代替现场停止控制按钮 $PBS_{停现}$，其余动作完全相同（参见本书第 69 页）。按下 $PBS_{停远}$后，电动机 M 断电，停止。

4-2 单相电容运转电动机的正反转控制电路

1 单相电容运转电动机的正反转控制电路的实际接线图和顺序图

单相电容运转电动机的正反转控制电路的实际接线图

❖ 下图是单相电容运转电动机的正反转控制电路的实际接线图。在此类单相电动机的正转、反转电路进行切换时，利用正转接触器 F-MC 和反转接触器 R-MC，并通过各自的按钮，就可以实现正转、反转和停止的操作。

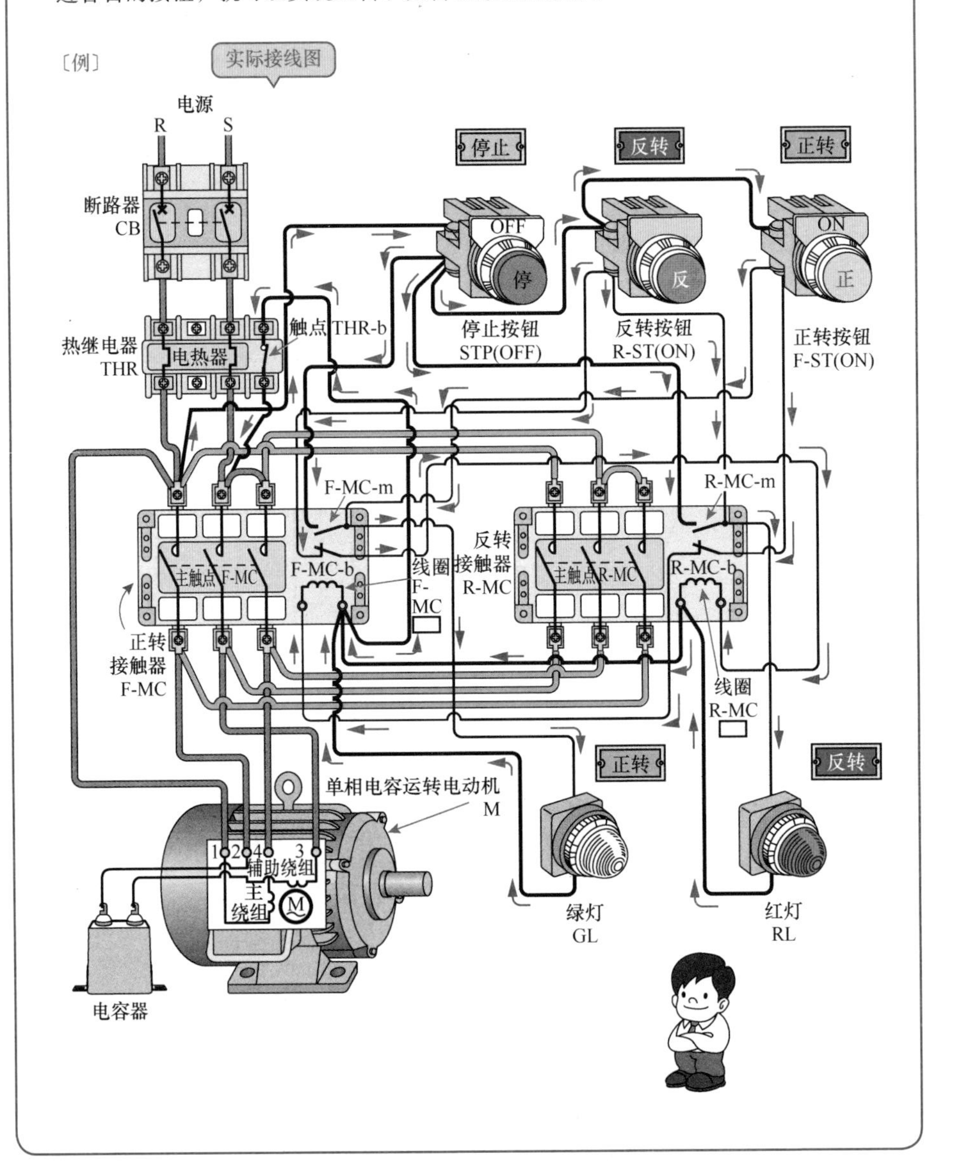

什么是单相电容运转电动机

❖ **单相电容运转电动机**是一种使用单相电源驱动的感应电动机。这种电动机除了主绕组之外，还设有辅助绕组。辅助绕组连接电容器，就可以产生起动转矩。电容运转电动机不仅在家用电器方面得到了广泛的应用，而且在工业领域中也有很多应用实例。

单相电容运转电动机的正转、反转的方法

❖ 为了使单相电容运转电动机能够正、反方向旋转，就要改变连接电容器的辅助绕组相对于电源的相位。

单相电容运转电动机的正反转控制电路顺序图

❖ 将单相电容运转电动机的正反转控制电路的实际接线图改画成顺序图，如下图所示[⊖]。

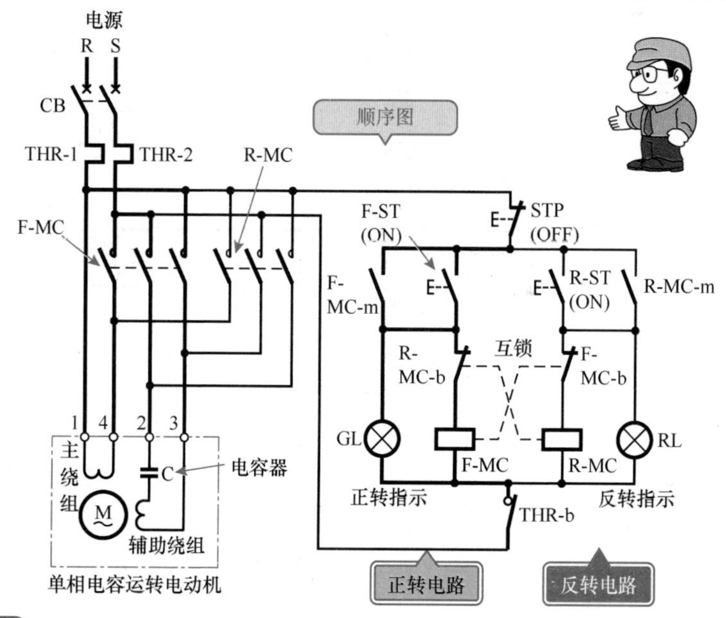

文字符号

CB	：断路器	STP	：停止按钮	RL	：红灯（反转指示）
THR	：热继电器	F-ST	：正转按钮	$\underset{\sim}{M}$	：单相电容运转电动机
F-MC	：正转接触器	R-ST	：反转按钮	C	：起动用电容器
R-MC	：反转接触器	GL	：绿灯（正转指示）		

⊖ 译者注：原文顺序图主电路有错误，已改正。

2 单相电容运转电动机的正转起动动作

电源电路、正转起动电路的动作 ●顺序〔1〕●

▶（1）将断路器 CB（电源开关）合闸，其触点闭合。

▶（2）当按下正转起动电路⑤中的正转按钮 F-ST（ON）时，其触点闭合。

▶（3）按下正转按钮 F-ST（ON）使其触点闭合后，电流流过正转起动电路⑤中的电磁线圈 F-MC▭，正转接触器 F-MC 动作。

- 正转接触器 F-MC 动作后，顺序〔2〕，以及下页的顺序〔3〕、〔4〕就会同时动作。

顺序动作图

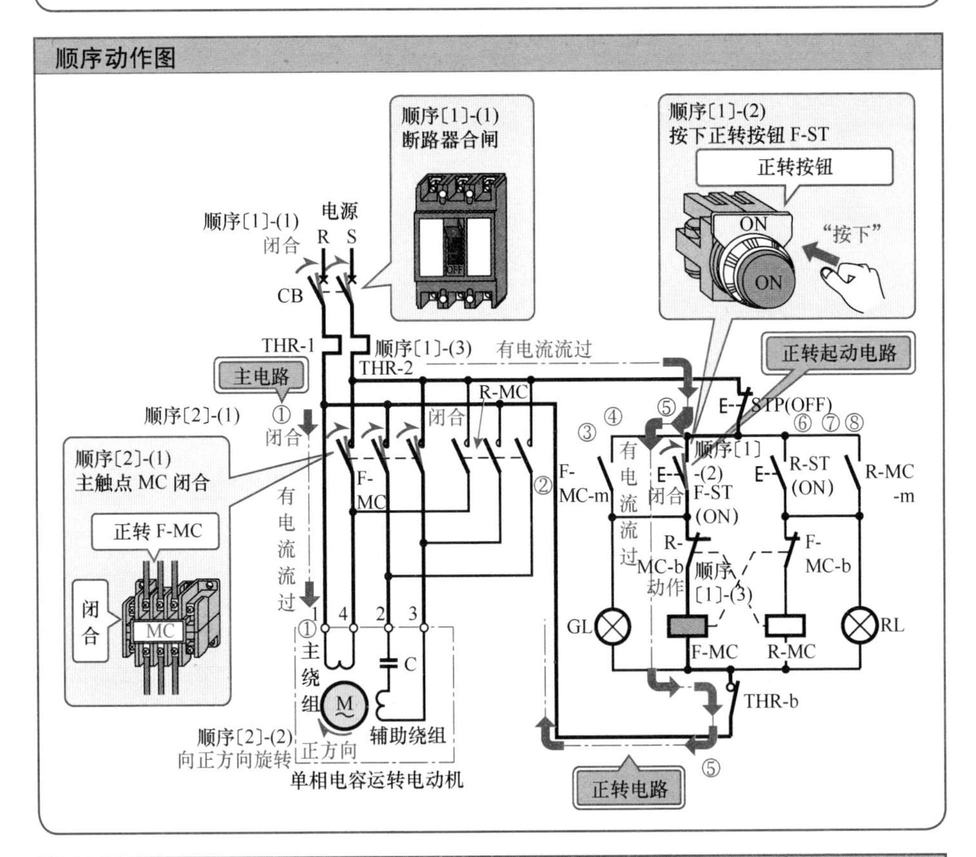

电动机主电路的动作 ●顺序〔2〕●

▶（1）当正转接触器 F-MC 动作时，主电路①中的主触点 F-MC 闭合。

▶（2）正转接触器的主触点 F-MC 闭合后，电流会流过电容，起动电动机 M，电动机沿正方向旋转。

起保停电路、正转指示灯电路的动作 ● 顺序〔3〕●

▶（1）当正转接触器 F-MC 动作时，起保停电路④中的自锁常开触点 F-MC-m 闭合，实现自锁。

（2）即使放开正转起动电路⑤中的正转按钮 F-ST（ON），电流也会通过起保停电路④中的常开触点 F-MC-m 继续流过电磁线圈 F-MC ，正转接触器 F-MC 将继续保持动作状态。

（3）自锁常开触点 F-MC-m 闭合后，电流流过正转指示灯电路③，绿灯 GL 点亮。

顺序动作图

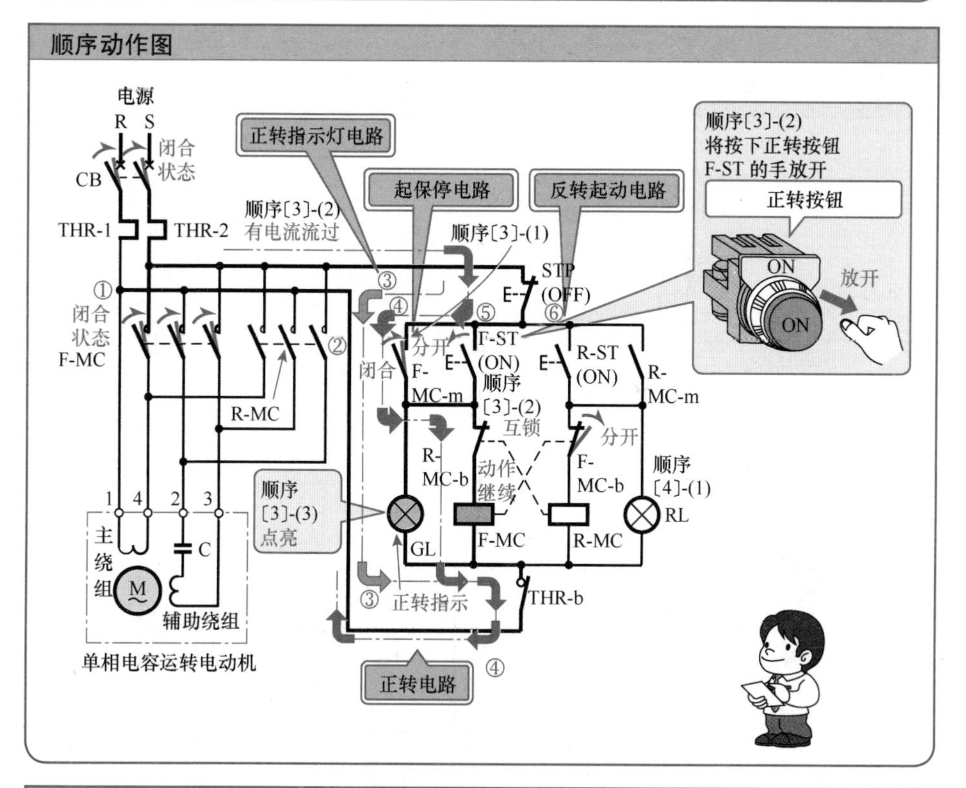

互锁电路的动作 ● 顺序〔4〕●

▶ 正转接触器 F-MC 动作时，反转起动电路⑥中的常闭触点 F-MC-b 同时分开，反转接触器 R-MC 被互锁。

说 明 ● 即使按下反转按钮 R-ST（ON），反转接触器 R-MC 也会因为被互锁而不动作。

3 单相电容运转电动机的停止动作

停止电路的动作〔1〕 ●顺序〔5〕●

▶（1）当按下起保停电路④中的停止按钮 STP（OFF）时，其触点分开。

▶（2）按下停止按钮 STP（OFF）使其触点分开后，电流就不再流过起保停电路④中的电磁线圈 F-MC▭，正转接触器 F-MC 复位。

- 当正转接触器 F-MC 复位时，下面的顺序（3）、（5）以及下页的顺序（7）的动作将同时进行。

▶（3）当正转接触器 F-MC 复位时，主电路①中的主触点 F-MC 分开。

▶（4）正转接触器的主触点 F-MC 分开后，电容起动电动机 M 断电，停止转动。

▶（5）当正转接触器 F-MC 复位时，起保停电路④中的自锁常开触点 F-MC-m 分开，解除自锁。

顺序动作图

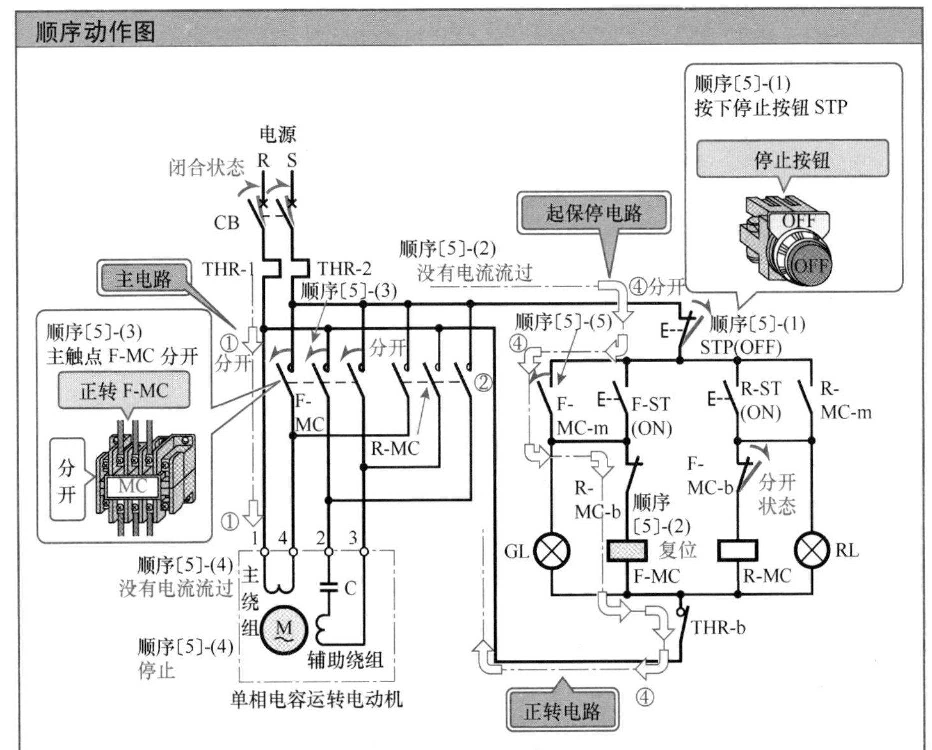

● 由于过电流事故引起的停止动作 ●

❖ 如果单相电容运转电动机由于过负载而出现过电流，则热继电器 THR 的 THR-1 和 THR-2 就会因为被加热而动作，其常闭触点 THR-b 分开，使得接触器复位，主触点 MC 分开，电动机断电，停止运转。

停止电路的动作〔2〕

● 顺序〔5〕●

▶（6）正转接触器的自锁常开触点 F-MC-m 分开后，电流不再流过正转指示灯电路③，绿灯 GL 熄灭。

▶（7）当正转接触器 F-MC 复位时，反转起动电路⑥中的常闭触点 F-MC-b 闭合，反转接触器 R-MC 的互锁被解除。

▶（8）这时即使放开电路④中的停止按钮，使触点 STP（OFF）闭合，也会因为电路⑤中的正转按钮 F-ST（ON）以及电路④中的自锁常开触点 F-MC-m 都是分开的状态，电流不会流过正转接触器的线圈 F-MC▭。

至此，所有的动作都会返回到顺序〔1〕的初始状态。

顺序动作图

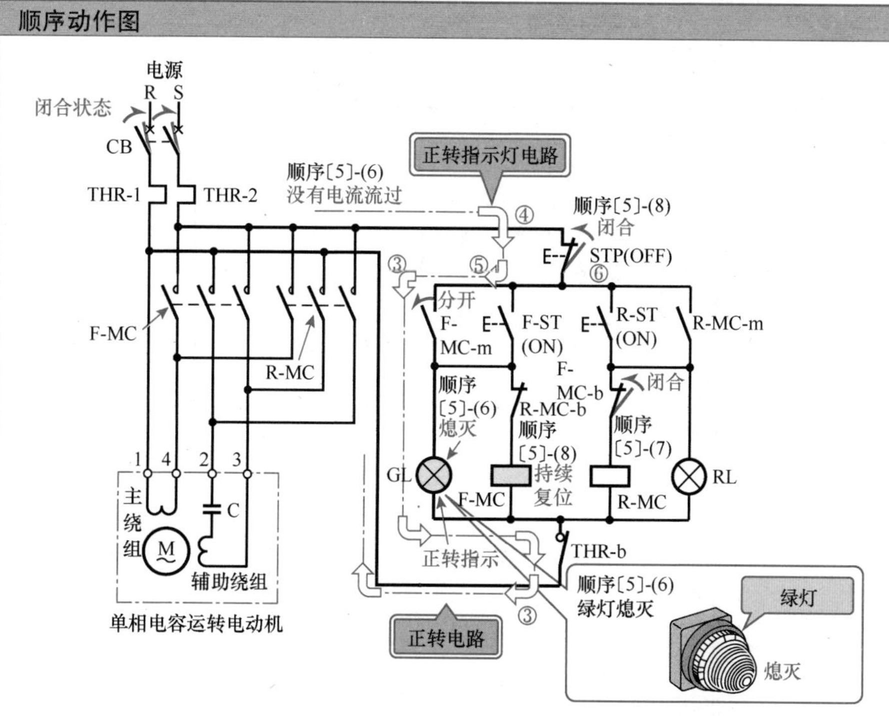

● 正转、反转的切换动作 ●

❖ 为了将单相电容运转电动机从正转切换到反转，或者从反转切换到正转，因为二者之间的动作互锁，所以必须在按下停止按钮 STP（OFF），并且在电动机停转之后才能进行切换。

● 反转的动作顺序和正转的动作顺序完全相同，不再重复叙述。读者可以自学领会。

4-3 三相感应电动机的点动运转控制电路

1 三相感应电动机的点动运转控制电路的实际接线图和顺序图

三相感应电动机的点动运转控制电路的实际接线图

❖ 下图是三相感应电动机的点动（微动）运转控制电路的实际接线图。接触器 MC 控制三相感应电动机主电路的通断。除了起动（连续运转）按钮 $PBS_{起}$和停止按钮 $PBS_{停}$之外，还增加了一个点动按钮 $PBS_{点动}$，并将这三个按钮安装在一个壳体中。利用这种三点控制按钮对接触器 MC 实施操作。

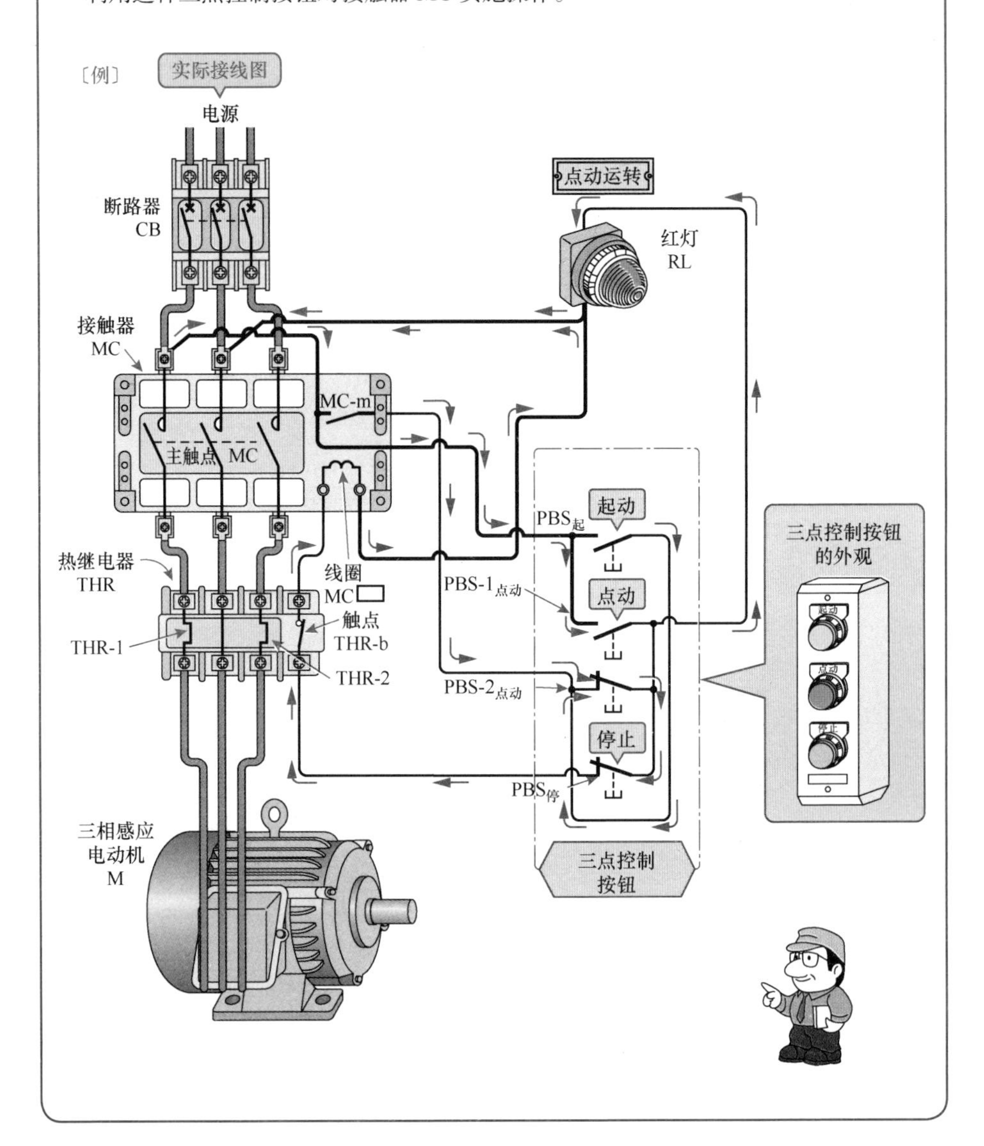

什么是电动机的点动运转

❖ 在电动机的起动、停止控制电路中，按下起动按钮，电动机就会起动运转。然后，即使将手从起动按钮上放开，接触器也会由于起保停电路而继续动作，电动机继续运转。

“电动机的点动运转”电路则有所不同，电动机只是在按下点动按钮的时刻运转，当手从点动按钮上放开，电动机就会停止。“电动机的点动运转”，也可以称为“寸动（Inching）”或“微动”。

❖ **点动**运转俗称“微动”。这是为了得到机械的微小运动而执行一次或者多次的短暂时间的操作。这种操作方式可以用于车床的定心、泵类机械的旋转方向确认等场合。

三相感应电动机的点动运转控制电路的顺序图

❖ 将三相感应电动机的点动运转控制电路的实际接线图改画成顺序图，如下图所示。在这个电路中，除了起动（运转）按钮和停止按钮之外，还增设了点动按钮。点动按钮使用了 1 个常开触点和 1 个常闭触点（常开触点与常闭触点联动）。当按下点动按钮使接触器做出点动的动作时，起保停电路会断开。电动机点动运转时，红灯点亮。

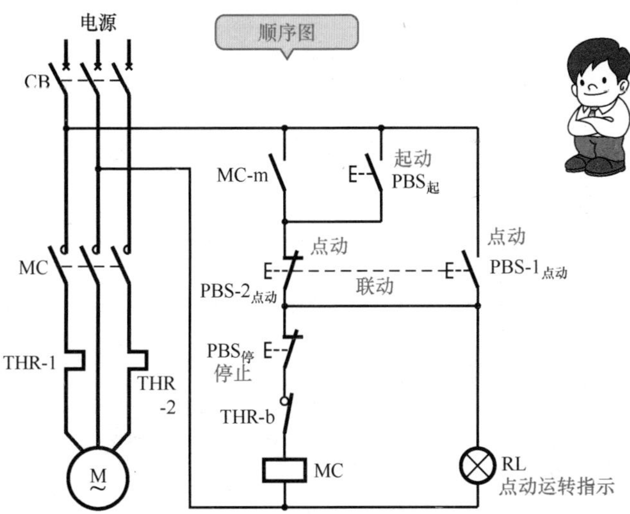

文字符号

CB	：	断路器	PBS-1 点动 PBS-2 点动	：点动按钮
MC	：	接触器		
THR	：	热继电器	PBS 停	：停止按钮
PBS 起	：	起动按钮	RL	：红灯（点动运转指示）

② 三相感应电动机的点动运转动作

按下点动按钮时的动作 ●顺序〔1〕●

❖ 按下点动按钮时，电动机就会起动，但仅仅限于在按着按钮的期间内电动机旋转。

▶（1）将电源的断路器 CB（电源开关）的控制柄置于“ON”位置，接通电源。

▶（2）按下点动按钮，使其在点动运转电路④中的常开触点 PBS-1 点动闭合。

▶（3）当按下点动按钮时，在起保停电路②中的常闭触点 PBS-2 点动分开。

- 因为点动按钮由常开触点 PBS-1 点动和常闭触点 PBS-2 点动构成了联动机构，所以顺序〔2〕、〔3〕的动作是同时进行的。

▶（4）点动按钮的常开触点 PBS-1 点动闭合后，电流流过点动指示灯电路⑤，红灯 RL 点亮。

▶（5）点动按钮的常开触点 PBS-1 点动闭合后，点动运转电路④中的电磁线圈 MC ▭ 通电，接触器 MC 动作。

▶（6）当接触器 MC 动作时，主电路①中的主触点 MC 闭合。

▶（7）接触器的主触点 MC 闭合后，主电路①中的电动机 M 通电，电动机起动。

▶（8）当接触器动作时，起保停电路②中的常开触点 MC-m 闭合。

- 虽然常开触点 MC-m 闭合了，但因为起保停电路②中的点动按钮的常闭触点 PBS-2 点动是分开的，所以接触器不会自锁。

顺序动作图

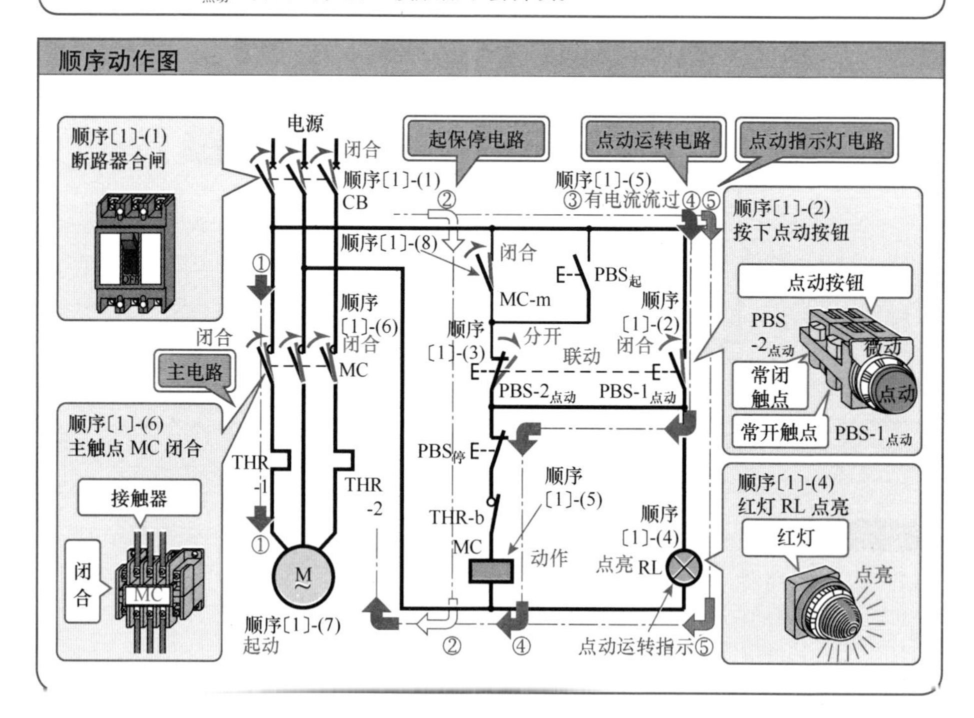

放开点动按钮时的动作

●顺序〔2〕●

❖ 将按着点动按钮的手放开，电动机就会停止运转。

▶（1）将按着点动按钮的手放开，使点动运转电路④中的点动按钮的常开触点 PBS-1点动分开。

▶（2）当按着点动按钮的手放开时，与之联动的起保停电路②中的点动按钮的常闭触点 PBS-2点动同时闭合。

▶（3）点动按钮的常开触点 PBS-1点动分开后，电流不再流过点动指示灯电路⑤，红灯 RL 熄灭。

▶（4）点动按钮的常开触点 PBS-1点动分开后，电流不再流过点动运转电路④中的电磁线圈 MC▭，接触器 MC 复位。

▶（5）当接触器 MC 复位时，主电路①中的主触点 MC 分开。

▶（6）接触器的主触点 MC 分开后，主电路①中的电动机 M 断电，电动机停止运转。

▶（7）当接触器 MC 复位时，起保停电路②中的常开触点 MC-m 分开。

顺序动作图

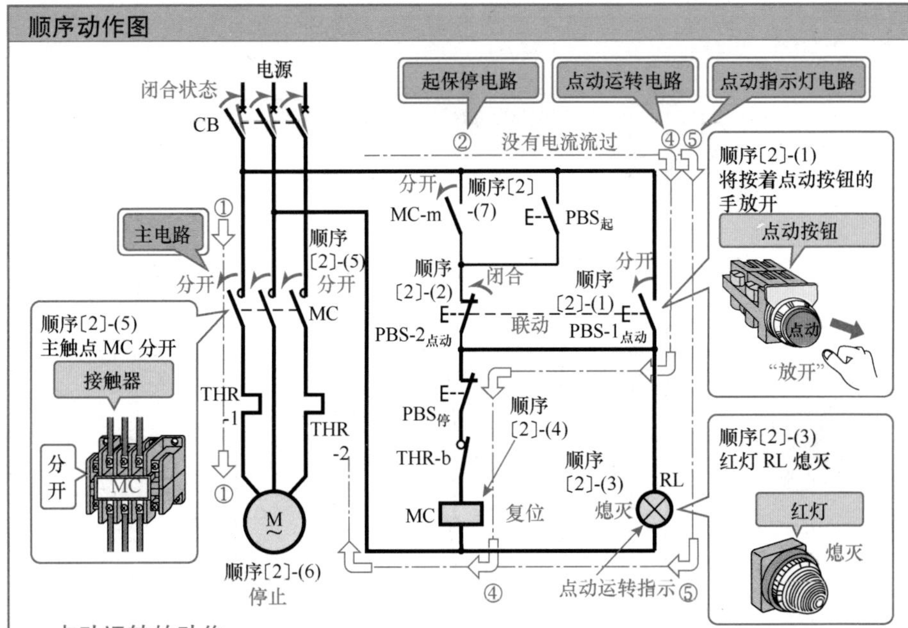

● 点动运转的动作 ●

❖ 为了使电动机点动运转，就要按下点动按钮（顺序〔1〕）（参见 74 页），再将手从点动按钮上放开（顺序〔2〕），反复做出这样的动作，就可以实现电动机短暂的运转、停止动作。

3 三相感应电动机的连续运转动作

连续运转的起动动作

● 顺序〔3〕●

❖ 按下起动按钮，电动机起动并连续运转。

▶（1）将电源的断路器 CB（电源开关）的操作手柄置于“ON”位置，接通电源。

▶（2）按下起动停止电路③中的起动按钮，其触点 $PBS_{起}$闭合。

▶（3）起动按钮的常开触点 $PBS_{起}$闭合后，电流流过起动停止电路③中的电磁线圈 MC▭，接触器 MC 动作。

▶（4）起动按钮的常开触点 $PBS_{起}$闭合后，指示灯电路④导通，红灯 RL 点亮（运转指示）。

▶（5）当接触器 MC 动作时，主电路①中的主触点 MC 闭合。

▶（6）接触器的主触点 MC 闭合后，主电路①中的电动机 M 通电，电动机起动。

▶（7）当接触器 MC 动作时，起保停电路②中的常开触点 MC-m 闭合，实现自锁。

▶（8）放开起动停止电路③中的起动按钮 $PBS_{起}$，其触点分开。

- 即使将按着 $PBS_{起}$的手放开，电流也会通过起保停电路②中的常开触点 MC-m 流过接触器 MC，因此电动机 M 可以连续运转。

顺序动作图

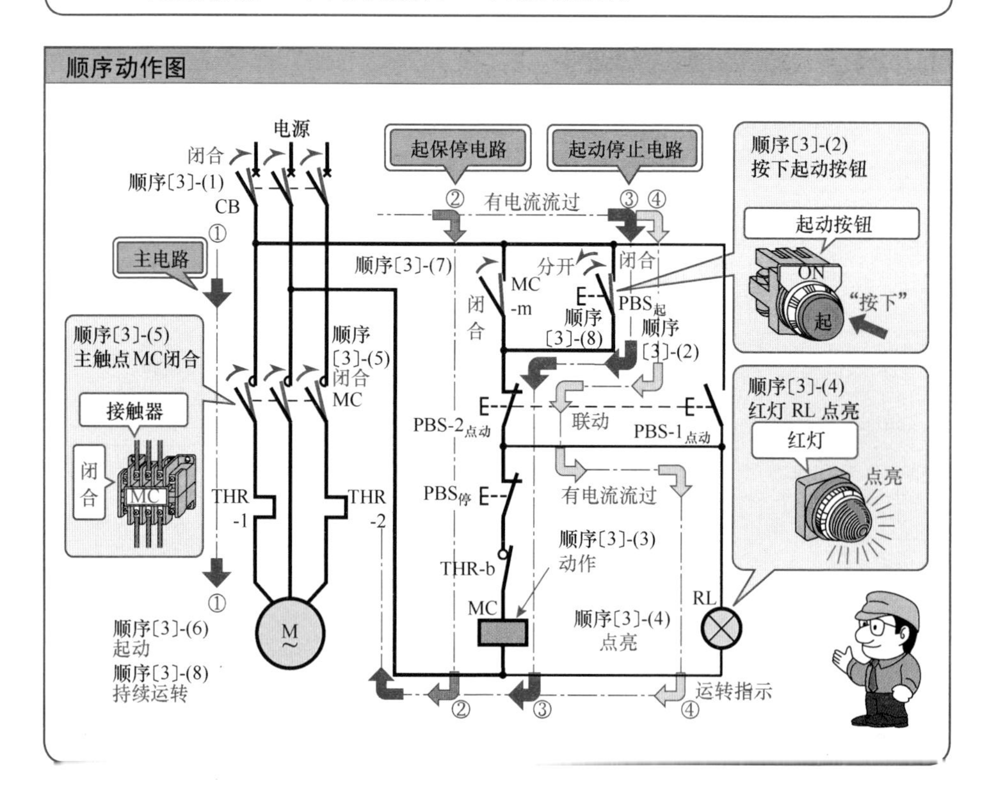

连续运转的停止动作 ●顺序〔4〕●

❖ 按下停止按钮，电动机停止运转。

▶（1）按下起保停电路②中的停止按钮，其触点 $PBS_{停}$分开。

▶（2）按下停止按钮使触点 $PBS_{停}$分开后，电流不再流过起保停电路②中的电磁线圈 MC▭，接触器 MC 复位。

▶（3）当接触器 MC 复位时，主电路①中的主触点 MC 分开。

▶（4）接触器的主触点 MC 分开后，主电路①中的电动机 M 断电，电动机停止运转。

▶（5）当接触器 MC 复位时，起保停电路②中的常开触点 MC-m 分开，解除自锁。

▶（6）放开起保停电路②中的停止按钮，触点 $PBS_{停}$闭合。

- 即使将按下停止按钮的手放开，使触点 $PBS_{停}$闭合，也会因为起保停电路②中的常开触点 MC-m 是分开的，电流不会流过接触器线圈 MC，所以接触器不会动作。

顺序动作图

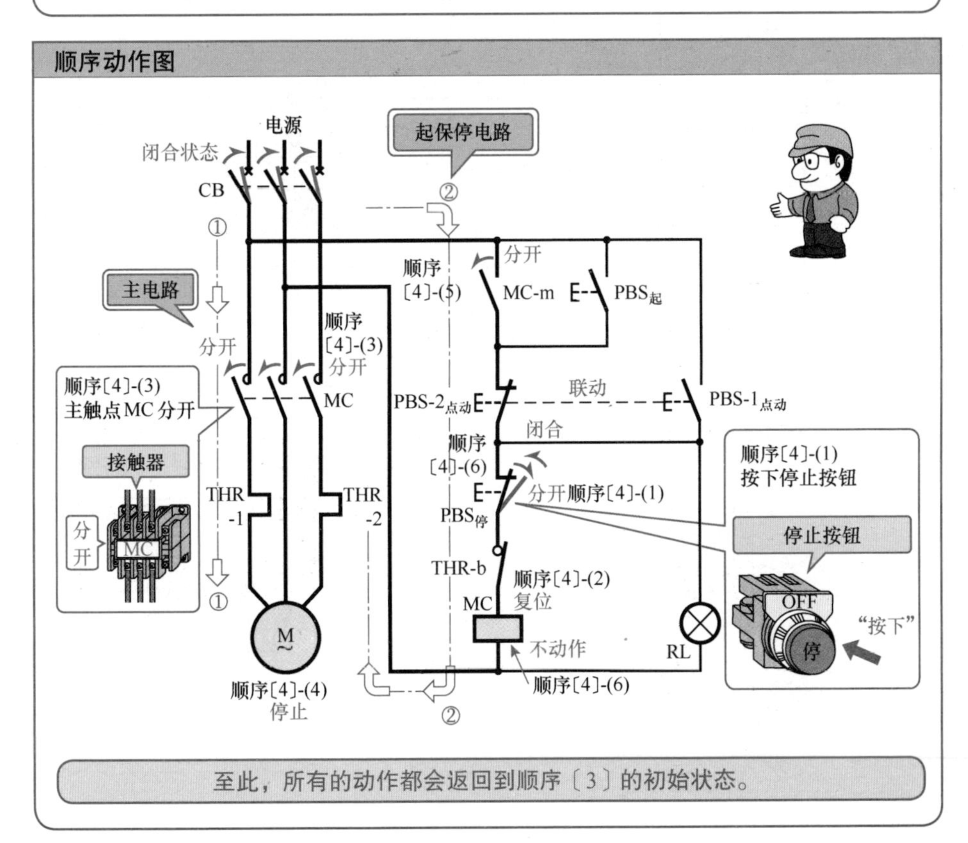

至此，所有的动作都会返回到顺序〔3〕的初始状态。

4-4 三相感应电动机的反接制动控制电路

1 三相感应电动机的反接制动控制电路的实际接线图和顺序图

三相感应电动机的反接制动控制电路的实际接线图

❖ 三相感应电动机的反接制动控制电路的实际接线图如下图所示。电动机的反接制动的原理是按下反接制动按钮，使电动机从正转切换到反转，实现快速制动。但是为了避免正转接触器和反转接触器发生同时投入的危险，要将时滞继电器介于两个接触器之间，稍微延迟动作的时间。此外，还使用了防反转的继电器，使反转电路在制动完成后自动断开，以防止反接制动导致电动机反转。

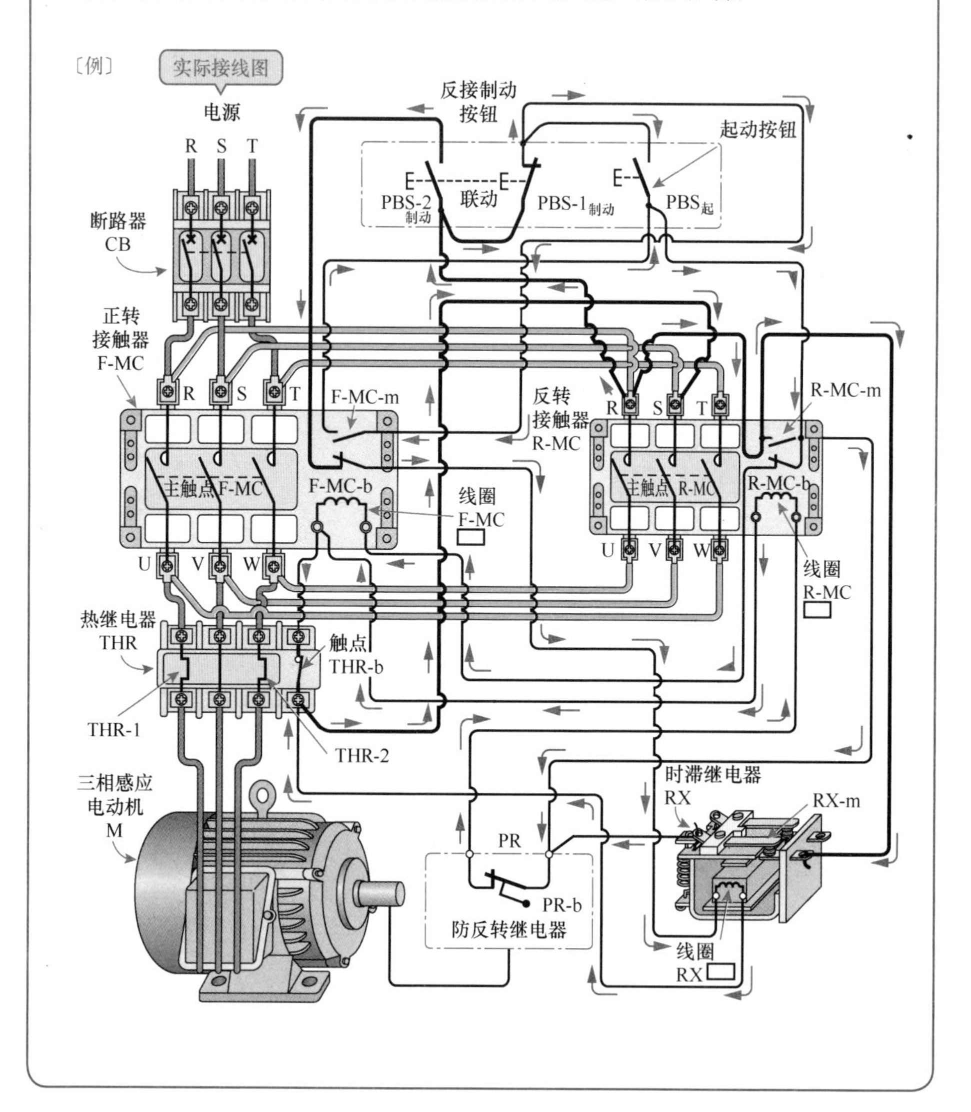

什么是三相感应电动机的反接制动

❖ 在三相感应电动机中，只要交换电动机端子中的任意两相接线，就可使电动机向反方向旋转。利用这个原理，想要使正向旋转的电动机停止时，只要使电动机接入改变相序后电压，就可以产生反方向的转矩，强制电动机紧急停止。这种制动方式叫作**三相感应电动机的反接制动**（plugging）或**反转矩制动**。

三相感应电动机的反接制动控制电路顺序图

❖ 下图是将电动机的反接制动控制电路的实际接线图改画成顺序图的示例。

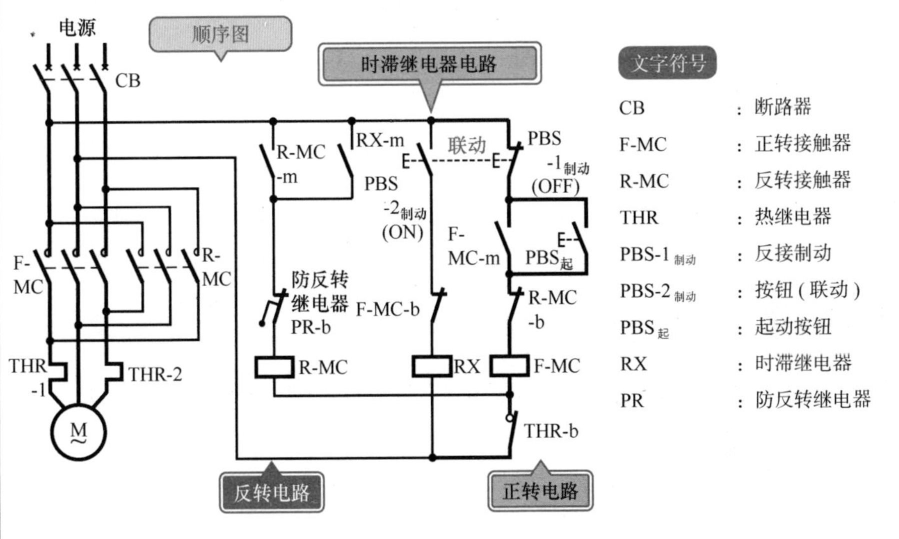

❖ 关于三相感应电动机的正反转控制，请参阅《图解顺序控制电路　入门篇》。

时滞继电器的作用⊖

❖ 在普通的三相感应电动机的正反转控制电路中，即使在正向旋转时没有按下停止按钮却按下反转用按钮，也会因为电气上的联锁而不会出现反向旋转的情况。但是在反接制动中，因为是从正向旋转直接切换到反向旋转，所以会有正转接触器 F-MC 和反转接触器 R-MC 同时投入而导致电源短路的危险性。因此，在反接制动时，按下反接制动按钮，首先使正转电路开路，同时使时滞继电器 RX 动作。由于时滞继电器的动作而使反接电路导通有微小的时间滞后，避免了正转接触器 F-MC 和反转接触器 R-MC 同时投入的危险。

⊖ 时（间）滞（后）继电器就是普通的继电器。它的作用是利用继电器的动作时间（约 10ms 数量级），使正转接触器断开之后稍有延时，再使反转接触器闭合。——译者注

2 三相感应电动机的正转运转动作

正转运转的起动动作

●顺序〔1〕●

❖ 按下起动按钮，电动机起动并沿正方向旋转。

▶（1）将电源的断路器 CB（电源开关）的操作手柄置于“ON”位置，接通电源。

（2）按下起动电路⑦中的起动按钮，其触点 PBS起闭合。

（3）按下起动按钮使触点 PBS起闭合后，电流流过起动电路⑦中的电磁线圈 F-MC▭，正转接触器 F-MC 动作。

- 当 F-MC 动作时，接下来的动作（4）、（6）、（7）将同时进行。

（4）当 F-MC 动作时，其主电路①中的正转主触点 F-MC 闭合。

（5）正转接触器的主触点 F-MC 闭合后，主电路①中的电动机 M 通电，电动机起动，沿正方向旋转。

（6）当正转接触器 F-MC 动作时，正转电路的起保停电路⑥中的常开触点 F-MC-m 闭合，实现自锁。

（7）当正转接触器 F-MC 动作时，时滞继电器电路⑤中的常闭触点 F-MC-b 分开，时滞继电器 RX 起到联锁作用。

（8）即使放开起动电路⑦中的起动按钮 PBS起，正转接触器 F-MC 也会通过起保停电路⑥继续动作，电动机保持正转。

顺序动作图

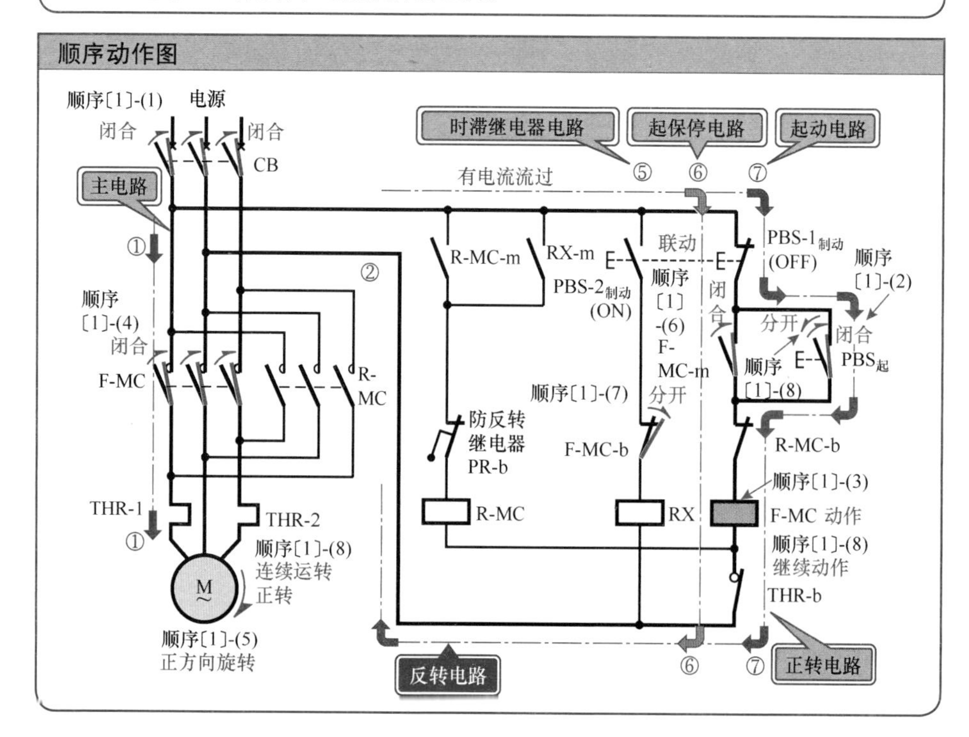

正转运转电路的“开路”动作

● 顺序〔2〕●

❖ 按下反相制动按钮，顺序〔2〕和顺序〔3〕因为联动而同时进行，而且电动机因为正转电路“开路”而出现瞬间无电压的状态。

▶（1）按下反相制动按钮，起保停电路⑥中的常闭触点 PBS-1$_{制动}$分开，时滞继电器电路⑤中的常开触点 PBS-2$_{制动}$闭合。

（2）反相制动按钮的常闭触点 PBS-1$_{制动}$分开后，电流不再流过起保停电路⑥中的线圈 F-MC▭，正转接触器 F-MC 复位。

- 当正转接触器 F-MC 复位时，接下来的动作（3）、（5）、（6）将同时进行。

（3）当正转 F-MC 复位时，主电路①中的正转主触点 F-MC 分开。

（4）正转接触器的主触点 F-MC 分开后，主电路①中的电动机 M 与电源断开成为无外加电压的状态。

- 即使电动机与电源断开成为无外加电压的状态，电动机也会因惯性继续沿正方向旋转。

（5）当正转接触器 F-MC 复位时，正转电路⑥中的起保停电路的常开触点 F-MC-m 分开，解除自保。

（6）当正转接触器 F-MC 复位时，时滞继电器电路⑤中的常闭触点 F-MC-b 闭合，将时滞继电器 RX 的联锁解除。

顺序动作图

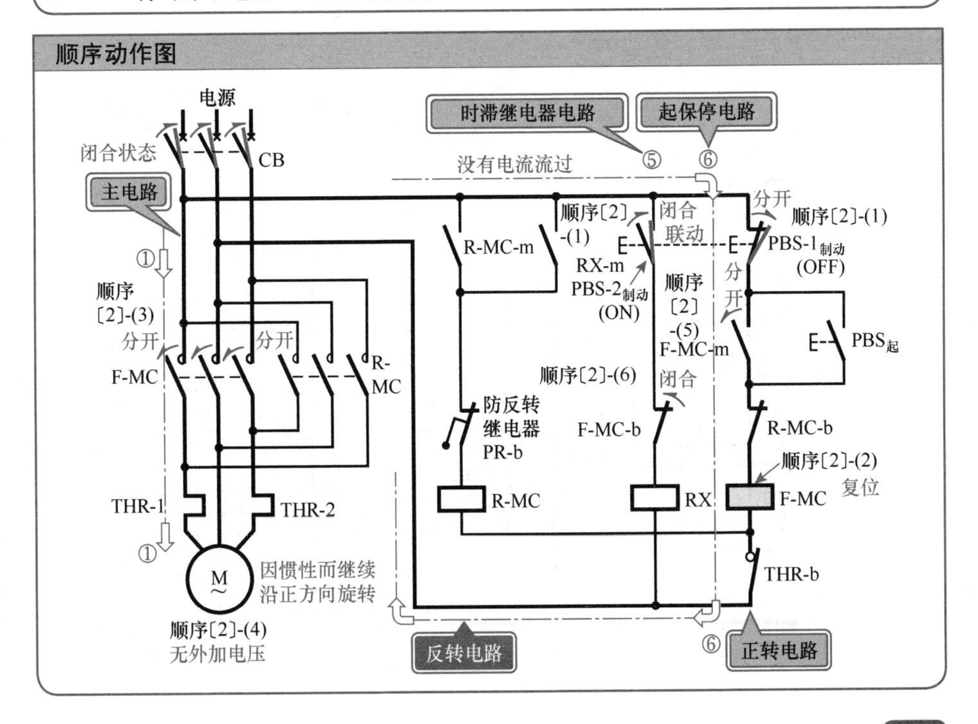

反转运转电路的“闭路”动作

● 顺序〔3〕●

❖ 按下反接制动按钮，电动机产生反方向的转矩，实施制动。

● 当按下反接制动按钮时，顺序〔2〕和顺序〔3〕因为联动而同时进行。

▶（1）按下反接制动按钮，使时滞继电器电路⑤中的常开触点 PBS-2$_{制动}$闭合，正转起动电路⑦中的常闭触点 PBS-1$_{制动}$分开。

（2）反接制动按钮的常开触点 PBS-2$_{制动}$（ON）闭合后，电流流过电磁线圈 RX▭，时滞继电器 RX 动作。

（3）当时滞继电器 RX 动作时，反转电路的起动电路④中的常开触点 RX-m 闭合。

（4）时滞继电器的常开触点 RX-m 闭合后，电流流过反转电路的起动电路④中的线圈 R-MC▭，反转接触器 R-MC 动作。

（5）当反转 R-MC 动作时，主电路②中的反转主触点 R-MC 闭合。

（6）反转主触点 R-MC 闭合后，主电路②中的电动机 M 因为两相交换连接而产生反方向的转矩，使正方向旋转速度降低。

（7）当反转接触器 R-MC 动作时，正转电路的起动电路⑦中的常闭触点 R-MC-b 分开，正转接触器 F-MC 被互锁。

（8）当反转接触器 R-MC 动作时，反转电路的起保停电路③中的常开触点 R-MC-m 闭合，实现自锁。

顺序动作图

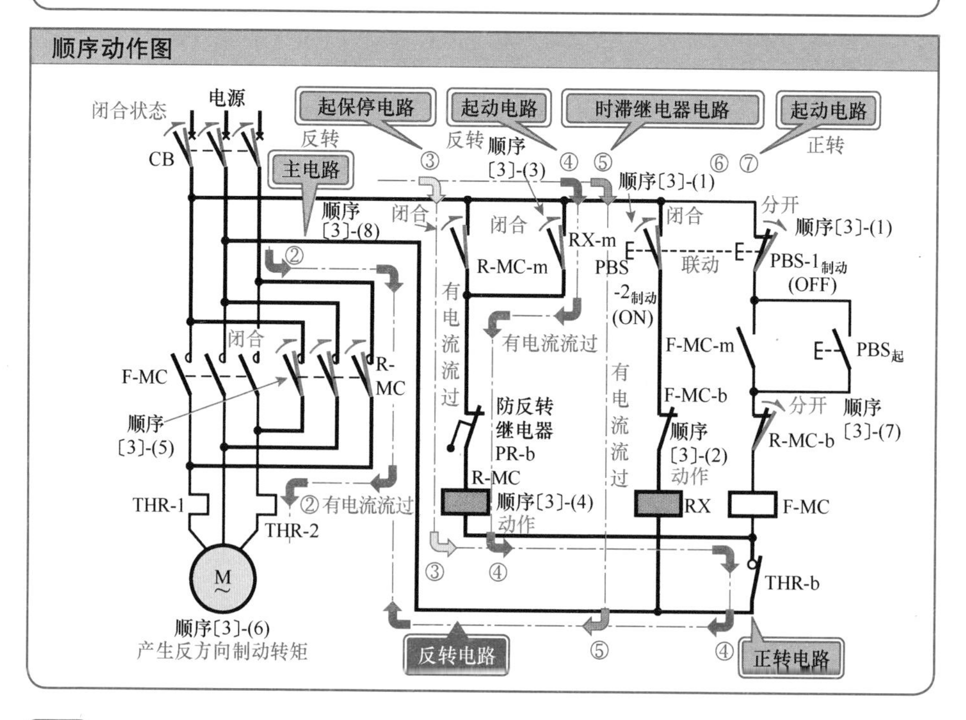

反转运转电路的“开路”动作

● 顺序〔4〕●

❖ 当电动机的正向转速因电动机的反向转矩产生的制动作用而接近于零时，防反转继电器（在反接制动中用于防止反转而设置的继电器）动作，使反转运转电路“开路”，电动机停止运转。

▶（1）当电动机的正向旋转速度接近于零时，反转电路的起保停电路③中的防反转继电器 PR 动作，其常闭触点 PR-b 分开。

▶（2）防反转继电器 PR 的常闭触点 PR-b 分开后，反转电路的起保停电路③中的线圈 R-MC ▭ 断电，反转接触器 R-MC 复位。当 R-MC 复位时，接下来的动作（3）、（5）、（6）将同时进行。

▶（3）当反转接触器 R-MC 复位时，主电路②中的反转主触点 R-MC 分开。

▶（4）反转接触器的主触点 R-MC 分开后，主电路②中的电动机 M 断电，电动机停止运转。

▶（5）当反转接触器 R-MC 复位时，正转电路的起动电路⑦中的常闭触点 R-MC-b 闭合，正转接触器 F-MC 的互锁被解除。

▶（6）当反转接触器 R-MC 复位时，反转电路的起保停电路③中的常开触点 R-MC-m 分开，解除自锁。

▶（7）当按下反接制动按钮的手放开时，时滞继电器电路⑤中的常开触点 $PBS\text{-}2_{制动}$（ON）分开，正转起动电路⑦中的常闭触点 $PBS\text{-}1_{制动}$（OFF）闭合。

顺序动作图

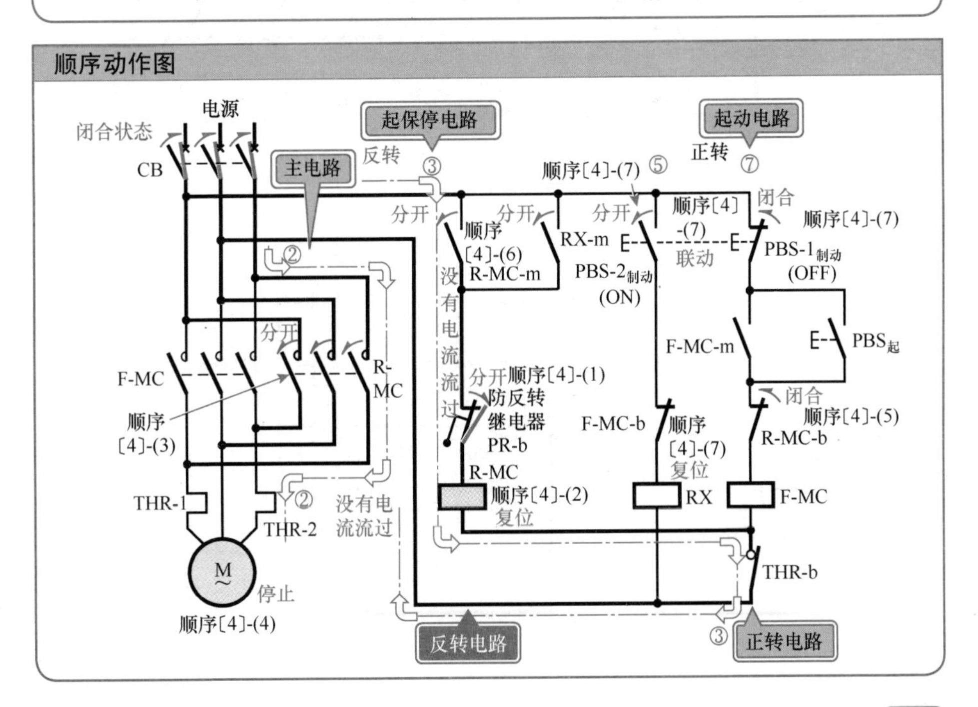

4-5 三相感应电动机的各种起动控制电路

1 绕线转子感应电动机的电阻起动控制电路

什么是绕线转子感应电动机的电阻起动控制

- ❖ 和笼型感应电动机不同，绕线转子感应电动机是利用转子轴上的集电环，在转子绕组中串入二次外部电阻器（起动电阻器），实现电动机的起动。
- ❖ 通过改变二次外部电阻器的阻值，在低速时可以减小起动电流，增大起动转矩。因此，在开始起动时，要将二次外部电阻值调至最大，随着速度增加，逐步将二次外部电阻减小直至完全短路。

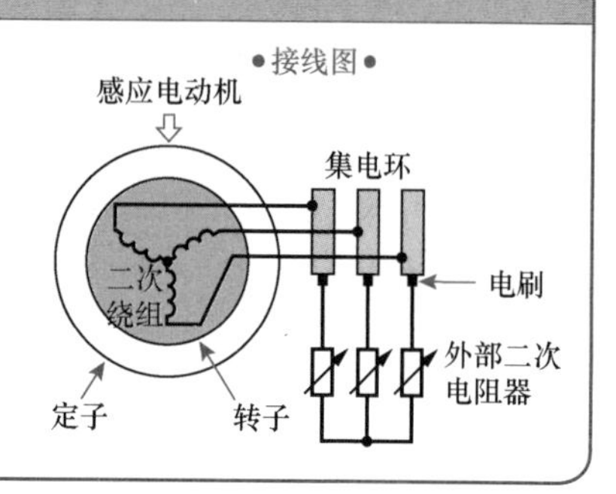

绕线转子感应电动机的电阻起动控制电路的顺序图〔例〕

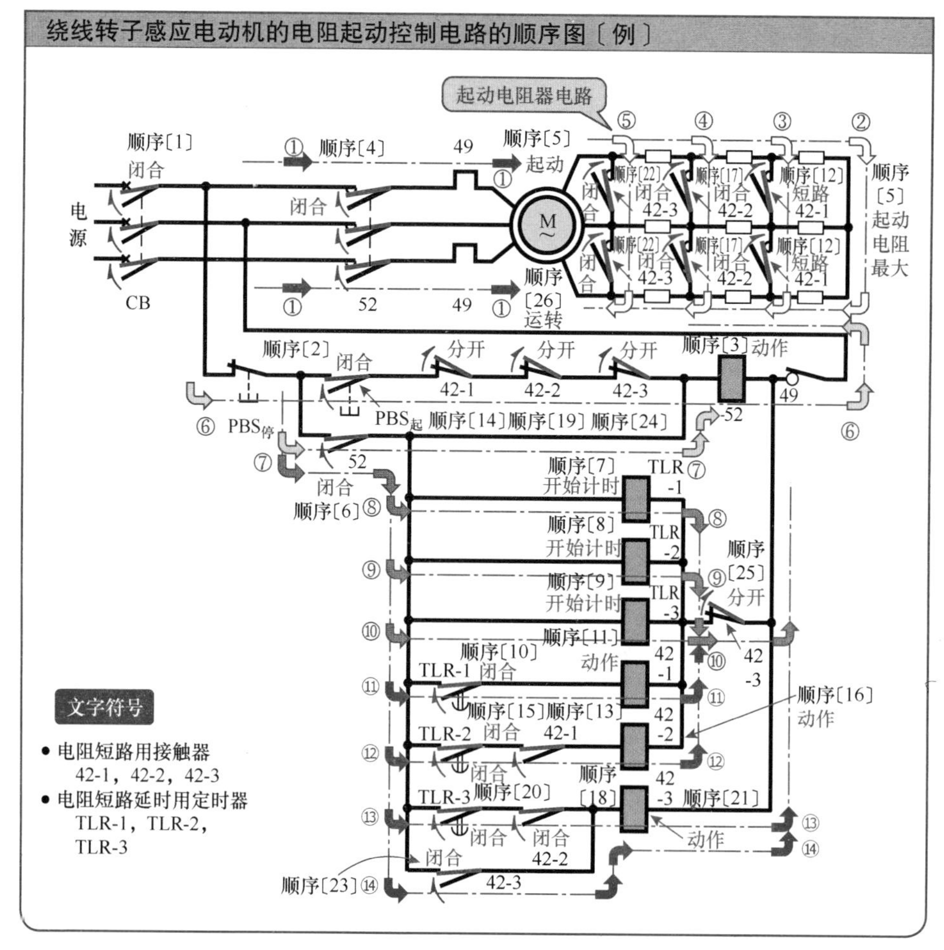

文字符号

- 电阻短路用接触器 42-1，42-2，42-3
- 电阻短路延时用定时器 TLR-1，TLR-2，TLR-3

绕线转子感应电动机的电阻起动控制电路的动作

❖ 按下起动按钮，电动机以最大起动电阻的状态起动，与此同时，用于使电阻短路延时的定时器 TLR-1、TLR-2、TLR-3 开始计时，并按照各自的设定时间分别动作，依次将电阻短路用接触器 42-1、42-2、42-3 闭合，最后将起动用二次外部电阻器全部短路，完成起动。

● 起动的动作顺序（顺序〔1〕~〔6〕）和起动电阻短路的动作顺序（顺序〔7〕~〔26〕）●

顺序〔1〕 将电源的断路器 CB 合闸，使其触点闭合。

〔2〕 按下电路⑥中的起动按钮，其触点 $PBS_{起}$闭合。

〔3〕 按下起动按钮使其常开触点 $PBS_{起}$闭合后，电流流过电路⑥中的线圈 52▭，接触器 52 动作。

〔4〕 当接触器 52 动作时，主电路①中的主触点 52 闭合。

〔5〕 主触点 52 闭合后，电动机 M 以起动电阻最大的电路②中所示的状态起动。

〔6〕 接触器 52 动作后，电路⑦中的常开触点 52 闭合，实现自锁。

〔7〕~〔9〕 当电路⑦中的常开触点 52 闭合时，电路⑧、⑨、⑩中的电阻短路延时用定时器 TLR-1、TLR-2、TLR-3 开始计时。

〔10〕经过定时器 TLR-1 的设定时间后，电路⑪中的延时动作瞬时复位常开触点 TLR-1 闭合。

〔11〕触点 TLR-1 闭合后，电路⑪中的电阻短路用接触器 42-1 动作。

〔12〕当 42-1 动作时，起动电阻电路③中的主触点 42-1 闭合、短路。

〔13〕当 42-1 动作时，电路⑫中的常开触点 42-1 闭合。

〔14〕当 42-1 动作时，电路⑥中的常闭触点 42-1 分开。

〔15〕经过定时器 TLR-2 的设定时间后，电路⑫的定时动作瞬时复位常开触点 TLR-2 闭合。

〔16〕TLR-2 闭合后，电路⑫中的电阻短路用接触器 42-2 动作。

〔17〕当 42-2 动作时，起动电阻电路④中的主触点 42-2 闭合、短路。

〔18〕当 42-2 动作时，电路⑬中的常开触点 42-2 闭合。

〔19〕当 42-2 动作时，电路⑥中的常闭触点 42-2 分开。

〔20〕经过定时器 TLR-3 的设定时间后，电路⑬的延时动作瞬时复位常开触点 TLR-3 闭合。

〔21〕TLR-3 闭合后，电路⑬中的电阻短路用接触器 42-3 动作。

〔22〕当 42-3 动作时，起动电阻电路⑤中的主触点 42-3 闭合、短路。

〔23〕当 42-3 动作时，电路⑭的常开触点 42-3 闭合，实现自锁。

〔24〕当 42-3 动作时，电路⑥中的常闭触点 42-3 分开。

〔25〕当 42-3 动作时，电路⑩中的常闭触点 42-3 分开。

〔26〕电动机 M 在全部起动电阻被短路的状态下正常运转。

2 借助于起动电抗器的三相感应电动机起动控制电路

什么是借助于起动电抗器的三相感应电动机起动控制

- **所谓借助于起动电抗器的三相感应电动机起动控制**就是指，在电动机的定子电路中串联接入起动电抗器（带铁心的电抗器），在起动的时候，电抗器上的电压降可以降低加到电动机上的电压，当速度上升后，将起动电抗器短路，以使全电压加到电动机上。
- 电动机的起动接触器的主触点 ST-MC 与起动电抗器 X 串联连接，并且，运转接触器的主触点 RN-MC 与电抗器并联连接，以便于将其短路。运转接触器 RN-MC 在加速时的投入时间，是通过定时器 TLR 设定的。

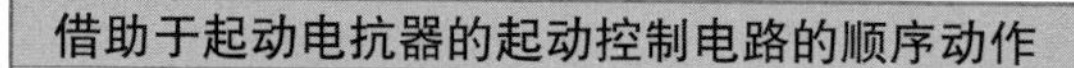

借助于起动电抗器的起动控制电路的顺序动作

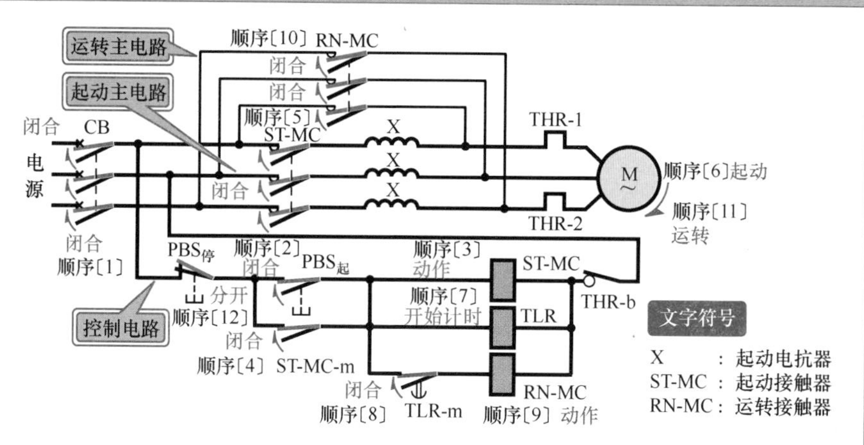

● **顺序动作** ●

动作〔1〕 将作为电源开关的断路器 CB 合闸，按下起动按钮使 PBS起闭合，起动接触器 ST-MC 动作，自锁常开触点 ST-MC-m 以及起动主电路的主触点 ST-MC 闭合。

〔2〕 起动接触器的主触点 ST-MC 闭合后，电动机开始起动。这时电动机承受的电压等于电源电压减去电抗器上的电压降，电抗器上的电压降与起动电流呈比例关系。与此同时，定时器 TLR 开始计时。

〔3〕 经过定时器 TLR 的设定时间（电动机加速所需要的时间）后，定时器动作，延时动作瞬时复位常开触点 TLR-m 闭合，使运转接触器 RN-MC 动作。

〔4〕 运转接触器 RN-MC 动作，运转主电路中的主触点 RN-MC 闭合，将起动电抗器 X 短路，电动机承受的是电源的全电压，进入运转状态。

〔5〕 如果按下停止按钮 PBS停，电流不再流过所有的控制电路，电动机停止运转。

3 借助于起动补偿器的三相感应电动机起动控制电路

什么是借助于起动补偿器的三相感应电动机起动控制

❖ **借助于起动补偿器的三相感应电动机起动控制**就是指，在起动时，通过自耦变压器（起动补偿器）向电动机施加降压后的电压，在电动机加速后，将作为起动补偿器的自耦变压器短路，以使全电压加到电动机上。

借助于起动补偿器的起动控制电路的顺序动作

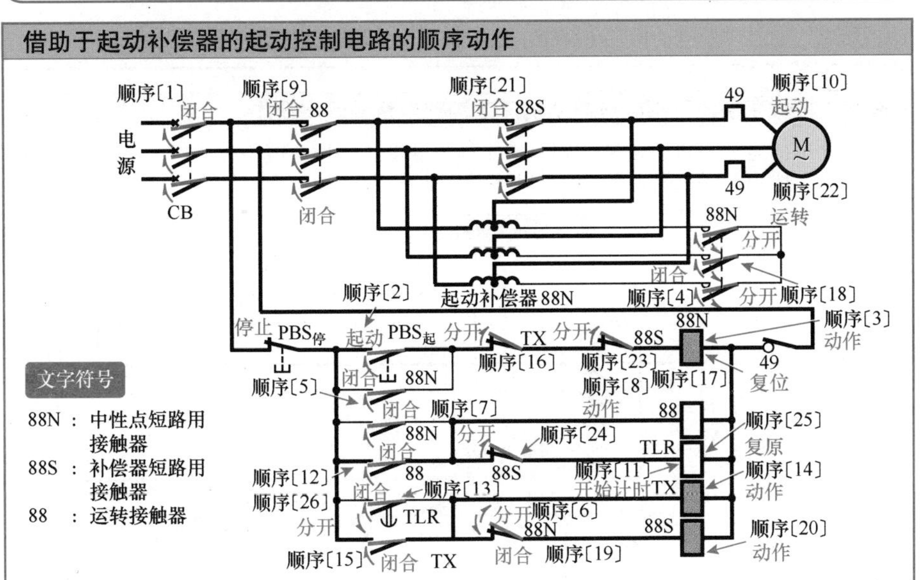

● **顺序动作** ●

动作〔1〕 将作为电源开关的断路器合闸，按下起动按钮使 PBS起闭合，中性点短路用接触器 88N 动作，其主触点 88N 闭合，并实现自锁。

〔2〕 中性点短路用接触器 88N 动作，其常闭触点 88N 断开，常开触点 88N 闭合，运转接触器 88 动作，其主触点 88 闭合。这时，电动机是与自耦变压器（起动补偿器）的二次侧相连接，承受的是降低后的电源电压，电动机开始起动。与此同时，定时器 TIR 开始计时。

〔3〕 经过定时器 TLR 的设定时间（电动机的加速所需要的时间）后，定时器动作，其延时动作瞬时复位常开触点 TLR 闭合，辅助继电器 TX 动作，其常开触点 TX 闭合，实现自锁，其常闭触点 TX 分开，使得中性点短路用接触器 88N 复位。

〔4〕 中性点短路用接触器 88N 复位，其主触点 88N 分开，自耦变压器的中性点断开，自耦变压器的一部分绕组作为电抗器起到限制电流的作用。

〔5〕 中性点短路用接触器 88N 复位，其常闭触点 88N 闭合后，使得补偿器短路用接触器 88S 动作，其主触点 88S 闭合，将作为电抗器部分的绕组短路，电动机被施加全电压进入运转状态。

4 借助于极数变换的三相感应电动机速度控制电路

什么是借助于极数变换的三相感应电动机速度控制

❖ 三相感应电动机的旋转速度可以用下式表示：

$$n=\frac{120f}{p}(1-s)$$

式中，f 为频率；p 为极数；s 为转差率。

所以，通过改变电动机定子绕组的极数就可以控制电动机的速度。

借助于极数变换的三相感应电动机速度控制电路的顺序动作

❖ 电动机的定子装设了极数分别对应于高速和低速的两个绕组，通过绕组切换改变极数，达到控制速度的目的。其顺序动作如下图所示。

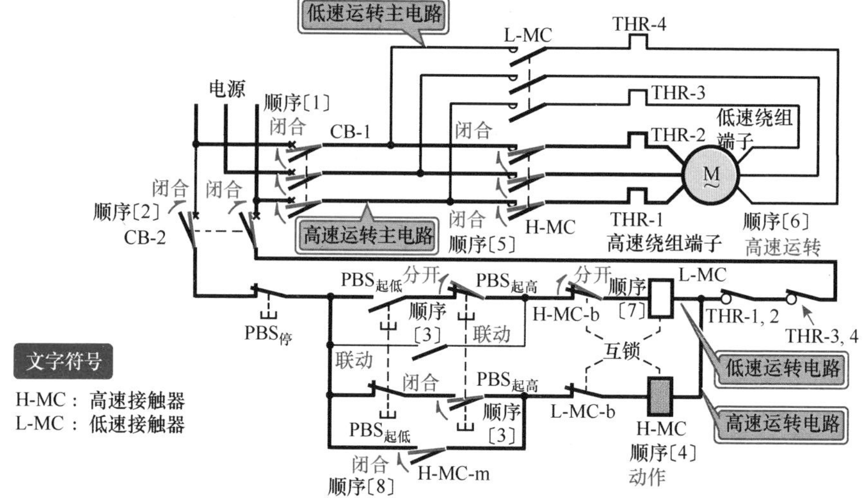

● **顺序动作** ●

动作〔1〕 **高速运转动作**。当按下高速起动按钮 PBS起高时，高速接触器 H-MC 动作，高速运转主电路中的主触点 H-MC 闭合，电动机 M 的高速绕组端子通电，电动机高速运转。当按下停止按钮 PBS停时，H-MC 复位，电动机 M 停止运转。

〔2〕 **高速－低速的切换动作**。从高速切换到低速，或者从低速切换到高速，因为两者之间带有动作互锁，所以必须在按下一次停止按钮 PBS停之后才能实现切换。

〔3〕 **低速运转的动作**。当按下低速运转按钮 PBS起低时，低速接触器 L-MC 动作，低速运转主电路中的主触点 L-MC 闭合，电动机 M 的低速绕组端子通电，电动机低速运转。当按下停止按钮 PBS停时，L-MC 复位，电动机 M 停止运转。

第 5 章

温度控制的实用基本电路

本章关键点

本章以实际装置为例，介绍利用温度开关实现温度控制的电路，使读者能够深入了解温度控制电路的基本动作内容。

（1）首先介绍了电子式温度开关的结构。为了描述顺序动作是如何随着温度变化而逐步进行的，本章引入了直观的“温度图”。

（2）在利用蒸汽加热水箱的温度控制装置中，给出了当温度超过设定值时可以发出警报的“温度开关警报电路”。请用心体会温度开关作为安全和监视设备的作用。

（3）对使用温度开关和三相加热器的“电炉温度控制电路”，给出了实际接线图，并按照加热起动、停止和警报的顺序，学习、理解这个电路。

（4）“加热和冷却二段温度控制电路”是由热水和冷水实现暖气、冷气控制的基础，是一种由温度开关和电磁阀构成的组合控制电路。可以根据温度图细致推演随着温度变化而发生的顺序动作。

5-1 使用温度开关的警报电路

① 使用温度开关的警报电路的实际接线图和顺序图

使用温度开关的警报电路的实际接线图

❖ 在温度控制装置中使用温度开关的警报电路的实际接线图如下图所示。这个温度控制装置通过供应加热蒸汽来提升水箱内的温度。当水箱内的温度高于温度开关的设定值时，温度开关动作，使蜂鸣器鸣响，发出警报。

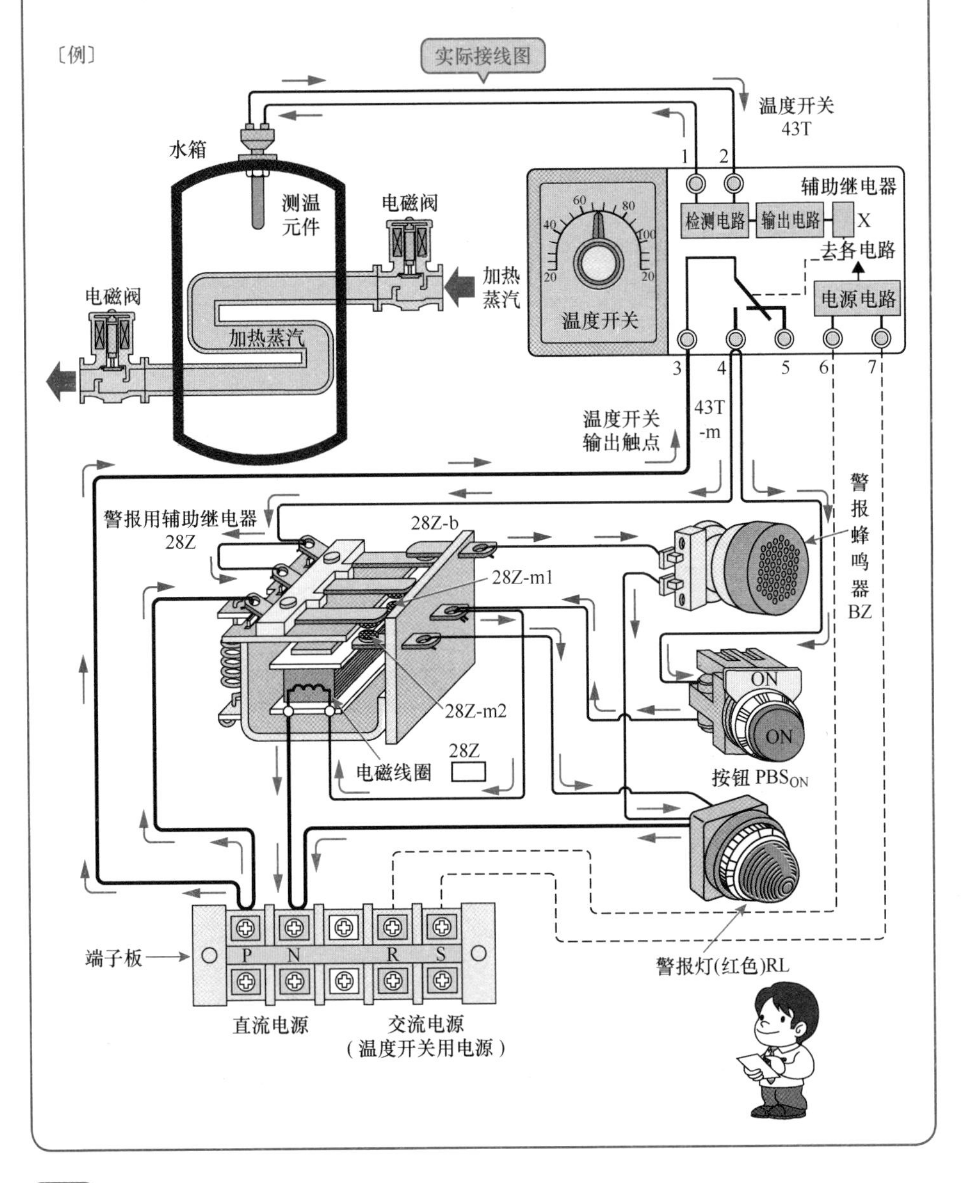

温度开关和温度图

❖ 温度开关（Temperature Switch）是当温度达到设定值时引发动作的检测开关。

● 电子式温度开关 ●

❖ 电子式温度开关是将电阻值随温度成反比例变化的热敏电阻（半导体）作为热敏元件（测温元件），检测热敏元件电阻值的变化并将其放大后，驱动继电器动作。

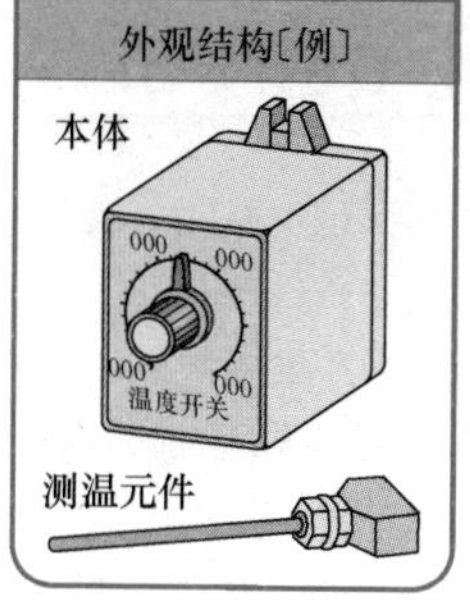

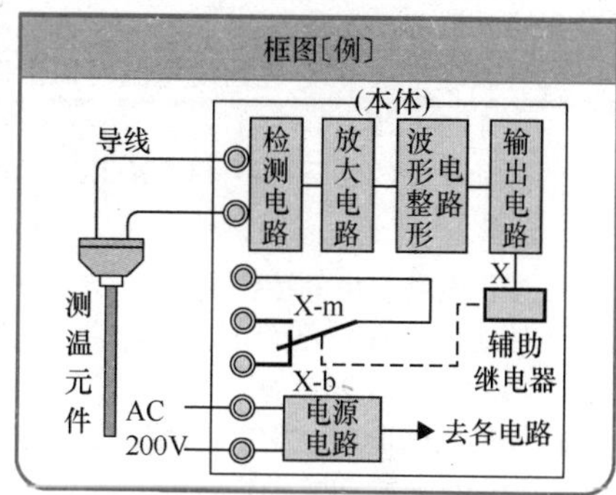

温度开关和温度图

❖ 在温度上升过程和温度下降过程中，温度开关的动作点是不同的。这两个动作点的间隔叫作“**动作间隙**”，也称为“滞环”。

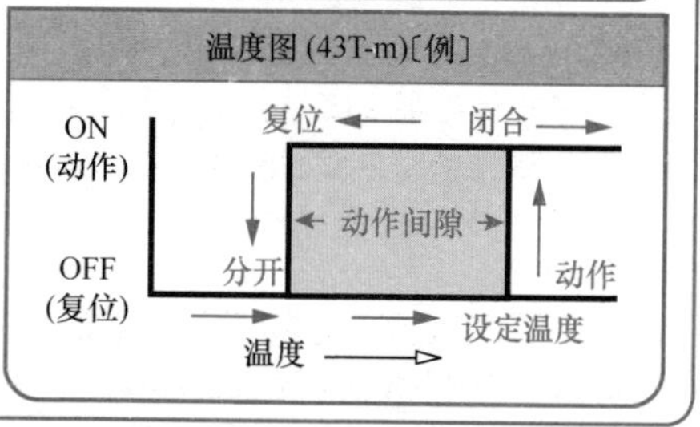

使用温度开关的警报电路的顺序图

❖ 将使用温度开关的警报电路的实际接线图改画成为顺序图，如下图所示。在该电路中，当水箱内的温度升高到温度开关 43T 的设定值以上时，温度开关 43T 动作，其常开触点 43T-m 闭合，警报蜂鸣器 BZ 发出鸣响警报。接下来，当按下按钮 PBS_{ON} 后，警报蜂鸣器 BZ 停止发出警报，同时红灯 RL 点亮，发出显示警报。

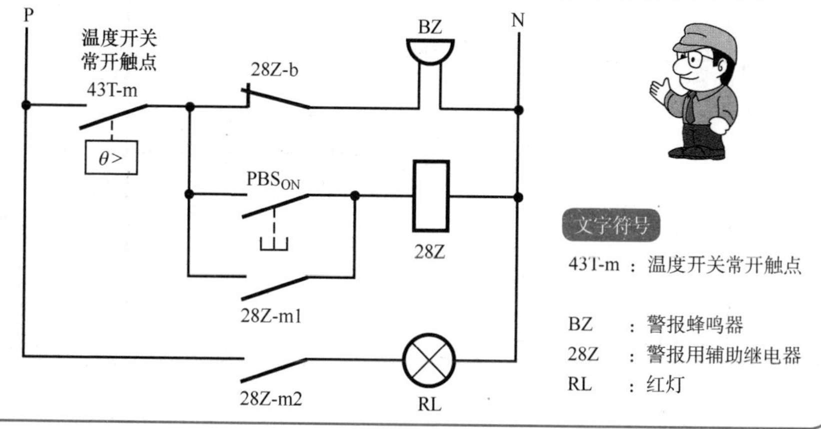

文字符号

43T-m ：温度开关常开触点

BZ ：警报蜂鸣器

28Z ：警报用辅助继电器

RL ：红灯

2 使用温度开关的警报电路的顺序动作

警报电路的顺序动作

❖ 当水箱内的温度升高到温度开关 43T 的设定温度以上时，温度开关 43T 动作，警报蜂鸣器 BZ 鸣响。

〔1〕当温度开关 43T 达到设定温度以上时，温度开关 43T 动作，电路①中的常开触点 43T-m 闭合。

〔2〕温度开关的常开触点 43T-m 闭合，电流流过电路①，警报蜂鸣器 BZ 鸣响，发出警报。

〔3〕按下电路②中的按钮 PBS_{ON}，其常开触点闭合。

〔4〕按钮的常开触点 PBS_{ON} 闭合后，电流流过电路②中的电磁线圈 28Z ▭，警报用辅助继电器 28Z 动作。

- 警报用辅助继电器 28Z 动作后，顺序〔5〕、〔7〕、〔9〕的动作同时进行。

〔5〕辅助继电器 28Z 动作后，电路①中的常闭触点 28Z-b 分开。

〔6〕触点 28Z-b 分开后，电路①断开，警报蜂鸣器停止鸣响。

〔7〕辅助继电器 28Z 动作后，电路④中的常开触点 28Z-m2 闭合。

〔8〕警报用辅助继电器的常开触点 28Z-m2 闭合，电路④导通，红灯 RL 点亮。

〔9〕警报用辅助继电器 28Z 动作，电路③中的自锁常开触点 28Z-ml 闭合，实现自锁。

〔10〕即使放开按下电路②中的按钮 PBS_{ON} 的手，由于电流通过电路③流过线圈 28Z ▭，警报用辅助继电器 28Z 仍然保持动作状态。

顺序动作图

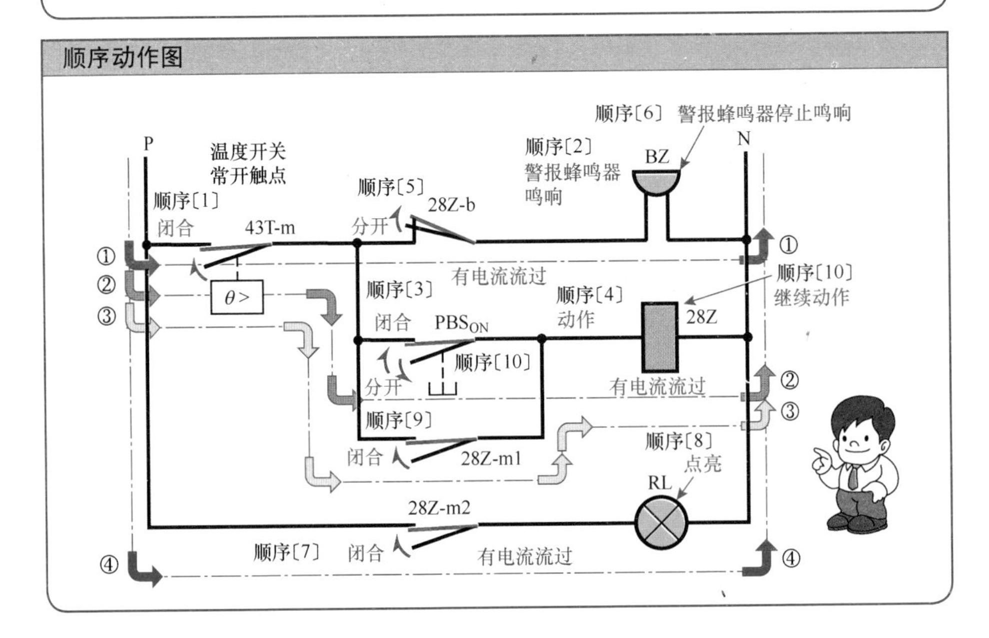

5-2 三相加热器的温度控制电路

1 三相加热器的温度控制电路的实际接线图和顺序图

三相加热器的温度控制电路的实际接线图

❖ 下图是三相加热器温度控制电路的一个示例。该电路中使用 2 个温度开关用于接通和断开作为热源的三相加热器，以保持电炉内的温度恒定，并在温度开关达到设定温度以上时，驱动蜂鸣器鸣响，发出警报。

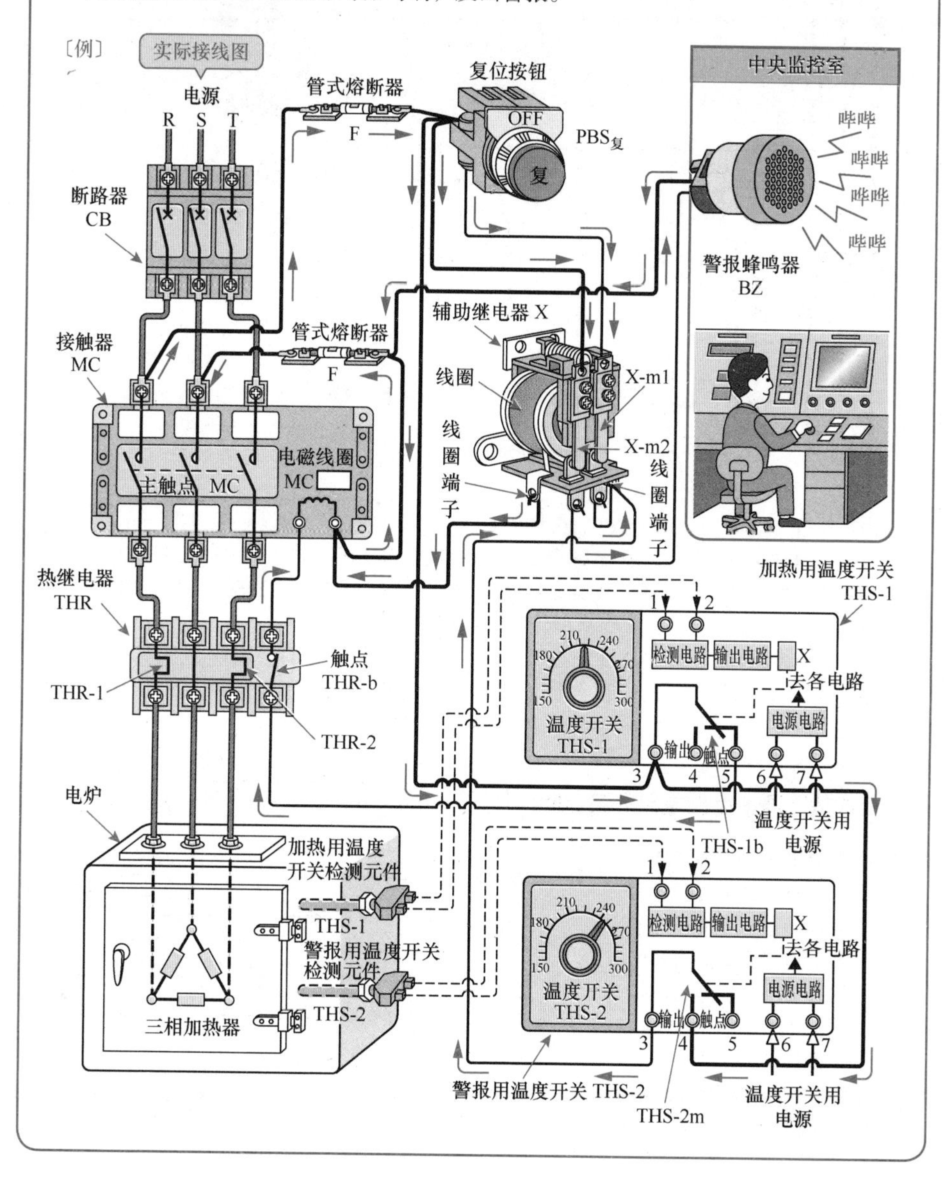

1 三相加热器的温度控制电路的实际接线图和顺序图（续）

三相加热器的温度控制电路的顺序图

❖ 将三相加热器的温度控制电路的实际接线图改画为顺序图，如下图所示。

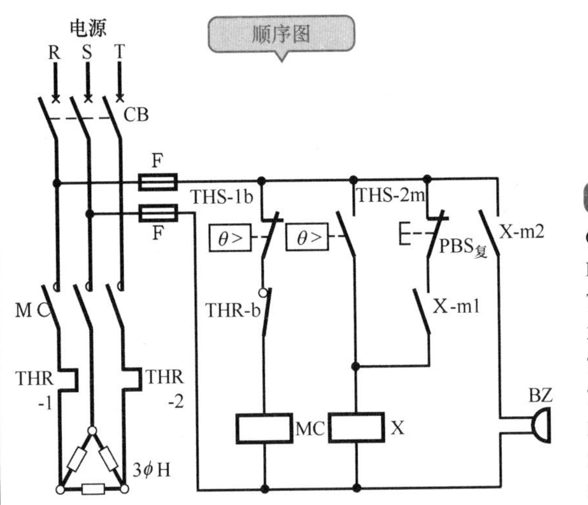

文字符号

CB	：	断路器
MC	：	接触器
THR	：	热继电器
3φH	：	三相加热器
THS-1	：	加热用温度开关
THS-2	：	警报用温度开关
$PBS_{复}$	：	复位按钮
X	：	辅助继电器
BZ	：	警报蜂鸣器

❖ 当电炉中的温度升高并超过加热用温度开关 THS-1 的控制设定温度时，加热用温度开关 THS-1 动作，其常闭触点分开，使接触器 MC 复位，断开加热器电路，加热器停止加热。当电炉中的温度降低时，加热用温度开关 THS-1 复位，其常闭触点闭合，使接触器 MC 动作，加热器恢复加热。

❖ 当电炉中的温度上升过高而超过警报用温度开关 THS-2 的警报设定温度时，警报用温度开关 THS-2 动作，其常开触点闭合，警报蜂鸣器 BZ 鸣响，发出警报。即使电炉中的温度下降，警报蜂鸣器仍继续发出警报，直至按下复位按钮 $PBS_{复}$。

三相加热器温度控制电路的温度图〔例〕

❖ 右图给出了加热用温度开关 THS-1 的控制设定温度和警报用温度开关 THS-2 的警报设定温度之间的关系。这里的温度开关 THS-1 是用于接通和断开三相加热器；温度开关 THS-2 是用于驱动警报蜂鸣器鸣响。

警报用温度开关
THS-2m
常开触点
ON(动作)
OFF(复位)
动作间隙
复位
闭合
分开
T_3
T_4
动作

加热用温度开关
THS-1b
常闭触点
OFF(动作)
ON(复位)
动作间隙
复位
分开
闭合
T_1
T_2
动作

控制设定温度　警报设定温度
温度

2 三相加热器的加热动作

起动加热的动作

●顺序〔1〕●

▶（1）将电源的断路器 CB（电源开关）的手柄推到“ON”处，接通电源。

▶（2）断路器 CB 闭合后，电流流过起动、停止控制电路①中的电磁线圈 MC ▭，接触器 MC 动作。

▶（3）接触器 MC 动作，主电路②中的主触点 MC 闭合。

▶（4）接触器的主触点 MC 闭合后，电流流过三相加热器 3ϕH，加热器起动，开始加热。

顺序动作图

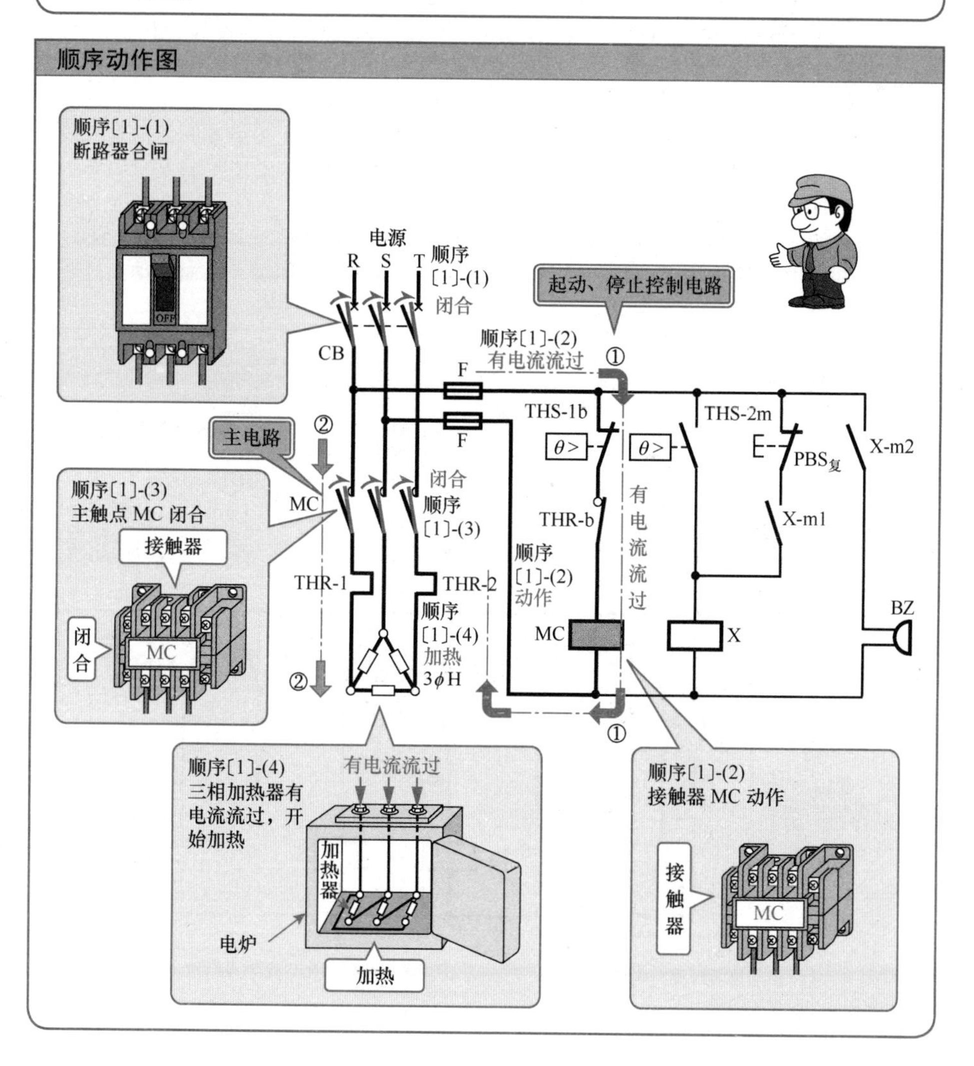

停止加热的动作

●顺序〔2〕●

❖ 三相加热器通电加热后，当电炉内的温度超过控制设定温度时，加热用温度开关 THS-1 动作，使加热器停止加热。

▶（1）当温度高于控制设定温度 T_2（见 94 页的温度图）时，加热用温度开关 THS-1 动作，其常闭触点 THS-1b 分开。

▶（2）加热用温度开关 THS-1 的常闭触点 THS-1b 分开后，电流不再流过起动、停止控制电路①中的线圈 MC▭，接触器 MC 复位。

▶（3）当接触器 MC 复位时，主电路②中的主触点 MC 分开。

▶（4）接触器的主触点 MC 分开后，电流不再流过三相加热器，加热器停止加热。

说 明

- 由于三相加热器的故障等原因，使得流过主电路的电流发生过电流时，热继电器 THR 动作，起动、停止控制电路中的常闭触点 THR-b 分开，上述顺序〔2〕-（2）~（4）将同时动作，使三相加热器断电，停止加热。
- 由于三相加热器停止加热而使电炉内的温度降低，当温度降低到温度开关 THS-1 设定的动作间隙温度 T_1 以下时，其常闭触点 THS-1b 复位闭合，从而自动执行顺序〔1〕-（2）~（4）的动作，三相加热器重新起动，恢复加热。

顺序动作图

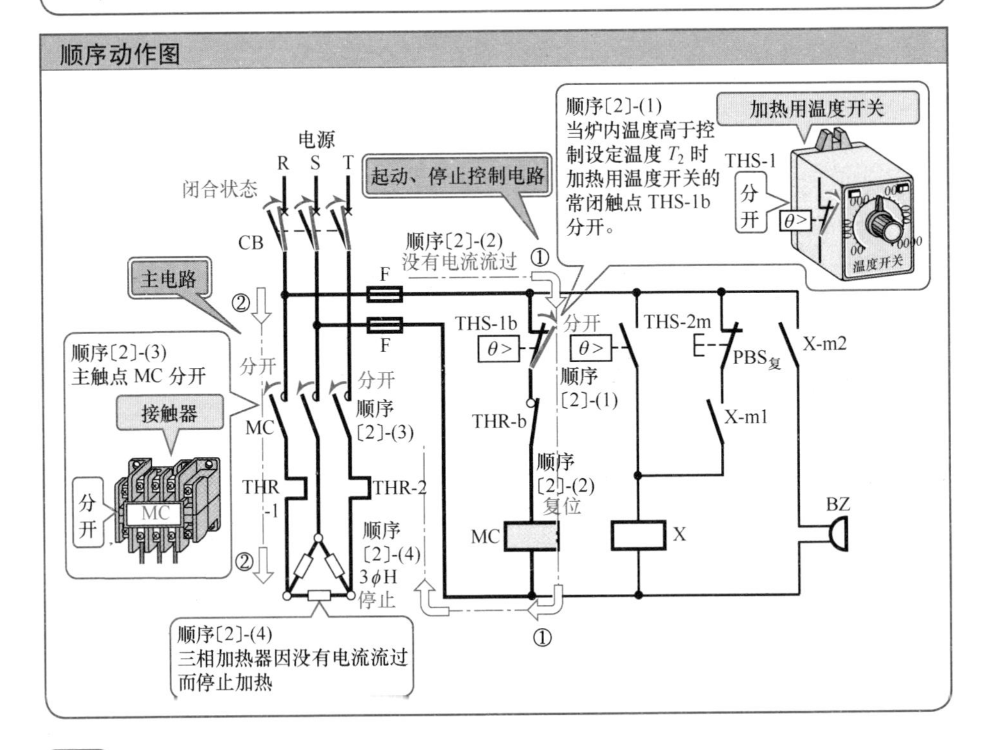

3 三相加热器的警报动作

警报蜂鸣器的动作

● 顺序〔3〕●

❖ 当三相加热器过热，超过控制设定的温度，达到警报设定温度以上时，警报用温度开关 THS-2 动作，蜂鸣器鸣响，发出警报。

▶（1） 当温度升高到警报设定温度 T_4 以上时，辅助继电器电路③中的警报用温度开关 THS-2 动作，其常开触点 THS-2m 闭合。

▶（2） 电流流过辅助继电器电路③中的线圈 X▭，辅助继电器 X 动作。

- 辅助继电器 X 动作后，接下来的动作（3）和（4）同时进行。

▶（3） 辅助继电器 X 动作，起保停电路④中的自锁常开触点 X-ml 闭合，辅助继电器 X 实现自锁。

▶（4） 辅助继电器 X 动作，警报蜂鸣器电路⑤中的常开触点 X-m2 闭合。

▶（5） 辅助继电器的常开触点 X-m2 闭合后，电流流过电路⑤，警报蜂鸣器 BZ 鸣响，发出警报。

▶（6） 当温度下降到低于警报用温度开关 THS-2 的警报设定的动作间隙温度 T_3 时，警报用温度开关 THS-2 复位，其常开触点 THS-2m 分开。

- 即使警报用温度开关的常开触点 THS-2m 分开，电流仍然可以通过起保停电路④，辅助继电器 X 保持动作状态，警报蜂鸣器继续鸣响。

顺序动作图

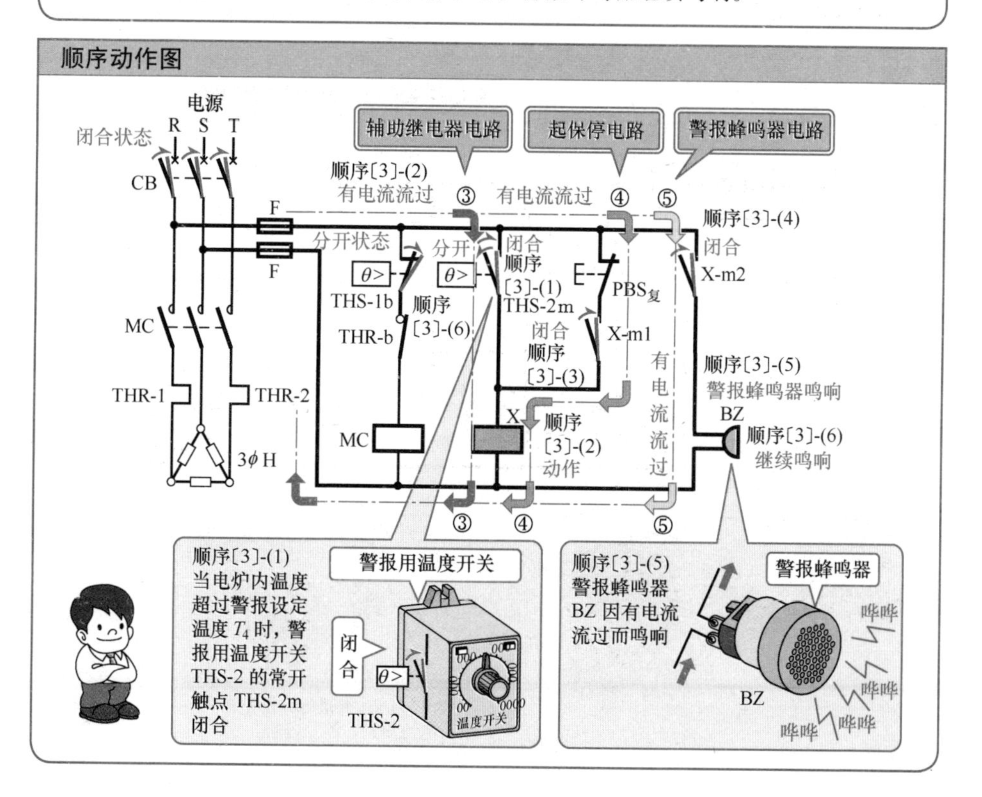

警报蜂鸣器的复位动作

● 顺序〔4〕●

❖ 当电炉内的温度下降到低于警报设定温度 T_3（动作间隙）时，警报用温度开关复位，此时尽管其常开触点 THS-2m 已经分开，但是警报蜂鸣器仍会继续鸣响，只有按下复位按钮 PBS$_{复}$，才能使其复位，并停止鸣响。

▶（1）按下起保停电路④中的复位按钮 PBS$_{复}$后，其常闭触点分开。

▶（2）复位按钮 PBS$_{复}$的常闭触点分开后，起保停电路④中的电磁线圈 X▭断电，辅助继电器 X 复位。

- 辅助继电器 X 复位后，以下的动作（3）和（4）将同时执行。

▶（3）辅助继电器 X 复位，起保停电路④中的自锁常开触点 X-m1 分开，辅助继电器 X 的自锁作用被解除。

▶（4）辅助继电器 X 复位，警报蜂鸣器电路⑤中的常开触点 X-m2 分开。

▶（5）触点 X-m2 分开后，电流不再流过电路⑤，警报蜂鸣器 BZ 停止鸣响。

▶（6）当按下复位按钮 PBS$_{复}$的手放开后，其常闭触点复位闭合，但由于电路④中的触点 X-m1 处于分开状态，所以辅助继电器 X 仍然不会动作。

顺序动作图

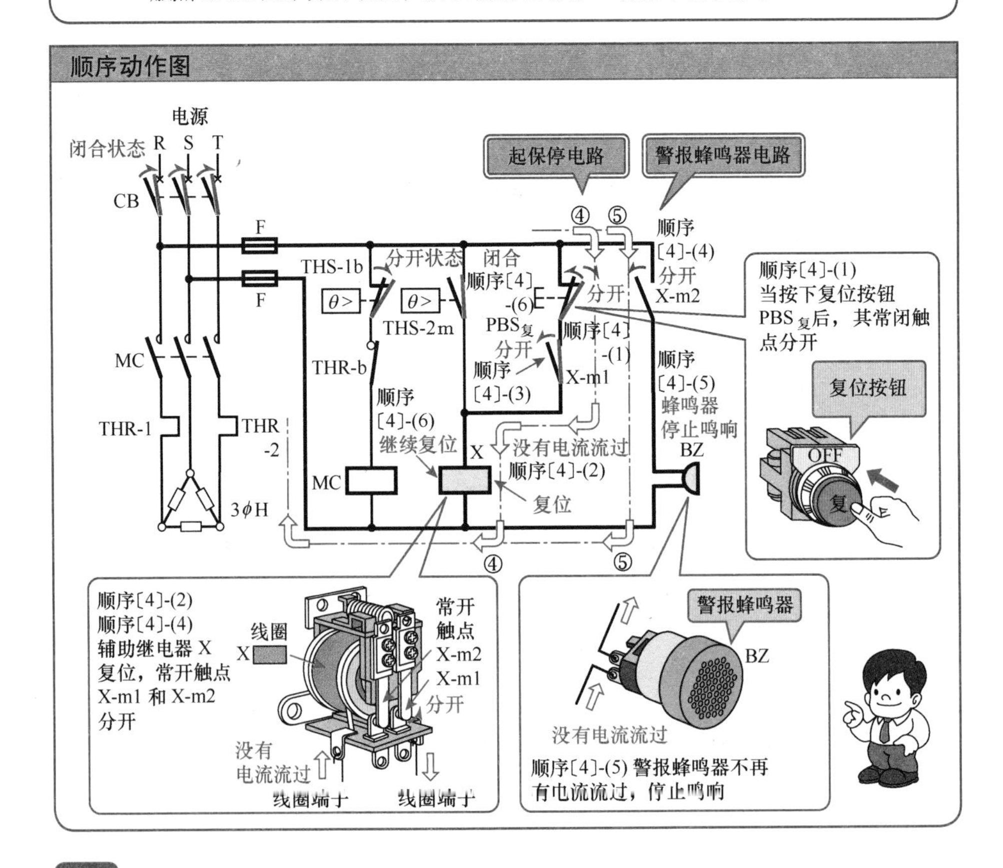

5-3 加热、冷却二段温度控制电路

1 加热、冷却二段温度控制电路的构成图和顺序图

加热、冷却二段温度控制电路的构成图

❖ 下图是加热、冷却二段温度控制电路的构成图。该电路中使用 2 个温度开关和 2 个电磁阀，以实现暖气控制和冷气控制。

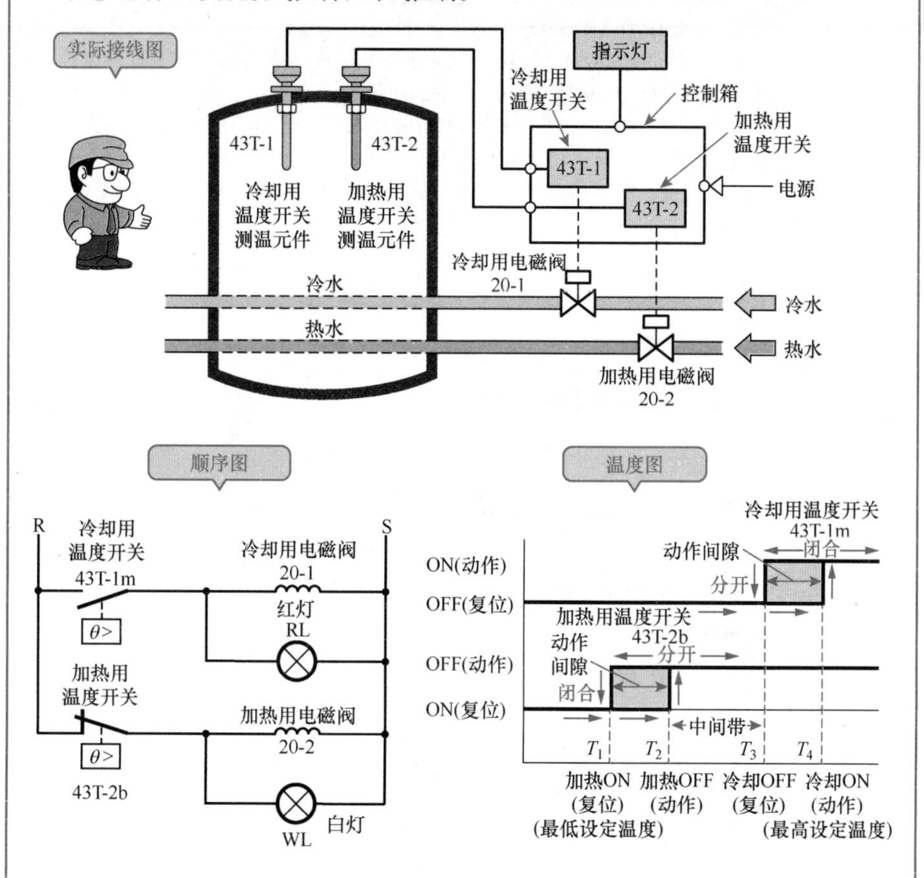

❖ 在该电路中，当室内温度高于最高设定温度（温度开关 43T-1 的设定温度，即最高温度 T_4）时，冷却用温度开关 43T-1 动作，冷却用电磁阀 20-1 通电励磁，阀门打开，使冷水流入，开始制冷。在冷却期间，红灯 RL 点亮。

❖ 当室内温度通过冷却降低到最低设定温度（温度开关 43T-2 的设定温度，即最低温度 T_1）以下时，加热用温度开关 43T-2 复位，其常闭触点 43T-2b 闭合，加热用电磁阀 20-2 通电励磁，阀门打开，热水流入管道，开始加热。在加热期间，白灯 WL 点亮。

当室内温度处于温度中间带（T_2，T_3）时，既不制冷也不加热。

2 冷却“打开：ON”、“关闭：OFF”动作

冷却“打开：ON”动作顺序

❖ 室内温度升高，达到冷却用温度开关 43T-1 的设定温度 T_4 时的情况

顺序〔1〕 当室内温度上升到最高设定温度 T_4 后，电路①中的冷却用温度开关 43T-1 动作，其常开触点 43T-1m 闭合（见 99 页的温度图）。

- 冷却用温度开关 43T-1 在温度 T_4 时动作并闭合，当温度下降到温度 T_3（动作间隙）时复位并分开（见 99 页的温度图）。

〔2〕 当冷却用温度开关的常开触点 43T-1m 闭合后，电路①中冷却用电磁阀的电磁线圈 20-1 通电励磁，阀门打开。

- 冷却用电磁阀 20-1 打开后，冷水流入，室内温度下降。

〔3〕 触点 43T-1m 闭合后，电流流过电路②，红灯 RL 点亮。

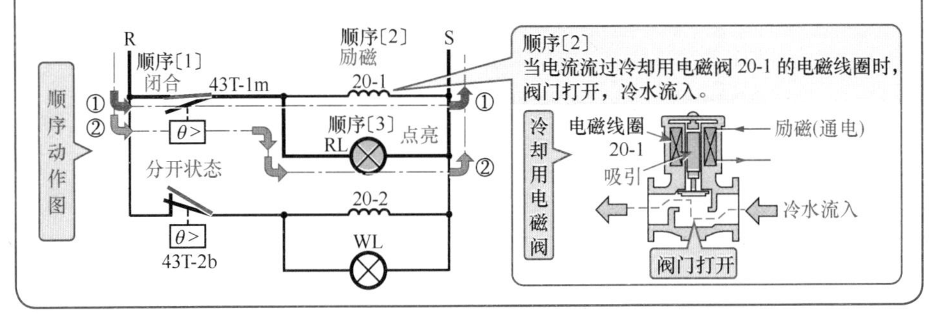

冷却“关闭：OFF”的动作顺序

❖ 室内温度由于冷却效果下降到温度 T_3（参见温度图）时的情况

顺序〔4〕 当室内温度从最高设定温度 T_4 下降到 T_3（动作间隙）后，电路①中的冷却用温度开关 43T-1 复位，其常开触点 43T-1m 分开。

〔5〕 冷却温度开关的常开触点 43T-1m 分开，电流不再流过电路①中的冷却用电磁阀的电磁线圈 20-1，该电磁阀 20-1 消磁，阀门关闭。

- 冷却用电磁阀 20-1 关闭后，冷水不再流入，室内温度停止下降。

〔6〕 冷却用温度开关的常开触点 43T-1m 分开，电路②中没有电流流过，红灯 RL 熄灭。

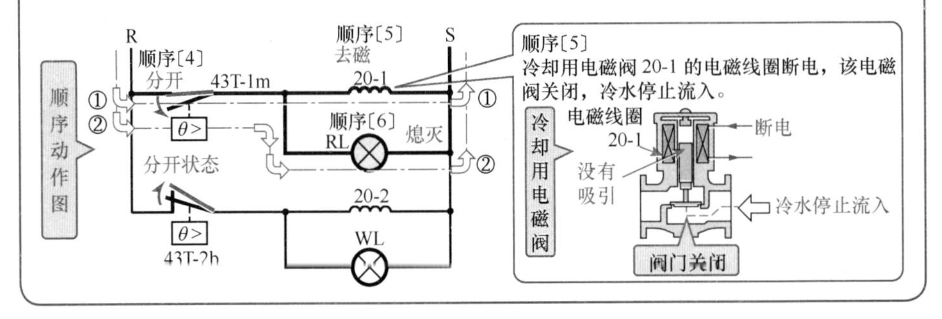

3 加热“打开：“ON”、“关闭：OFF”动作

加热“打开：ON”的动作顺序

❖ 当室内温度进一步下降到温度 T_1（参见本书第 99 页的温度图）时的情况

顺序〔7〕 当室内温度下降到低于最低设定温度 T_1 后，电路③中的加热用温度开关 43T-2 复位，其常闭触点 43T-2b 闭合。

- 当温度低于温度 T_1 时，加热用温度开关 43T-2 复位闭合，当温度上升超过 T_2（动作间隙）时，该温度开关动作，触点分开。

〔8〕 加热用温度开关的常闭触点 43T-2b 闭合后，电流流过电路③中加热用电磁阀的电磁线圈 20-2，该电磁阀 20-2 通电励磁，阀门打开。

- 加热电磁阀 20-2 打开后，由于热水流入，室内温度升高。

〔9〕 触点 43T-2b 闭合，电流流过电路④，白灯 WL 点亮。

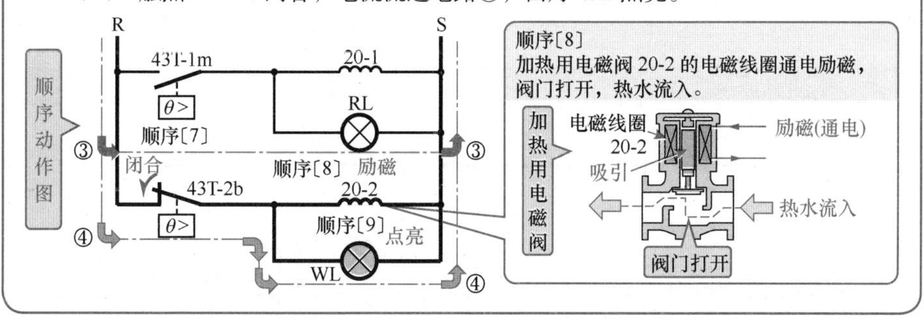

加热“关闭：OFF”的动作顺序

❖ 室内温度由于加热效果而上升，达到加热用温度开关 43T-2 的设定温度 T_2（参见本书第 99 页的温度图）时的情况

顺序〔10〕当室内温度从最低设定温度 T_1 上升到 T_2（动作间隙）后，电路③中的加热用温度开关 43T-2 动作，其常闭触点 43T-2b 分开。

〔11〕加热用温度开关的常闭触点 43T-2b 分开，电路③中加热用电磁阀的电磁线圈 20-2 断电，该电磁阀消磁，阀门关闭。

- 加热电磁阀 20-2 关闭后，热水不再流入，室内温度不再升高。

〔12〕触点 43T-2b 分开后，电流不再流过电路④，白灯 WL 熄灭。

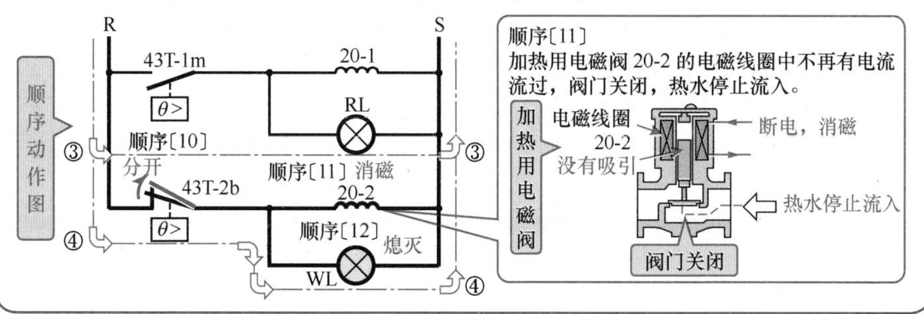

资料 电热毯的控制电路

电热毯的温度控制

- 电热毯是借助于毯子内部嵌入的塑料和尼龙包覆的柔性感热线式发热体所制成，具有与普通毯子相同的柔软感。
  在寒冷的冬天，如果铺上电热毯，尽管只盖一床薄被，也可以使全身变暖。
- 由于电热毯是在睡觉时使用的，因此要特别重视安全性，在设计时一定要考虑防触电、防烧伤、防异常过热和起火等安全功能。

外观图〔例〕

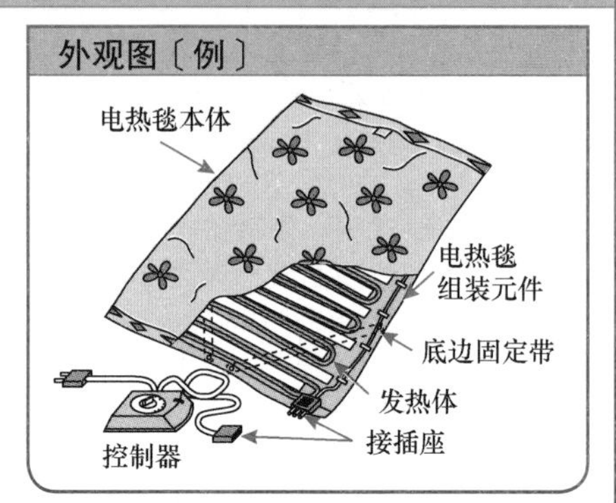

电热毯的顺序图〔例〕

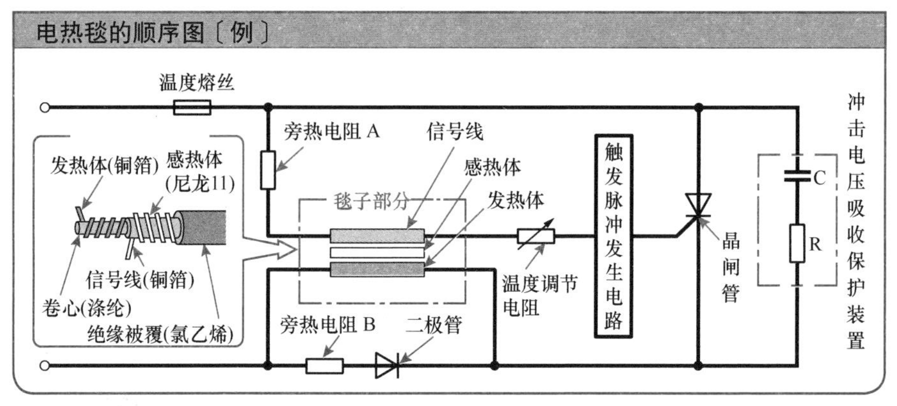

● 顺序动作 ●

（1）电热毯的温度控制电路的动作：首先，随着感热线式发热体的温度上升，引起感热体的阻抗发生变化。阻抗的变化引起流入信号线中的电流发生变化，检测这个电流的变化，用来驱动触发脉冲发生电路，控制晶闸管的门极信号。最后，通过晶闸管的导通和关断来控制流过发热体的主电流，从而实现温度的控制。

（2）如果感热线式发热体的信号线断开，触发脉冲发生电路将不工作，晶闸管没有门极触发信号，不能导通。

（3）当晶闸管发生短路故障时，电流通过与发热体并联的旁热电阻 B 和二极管，沿晶闸管的相反方向流动，旁热电阻 B 产生热量，并熔断邻近的温度熔丝，从而切断电路。

（4）当这些安全电路由于某种原因而不工作时，毯子中的感热线式发热体的温度升高，感热丝熔化，发热体和信号线短路，旁热电阻 A 被加热，使温度熔丝熔断，从而切断电路。

第6章

压力控制的实用基本电路

本章关键点

本章以实际装置为例，介绍“使用压力开关实现压力控制”的顺序动作，使读者能够掌握压力控制的基本内容。

（1）以简明易懂的方式介绍了压力开关的类型，以及因压力变化而引发不同顺序动作的“压力图”。

（2）对于存储压缩空气的储气罐的压力控制装置，给出了当压力超过设定压力值时发出警报的“使用压力开关的警报电路”。请细心体会压力开关作为安全和监测元器件所起的作用。

（3）由压力开关和压缩机构成的“压缩机压力控制电路”既能实现按钮的手动操作，也能实现由压力开关控制的自动运转。请根据压力图细心体会因压力变化引起的各个动作。

6-1 使用压力开关的警报电路

1 使用压力开关的警报电路的实际接线图和顺序图

使用压力开关的警报电路的实际接线图

❖ 下图显示了警报电路实际接线图示例。在该例中，当存储压缩空气的储气罐中的压力超过规定压力时，作为安全和监测的压力开关动作，驱动蜂鸣器鸣响，发出警报。

〔例〕

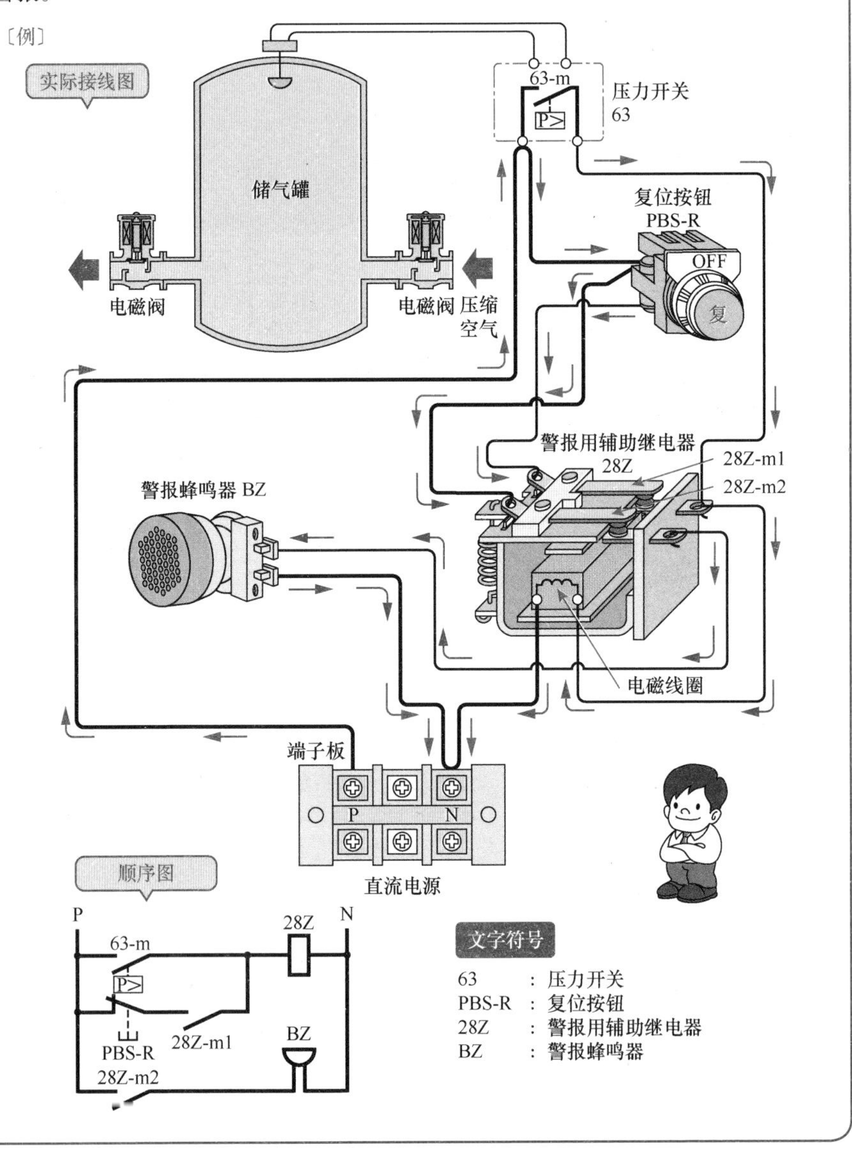

2 使用压力开关的警报电路的顺序动作

警报电路的动作顺序

❖ 储气罐内的压力上升，当超过压力开关 63 的控制设定压力值时，压力开关 63 动作，警报蜂鸣器鸣响。

顺序〔1〕 当压力开关 63 的压力超过控制设定压力值时，电路①中的压力开关 63 动作，其常开触点 63-m 闭合。

〔2〕 压力开关 63 的常开触点 63-m 闭合后，电流流过电路①中的警报用辅助继电器的电磁线圈 28Z▭，继电器 28Z 动作。

〔3〕 辅助继电器 28Z 动作后，电路③中的常开触点 28Z-m2 闭合。

〔4〕 警报用辅助继电器的常开触点 28Z-m2 闭合后，电流流过电路③，警报蜂鸣器 BZ 鸣响，发出警报。

〔5〕 警报用辅助继电器 28Z 动作后，电路②中的自锁常开触点 28Z-m1 闭合，实现自锁。

- 警报用辅助继电器 28Z 实现自锁后，即使压力开关 63 复位，其常开触点 63-m 分开，警报蜂鸣器 BZ 也会继续鸣响。

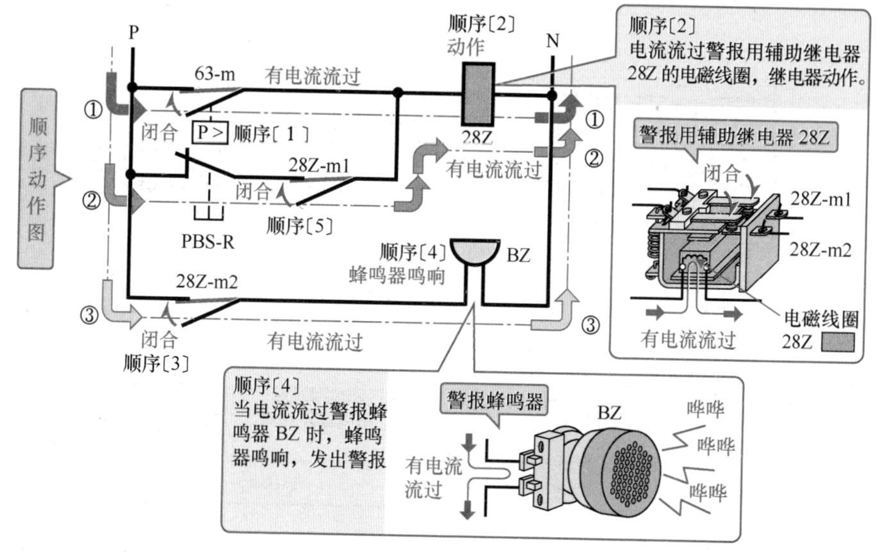

● 压力开关 ●

❖ **压力开关**（Pressure Switch）是当气体或液体的压力值达到预定值时就会引发动作的一种检测开关。

❖ 压力开关有两种类型，一种是利用受到压力后检测元件发生机械位移，引发机械触点机构动作而产生 ON/OFF 二值信号的方式；另一种是以电信号的方式直接检测压力，然后对检测信号进行放大，并借助继电器电路产生 ON/OFF 二值信号的方式。

复位电路的动作顺序

❖ 按下复位按钮 PBS-R 后，警报蜂鸣器 BZ 停止鸣响。

顺序〔6〕 按下电路②中的复位按钮 PBS-R，开关触点分开。

〔7〕 当按下复位按钮 PBS-R，开关触点分开后，电流不再流过电路②中的电磁线圈 28Z▭，警报用辅助继电器 28Z 复位。

〔8〕 当辅助继电器 28Z 复位后，电路③中的常闭触点 28Z-m2 分开。

〔9〕 当警报用辅助继电器的常开触点 28Z-m2 分开后，电流不再流过电路③，警报蜂鸣器 BZ 停止鸣响。

〔10〕 当警报用辅助继电器 28Z 复位后，电路②中的自锁常开触点 28Z-m1 分开，解除自锁。

〔11〕 当按下电路②中的复位按钮 PBS-R 的手放开后，其触点闭合。

- 即使按下 PBS-R 的手放开，触点恢复闭合，由于电路②中的自锁常开触点 28Z-m1 处于分开状态，辅助继电器 28Z 仍然没有电流流过，不动作。

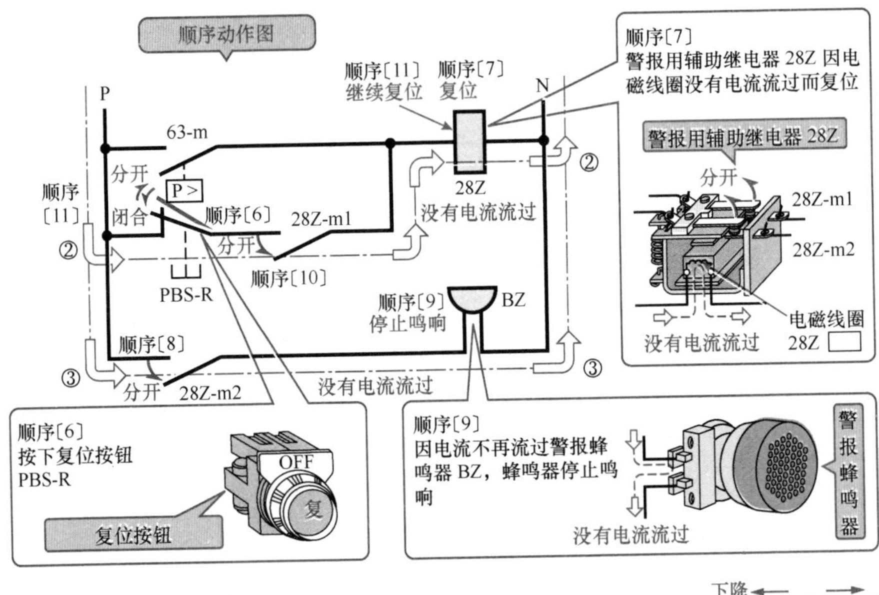

● 压力开关的压力图 ●

❖ 压力开关在压力上升过程和在压力下降过程的动作点是不同的。这两个动作点之间的间隔称为“动作间隙”，也称为“滞环”。

❖ 该动作间隙有两种设定形式，一种是设置在控制设定值的上侧，另一种是设置在控制设定值的下侧。

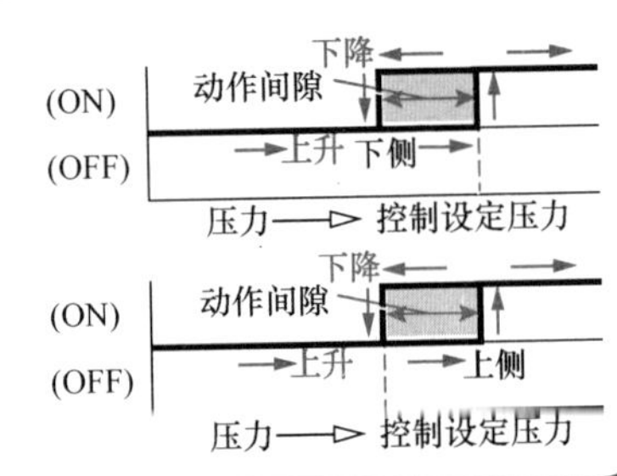

6-2 压缩机的压力控制电路（手动、自动控制）

1 压缩机的压力控制电路的实际接线图和顺序图

压缩机的压力控制电路的实际接线图

❖ 下图是手动和自动压力控制电路的实际接线图的一个示例，利用 2 个压力开关和压缩机的组合，保持储气罐中的压力恒定。

〔例〕

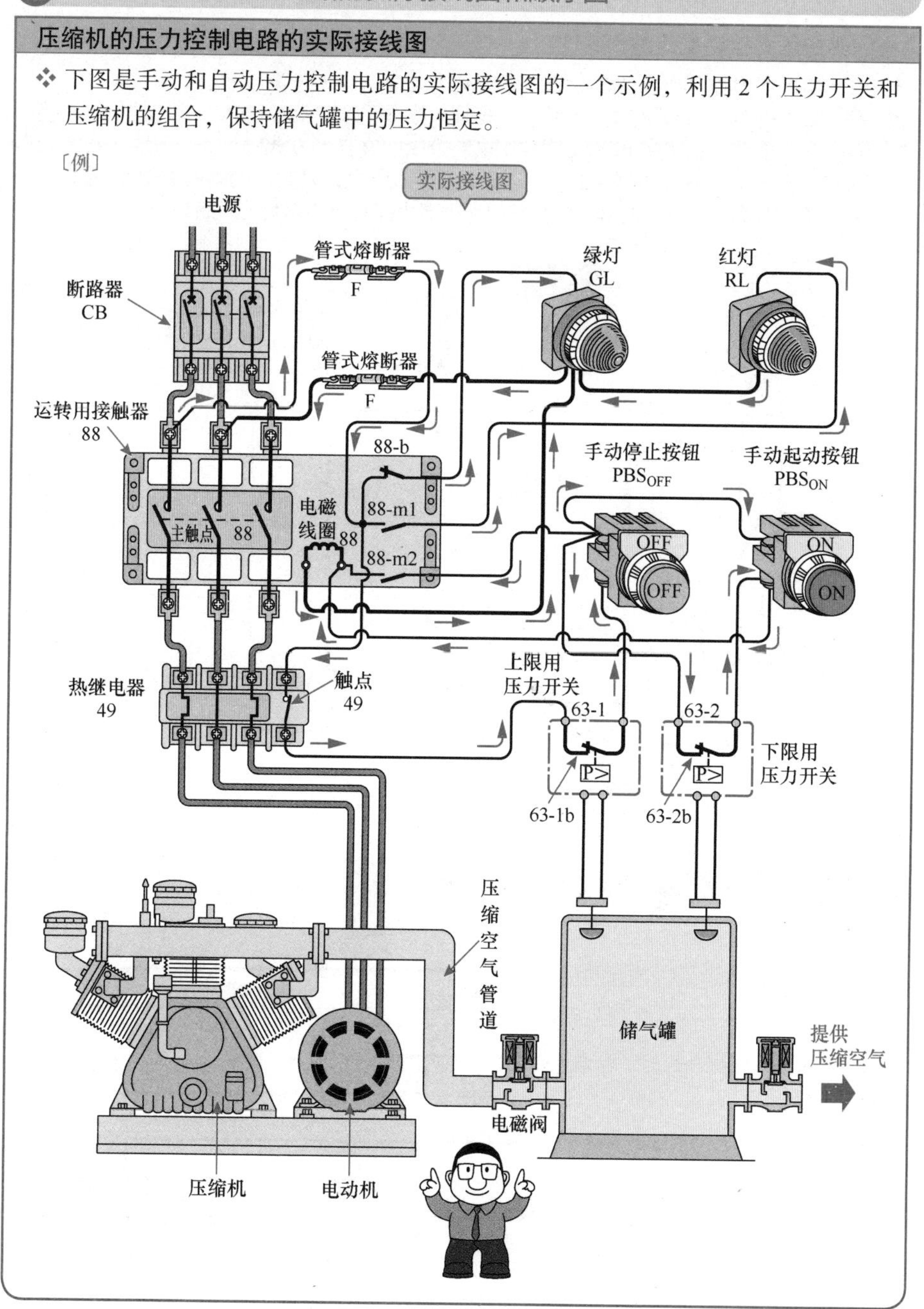

1 压缩机的压力控制电路的实际接线图和顺序图（续）

压缩机的压力控制电路的顺序图

- 将压缩机压力控制电路的实际接线图改画为顺序图，如下图所示。
- 对于压缩机驱动电动机 M，在手动方式时，按下手动起动按钮 PBS_{ON} 实现主电路接通；按下手动停止按钮 PBS_{OFF} 实现主电路分断。在自动方式时，利用下限用压力开关 63-2 和上限用压力开关 63-1 来检测储气罐的压力，以实现电动机 M 的起动和停止。当压缩机运转时，红灯 RL 点亮，当压缩机停止时，绿灯 GL 点亮。

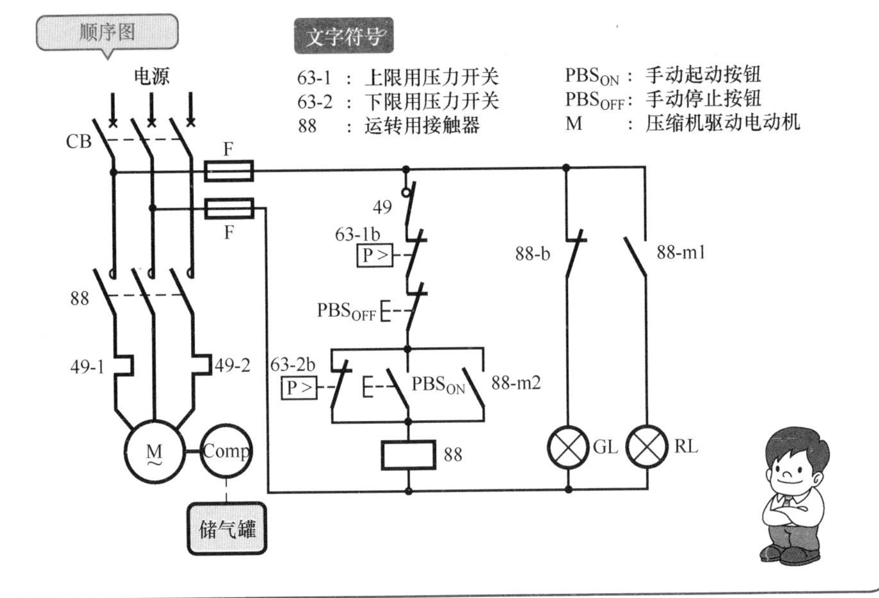

压缩机的压力控制电路的压力图（自动运转时）〔例〕

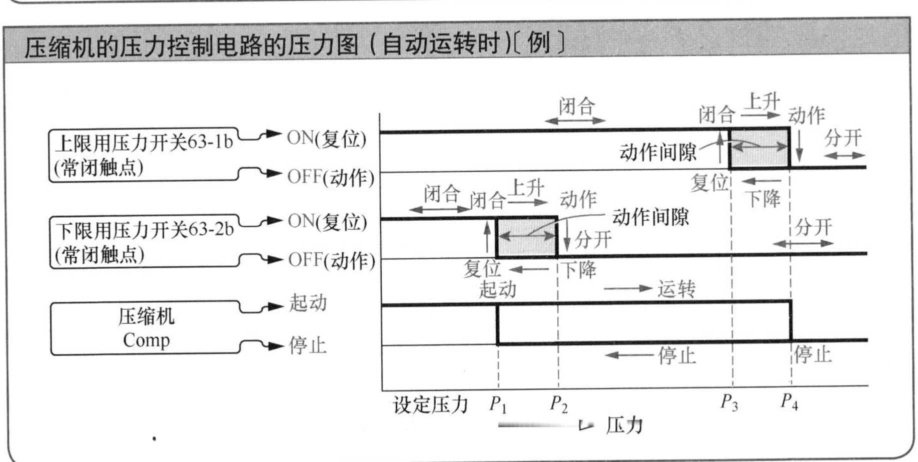

2 压缩机的“手动运转”和“自动运转”

压缩机的“手动运转”和“自动运转”

压缩机的手动运转

- 当按下手动起动按钮 PBS_{ON} 后，运转用接触器 88 动作，电动机 M 起动，压缩机开始运转。与此同时，红灯 RL 点亮。只有储气罐的压力低于上限压力值 P_4 时（63-1b 闭合：参见本书第 108 页的压力图），手动起动的操作才能生效。
- 当按下手动停止按钮 PBS_{OFF} 后，运转用接触器 88 复位，电动机 M 停止，压缩机停止工作。与此同时，绿灯 GL 点亮。在自动起动方式中，在储气罐的压力尚未达到上限压力值的情况下，仍可采取手动操作方式停止压缩机运转。

压缩机的自动运转

- 当储气罐的压力下降到下限用压力开关 63-2 的设定压力（最低设定压力值）P_1 以下时（见本书第 108 页的压力图），下限用压力开关 63-2 复位，其常闭触点 63-2b 闭合，使得运转用接触器 88 动作，电动机 M 起动，压缩机自动运转。与此同时，红灯 RL 点亮。
- 当储气罐的压力上升到下限用压力开关 63-2 的动作间隙的压力值 P_2 时（见本书第 108 页的压力图），下限用压力开关 63-2 动作，其常闭触点 63-2b 分开。然而，由于运转用接触器 88 的常开触点 88-m2 的闭合使该电路处于自锁状态，因此，压缩机继续运转，直到储气罐中的压力达到 P_4（最大设定压力值）。

压缩机的自动停止

- 当储气罐的压力超过上限用压力开关 63-1 的设定压力（最大设定压力值）P_4 时（见本书第 108 页的压力图），上限用压力开关 63-1 动作，其常闭触点 63-1b 分开，使得运转用接触器 88 复位，电动机 M 停止，压缩机停止工作。与此同时，绿灯 GL 点亮。
- 当储气罐中的压力下降到上限用压力开关 63-1 的动作间隙的压力值 P_3 时，上限用压力开关 63-1 复位，其常闭触点 63-1b 闭合。然而，运转用接触器 88 的常开触点 88-m2 已经分开，解除了自锁并且常闭触点 63-2b 也为分开状态，因此运转用接触器 88 仍然保持复位状态，压缩机继续停止，直到储气罐中的压力下降到 P_1（最低设定压力值）以下。

自动起动运转动作〔1〕 ● 储气罐的压力在 P_1 以下时 ●

❖ 随着压缩空气被使用，储气罐中的压力逐渐下降到低于下限用压力开关 63-2 的设定压力（最低设定压力值）P_1。这时，压缩机自动起动，开始运转。

顺序〔1〕 将电源的断路器 CB（电源开关）的操作手柄推到“ON”处，接通电源。

〔2〕 当接通电源后，电流流过电路⑤，绿灯 GL 点亮。

- 绿灯点亮表示电源开关已接通。

〔3〕 当储气罐的压力下降到低于下限用压力开关 63-2 的设定压力值 P_1 时（见 108 页的压力图），下限用压力开关 63-2 复位，电路②中的常闭触点 63-2b 闭合。

〔4〕 下限用压力开关的常闭触点 63-2b 闭合后，电流流过电路②中的电磁线圈 88□，运转用接触器 88 动作。

- 运转用接触器 88 动作后，以下的顺序〔5〕、〔7〕、〔9〕、〔11〕的动作将同时进行。

〔5〕 运转用接触器 88 动作，电路①中的主触点 88 闭合。

〔6〕 运转用接触器的主触点 88 闭合后，电流流过电路①中的电动机 M，电动机起动。

- 电动机起动后，压缩机 Comp 开始运转，向储气罐提供压缩空气。

〔7〕 运转用接触器 88 动作，电路⑤中的常闭触点 88-b 分开。

〔8〕 运转用接触器 88 的常闭触点 88-b 分开后，电流不再流过电路⑤，绿灯 GL 熄灭。

〔9〕 运转用接触器 88 动作，电路⑥中的常开触点 88-m1 闭合。

〔10〕 运转用接触器 88 的常开触点 88-m1 闭合后，电流流过电路⑥，红灯 RL 点亮。

〔11〕 运转用接触器 88 动作，电路④中的自锁常开触点 88-m2 闭合，实现自锁。

自动起动运转动作〔2〕 ● 储气罐的压力达到 P_2 时 ●

顺序〔12〕 随着压缩机运转，储气罐内的压力逐渐升高，当罐内压力超过下限用压力开关 63-2 的动作间隙压力值 P_2 时（见本书第 108 页的压力图），下限用压力开关 63-2 动作，其常闭触点 63-2b 分开。

- 即使下限用压力开关 63-2 动作，其常闭触点 63-2b 分开，但是由于电路④中起保停电路在起作用，运转用接触器 88 继续保持动作，压缩机 Comp 继续运转。

自动起动运转的顺序动作图

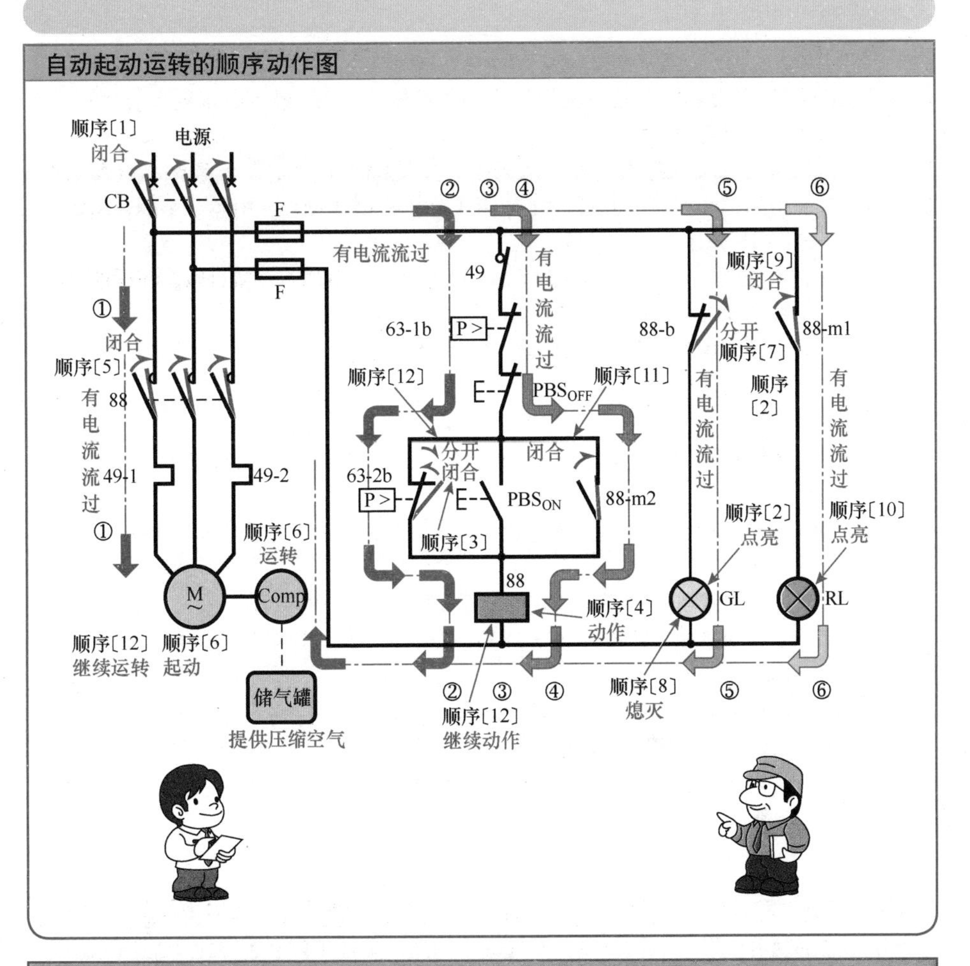

手动起动运转动作

- 在手动起动压缩机时，由按下电路③中的手动起动按钮 PBS_{ON}，代替自动起动动作的顺序〔3〕（参见本书第 110 页），则后续的动作（从顺序〔4〕到顺序〔11〕）完全相同。
- 即使按下手动起动按钮 PBS_{ON} 的手放开，由于电路④中的自锁作用，使运转用接触器 88 仍处于动作状态，因此压缩机 Comp 继续运转。
- 当储气罐的压力超过上限压力值 P_4（上限用压力开关的设定压力）时，上限用压力开关 63-1 动作，电路③中的常闭触点 63-1b 分开。因此，只有当上限压力低于 P_4（常闭触点 63-1b 闭合）时，手动起动才是有效的。

4 压缩机的停止动作

自动停止动作〔1〕 ● 储气罐的压力达到 P_4 以上时 ●

❖ 当储气罐的压力超过上限用压力开关 63-1 的设定压力（最大设定压力值）P_4 时，压缩机自动停止运转。

顺序〔13〕当储气罐的压力超过上限用压力开关 63-1 的设定压力值 P_4 时（参见本书第 108 页的压力图），上限用压力开关 63-1 动作，电路④中的常闭触点 63-1b 分开。

〔14〕上限用压力开关的常闭触点 63-1b 分开后，电流不再流过电路④中的电磁线圈 88▭，运转用接触器 88 复位。

● 当运转用接触器 88 复位后，以下顺序〔15〕、〔17〕、〔19〕、〔21〕的动作将同时进行。

〔15〕运转用接触器 88 复位，电路①中的主触点 88 分开。

〔16〕运转用接触器的主触点 88 分开后，电路①中的电动机 M 断电，电动机停止运转。

● 电动机停止运转后，压缩机 Comp 也停止运转，不再向储气罐输送压缩空气。

〔17〕运转用接触器 88 复位，电路⑥中的常开触点 88-m1 分开。

〔18〕运转用接触器的常开触点 88-m1 分开后，电流不再流过电路⑥，红灯 RL 熄灭。

〔19〕运转用接触器 88 复位，电路⑤中的常闭触点 88-b 闭合。

〔20〕运转用接触器的常闭触点 88-b 闭合后，电流流过电路⑤，绿灯 GL 点亮。

〔21〕运转用接触器 88 复位后，电路④中的自锁常开触点 88-m2 分开，解除自锁。

自动停止动作〔2〕 ● 储气罐的压力下降到 P_3 时 ●

顺序〔22〕随着压缩空气被使用，储气罐中的压力逐渐下降到低于上限用压力开关 63-1 的动作间隙压力值 P_3（见本书第 108 页的压力图）。这时上限用压力开关 63-1 复位，电路④中的常闭触点 63-1b 闭合。

❖ 即使上限用压力开关 63-1 复位，其常闭触点 63-1b 闭合，常开触点 88-m2（在顺序〔21〕已分开）、常闭触点 63-2b（在顺序〔12〕已分开，见本书第 110 页）和 PBS_{ON} 三个触点都为分开状态，因此运转用接触器 88 不会动作，电动机 M 保持停止状态。

❖ 当储气罐中的压力继续下降到低于 P_1（最低设定压力值）时，压缩机按照“自动起动运转动作〔1〕”的顺序〔3〕（见本书第 110 页）自动起动运转，并向储气罐输送压缩空气。

自动停止的顺序动作图

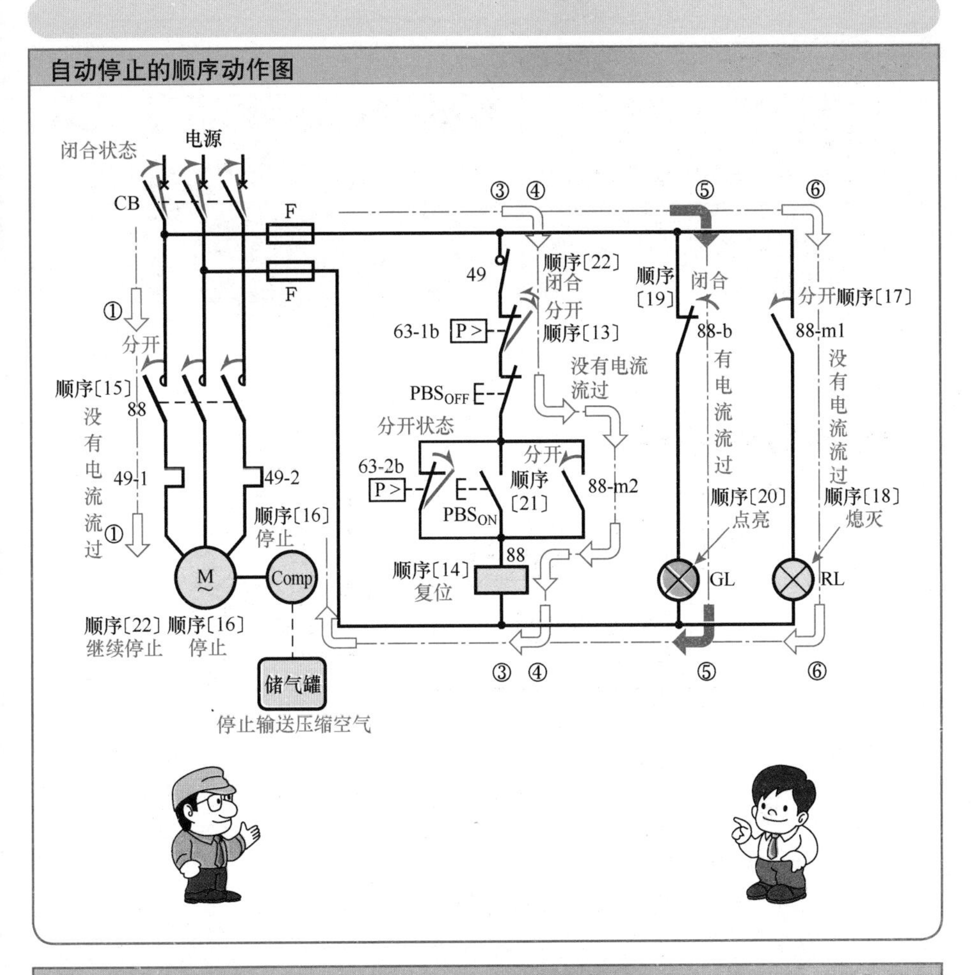

手动停止动作

- 手动停止压缩机时，是由按下电路③中的手动停止按钮 PBS_{OFF} 代替自动停止动作的顺序〔13〕(见本书第112页)，则后续的动作（从顺序〔14〕到顺序〔21〕）完全相同。
- 即使将按下手动停止按钮 PBS_{OFF} 的手放开，其常闭触点 PBS_{OFF} 闭合，因为常开触点 88-m2、PBS_{ON} 和常闭触点 63-2b 三个触点都处于分开状态，所以运转用接触器 88 不会动作，电动机 M 保持停止状态。
- 按下手动停止按钮 PBS_{OFF}，就是强行使电路③断开，即使在自动运转期间，储气罐尚未达到上限压力值 P_4 时，也能使压缩机停止运转。

电动吸尘器的控制

❖ 电动吸尘器利用电动机带动风扇快速旋转来抽空壳体内的空气，利用真空吸力来清除地板、床铺、地毯等上面的垃圾和灰尘。

● 还有一种内装电池的无绳（无电源线）电动吸尘器。

外观图〔例〕

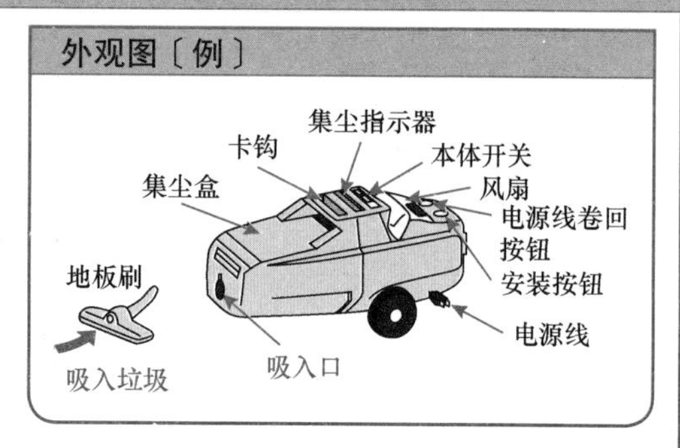

电动吸尘器的顺序控制图〔例〕

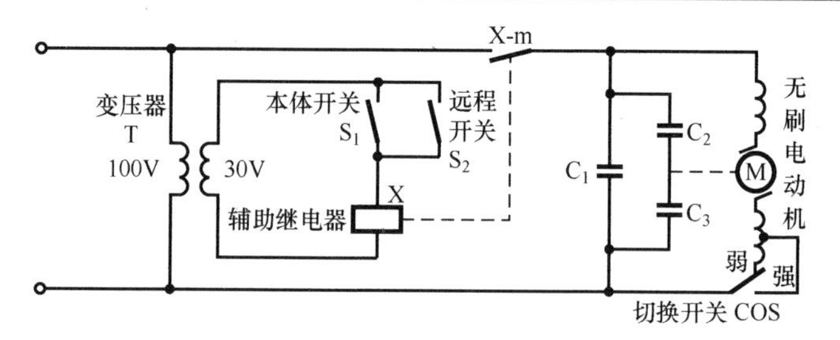

● 说明 ●

（1）因为电动吸尘器是在一般家庭中使用的，所以必须通过降低操作电压来确保操作时的安全性。这里是通过将本体开关 S_1 和远程开关 S_2 连接在变压器 T 的二次侧达到降低操作电压的目的。

（2）对于床铺、地毯等场合，希望有强大的吸尘力实现快速清洁。但是，如果吸尘力太强，则床单、窗帘等轻物很容易被吸到吸入口。因此，借助于转换开关 COS 实现“强”或“弱”的吸尘力切换，使得吸尘器在不同用途的情况下，都有较好的清洁效率。

❖ 电动吸尘器由具有强大吸力的串激无刷电动机和用于捕获细小灰尘的集尘部分组成。

● 当直接连接到电动机的涡轮风扇以高速（18000r/min 以上）旋转时，风扇中的空气因离心力被排出到外部，同时在机器内部产生真空吸力。在真空吸力的作用下，不断地从外部吸入空气，垃圾就会和空气一起从吸尘器主体前部的吸入口吸入。

● 吸入的垃圾被设置在壳体中的细网眼过滤器和集尘过滤器捕获，过滤后的清洁空气先是对电动机进行冷却，然后经过隔声装置后再由排气口排到外部。隔声装置是由带有消声效果的通风道、吸音板和隔声板组合构成的。

第7章

延时控制的实用基本电路

本章关键点

本章以实际的装置为例，讲述定时器（时间继电器）的延时控制的原理，使读者能够充分理解延时控制基本动作的内容。

（1）定时器的输出触点分为延时动作瞬时复位触点和瞬时动作延时复位触点，要求牢记定时器及其输出触点的功能和图形符号。

（2）本章以“蜂鸣器定时鸣响电路”为例，讲解定时动作电路的动作顺序。定时动作电路是延时控制的基本电路之一，应用范围非常广泛。因此要做到“如臂使指”那样灵活掌握这种电路。（有关电动机的延时控制电路，参见《图解顺序控制电路入门篇》）。

（3）本章还以“电动鼓风机的延时动作运转电路”为例，讲解延时动作电路的动作顺序。延时动作电路也是延时控制的基本电路之一，要以时序图为基础，细心领会随时间变化所引发的各个动作顺序。

在《图解顺序控制电路 入门篇》一书中以“电热处理炉的定时控制”为例，讲述了延时动作电路中“延时投入”的功能，请参考该书第10章的相关内容。

7-1 蜂鸣器定时鸣响电路

1 蜂鸣器定时鸣响电路的实际接线图和顺序图

蜂鸣器定时鸣响电路的实际接线图

❖ 下图是蜂鸣器定时鸣响电路的实际接线图。这是一个定时动作电路的例子，属于利用定时器构成的延时控制的基本电路之一。

❖ 所谓**定时动作电路**是指仅仅在定时器设定的时间内将负载置于动作状态的电路，也称为“**间隔动作电路**”。除了控制蜂鸣器鸣响之外，定时动作电路还可以用于警报器的定时鸣响电路、传送带的定时运行电路和按时间控制自动售货机的出货量等多种场合。

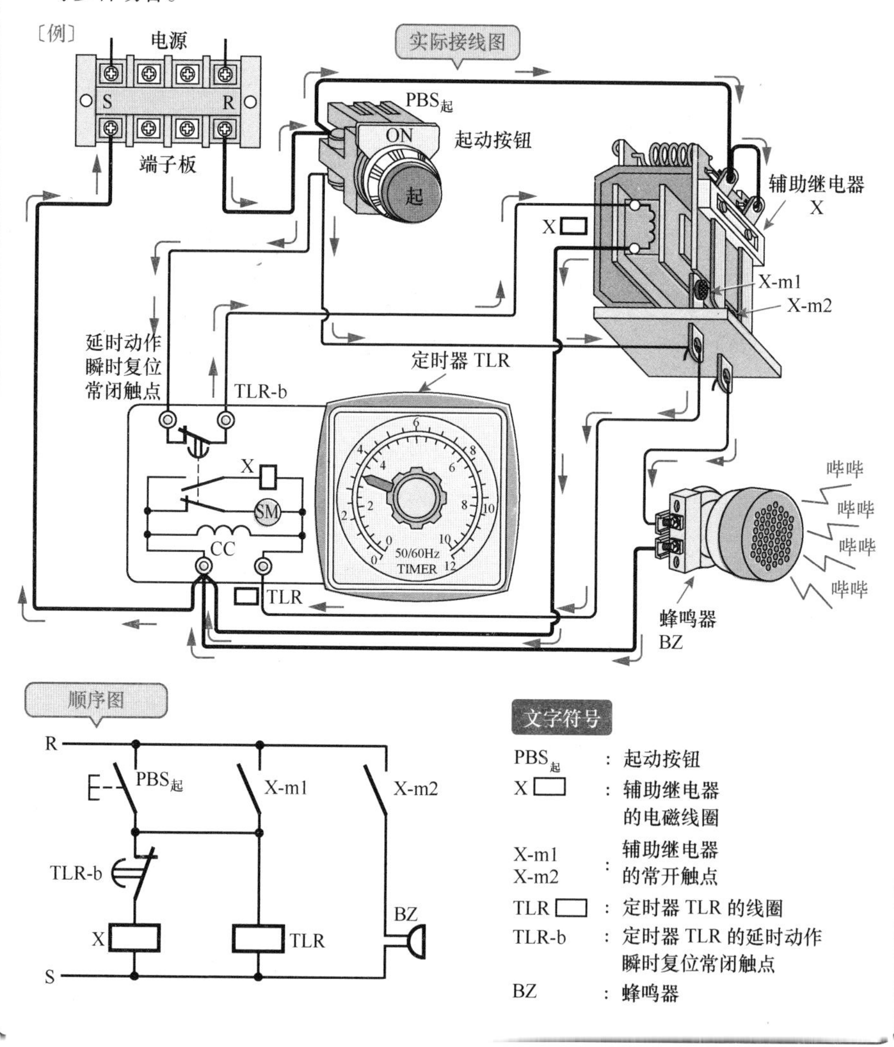

文字符号

PBS起	:	起动按钮
X □	:	辅助继电器的电磁线圈
X-m1 X-m2	:	辅助继电器的常开触点
TLR □	:	定时器 TLR 的线圈
TLR-b	:	定时器 TLR 的延时动作瞬时复位常闭触点
BZ	:	蜂鸣器

2 蜂鸣器的鸣响、停止动作

蜂鸣器鸣响的动作顺序

顺序〔1〕 当按下电路①中的起动按钮 $PBS_{起}$时，其常开触点闭合。

〔2〕 起动按钮的常开触点 $PBS_{起}$闭合后，电流流过电路①中的电磁线圈 X▭，辅助继电器 X 动作。

- 辅助继电器 X 动作后，接下来的顺序〔4〕、〔6〕的动作同时进行。

〔3〕 起动按钮的常开触点 $PBS_{起}$闭合后，电流会流过电路②中的定时器线圈 TLR▭，定时器 TLR 开始计时。

〔4〕 当辅助继电器 X 动作时，电路⑤中的常开触点 X-m2 闭合。

〔5〕 辅助继电器的常开触点 X-m2 闭合后，电流会流过电路⑤中的蜂鸣器 BZ，蜂鸣器鸣响。

〔6〕 当辅助继电器 X 动作时，在电路③中的自锁常开触点 X-m1 闭合，实现自锁。

〔7〕 当按下电路①中 $PBS_{起}$的手放开时，其常开触点分开。

〔8〕 即使 $PBS_{起}$的常开触点分开，辅助继电器 X 也会通过电路③流过电流，定时器 TLR 也会通过电路④流过电流。于是，使蜂鸣器继续鸣响，定时器继续计时。

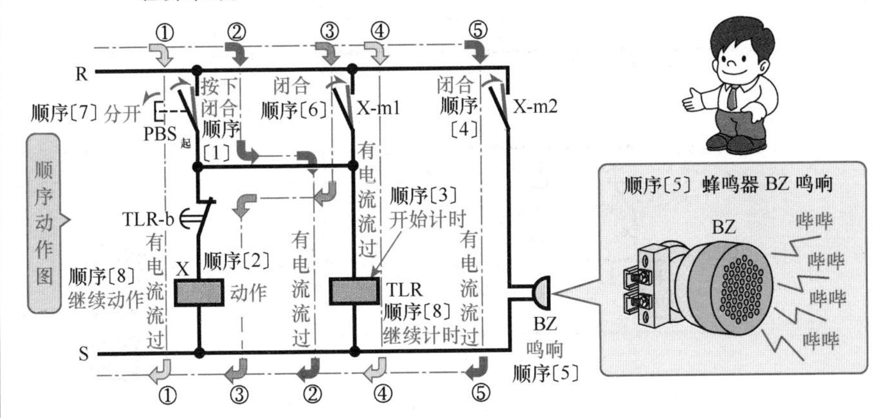

● 时序图 ●

❖ 起动按钮 $PBS_{起}$的“闭合”动作，给出了一个脉冲输入信号，使得辅助继电器 X 动作，定时器 TLR 开始计时，蜂鸣器 BZ 鸣响。

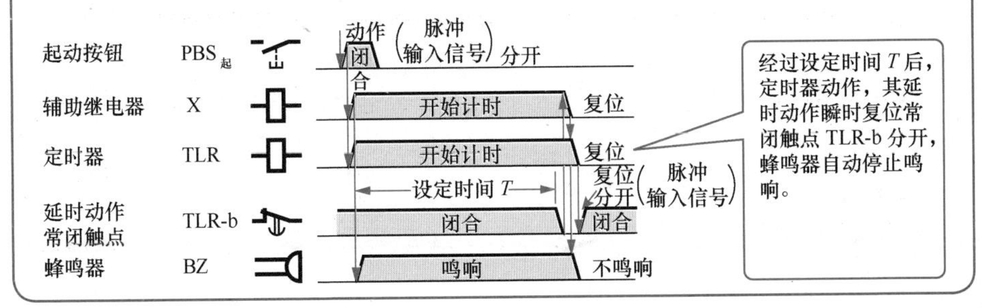

蜂鸣器鸣响停止的动作顺序

顺序〔9〕经过定时器 TLR 的设定时间 *T* 后，电路③中的延时动作瞬时复位常闭触点 TLR-b 分开。

〔10〕延时动作瞬时复位常闭触点 TLR-b 分开后，电流不再流过电路③中的电磁线圈 X■，辅助继电器 X 复位。

- 辅助继电器 X 复位后，接下来的顺序〔11〕、〔13〕的动作将同时进行。

〔11〕辅助继电器 X 复位，电路⑤中的常开触点 X-m2 分开。

〔12〕辅助继电器 X 的常开触点 X-m2 分开后，电流不再流过电路⑤中的蜂鸣器 BZ，蜂鸣器停止鸣响。

〔13〕当辅助继电器 X 复位时，电路③中的自锁常开触点 X-m1 同时分开，自锁被解除。

〔14〕辅助继电器 X 的常开触点 X-m1 分开后，电流不再流过电路④中的定时器线圈 TLR■，定时器 TLR 复位。

〔15〕当定时器 TLR 复位时，电路③中的延时动作瞬时复位常闭触点 TLR-b 瞬时复位闭合。

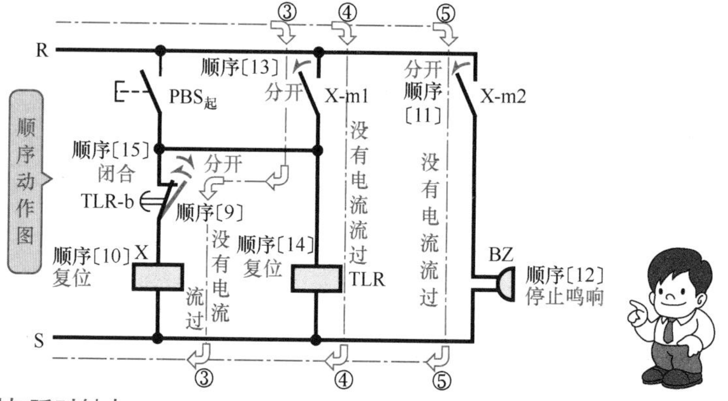

● 定时器与延时触点 ●

❖ 所谓定时器就是指，从接收输入信号的时刻开始计时，在经过了预先设定的时间之后，可以对电路实施开闭的继电器。根据动作原理，定时器可以分为电动式、电子式、制动式等类型。

❖ 定时器的输出触点可分为延时动作瞬时复位触点和瞬时动作延时复位触点。

● 延时动作瞬时复位触点 ●

❖ **常开触点：**是指经过时间延迟后“动作”而“闭合”的触点。

❖ **常闭触点：**是指经过时间延迟后“动作”而“分开”的触点。

图形符号

● 瞬时动作延时复位触点 ●

❖ **常开触点：**是指经过时间延迟后“复位”而“分开”的触点。

❖ **常闭触点：**是指经过时间延迟后“复位”而“闭合”的触点。

图形符号

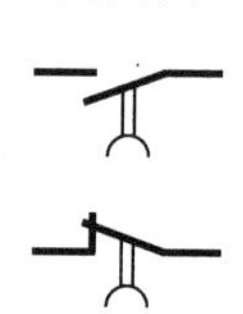

7-2 电动鼓风机的延时起动电路

1 电动鼓风机的延时起动电路的实际接线图和顺序图

电动鼓风机的延时起动电路的实际接线图

❖ 下图是电动鼓风机的延时起动电路的实际接线图。这是一个“延时动作电路”的例子，也是利用定时器构成的延时控制的基本电路之一。这个电路的动作顺序是，按下起动按钮，给出输入信号，定时器开始计时。经过一定时间（定时器的设定时间）之后，电动鼓风机才会自动起动，开始运转。

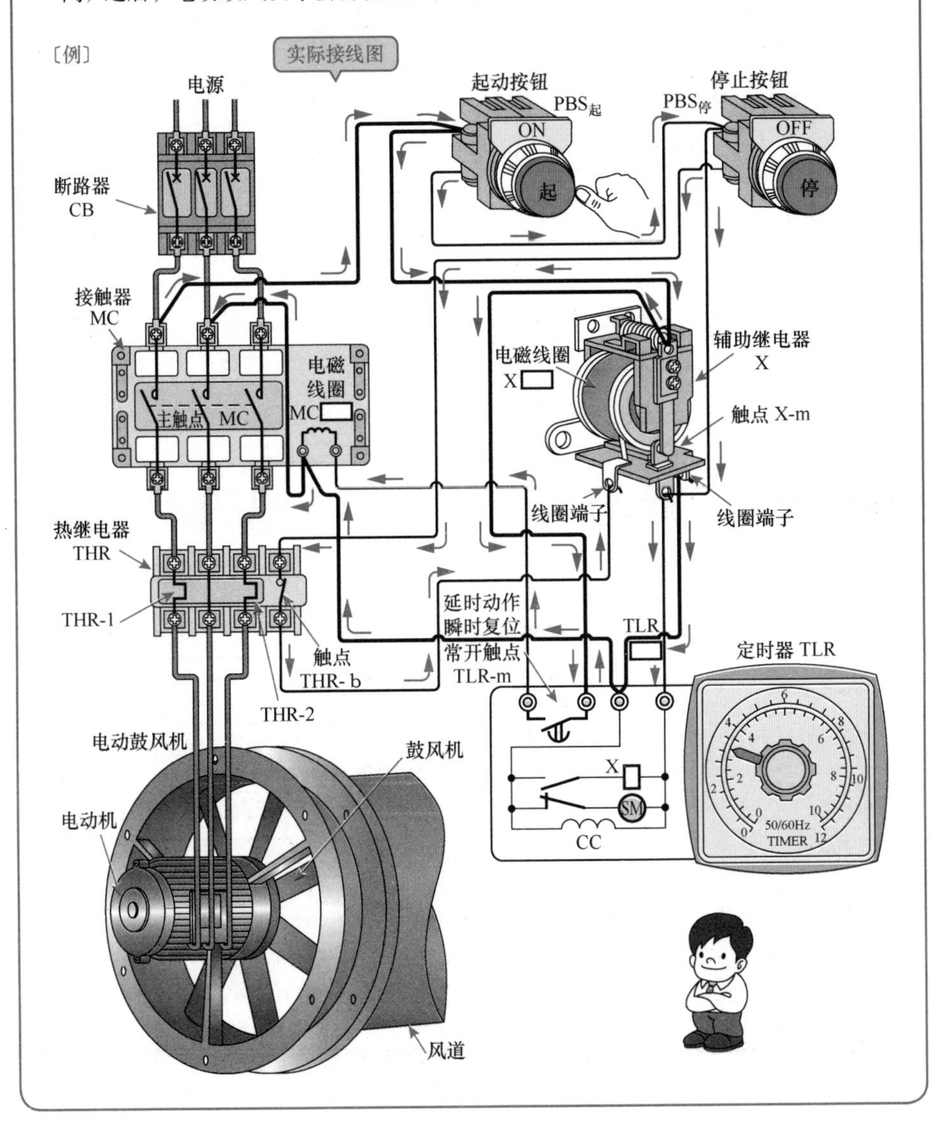

1 电动鼓风机的延时起动电路的实际接线图和顺序图（续）

电动鼓风机延时起动电路的顺序图

❖ 将电动鼓风机延时起动电路的实际接线图改画成为顺序图，如下图所示。

（注）电动鼓风机是指用电动机驱动的鼓风机。

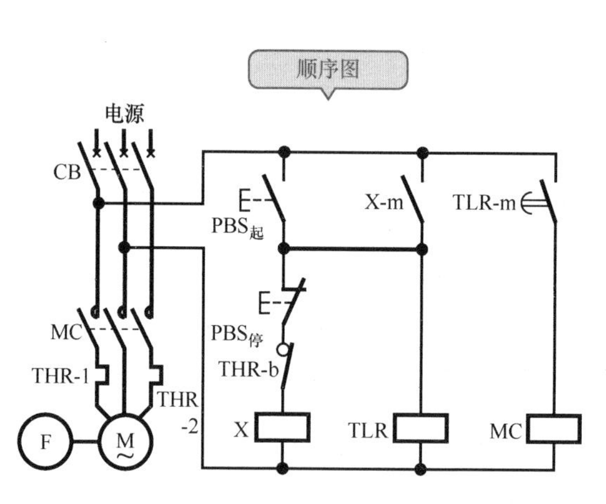

文字符号

CB ：断路器

PBS起 ：起动按钮

PBS停 ：停止按钮

THR ：热继电器

X ：辅助继电器

TLR ：定时器线圈

TLR-m ：定时器延时动作瞬时复位常开触点

MC ：接触器

ⓂⒻ ：电动鼓风机

电动鼓风机延时起动电路的时序图

名称	符号	时序
起动按钮	PBS起	动作（脉冲输入信号）闭合 → 分开；动作（脉冲输入信号）
停止按钮	PBS停	闭合 → 分开 → 闭合
辅助继电器	X	开始计时 → 复位
定时器	TLR	开始计时 → 复位
延时动作瞬时复位常开触点	TLR-m	分开 →（设定时间T）闭合 → 分开
电动鼓风机	MF	停止 → 运转 → 停止

❖ 由起动按钮 PBS起的“闭合”操作给出脉冲输入信号，辅助继电器 X 动作，定时器 TLR 开始计时，定时器经过设定时间 *T* 之后，其延时动作瞬时复位常开触点 TLR-m 闭合，使得接触器 MC 动作，电动鼓风机起动，开始运转。

❖ 当按下停止按钮 PBS停时，辅助继电器 X 和定时继电器 TLR 就会瞬间断电复位，接触器 MC 也会随之复位，主触点断开，电动鼓风机停止运转。

2 电动鼓风机的延时起动的动作

电动鼓风机延时起动的动作顺序

顺序〔1〕将电路①中的断路器 CB 合闸，接通电源。

〔2〕当按下电路②中的起动按钮 $PBS_{起}$时，其常开触点同时闭合。

〔3〕起动按钮的常开触点 $PBS_{起}$闭合后，电流会流过电路②中的电磁线圈 X▭，辅助继电器 X 动作。

〔4〕当起动按钮的常开触点 $PBS_{起}$闭合时，电路③中的电磁线圈 TLR▭通电，定时器 TLR 开始计时。

〔5〕当辅助继电器 X 动作时，电路④中的自锁常开触点 X-m 同时闭合，实现自锁。

〔6〕当按下电路②中的起动按钮 $PBS_{起}$的手放开时，其常开触点断开，但是辅助继电器 X 仍然会通过电路④中的自锁常开触点 X-m 而保持动作，定时器 TLR 也会通过电路⑤而继续计时。

〔7〕经过定时器 TLR 的设定时间 *T* 之后，电路⑥中的延时动作瞬时复位常开触点 TLR-m 就会动作、闭合。

〔8〕当延时动作瞬时复位常开触点 TLR-m 闭合时，电流就会流过电路⑥中的电磁线圈 MC▭，接触器 MC 动作。

〔9〕当接触器 MC 动作时，电路①中的主触点 MC 闭合。

〔10〕接触器的主触点 MC 闭合后，电流流过电路①，电动机 M 起动，鼓风机 F 进入运转状态。

顺序动作图

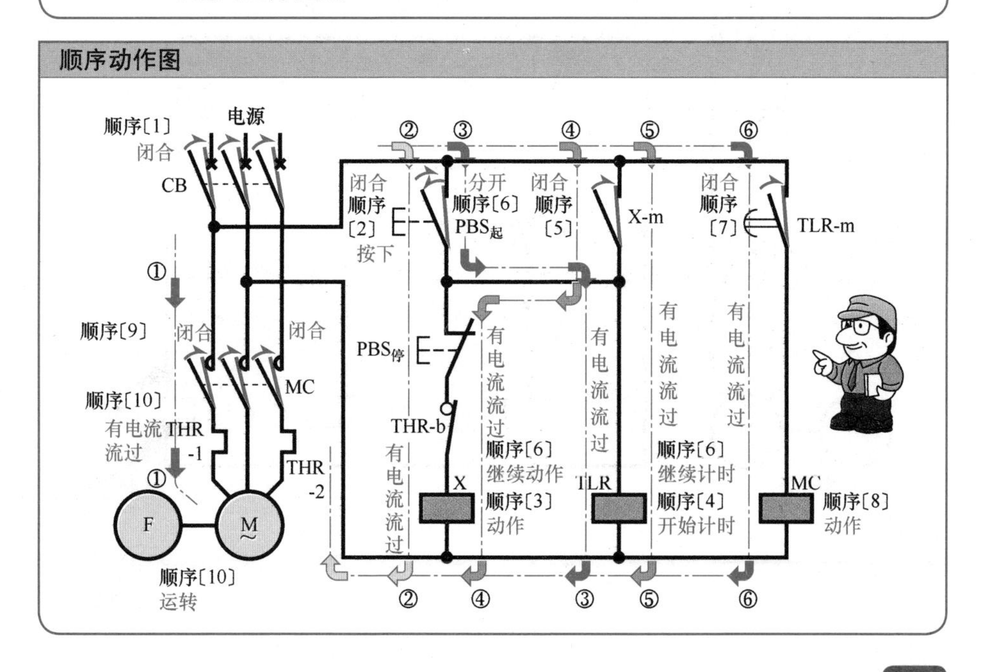

电动鼓风机的停止动作顺序

顺序〔11〕当按下电路④中的停止按钮 $PBS_{停}$时，其常闭触点分开。

〔12〕停止按钮的常闭触点 $PBS_{停}$分开后，电流不再流过电路④中的电磁线圈 X▭，辅助继电器 X 断电复位。

〔13〕当辅助继电器 X 复位时，电路④中的自锁常开触点 X-m 同时断开，解除自锁。

〔14〕辅助继电器的自锁常开触点 X-m 分开后，电流不再流过电路⑤中的定时器线圈 TLR▭，定时器 TLR 复位。

〔15〕定时器 TLR 复位，电路⑥中的延时动作瞬时复位常开触点 TLR-m 会瞬时分开。

〔16〕延时动作瞬时复位常开触点 TLR-m 分开后，电流不再流过电路⑥中的电磁线圈 MC▭，接触器 MC 断电复位。

〔17〕当接触器 MC 复位时，电路①中的主触点 MC 分开。

〔18〕接触器的主触点 MC 分开后，电流不再流过电路①，电动机 M 断电停止运转，鼓风机 F 停止运转。

顺序动作图

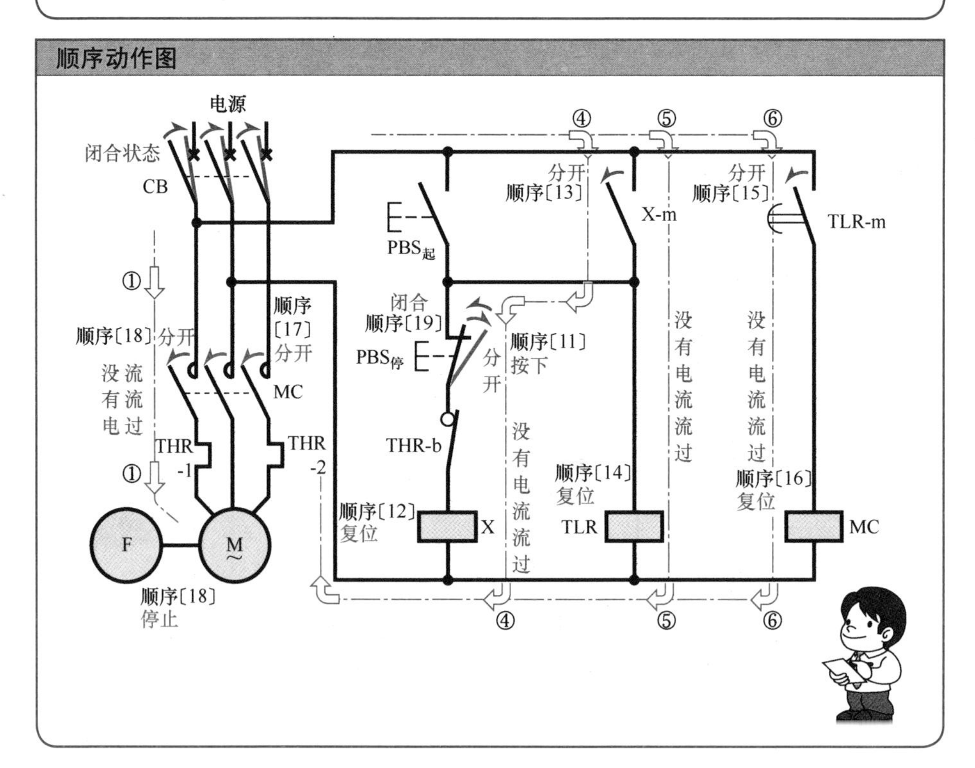

第 8 章

企业自用配电设备的顺序控制

本章关键点

本章基于实际的控制电路，学习企业自用配电设备的顺序控制。

（1）直流电磁操作方式的断路器是企业自用配电系统的常用设备，本章对这种断路器的合闸和脱扣的控制电路及其动作顺序做了简单易懂的说明。

（2）因为企业自用配电设备中的隔离开关必须在断路器处于分断状态才能实施开闭操作，所以，本章针对隔离开关的联锁电路的动作原理，做了详细的说明。

（3）在企业自用配电设备中还使用着各种不同形式的控制电路。本章还介绍了交流电磁操作方式的企业自用配电设备及其保护电路的顺序控制。读者必须详细理解元器件之间相互关联的动作。

8-1 电磁操作方式的断路器的构造和动作

1 电磁操作方式的断路器的构造

电磁操作方式的断路器

- 电磁操作方式的断路器是指当发出合闸指令（将操作手柄推到“接通”侧）时，操作电磁铁的合闸线圈被励磁，断路器被强大的电磁力驱动做出合闸的动作。
- 断路器的合闸动作结束后，虽然合闸线圈会被断电消磁，但是，由于机械上有保持合闸的保持机构，所以主触点会继续保持合闸状态。
- 断路器的脱扣动作：使脱扣线圈通电励磁，使机械式保持机构（挂钩机构）脱扣，瞬间将合闸时存储的弹簧势能释放出来，使断路器分断（脱扣）。

电磁操作方式断路器的外观图〔例〕　　内部结构图〔例〕

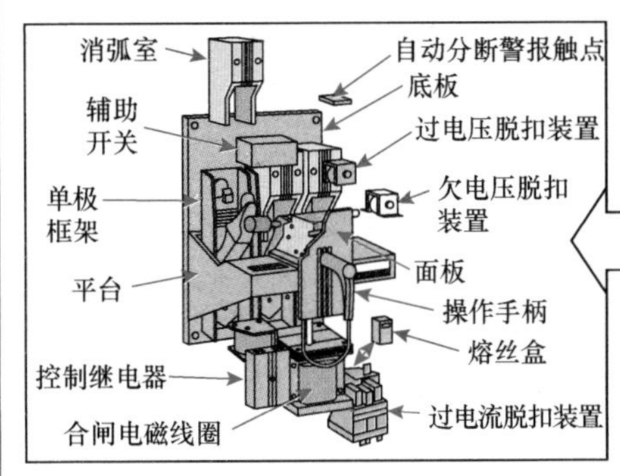

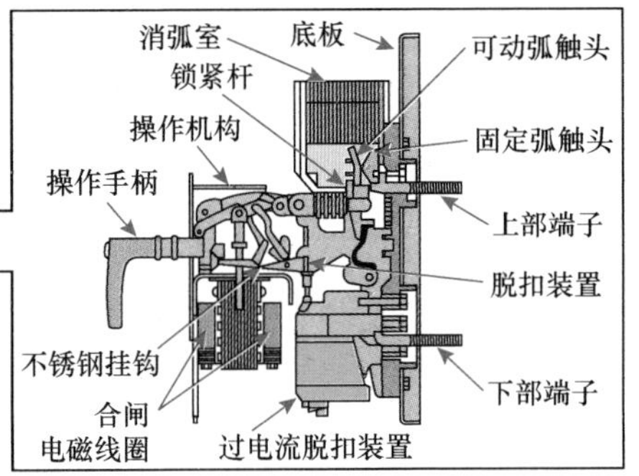

● 断路器的合闸动作 ●

- 给出合闸控制指令，合闸线圈通电励磁，可动铁心被吸引向下运动，拉动操作杆下行，使断路器合闸。这时，操作杆会被挂钩机构卡住形成机械式保持。所以，即使合闸线圈断电消磁，断路器也会继续保持合闸状态。

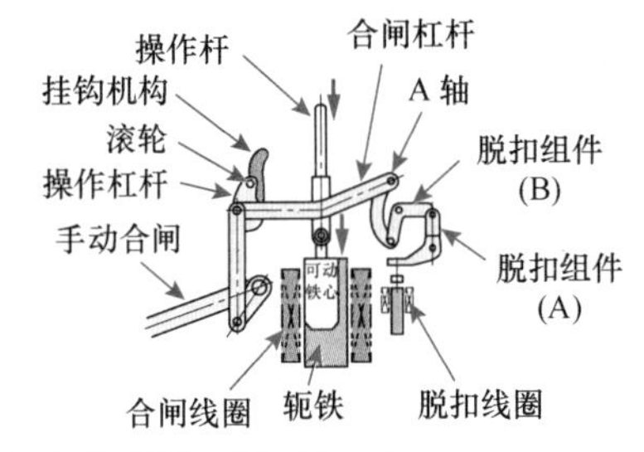

● 断路器的脱扣动作 ●

- 给出脱扣控制指令，脱扣线圈通电励磁，可动铁心被吸引向上运动，撞击脱扣组件（B）致使与其衔接的脱扣组件（A）脱离。这将带动挂钩机构与操作杠杆相脱离，再带动操作杆上行，使得断路器的触点被强制分开（跳闸）。

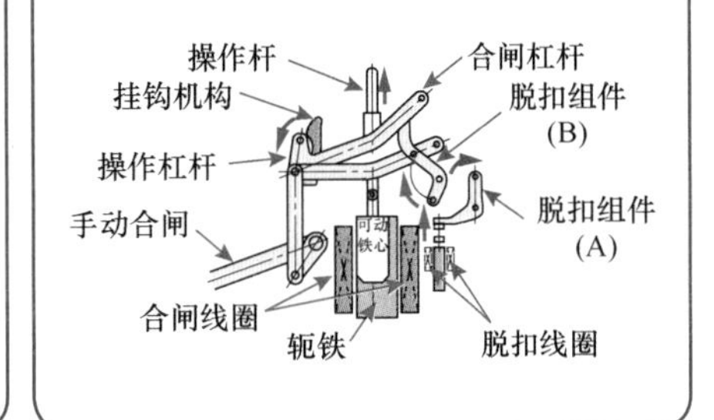

2 隔离开关与断路器的互锁电路

隔离开关与断路器的互锁　●3 极远程操作式隔离开关●

❖ 隔离开关没有直接接通负荷电流的功能，也没有直接切断负荷电流的功能，因此只能用于非负荷电流电路的开闭。在远程操作式隔离开关和断路器构成组合应用时，必须设置互锁条件，其目的是只有当断路器处于分断状态的情况下，才可以操作隔离开关。

3 极远程操作式隔离开关〔例〕　互锁电路〔例〕

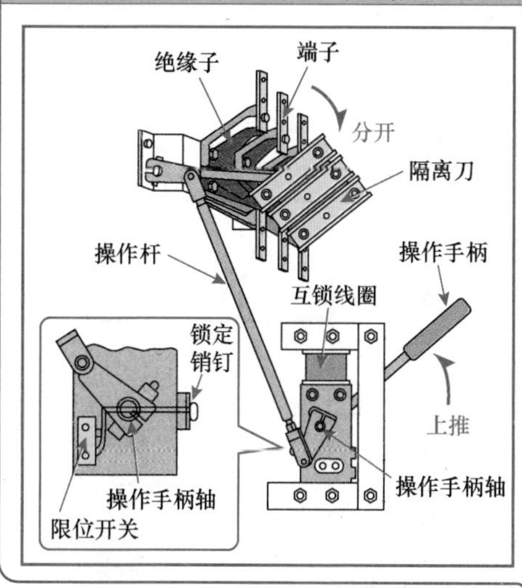

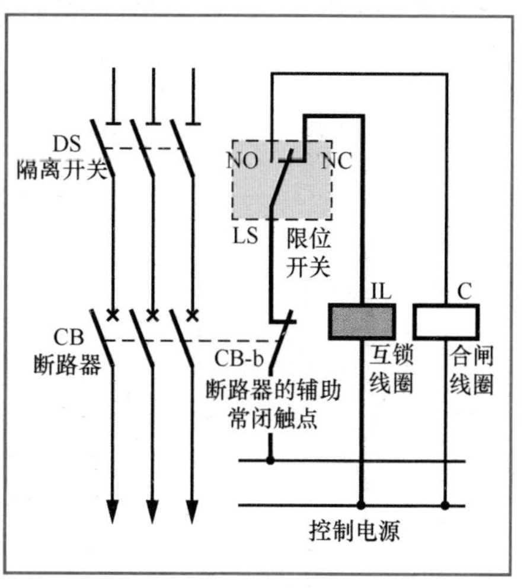

隔离开关与断路器的互锁动作

❖ 在隔离开关的操作手柄的轴部，设置了互锁线圈，当互锁线圈通电励磁时，操作手柄因解锁而可以动作；当互锁线圈断电消磁时，操作手柄被锁死而不能动作。

❖ 当断路器 CB 处于分断状态时，断路器的辅助常闭触点 CB-b 是闭合的，而且，当限位开关 LS 的触点置于 NC（常闭）侧时，互锁线圈 IL 接通控制电源而励磁，隔离开关 DS 处于可操作状态。

❖ 当断路器 CB 处于合闸状态时，其辅助常闭触点 CB-b 是断开的，互锁线圈电路为开路状态，隔离开关的操作手柄被锁死而不能操作。

❖ 在操作手柄的轴部，留有插入锁定销钉的锁定孔。当把锁定销钉插入锁定孔时，限位开关的触点就会被切换到 NO（常开）侧；当锁定销钉被拔出时，限位开关的触点就会被切换到 NC（常闭）侧。

❖ 隔离开关实施开闭操作时，先拔出锁定销钉再操作隔离开关，然后再将锁定销钉插入。这时由于互锁线圈为断电状态（手柄不能操作），因而形成电气上的互锁。

8-2 直流电磁操作方式的断路器的控制电路

1 直流电磁操作方式的断路器控制电路的顺序图

直流电磁断路器的操作方式

❖ 作为高压配电主体设备的断路器的操作方式，一般可分为完全手动方式和借助于直流电源（蓄电池）的直流电磁操作方式。由于51（过电流继电器）、51G（接地过电流继电器）或者27（欠电压继电器）的动作，可使断路器跳闸（脱扣）。

直流电磁操作方式断路器的顺序图〔例〕

❖ 这个顺序图只表示对断路器的操作，而不涉及故障指示和警报。故障的判断是通过嵌入在保护继电器内部的目标判断组件来识别的。

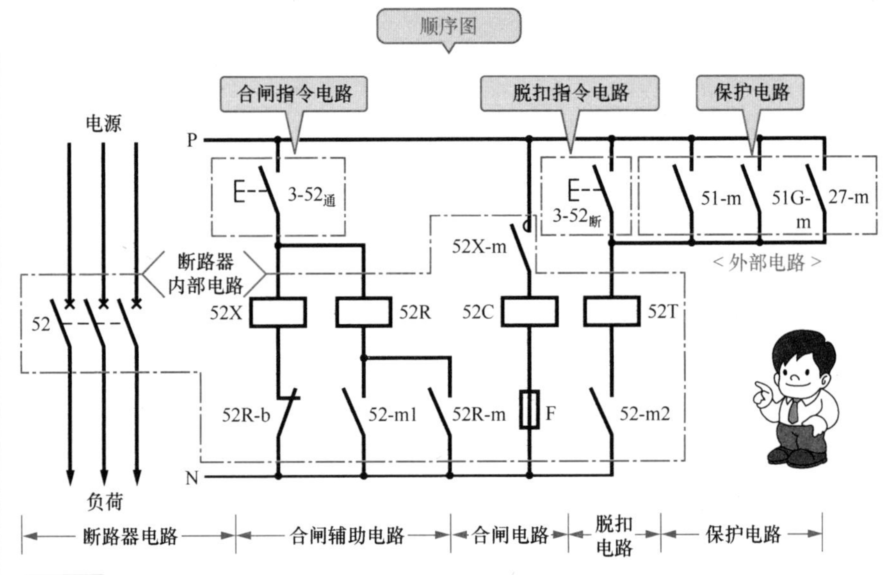

文字符号

52	：断路器	52C	：合闸线圈	3-52断	：操作手柄（分断）
52X	：合闸线圈用辅助继电器	52T	：脱扣线圈	51	：过电流继电器
52R	：脱扣优先继电器	3-52通	：操作手柄（接通）	51G	：接地过电流继电器
27	：欠电压继电器				

❖ 电磁操作方式断路器的控制电路是由合闸辅助电路、合闸电路与脱扣电路构成的断路器内部电路，以及由发出合闸指令与脱扣指令的外部电路所构成。

❖ 对于电磁操作方式断路器的控制动作的要求

（1）一个合闸指令只能执行一次，防止反复动作。

（2）合闸动作结束后必须自动断开合闸电路。

（3）如果有脱扣指令信号插入到合闸动作中时，脱扣动作优先。即脱扣指令的优先级高于合闸指令（见《图解顺序控制电路 入门篇》第4页自由脱扣）。

2 直流电磁操作方式断路器合闸的顺序动作

直流电磁操作方式断路器“合闸”的动作顺序

❖ 将断路器的操作手柄推至“接通”侧，断路器合闸。

顺序〔1〕 把断路器的操作手柄推至“接通”侧，电路②中的触点 3-52$_{通}$同时闭合。

〔2〕 常开触点 3-52$_{通}$闭合后，电流流过电路②中的合闸线圈用辅助继电器的电磁线圈 52X■，合闸线圈用辅助继电器 52X 动作。

〔3〕 辅助继电器 52X 动作，电路⑤中的常开触点 52X-m 同时闭合。

〔4〕 触点 52X-m 闭合后，电路⑤中的合闸线圈 52C■通电励磁。

〔5〕 合闸线圈 52C 通电励磁后，电路①中的断路器 52 就会动作，断路器的主触点 52 闭合并且实行机械保持。

〔6〕 断路器 52 动作，电路⑥中的常开触点 52-m2 同时闭合。

〔7〕 断路器 52 动作，电路③中的常开触点 52-m1 也同时闭合。

〔8〕 常开触点 52-m1 闭合后，电流流过电路③中的脱扣优先继电器的电磁线圈 52R■，脱扣优先继电器 52R 动作。

〔9〕 脱扣优先继电器 52R 动作，电路④中的自锁常开触点 52R-m 闭合，实现自锁。

〔10〕脱扣优先继电器 52R 动作，电路②中的该继电器的常闭触点 52R-b 分开。

〔11〕脱扣优先继电器的常闭触点 52R-b 断开后，电流不再流过合闸线圈用辅助继电器的电磁线圈 52X□，52X 复位（防止反复动作）。

〔12〕辅助继电器 52X 复位，电路⑤中的常开触点 52X-m 分开。

〔13〕常开触点 52X-m 断开后，电路⑤中的合闸线圈 52C□断电消磁。

顺序图

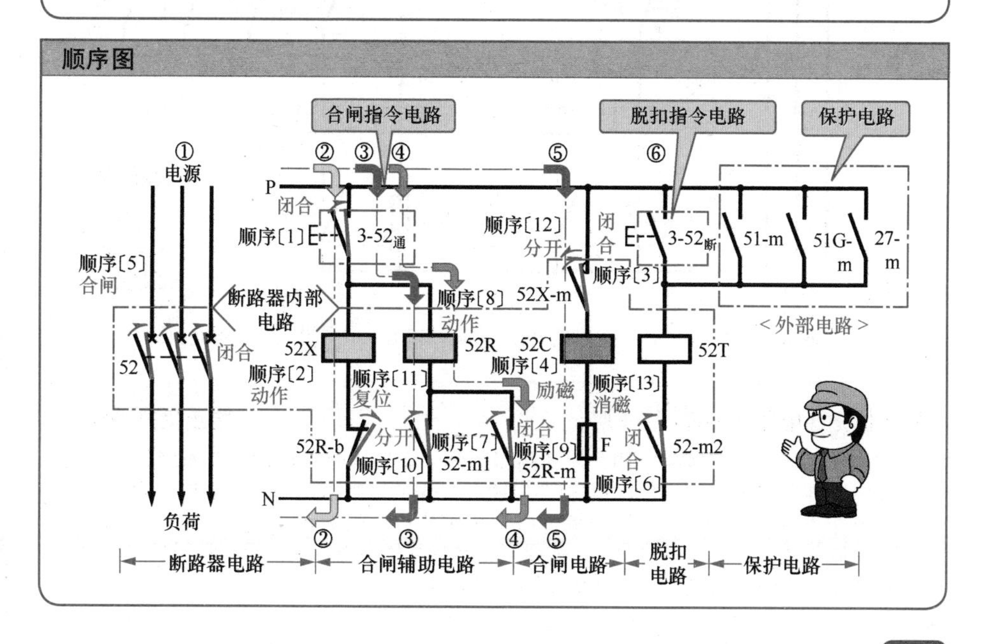

3 直流电磁操作方式断路器脱扣的顺序动作

直流电磁操作方式断路器“脱扣”的动作顺序

将操作手柄推至“断开”侧，或者保护继电器动作，都会使断路器分断。

〈将操作手柄推至“断开”侧的情况〉

顺序〔1〕 将断路器的操作手柄推至“断开”侧，使电路⑥中的触点 3-52断闭合。

〔2〕 触点 3-52断闭合后，电路⑥中的脱扣线圈 52T■通电励磁。

〔3〕 脱扣线圈 52T■通电励磁后，电路①中的断路器 52 分断。

〔4〕 断路器 52 分断时，位于电路⑥中的该断路器的辅助常开触点 52-m2 同时断开。

〔5〕 断路器的辅助常开触点 52-m2 断开后，电流不再流过电路⑥中的脱扣线圈 52T□，脱扣线圈 52T 就会断电消磁。

〈保护继电器动作的情况〉

顺序〔1〕 当保护继电器（例如过电流继电器 51）动作时，其电路⑦中的过电流继电器的常开触点 51-m 闭合。

- 从过电流继电器的常开触点 51-m 闭合开始，顺序〔2〕以后的动作就与将操作手柄推至“断开”侧的情况相同，说明省略。

顺序图

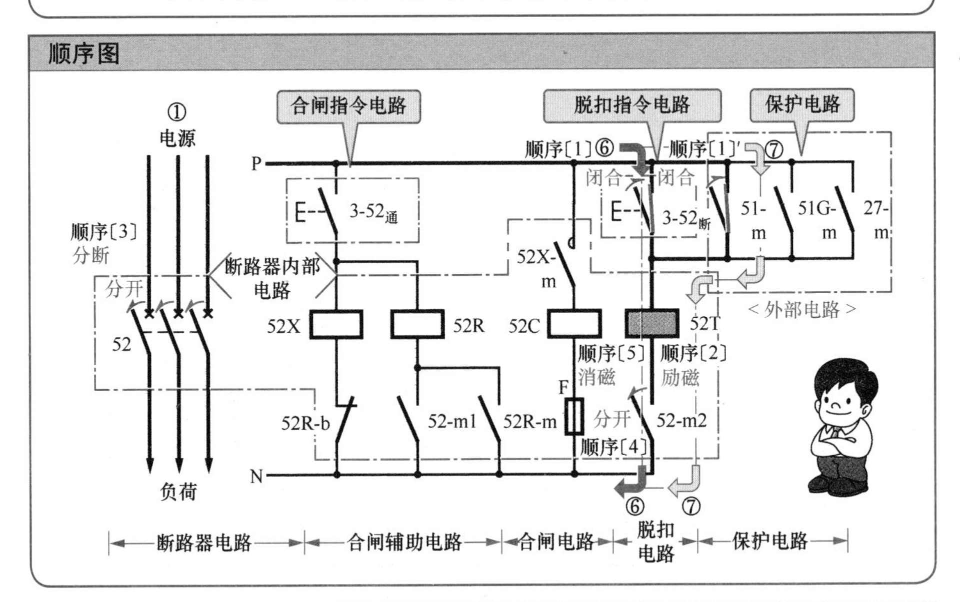

脱扣优先继电器（52R）的作用 ●防止反复动作●

❖ 将操作手柄推至“接通”侧，使断路器合闸，如果这时有保护继电器动作，例如过电流继电器 51 动作，断路器就会以脱扣优先的原则执行分断的动作。这时，如果操作手柄仍处于“接通”位置，将会再次执行合闸动作，这是很危险的情况。为了避免这个重复合闸的动作，使用了脱扣优先继电器 52R，用其常闭触点 52R-b 将合闸用辅助继电器 52X 的电磁线圈电路断开。

8-3 交流电磁操作方式的断路器的控制电路

1 交流电磁操作方式的断路器控制电路的顺序图

交流电磁操作方式的断路器控制电路的顺序图

❖ 通常使用直流电源作为电磁操作方式断路器的控制电源。但是，在某些情况下不得不使用交流电源作为控制电源。这时可以借助变压器和整流器将交流电变换成为直流电，作为合闸用电源，而采用电容脱扣方式来实现脱扣跳闸。

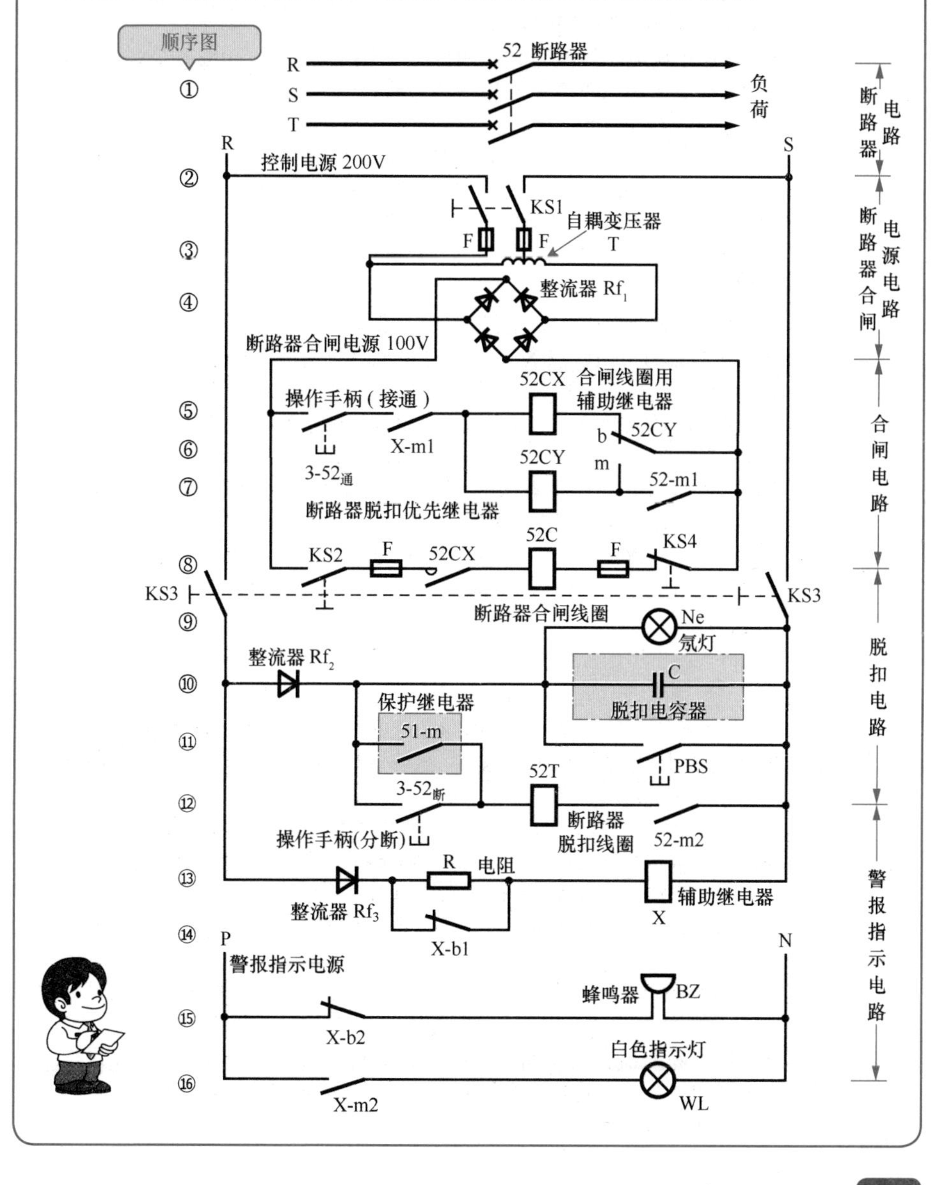

2 交流电磁操作方式断路器合闸的顺序动作

交流电磁操作方式断路器“合闸”的动作顺序 ●电容脱扣方式●

❖ 将操作手柄推至“接通”侧，断路器合闸。

顺序〔1〕 合上电路②中的断路器合闸电源开关 KS1。

〔2〕 合上电路⑧中的开关 KS2。

〔3〕 合上交流控制电源电路的开关 KS3。

〔4〕 交流控制电源电路的开关 KS3 闭合后，电路⑩中的脱扣电容器 C 被充电。

〔5〕 当交流控制电源电路的开关 KS3 闭合时，电路⑨中的氖灯 Ne 点亮，表示脱扣电容器 C 正在被充电。

〔6〕 当交流控制电源电路的开关 KS3 闭合时，直流电流会在瞬间通过电路 ⑭（因为常闭触点 X-b1 是闭合的，所以电阻 R 被短路）而流过辅助继电器的线圈 X▢（强励磁），辅助继电器 X 动作。

- 当辅助继电器 X 动作时，接下来的顺序〔7〕、〔9〕、〔10〕、〔12〕的动作将会同时进行。

〔7〕 当辅助继电器 X 动作时，电路 ⑭ 中的常闭触点 X-b1 分开。

〔8〕 辅助继电器的常闭触点 X-b1 分开后，电流经由电路 ⑬ 中的电阻 R 继续流过辅助继电器的线圈 X，辅助继电器继续保持动作状态。

〔9〕 当辅助继电器 X 动作时，电路 ⑮ 中的常闭触点 X-b2 分开。

〔10〕当辅助继电器 X 动作时，电路 ⑯ 中的常开触点 X-m2 闭合。

〔11〕辅助继电器 X 的常开触点 X-m2 闭合后，电路 ⑯ 中的白色指示灯 WL 点亮，表示交流控制电源已接通。

〔12〕当辅助继电器 X 动作时，电路⑤中的常开触点 X-m1 闭合。

〔13〕这时，将电路⑤中的操作手柄推至“接通”侧，其常开触点 $3\text{-}52_{通}$闭合。

〔14〕常开触点 $3\text{-}52_{通}$闭合后，电流流过电路⑤中的合闸线圈用辅助继电器的电磁线圈 52CX▢，合闸线圈用辅助继电器 52CX 动作。

〔15〕当合闸线圈用辅助继电器 52CX 动作时，电路⑧中的触点 52CX 闭合。

〔16〕触点 52CX 闭合后，电路⑧中的断路器合闸线圈 52C▢通电励磁。

〔17〕断路器合闸线圈 52C▢通电励磁后，电路①中的断路器 52 动作，断路器的主触点 52 闭合。

〔18〕当断路器 52 动作时，电路⑦中的辅助常开触点 52-m1 也会闭合。

〔19〕辅助常开触点 52-m1 闭合后，电流流过电路⑦中的断路器脱扣优先继电器的线圈 52CY▢，断路器脱扣优先继电器 52CY 动作。

〔20〕当断路器脱扣优先继电器 52CY 动作时，电路⑤中的切换触点 52CY 从常闭触点侧 b 切换到常开触点侧 m。

- 由于切换触点 52CY 从常闭触点侧 b 切换到常开触点侧 m 时，电路⑤中的合闸线圈用辅助继电器 52CY 复位，则电路⑧中的常开触点 52CX 分开，使得断路器合闸线圈 52C 的励磁电路开路。因此当合闸操作过程中出现脱扣指令，引起断路器跳闸后，将不可能再次执行合闸动作。这种情况被称为**“防止反复动作”**。

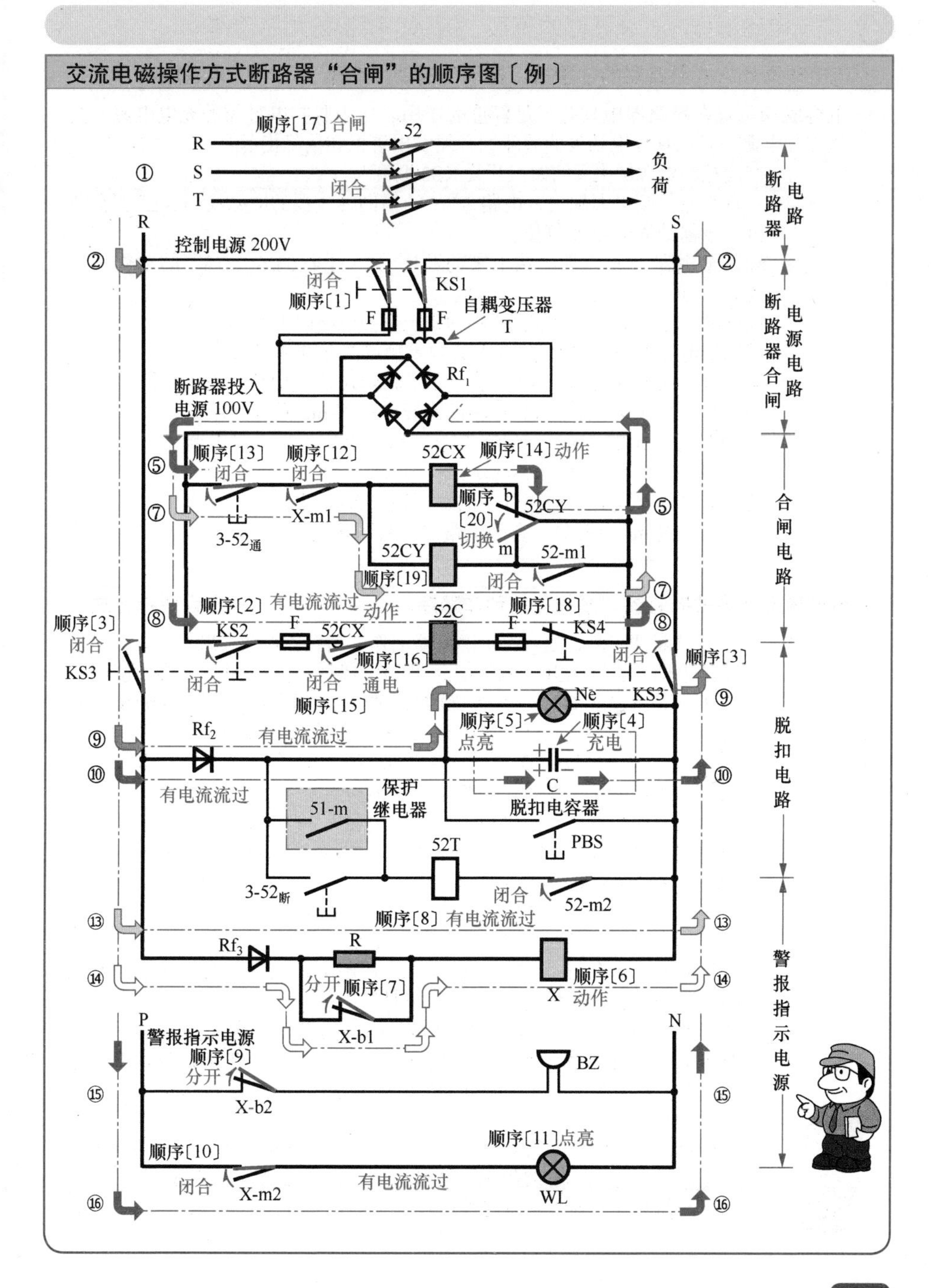
交流电磁操作方式断路器“合闸”的顺序图〔例〕
顺序〔17〕合闸
52
R
S
T
①
闭合
负荷
断路器电路
R
S
控制电源 200V
②
②
闭合
顺序〔1〕
KS1
F
F
自耦变压器
T
Rf1
断路器投入
电源 100V
断路器合闸电源电路
顺序〔13〕
闭合
顺序〔12〕
闭合
52CX
顺序〔14〕动作
⑤
⑤
⑦
3-52通
X-m1
顺序
b
52CY
〔20〕
切换
m
52CY
52-m1
顺序〔19〕
闭合
⑦
合闸电路
顺序〔2〕
有电流流过
动作
52C
顺序〔18〕
⑧
⑧
顺序〔3〕
闭合
KS2
F
52CX
F
KS4
KS3
闭合
闭合
顺序〔16〕
通电
顺序〔15〕
闭合
顺序〔3〕
KS3
Ne
⑨
⑨
Rf2
有电流流过
顺序〔5〕
点亮
顺序〔4〕
充电
⑩
⑩
有电流流过
C
保护
继电器
51-m
脱扣电容器
PBS
52T
3-52断
闭合
52-m2
脱扣电路
顺序〔8〕有电流流过
⑬
⑬
Rf3
R
X
顺序〔6〕
动作
⑭
⑭
分开
顺序〔7〕
X-b1
P
N
警报指示电源
顺序〔9〕
分开
BZ
⑮
⑮
X-b2
顺序〔10〕
顺序〔11〕点亮
闭合
X-m2
有电流流过
WL
⑯
⑯
警报指示电源

3 交流电磁操作方式断路器的警报、指示、脱扣的顺序动作

交流电磁操作方式断路器的“警报、指示”的动作顺序 ●电容脱扣方式●

❖ 电容脱扣装置在断路器中具有举足轻重的作用。作为脱扣电容器的充电电源，交流控制电源一旦出现掉电缺失的故障，必须发出警报和信号指示。

顺序〔1〕 交流控制电源缺失（例如：开关 KS3 断开）。

〔2〕 一旦交流控制电源缺失，电路 ⑬ 中的辅助继电器的电磁线圈 X□就会断电，该辅助继电器 X 复位。

- 辅助继电器 X 复位后，接下来的顺序〔3〕、〔4〕、〔6〕、〔8〕的动作都将同时进行。

〔3〕 辅助继电器 X 复位，电路 ⑭ 中的常闭触点 X-b1 同时闭合。

〔4〕 辅助继电器 X 复位，电路 ⑮ 中的常闭触点 X-b2 同时闭合。

〔5〕 常闭触点 X-b2 闭合后，电路 ⑮ 的蜂鸣器 BZ 就会鸣响，发出警报。

〔6〕 辅助继电器 X 复位，电路 ⑯ 中的常开触点 X-m2 同时分开。

〔7〕 辅助继电器 X 的常开触点 X-m2 分开后，电流不再流过电路 ⑯，作为交流控制电源指示用的白色指示灯 WL 熄灭。

〔8〕 辅助继电器 X 复位，电路⑤中的常开触点 X-m1 同时分开。

- 常开触点 X-m1 分开后，合闸电路“开路”并锁定。

交流电磁操作方式断路器“脱扣”的动作顺序 ●电容脱扣方式●

❖ 将操作手柄推至“断开”侧，或者保护继电器动作，断路器都会分断。

顺序〔9〕 将操作手柄推至“断开”侧，电路 ⑫ 中的触点 $3\text{-}52_{断}$闭合，或者使电路 ⑪ 中的保护继电器的触点闭合（例如：过电流继电器的触点 51-m 闭合）。

〔10〕 电路 ⑫ 中的触点 $3\text{-}52_{断}$（或者电路 ⑪ 中的保护继电器的触点 51-m）闭合后，会形成电路⑨和电路 ⑫（或者电路 ⑪）的闭合循环电路，电路⑨中的脱扣电容器放电，放电电流流过循环电路。

〔11〕 借助于电容器 C 的循环放电电流，使得电路 ⑫ 中的脱扣线圈 52T□通电励磁。脱扣电容器 C 放电电流的作用是，当交流控制电源停电或者电压下降时，防止断路器不能脱扣。

〔12〕 脱扣线圈 52T□通电励磁后，电路①中的断路器 52 分开。

〔13〕 断路器 52 分断，电路 ⑫ 中的辅助常开触点 52-m2 同时分开。

〔14〕 断路器的辅助常开触点 52-m2 分开后，电流就不再流过电路 ⑫ 中的脱扣线圈 52T□，脱扣动作结束。

〔15〕 断路器的辅助常开触点 52-m2 分开后，闭合的循环电路就会“开路”，脱扣电容器 C 停止放电。另外，只要交流控制电源恢复正常，脱扣电容器就会重新充电，为下一次的脱扣动作做好准备。

利用自己的交流电源得到断路器脱扣操作电源的情况下，存在停电或短路故障时电压下降的隐患，这将导致断路器无法脱扣跳闸，所以采用电容器脱扣方式来规避这种风险。

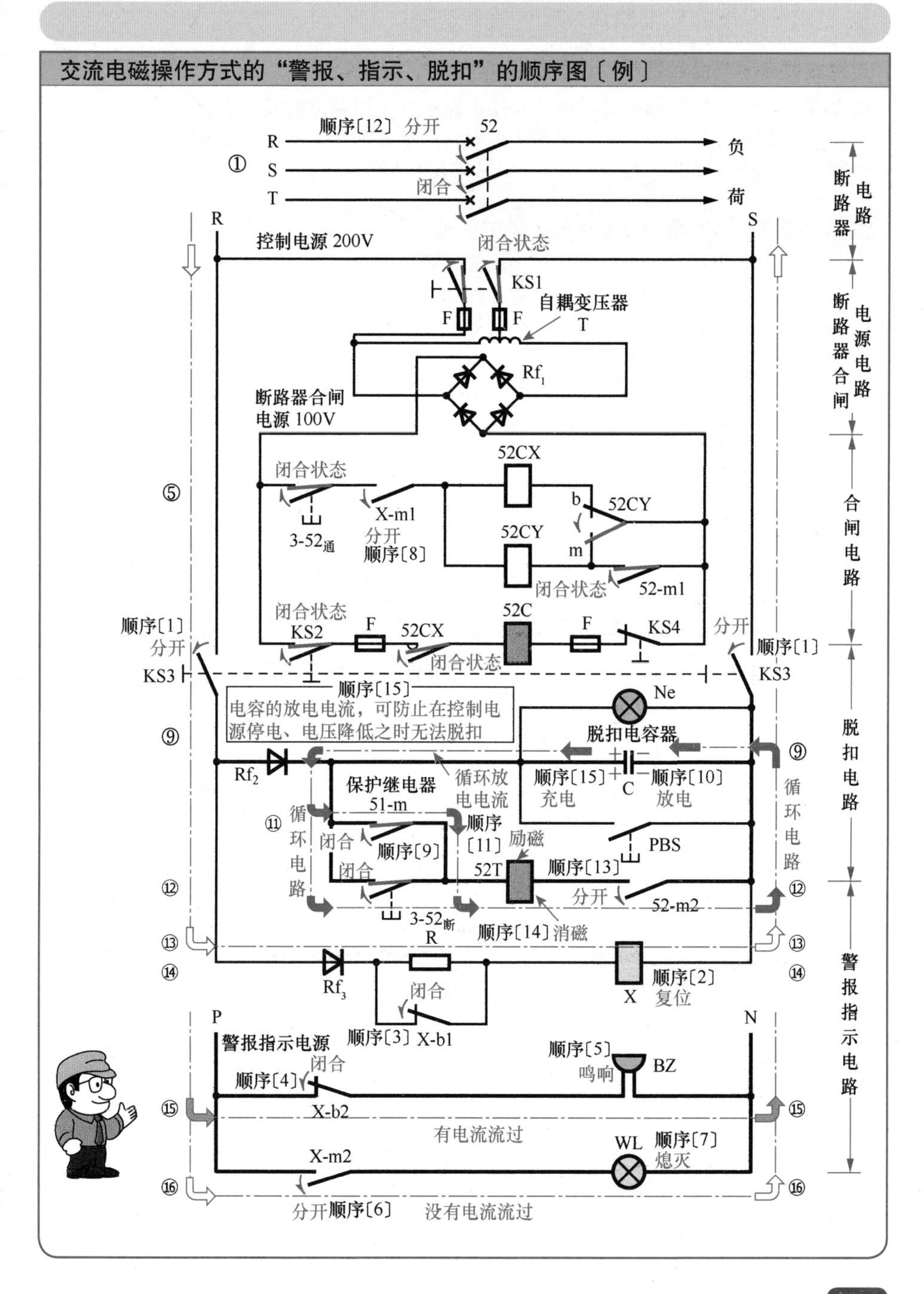

交流电磁操作方式的"警报、指示、脱扣"的顺序图〔例〕
顺序〔12〕分开
52
R
S
T
负
荷
闭合
断路器电路
控制电源 200V
闭合状态
KS1
自耦变压器
T
F
F
Rf1
断路器合闸电源电路
断路器合闸
电源 100V
52CX
闭合状态
X-m1
分开
顺序〔8〕
3-52通
52CY
b
m
52-m1
闭合状态
合闸电路
顺序〔1〕
分开
KS2
F
52CX
52C
F
KS4
闭合状态
KS3
顺序〔15〕
电容的放电电流，可防止在控制电源停电、电压降低之时无法脱扣
Ne
脱扣电容器
Rf2
循环放电电流
保护继电器
51-m
顺序〔15〕充电
C
顺序〔10〕放电
循环电路
闭合
顺序〔9〕
顺序〔11〕
励磁
PBS
52T
顺序〔13〕
分开
52-m2
3-52断
顺序〔14〕消磁
脱扣电路
R
Rf3
闭合
顺序〔2〕复位
X
顺序〔3〕X-b1
P
N
警报指示电源
顺序〔4〕闭合
X-b2
顺序〔5〕鸣响
BZ
有电流流过
WL
顺序〔7〕熄灭
X-m2
分开顺序〔6〕
没有电流流过
警报指示电路

8-4 企业自用配电设备的试验电路

1 过电流继电器和断路器联动的试验电路

过电流继电器与断路器联动试验的目的

❖ 如果从配电用断路器到负荷侧的高压电路中发生短路事故或过电流的情况，在企业自用配电设备中设置的过电流继电器就会迅速动作，将断路器断开，把事故的波及范围降到最小。本节的目的是对这两者的关联动作进行试验。

过电流继电器与断路器联动试验的试验电路〔例〕

❖ 下图是为了理解联动试验而特别画出的试验电路图。在这张图中，为了更加容易理解试验的步骤，分别将各台具有不同功能的测试仪器做了单独的接线。在实际测试工作中，购买具有这些测试功能的专用试验装置即可。

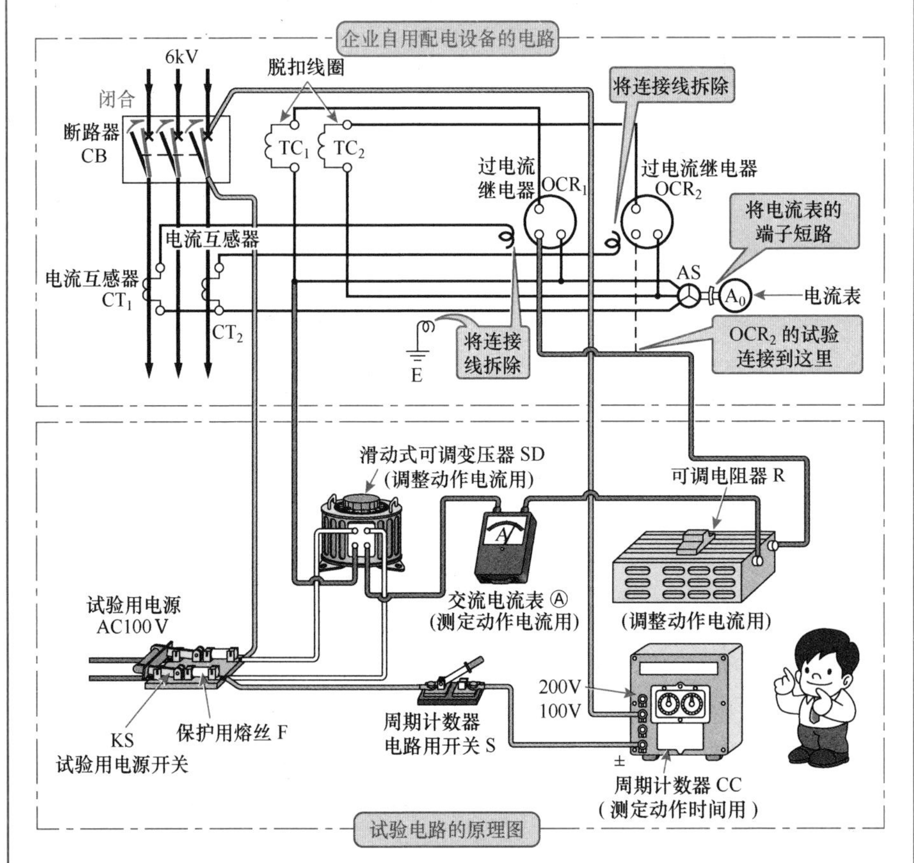

（1）将配电用断路器 CB 分断，将配电室的进线侧隔离开关 DS 断开。

（2）将电流互感器 CT 的二次侧接线以及接地线拆开。

（3）将安装在配电盘上的电流表、电能表、功率因数表等仪表的电流端子短路。

过电流继电器的最小动作电流试验顺序

❖ **所谓过电流继电器的最小动作电流**是指，使过电流继电器（感应式）的圆盘旋转、达到触点完全闭合所需要的最小输入电流。

试验顺序 ｛过电流继电器分为感应式和静止式，这里只介绍动作原理简单的感应式过电流继电器。｝

顺序〔1〕将断路器 CB 合闸（参照前页的电路图：进线侧隔离开关开路）

〔2〕将过电流继电器 OCR_1 的延时设定指针对准刻度 10，将电流分档置于 4（或者 5）。

〔3〕将滑动式可调变压器 SD 的刻度盘置于 0，将可调电阻器 R 设定到最大。

〔4〕将试验用电源开关 KS 闭合。

〔5〕一边观察交流电流表Ⓐ，一边缓缓地上调滑动式可调变压器 SD 的电压，调整可调电阻器 R 使流过交流电流表的电流与设定的电流分档值相适应。

〔6〕过电流继电器的圆盘开始转动，这时要继续增加电流，使圆盘完全转动直至内部的触点闭合。

〔7〕当过电流继电器的触点闭合时，断路器就会分断（脱扣）。

〔8〕这时交流电流表Ⓐ的指示值就是最小动作电流值。

过电流继电器的延时特性试验顺序

❖ **所谓过电流继电器的延时特性**是指，在过电流继电器流过电流分档设定值的 200%（300%、500%）的负荷电流时，包括继电器动作时间在内的断路器开路时间。

试验顺序 ｛只介绍感应式过电流继电器的情况。｝

顺序〔1〕将断路器 CB 合闸（参照前页的电路图：进线侧隔离开关开路）。

〔2〕将过电流继电器 OCR_1 的延时设定指针对准刻度 10，将电流分档置于 4（或者 5）。

〔3〕用指尖轻轻压住过流继电器的圆盘（垫上纸片也可以）。

〔4〕将试验用电源开关 KS 闭合。

〔5〕调整滑动式可调变压器 SD 以及可调电阻器，使交流电流表Ⓐ的指示对应设定电流分档的 200% 的电流值。

〔6〕将试验用电源开关 KS 分断，使过电流继电器的触点复位。

〔7〕使周期计数器的刻度对准 0，将其开关 S 闭合。

〔8〕将试验用电源开关 KS 闭合。

〔9〕使过电流继电器的圆盘持续旋转，直至内部的触点动作闭合、断路器 CB 分断（脱扣）。

〔10〕断路器 CB 分断的动作会使周期计数器 CC 的计数停止。这时读取计数器的指示值（市售的试验装置可以直接显示动作时间值）。

- 因为周期计数器 CC 的指示值是周期值，将读出的周期值除以电源频率，再换算成秒，就是动作时间。

2 接地继电器和断路器的联动试验电路

接地继电器和断路器联动试验的目的

❖ 企业自用配电设备中设置有接地继电器。如果从零序电流互感器直到负荷侧的高压电路中发生接地事故，接地继电器会迅速动作，将断路器切断，以防止事故波及到电力系统的供电线路。本章的目的是对这两者的关联动作进行试验。

接地继电器和断路器联动试验的试验电路〔例〕

❖ 下图所示的试验电路是一个特别的电路图。为了容易理解试验的步骤，分别将各台具有不同功能的测试仪器单独接线。而在实际测试工作中，使用市售的具有这些测试功能的专用试验装置即可。

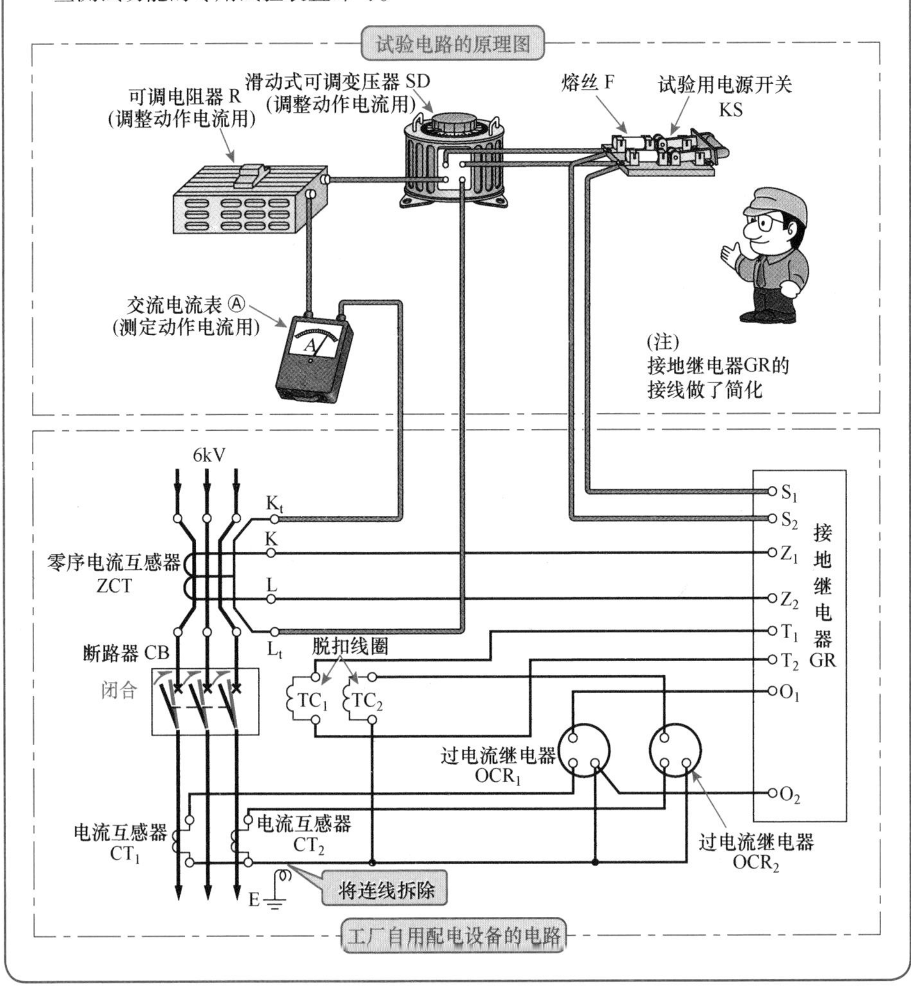

接地继电器的最小动作电流试验顺序

试验的准备

（1）将断路器 CB 以及配电室的进线入口侧隔离开关 DS 断开。
（2）将零序电流互感器电路的试验用接线，连接到零序电流互感器 ZCT 的试验用端子 K_t、L_t。
（3）拆除电流互感器 CT 的接地线。

试验顺序

顺序〔1〕将断路器 CB 合闸（参见前页的电路图：进线入口侧隔离开关开路）。
〔2〕将接地继电器 GR 的灵敏度设定电流值设于最小值（例如 0.1A）。
〔3〕将滑动式可调变压器 SD 的刻度盘置于 0，将可调电阻器 R 设于最大值。
〔4〕将试验用电源开关 KS 合闸。
〔5〕调整滑动式可调变压器 SD 和可调电阻器 R，使交流电流表Ⓐ的指示值略小于所需灵敏度的设定电流值。
〔6〕调整可调电阻器 R，逐渐增加电流，直至接地继电器 GR 动作。
〔7〕当接地继电器 GR 动作、内置的触点闭合时，断路器 CB 分断（脱扣）。
〔8〕这时电流表Ⓐ的指示值就是接地继电器 GR 的最小动作电流。
〔9〕按下接地继电器 GR 的复位按钮，使其复位。
〔10〕将滑动式可调变压器 SD 置于刻度盘 0 的位置。
〔11〕将试验用电源开关 KS 关断。

● **注意** ●

（1）对于接地继电器的每一个灵敏度（电流）重复进行上述的试验。
- 在定期点检时，一定要对接地继电器在当前的灵敏度的设定电流值进行试验。

（2）在企业自用配电设备正在配电的情况下，如果按下接地继电器的试验按钮，断路器能够分断（脱扣），就可以确认接地继电器的动作。
- 这时，为负荷侧提供的电力会被断开。

〈接地继电器〔例〕〉

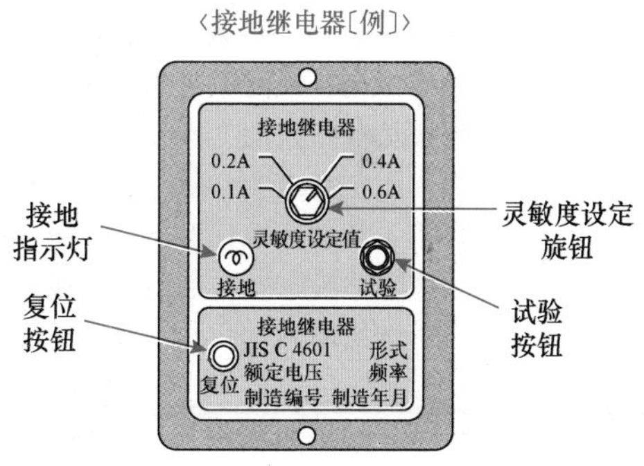

3 企业自用配电设备的接地电阻测定电路

企业自用配电设备的接地电阻测定的目的

❖ 为了防止因为绝缘不良造成的触电、火灾等事故，供电线路的设备以及避雷器、变压器、断路器等各种配电设备都要有良好的安全接地。而且，作为电力负荷，如电动机等设备都要有良好的安全接地措施。接地电阻的测定试验是确认接地设施是否达到安全标准的重要试验项目。

企业自用配电设备的接地电阻测定电路〔例〕 ●柜式配电盘的情况●

❖ 下图描述了使用了自动式接地电阻表（可以直接读取接地电阻值）的情况。

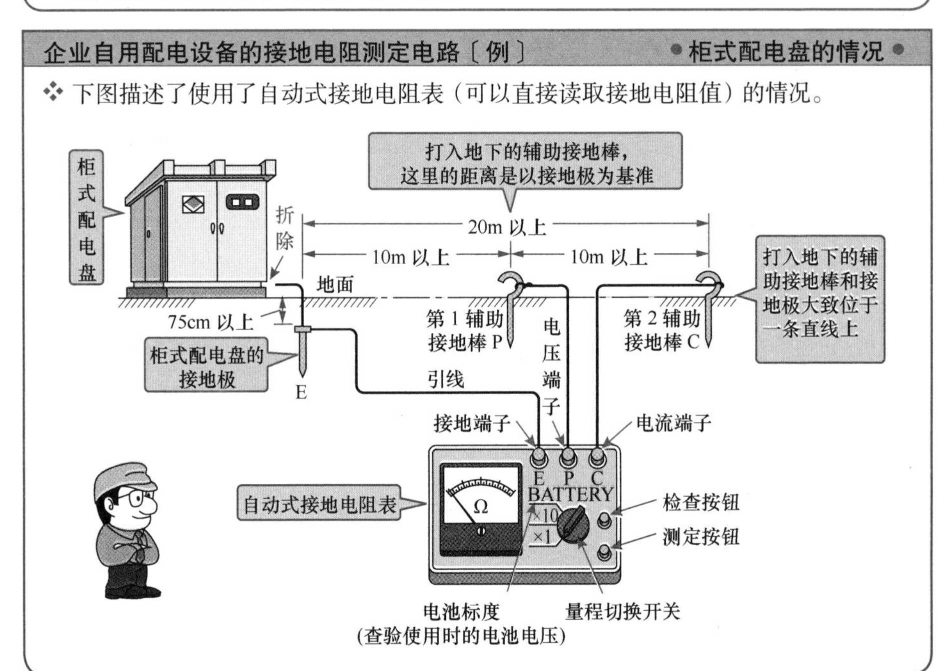

企业自用配电设备的接地电阻的测定顺序〔例〕

顺序〔1〕 每隔 10m 以上打入一个辅助接地棒。要使第 1 辅助接地棒 P、第 2 辅助接地棒 C 与柜式配电盘的接地极 E 大体位于一条直线上。

〔2〕 将接地电阻表的 E 端子（接地端子）连接到柜式配电盘的接地极 E（拆除柜式配电盘的接地端与接地极之间的连接线）。

〔3〕 将第 1 辅助接地棒 P 的引线连接到接地电阻表的 P 端子（电压端子），将第 2 辅助接地棒 C 的引线连接到 C 端子（电流端子）。

〔4〕 将接地电阻表的量程切换开关置于 ×1 档或 ×10 档，按下检查按钮，确认指示值是否落在“CHECK”框内（电池电压）。

〔5〕 按下接地电阻表的测定按钮，这时的电阻表的指针读数就是接地电阻值（量程切换开关为 ×10 时要乘 10 倍）。

4 企业自用配电设备的绝缘电阻测定电路

企业自用配电设备绝缘电阻测定的目的

❖ 为了安全运行企业自用配电设备，根据电气设备技术标准的规定，除了安全接地和保护接地之外，其他部分全部都要与大地绝缘。接线必须有良好的绝缘，装置和设备内部的导电部位也必须使用绝缘电阻表（俗称兆欧表）测量其绝缘电阻，以判定绝缘性能是否良好，预防事故于未然。

企业自用配电设备绝缘电阻的测定电路〔例〕 ●高压电路的情况●

❖ 使用电池式绝缘电阻表的情况如图所示。

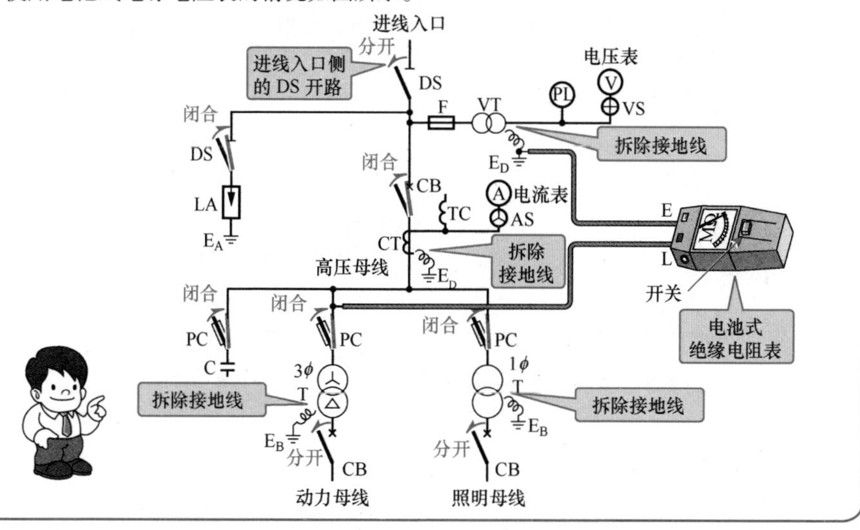

企业自用配电设备的绝缘电阻的测定顺序〔例〕

顺序〔1〕 企业自用配电设备的进线入口侧隔离开关 DS 断开，使配电设备处于非配电状态。

〔2〕 将主变压器二次侧（低压侧）的断路器 CB 断开，使之与照明母线、动力母线相分离。

〔3〕 将涉及接地工程的设备（除避雷器外）的接地线全部拆除。

〔4〕 将高压电路中的断路器 CB 的开关置于“接通”状态。

〔5〕 将绝缘电阻表的 E 端子（接地端子）连接到电路的接地线上。

〔6〕 将绝缘电阻表的 L 端子（线路端子）连接到电路或者装置的通电露出部位⊖（因为隔离开关 DS 是断开的，所以没有电流流过）。

〔7〕 应用绝缘电阻表，指针的读数就是绝缘电阻值。

- 高压电路与低压电路相比对地电容较大，最好在指针回落之后再读取数值（约 1min）。

⊖ 装置的通电露出部位是指装置的通电电路并且是导体裸露的部分，如接线端子等。——译者注

5 企业自用配电设备的绝缘耐压试验电路

企业自用配电设备的绝缘耐压试验的目的

❖ 企业自用配电设备的绝缘耐压试验的目的是，把电气设备技术标准所规定的试验电压加到配电设备的电气装置或与其相连接的电气线路上，验证绝缘耐压是否合格。尤其是在正常工作电压的情况下，对于外部雷击或者开关浪涌等异常电压，不应出现绝缘破坏、短路、接地等事故。

企业自用配电设备绝缘耐压试验的试验电路〔例〕 ● 使用变压器的情况 ●

❖ 虽然在企业自用配电设备的绝缘耐压试验中，一般都是使用市售的交流耐压试验仪器。但为了便于理解绝缘耐压试验的步骤，这里将各个具有各自功能的试验器具单独接线，代替交流耐压试验仪器进行绝缘耐压试验，其试验电路如下图所示。

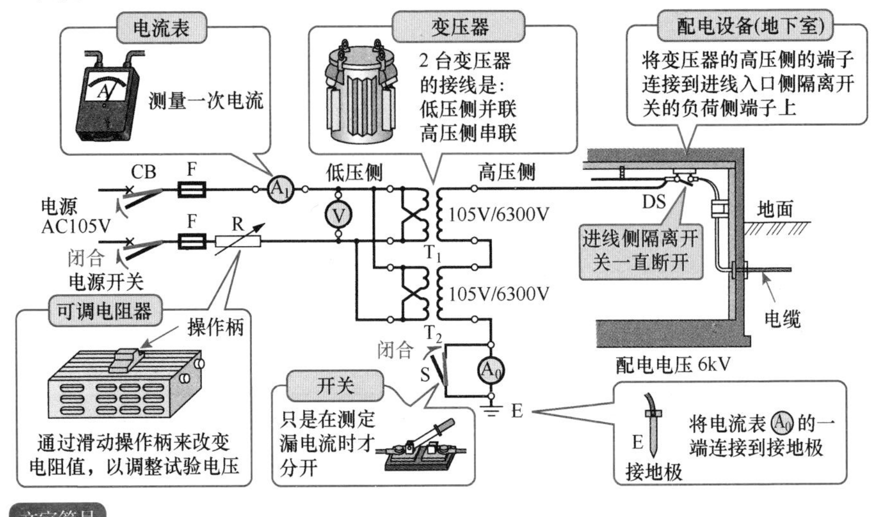

文字符号

CB	：电源开关（断路器）	Ⓥ	：一次电压测量用电压表	T_1, T_2	：变压器
F	：保护用熔丝	A_0	：二次电流测量用电流表	R	：可变电阻器
A_1	：一次电流测量用电流表	S	：电流表A_0短路用开关	DS	：进线入口侧隔离开关

［注意］在 2 台变压器中，有 1 台的高压侧端子会承受与试验电压相同的对地电压（特别高的电压），所以最好把变压器安放在绝缘台上。

试验准备 ● 绝缘电阻的测定 ●

❖ 在进行绝缘耐压试验之前，必须要做准备试验，即对每个试验电路测量绝缘电阻，并且根据测量值来判断是否适合实施绝缘耐压试验。

企业自用配电设备的绝缘耐压试验方法 ●试验区分、试验顺序●

绝缘耐压试验的试验区分

❖ 在进行企业自用配电设备的绝缘耐压试验的时候，隔离开关、断路器、开关、变压器、高压母线等试验电压与主变压器相同的装置，都可以同主变压器一起在通电露出部分与大地之间施加试验电压。这时，进线入口侧的隔离开关要保持开路状态，而将断路器合闸，并将主变压器、电力电容器等装置全部都设置为使用状态。

试验顺序

顺序〔1〕 为了给三相线路一起施加试验电压，要用细的裸铜线将进线入口侧隔离开关 DS（负荷侧）的 3 个极（R、S、T 相）相互短接。

〔2〕 将变压器 T_1 的高压侧端子与进线入口侧隔离开关 DS 负荷侧 3 个端子用高压绝缘导线相连接。

〔3〕 将可调电阻器 R 的电阻值调至最大。

〔4〕 将试验电路的电源用开关 CB 接通（用手势告知他人试验开始）。

〔5〕 一边观察电压表Ⓥ、电流表$Ⓐ_1$，一边调节可调电阻器，逐渐提高电压。

〔6〕 如果电压表Ⓥ的指示值达到了规定电压，就使可调电阻器不动，按下秒表。

〔7〕 读取电流表$Ⓐ_1$的指示值（一次电流）。

〔8〕 断开短路用开关 S 并读取电流表$Ⓐ_0$的指示值（二次电流）。

〔9〕 用特别高压验电器查验高压配电线以及装置上是否施加了试验电压。

〔10〕 如果秒表经过了 10min，就结束施加电压。

〔11〕 通过可调电阻器 R 逐渐地降低电压。

〔12〕 分断试验电路的电源开关 CB（告知他人试验结束）。

- 将试验电路的连接线以及进线入口侧隔离开关 DS 负荷侧的裸铜线拆掉。

试验电压的计算方法

❖ 通常，试验电压会在变压器的低压侧测量，在高压侧是否施加了规定的试验电压，要根据使用变压器的电压比，通过计算求出。

低压侧电压表的指示值 = 最大电压 × 1.5 × 电压比

〔例〕 受电电压为 6kV 时

电压表的指示值 =6900V × 1.5 ×（105/6300）=172.5V

（电压比为 105V/6300V）

广告牌照明灯光的自动通断控制

❖ 广告牌从傍晚到半夜都有灯光照明。半夜之后，行人稀少，熄灭照明灯光可以节约电能。

❖ 可以利用光控开关点亮广告牌的灯光，并用定时器分别设定夏季与冬季的照明时间，可以定时熄灭照明灯光。

广告牌照明灯光的自动通断控制顺序图〔例〕

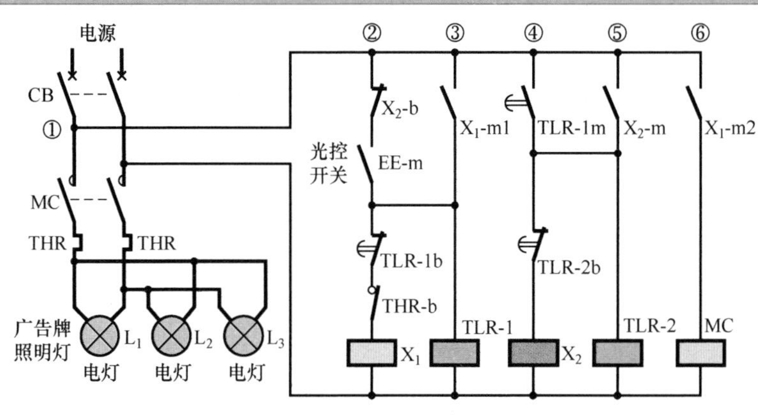

● 顺序动作 ●

1. 傍晚（周围变暗时）的动作

（1）在周围环境昏暗的傍晚，电路②中的光控开关的常开触点 EE-m 会闭合，所以辅助继电器 X_1 动作，同时电路③中的定时器 TLR-1 开始计时。

（2）当辅助继电器 X_1 动作时，电路⑥中的常开触点 X_1-m2 闭合，接触器 MC 动作，电路①中的电灯 L_1、L_2、L_3 点亮，为广告牌照明。

2. 半夜（经过定时器 TLR-1 的设定时间后）的动作

（1）经过定时器 TLR-1 的设定时间（从点亮到半夜熄灭的时间）后，电路②中的延时动作常闭触点 TLR-1b 断开，使辅助继电器 X_1 复位，所以电路⑥中的接触器 MC 复位，将电路①中的电灯 L_1、L_2、L_3 熄灭。

（2）定时器 TLR-1 动作后，电路④中的延时动作瞬时复位常开触点 TLR-1m 闭合，使得辅助继电器 X_2 动作，电路②中的常闭触点 X_2-b 分开，自动通断电路开路，同时定时器 TLR-2 开始计时。

3. 早晨（经过定时器 TLR-2 的设定时间后）的动作

（1）经过定时器 TLR-2 的设定时间（从熄灭到早晨的时间）后，电路④中的延时动作瞬时复位常闭触点 TLR-2b 分开，使得辅助继电器 X_2 复位，电路②中的常闭触点 X_2-b 闭合，自动通断电路闭路。

（2）光控开关的常开触点 EE-m 会因为早晨的周围环境很明亮而分开，电灯 L_1、L_2、L_3 保持熄灭的状态。

第9章

空调设备的顺序控制

本章关键点

本章以实际装置为例讲解空调设备的顺序控制。

（1）本章以通风盘管单元与管道构成的空调系统图为例，讲述楼宇空调设备之间的关联情况。

（2）锅炉作为空调设备的热源，其控制方式有供水量控制、蒸汽压力控制等方式，这里给出“锅炉的自动运行控制”的例子。在此，从喷嘴点火开始，包括由于点火失误、供水量不足、蒸汽压力异常等引起的安全停止电路等动作，均做了通俗易懂的说明。

（3）简单地描述了通过通风盘管单元的风量调节来控制温度的原理。通风盘管单元的作用是将冷水或热水送入房间，并与室内空气进行热交换。

9-1 空调设备的控制方式

1 空调设备的系统图和锅炉的构造

空调设备的系统图〔例〕

● 楼宇空调设备的系统示例 ●

❖ 空调设备（空气调节设备）有中央控制方式和独立控制方式。中央控制方式是一个建筑物使用一个空调装置，夏天产生冷风，冬天产生暖风，使用管道向每个房间输送一定的风量；独立控制方式是每个房间单独安装一个空调装置。

● 中央控制方式 ●

单管道方式
双管道方式
各层调节方式
多区方式

● 独立控制方式 ●

感应单元方式
单元调节方式
通风盘管单元方式
（见本书 158 页）

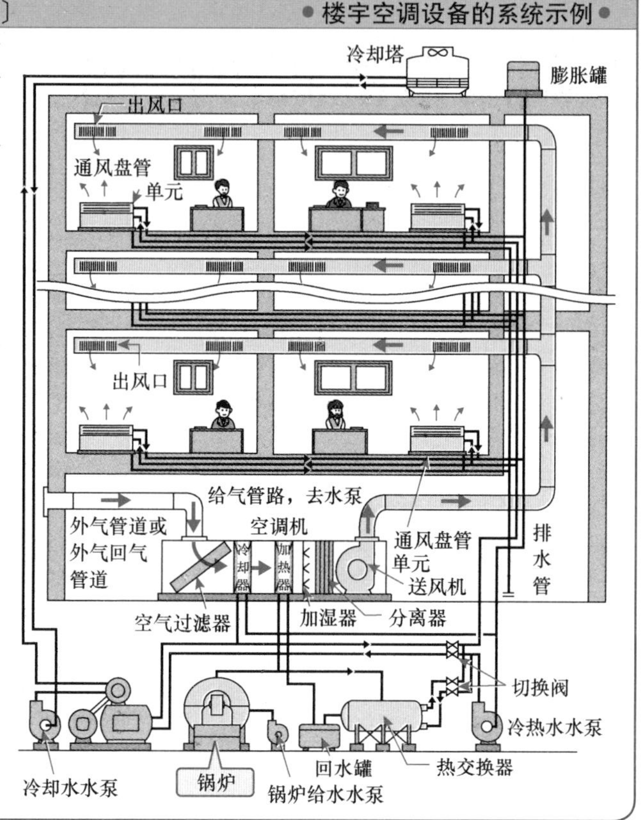

锅炉的构造

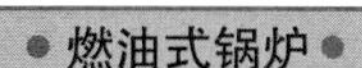

❖ 在此，主要对锅炉的自动运行进行讲解。

❖ 锅炉是一种通过加热密闭容器中的水来产生蒸汽或热水的装置，由燃烧装置、燃烧室、锅炉本体、供水和通风的附属设备以及自动控制装置、安全阀和水位计等附属部件组成。

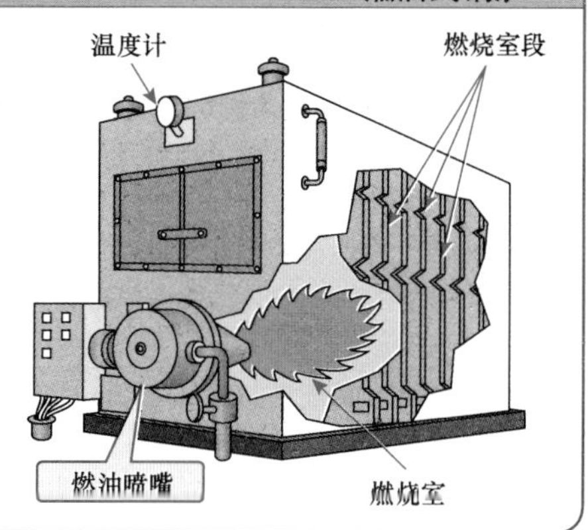

9-2 锅炉的自动运行控制

1 锅炉的自动运行控制的顺序图和时序图

锅炉与暖气装置

❖ 作为空调设备（空气调节设备）的暖气热源，主要使用的是锅炉。根据供暖方式的不同，大致可以分为蒸汽供暖和热水供暖。

（1）蒸汽供暖是指将锅炉产生的蒸汽通过蒸汽管道供给散热器，再通过散热器将蒸汽的热量散发出去使房间变暖的方法。

（2）热水供暖是指将锅炉产生的热水通过热水管道供给散热器，再通过散热器将热水的热量散发出去使房间变暖的方法。

锅炉自动起动、停止的顺序控制

❖ 作为锅炉的控制，有供水量控制、蒸汽压控制等。在这里，介绍了关于可以说是心脏部分的自动起动、停止的顺序控制的工作原理。因此，在下一页中给出了燃油锅炉的自动起动、停止的顺序图的一个例子。或许初学者感到有些复杂，但实际上并不难，不必过于担心。

❖ 顺序图中使用的主要元器件的文字符号及其功能如下所示。

元器件名称	文字符号	功能
起动、停止开关	3S	通过这些开关的开闭，可以起动、停止锅炉的运行。
光电火焰检测装置	Fe	这是检测判断主喷嘴是否在燃烧的装置，常闭触点Fe-b1在不燃烧或断火时动作，触点分开。
主喷嘴电动机	BM	当电动机运转，主喷嘴电磁阀MV2打开时，燃油被喷射到燃烧室。
燃烧准备定时器	2P	这是一个定时器，它给出从主喷嘴电动机开始起动到主喷嘴点火的时间，其常开触点2P-m在运行用接触器52M合闸后30s闭合。
燃烧装置定时器	2S	这是一个定时器，它给出主喷嘴从点燃到关断喷嘴电路的时间，其常闭触点2S-b在运行用接触器52M合闸后60s分开。
未燃烧定时器	62S	这是一个定时器，它给出了当主喷嘴未被点燃到运行用接触器52M断开的时间，其常闭触点62S-b在燃烧准备定时器2P动作后15s分开。
低水位继电器	LW	水位过低时动作。
压力开关	BP	蒸汽压力过高时动作，触点分开。

锅炉的自动起动、停止控制的顺序图〔例〕

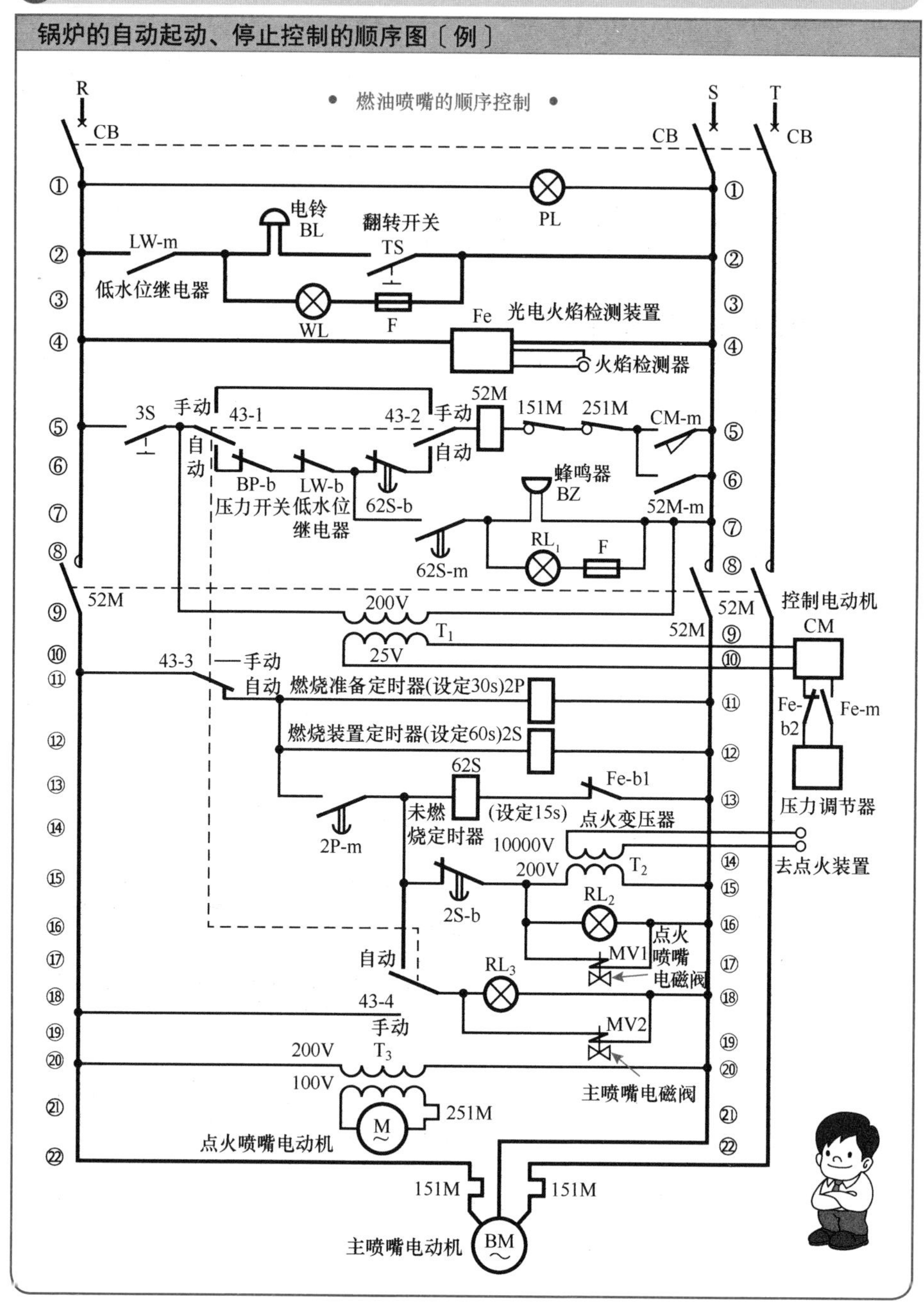

锅炉的自动起动、停止控制的时序图

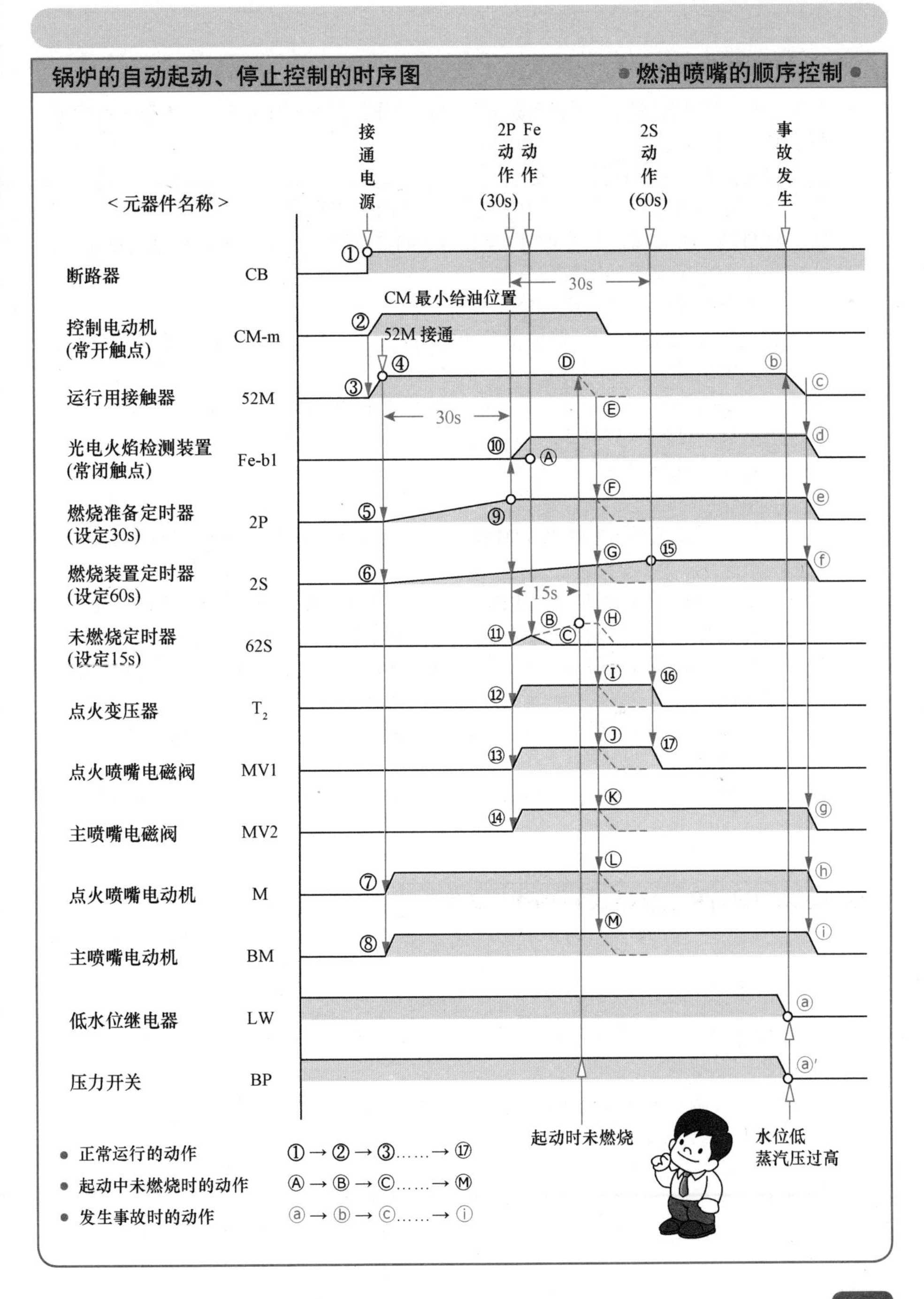

锅炉的起动、运行的动作顺序〔1〕 ●主喷嘴电动机的运转●

❖ 当起动开关 3S 闭合后，运行用接触器 52M 动作，点火喷嘴电动机 M 和主喷嘴电动机 BM 开始运转。

〔1〕 接通断路器 CB（电源开关）。

〔2〕 当断路器闭合后，电路①中的电源指示灯 PL 点亮。

〔3〕 将自动、手动切换开关 43-1（电路⑤）、43-2（电路⑤）、43-3（电路⑪）、43-4（电路⑱）全部切换到“自动”侧。

〔4〕 闭合电路⑤中的起动开关 3S。

〔5〕 起动开关 3S 闭合后，电流流过电路⑤的运行用接触器的电磁线圈 52M□，运行用接触器 52M 动作。

〔6〕 运行用接触器 52M 动作后，电路⑥的自锁常开触点 52M-m 闭合并自锁。

〔7〕 当运行用接触器 52M 动作时，连接到电源母线的三相主触点 52M 闭合。

- 当运行用接触器的主触点 52M 闭合后，以下顺序〔8〕、〔10〕、〔11〕、〔12〕的动作同时进行。

〔8〕 当运行用接触器的主触点 52M 闭合后，电流流过电路⑳的变压器 T_3 的一次绕组。

〔9〕 当电流流过变压器 T_3 的一次绕组时，就在变压器二次绕组产生感应电流，从而使电路㉑中的点火喷嘴电动机 M 起动运转。

〔10〕 运行用接触器的主触点 52M 闭合后，电路㉒中的主喷嘴电动机 BM 通电起动运转。

〔11〕 运行用接触器的主触点 52M 闭合后，电路⑪中的燃烧准备定时器 2P（设定为 30s）通电，开始计时。

〔12〕 运行用接触器的主触点 52M 闭合后，电路⑫的燃烧装置定时器 2S（设定为 60s）通电，开始计时。

锅炉起动时运行用接触器 52M 的动作条件

❖ 为了起动锅炉，电路⑤中的运行用接触器 52M 必须动作，52M 动作的条件如下所示。

（1） 蒸汽压正常，压力开关 BP 的常闭触点 BP-b 没有动作，处于闭合状态。

（2） 锅炉储水罐的水位正常，低水位继电器的常闭触点 LW-b 没有动作，处于闭合状态。

（3） 未燃烧定时器 62S 的常闭触点 62S-b 为闭合状态。

（4） 主喷嘴电动机的热继电器的常闭触点 151M 和点火喷嘴电动机的热继电器的常闭触点 251M 都没有动作，处于闭合状态。

（5） 给油自动调节阀用控制电动机 CM 的常开触点 CM-m 为闭合状态。
注意：如果控制电动机 CM 处于最小给油位置，则常开触点 CM-m 为闭合状态。

锅炉的起动、运行的顺序动作图〔1〕

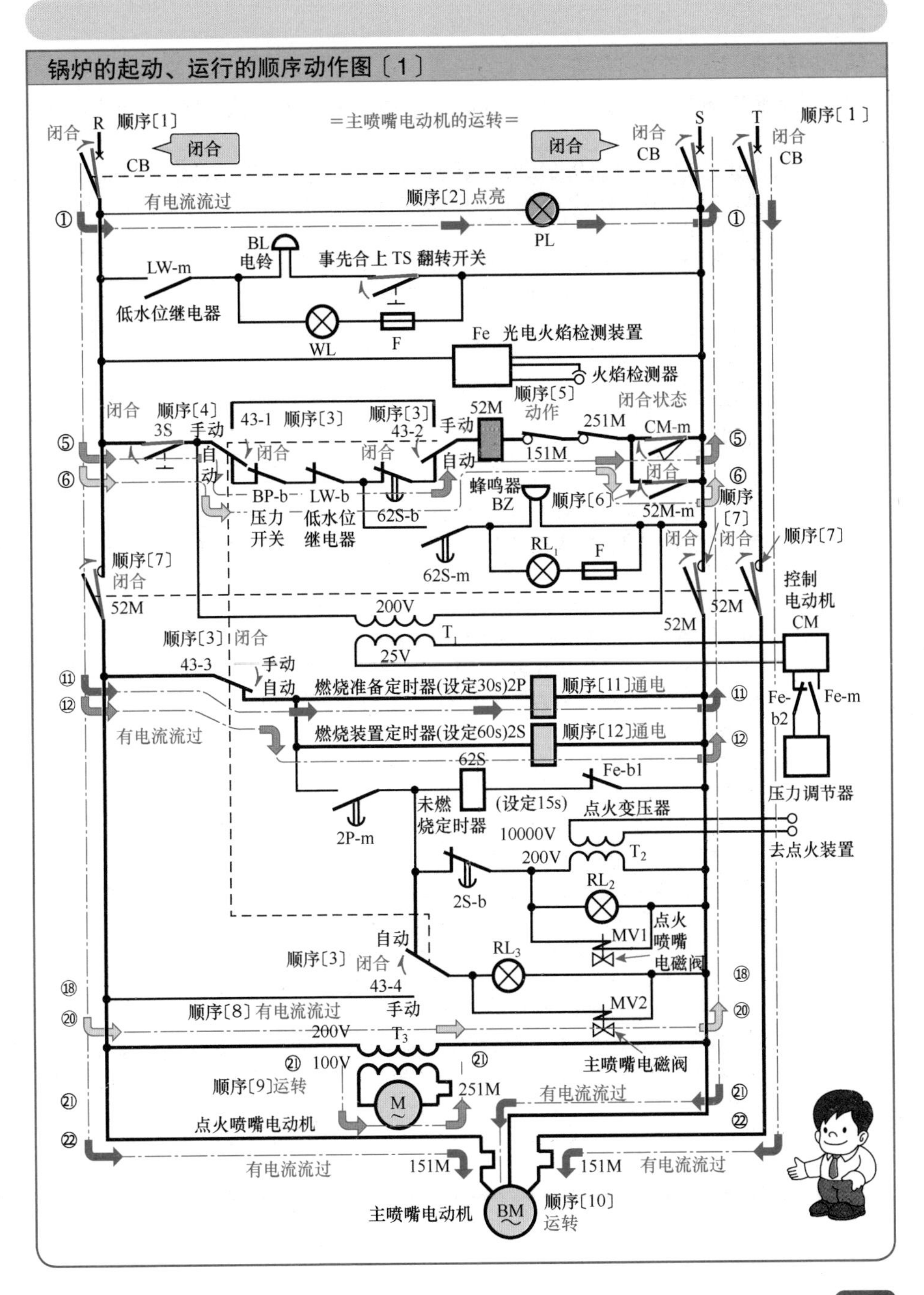

锅炉的起动、运行的动作顺序〔2〕 ● 主喷嘴的点火动作 ●

❖ 当燃烧准备定时器 2P 的设定时间（30s）经过后，点火喷嘴点火，并且由点火喷嘴使主喷嘴燃烧。

顺序〔13〕电路 ⑪ 中的燃烧准备定时器 2P 通电，计时开始，30s 后动作。

〔14〕燃烧准备定时器 2P 动作后，电路 ⑬ 中的延时动作瞬时复位的常开触点 2P-m 闭合。

- 延时动作瞬时复位常开触点 2P-m 闭合后，以下顺序〔15〕、〔16〕、〔18〕、〔19〕、〔20〕、〔21〕的动作同时进行。

〔15〕延时动作瞬时复位常开触点 2P-m 闭合后，电路 ⑬ 中的未燃烧定时器 62S（设定为 15s）通电，开始计时。

〔16〕延时动作瞬时复位常开触点 2P-m 闭合后，电流流过电路 ⑮ 中点火变压器 T_2 的一次绕组。

〔17〕电流流过点火变压器 T_2 的一次绕组后，在二次绕组中感应出约 10000V 的高电压，并在点火装置的火花塞间隙中产生火花。

〔18〕延时动作瞬时复位常开触点 2P-m 闭合后，电流流过电路 ⑰ 中的点火喷嘴电磁阀 MV1，点火喷嘴电磁阀 MV1 动作，给油管的阀门完全打开，由点火装置产生的火花点燃点火喷嘴。

〔19〕延时动作瞬时复位常开触点 2P-m 闭合后，电流流过电路 ⑯ 中的红灯 RL_2 电路，红灯点亮，表示点火喷嘴电磁阀已经打开。

〔20〕延时动作瞬时复位常开触点 2P-m 闭合后，电流流过电路 ⑲ 中的主喷嘴电磁阀 MV2，电磁阀动作，给油管的阀门完全打开，由点火喷嘴使主喷嘴燃烧。

- 即使主喷嘴电动机按顺序〔10〕（见本书第 148 页）已经运行，但在燃烧准备定时器 2P 动作，并且主喷嘴电磁阀 MV2 动作之前的时间（30s）内，因为尚未给油，所以主喷嘴电动机只是空转，只是通过鼓风机把空气送到炉内以排出炉内的气体。

〔21〕延时动作瞬时复位常开触点 2P-m 闭合后，电流流过电路 ⑱ 中的红灯 RL_3，红灯点亮，表示主喷嘴电磁阀 MV2 已经打开。

〔22〕主喷嘴点燃后，电路④的火焰检测器检测到火焰。

〔23〕当火焰检测器检测到火焰时，电路④中的光电火焰检测装置 Fe 动作。

〔24〕光电火焰检测装置 Fe 动作后，电路 ⑬ 中的常闭触点 Fe-b1 分开。

〔25〕常闭触点 Fe-b1 分开后，电路 ⑬ 中的未燃烧定时器 62S 断电，停止计时。

〔26〕电路 ⑫ 的燃烧装置定时器 2S 通电开始计时，在经过设定时间（60s）后动作。

〔27〕燃烧装置定时器 2S 动作后，电路 ⑮ 中的延时动作瞬时复位常闭触点 2S-b 分开。

- 主喷嘴完成点火后，已经不需要点火，所以点火喷嘴电路（⑮、⑯、⑰）被断开。

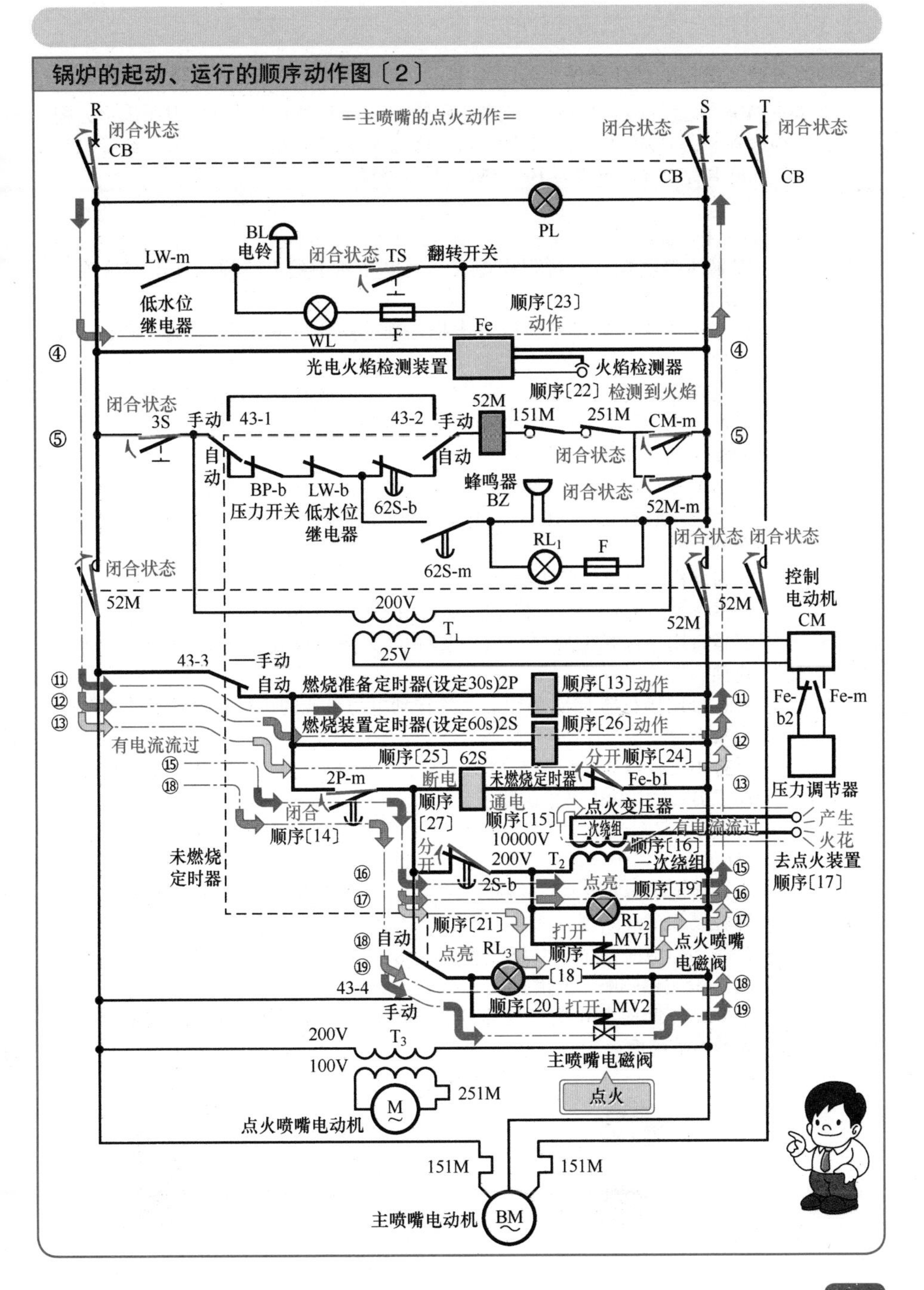
锅炉的起动、运行的顺序动作图〔2〕
=主喷嘴的点火动作=
R
S
T
闭合状态
CB
PL
BL
电铃
LW-m
低水位
继电器
闭合状态 TS
翻转开关
WL
F
顺序〔23〕
动作
Fe
光电火焰检测装置
火焰检测器
顺序〔22〕检测到火焰
④
⑤
3S
手动
43-1
43-2
52M
151M
251M
CM-m
自动
BP-b
压力开关
LW-b
低水位
继电器
62S-b
蜂鸣器
BZ
52M-m
RL1
62S-m
控制
电动机
CM
200V
T1
25V
Fe-b2
Fe-m
压力调节器
43-3
燃烧准备定时器(设定30s)2P
顺序〔13〕动作
燃烧装置定时器(设定60s)2S
顺序〔26〕动作
有电流流过
顺序〔25〕
62S
分开
顺序〔24〕
2P-m
断电
未燃烧定时器
Fe-b1
闭合
顺序〔14〕
顺序
〔27〕
通电
点火变压器
顺序〔15〕
二次绕组
10000V
产生
火花
去点火装置
顺序〔17〕
顺序〔16〕
一次绕组
T2
2S-b
点亮
顺序〔19〕
RL2
未燃烧
定时器
顺序〔21〕
打开
MV1
点火喷嘴
电磁阀
RL3
顺序
〔18〕
43-4
顺序〔20〕
MV2
T3
100V
主喷嘴电磁阀
点火
点火喷嘴电动机
151M
主喷嘴电动机
BM

锅炉的保护、警报的动作顺序〔1〕 ●主喷嘴断火时●

❖ 如果主喷嘴在起动时点火失败，或者主喷嘴在运行期间由于某种原因而熄火，则火焰检测器检测到这一情况，于是，未燃烧定时器 62S 动作，运行用接触器 52M 分开，红灯 RL_1 点亮，蜂鸣器 BZ 鸣响，发出警报。

〈运行期间主喷嘴熄火的情况〉

顺序〔1〕如果主喷嘴在运行过程中熄火，则电路④中的火焰检测器没有检测到火焰。

〔2〕如果火焰检测器没有检测到火焰，则电路④中的光电火焰检测装置 Fe 复位。

〔3〕光电火焰检测装置 Fe 复位后，电路⑬中的常闭触点 Fe-b1 闭合。

〔4〕光电火焰检测装置的常闭触点 Fe-b1 闭合后，电路⑬中的未燃烧定时器 62S（设定为 15s）通电，开始计时。

〔5〕到达定时时间 15s 后，电路⑬中的未燃烧定时器 62S 动作。

〔6〕未燃烧定时器 62S 动作后，电路⑤中的延时动作瞬时复位常闭触点 62S-b 分开。

〔7〕延时动作瞬时复位常闭触点 62S-b 分开后，电流不再流过电路⑤中的运行用接触器的电磁线圈 52M□，运行用接触器 52M 复位。

〔8〕当运行用接触器 52M 复位后，电路⑥的自锁常开触点 52M-m 分开，解除自锁。

〔9〕当运行用接触器 52M 复位后，连接到电源母线的运行用接触器的主触点 52M 分开。

〔10〕运行用接触器的主触点 52M 分开后，电流不再流过电路㉒中的主喷嘴电动机 BM，电动机停止运转。

● 有关运行用接触器的主触点 52M 分开时的详细动作说明，请参见本书 156 页的“锅炉停止的动作顺序”一部分。

〔11〕未燃烧定时器 62S 动作（顺序〔5〕）后，电路⑦中的延时动作瞬时复位常开触点 62S-m 闭合。

〔12〕延时动作瞬时复位常开触点 62S-m 闭合后，电流流过电路⑦中的蜂鸣器 BZ，蜂鸣器鸣响，发出警报。

〔13〕延时动作瞬时复位常开触点 62S-m 闭合后，电路⑧中的红灯 RL_1 点亮，表示主喷嘴熄火。

锅炉的保护、警报的顺序动作图〔1〕

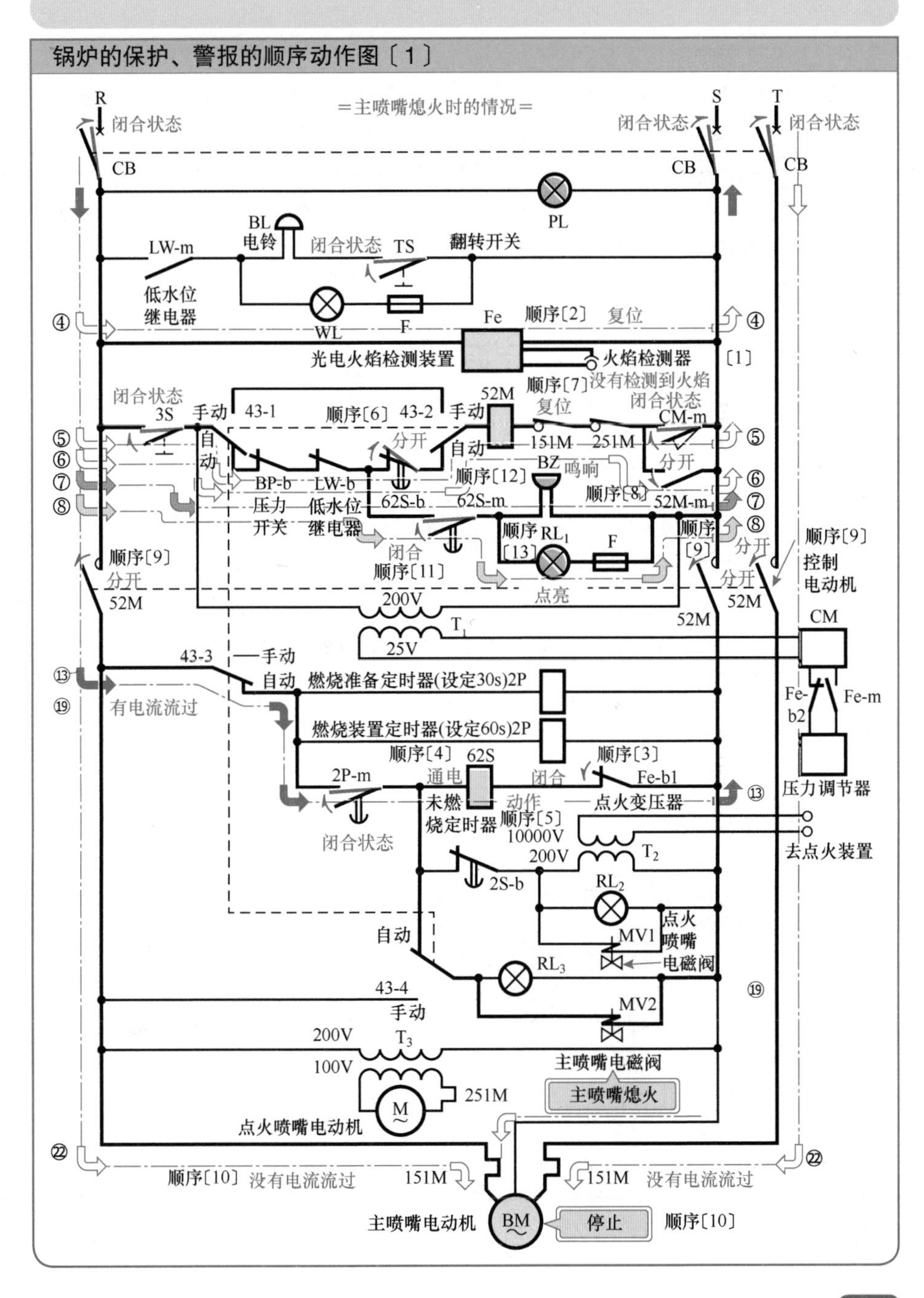

锅炉的保护、警报的动作顺序〔2〕 ●水位降到低水位时●

❖ 当锅炉的供水量不足时，锅炉就会出现“空烧”状态，这将导致锅炉变形或破裂等事故发生。因此，当水位过低时，将会引起低水位继电器 LW（常闭触点 LW-b，常开触点 LW-m）动作，使得运行用接触器 52M 分开，同时白灯 WL 点亮，电铃 BL 鸣响，发出警报。

〈运行中水位降到低水位时〉

顺序〔1〕 当锅炉供水量不足，水位降到低水位时，低水位继电器 LW 动作，电路⑤中的常闭触点 LW-b 分开。

〔2〕 低水位继电器的常闭触点 LW-b 分开后，电流不再流过电路⑤中的运行用接触器的电磁线圈 52M□，接触器 52M 复位。

〔3〕 运行用接触器 52M 复位后，电路⑥中的自锁常开触点 52M-m 分开，解除自锁。

〔4〕 运行用接触器 52M 复位后，连接到电源母线的运行用接触器的主触点 52M 分开。

〔5〕 运行用接触器的主触点 52M 分开后，电流不再流过电路㉒中的主喷嘴电动机 BM，电动机停止运转。

- 有关运行用接触器的主触点 52M 分开时动作的详细说明，请参见本书 156 页的“锅炉的停止动作顺序”一部分。

〔6〕 低水位继电器 LW 动作后，电路②中的常开触点 LW-m 闭合。

〔7〕 低水位继电器的常开触点 LW-m 闭合后，电流流过电路②中的电铃 BL，铃声响起，发出警报。

〔8〕 低水位继电器的常开触点 LW-m 闭合后，电流流过电路③使白灯 WL 点亮，表示锅炉水箱处于低水位。

如何监视主喷嘴的火焰 ●光电火焰检测装置●

❖ 在锅炉中，当使用重油或煤气作为燃料时，在不燃烧的状态下供应燃料是危险的。因此，检测喷嘴的前端是否发出光，以此检测火焰有无的装置被称为光电火焰检测装置（Flame eye）。

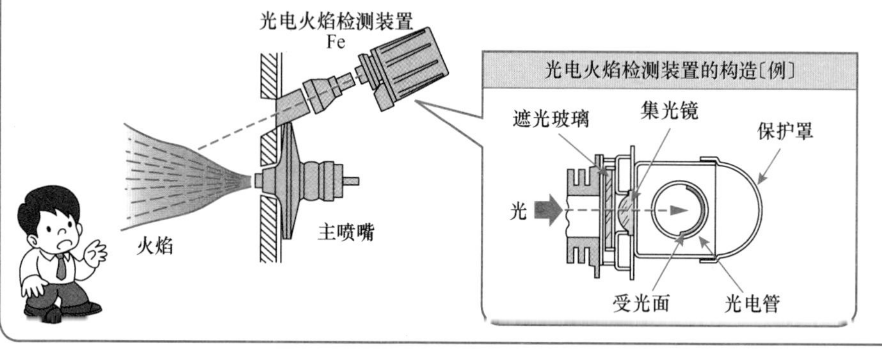

锅炉的保护、警报的顺序动作图〔2〕

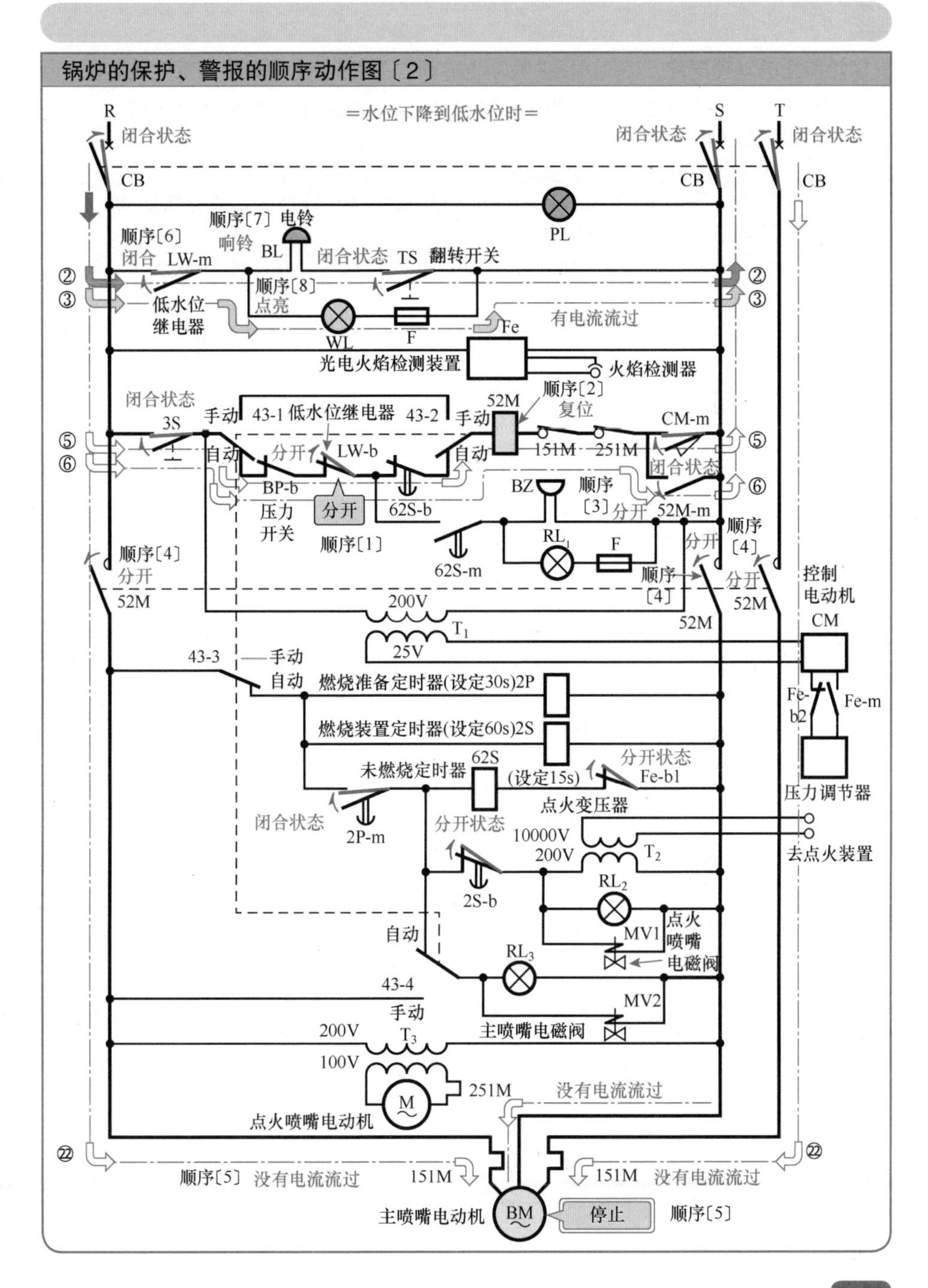

锅炉停止的动作顺序 ●主喷嘴电磁阀“关闭”、主喷嘴电动机停止动作●

❖ 当停止开关3S断开后，运行用接触器52M复位，主喷嘴电磁阀MV2关闭，与此同时，主喷嘴电动机BM停止。

〔1〕 断开电路⑤中的停止开关3S。

〔2〕 停止开关3S断开后，电流不再流过电路⑤中的运行用接触器的电磁线圈52M□，接触器52M复位。

〔3〕 运行用接触器52M复位后，电路⑥中的自锁常开触点52M-m分开，解除自锁。

〔4〕 运行用接触器52M复位，连接到电源母线的运行用接触器的三相主触点52M分开。

- 运行用接触器的主触点52M断开后，顺序〔5〕、〔7〕、〔8〕、〔9〕、〔13〕、〔15〕的动作同时进行。

〔5〕 运行用接触器的主触点52M断开后，电流不再流过电路⑳中的变压器T_3的一次绕组。

〔6〕 当电流不流过变压器T_3的一次绕组时，二次绕组也就不再产生感应电流，因此点火喷嘴电动机M停止运转。

〔7〕 运行用接触器的主触点52M断开后，电流不再流过电路㉒中的主喷嘴电动机BM，电动机BM停止运转。

〔8〕 运行用接触器的主触点52M断开后，电流不再流过电路⑲中的主喷嘴电磁阀MV2，主喷嘴电磁阀MV2复位，供油管道的阀门关闭，因此主喷嘴熄火。

〔9〕 运行用接触器的主触点52M断开后，电路⑱中的红灯RL_3因没有电流流过而熄灭。

〔10〕 当主喷嘴熄火后，电路④中的火焰检测器检测不到火焰。

〔11〕 如果火焰检测器检测不到火焰，则电路④中的光电火焰检测装置Fe复位。

〔12〕 光电火焰检测装置Fe复位，电路⑬的常闭触点Fe-b1闭合。

〔13〕 运行用接触器的主触点52M断开后，电路⑪中的燃烧准备定时器2P断电，停止计时。

〔14〕 燃烧准备定时器2P断电复位，电路⑬中的延时动作瞬时复位常开触点2P-m分开。

〔15〕 当运行用接触器的主触点52M分开后，电路⑫的燃烧装置定时器2S断电，停止计时。

〔16〕 燃烧装置定时器2S断电复位，电路⑮中的延时动作瞬时复位常闭触点2S-b闭合。

至此锅炉停止运行

锅炉停止的顺序动作图

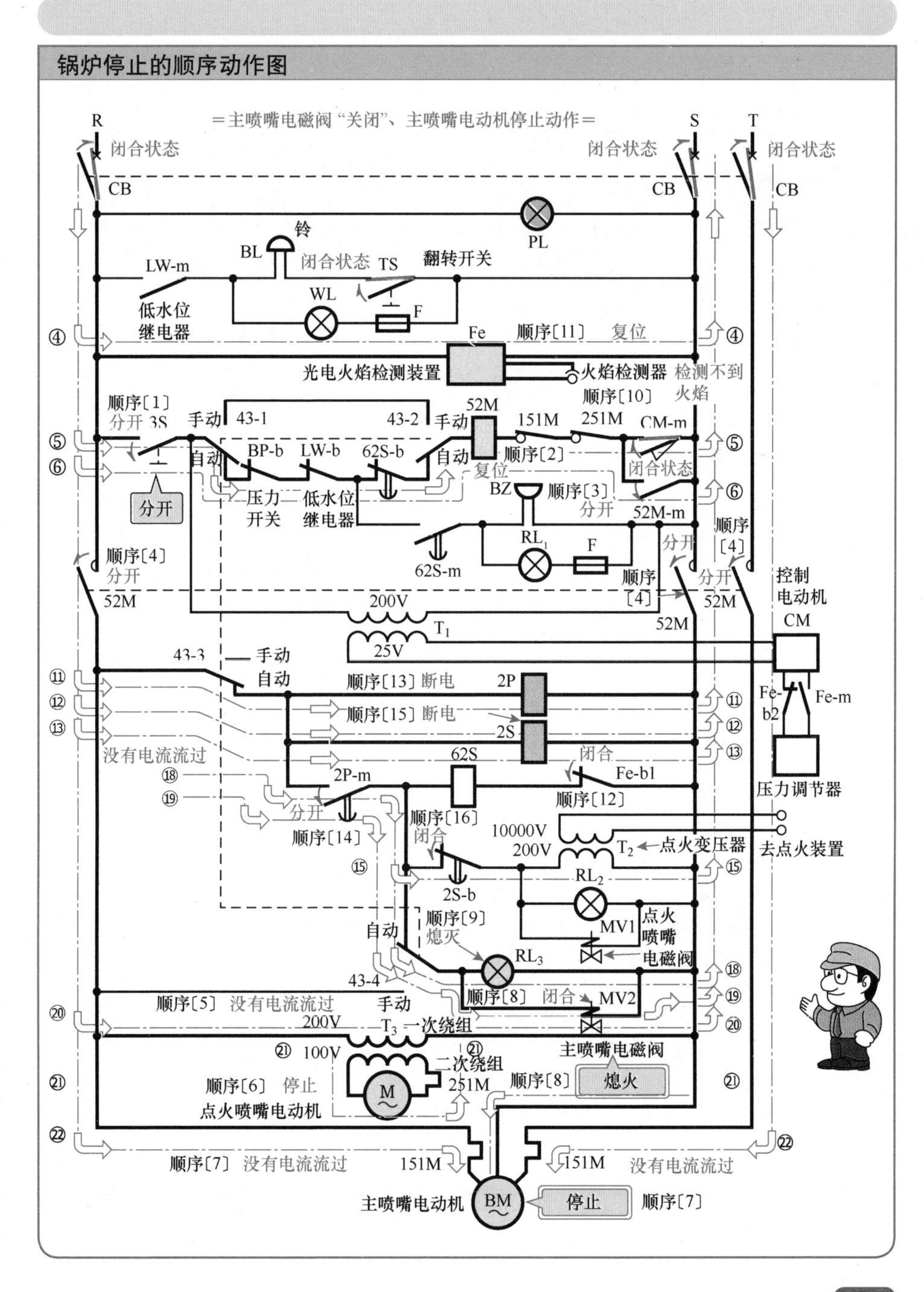

=主喷嘴电磁阀“关闭”、主喷嘴电动机停止动作=
R
S
T
闭合状态
CB
PL
铃
BL
LW-m
闭合状态 TS
翻转开关
WL
F
低水位
继电器
Fe
顺序〔11〕 复位
光电火焰检测装置
火焰检测器 检测不到火焰
顺序〔1〕
分开 3S
手动
43-1
43-2
52M
顺序〔10〕
151M
251M
CM-m
BP-b
LW-b
62S-b
自动
顺序〔2〕
闭合状态
复位
压力开关
低水位继电器
分开
BZ
顺序〔3〕
分开
52M-m
RL1
F
62S-m
顺序〔4〕
分开
52M
200V
T1
25V
控制电动机
CM
43-3
手动
自动
顺序〔13〕断电
2P
顺序〔15〕断电
2S
Fe-b2
Fe-m
没有电流流过
62S
闭合
Fe-b1
2P-m
顺序〔12〕
压力调节器
分开
顺序〔14〕
顺序〔16〕
闭合
10000V
200V
T2
点火变压器
去点火装置
2S-b
RL2
顺序〔9〕
熄灭
MV1
点火喷嘴电磁阀
自动
RL3
43-4
顺序〔5〕 没有电流流过
手动
顺序〔8〕 闭合
MV2
200V
T3 一次绕组
100V
二次绕组
主喷嘴电磁阀
顺序〔6〕 停止
251M
顺序〔8〕
熄火
点火喷嘴电动机
顺序〔7〕 没有电流流过
151M
151M
没有电流流过
主喷嘴电动机
BM
停止
顺序〔7〕

9-3 通风盘管单元的运行控制

1 通风盘管单元接线图和动作顺序

通风盘管单元的实际接线图〔例〕 ● 顺序图 ●

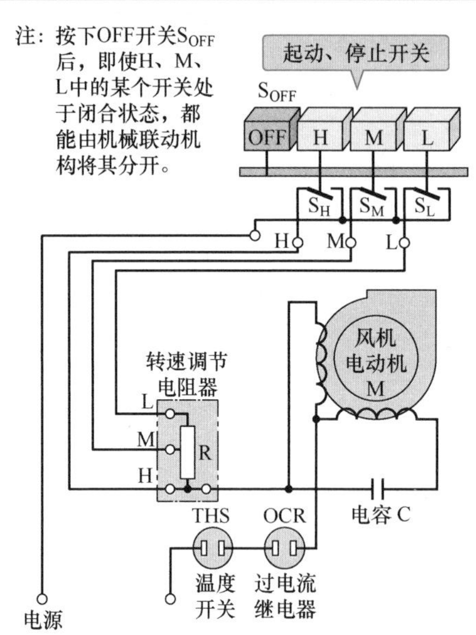

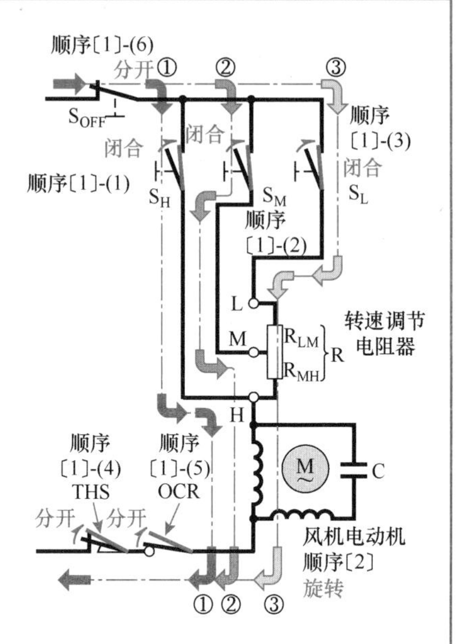

● 通风盘管单元运转的动作顺序 ●

1. 风机电动机的“高速运转（速热、速冷）”的动作

顺序〔1〕-（1）按下电路①的高速开关S_H，其触点闭合并锁定。

〔2〕由于电源电压没有通过转速调节电阻器R，而是直接加到电路①中的风机电动机M上，因此风机电动机M以高速旋转。

2. 风机电动机的“中速运转（普通的状态）”的动作

顺序〔1〕-（2）按下电路②的中速开关S_M，其触点闭合并锁定，同时与其联动的高速开关S_H，分开。

〔2〕由于电源电压通过转速调节电阻器R中的R_{MH}降压后加到电路②中的风机电动机M上，因此风机电动机M以中速旋转。

3. 风机电动机的“低速运转（夜间就寝时）”的动作

顺序〔1〕-（3）按下电路③中的低速开关S_L，其触点闭合并锁定，同时与其联动的中速开关S_M分开。

〔2〕由于电源电压通过转速调节电阻器R（$R_{LM}+R_{MH}$）降压后加到电路③中的风机电动机M上，因此风机电动机M以低速旋转。

4. 风机电动机的“停止”的动作

如果温度开关THS动作（顺序〔1〕-（4）），或者过电流继电器OCR动作（顺序〔1〕-（5））或者按下停止开关S_{OFF}（顺序〔1〕-（6）），则控制电源母线被断开，风机电动机M停止旋转。

第10章

电梯设备的顺序控制

本章关键点

本章以实际控制电路为例，讲解电梯设备的顺序控制。

（1）本章给出了用于电梯控制的控制元器件，特别是开关类的实际配置图示例，这些在阅读顺序图时是非常必要的，因此请读者牢记。

（2）电梯的顺序控制虽然很复杂，但本章按顺序详细介绍了“记忆控制电路”“方向选择控制电路”“指示灯控制电路”“电梯门开关控制电路”“运行指令控制电路”“起动控制电路”“停止准备控制电路”“停止控制电路”和“呼叫清除控制电路”等，请读者一定要阅读完本章。

注意：本章所示的电梯设备的顺序控制电路图，为了让大家理解其动作而对实际系统有所简化，所以请不要根据该电路图实际制作。

10-1 电梯的记忆控制电路

1 电梯的记忆控制电路的顺序动作

记忆控制电路

- 记忆控制电路是用于记忆每个楼层的上升和下降呼叫按钮的状态以及记忆轿厢内的被按下的目的楼层指示按钮的状态，并且能够在停止后取消对该楼层的记忆（见本书第 181 页）。
- 不论电梯处于上行或下行的任何位置，也不论按钮是在何时、何处被按下，记忆控制电路都能够立即存储按钮的状态。

记忆控制电路的动作顺序　　● 动作〈1〉●

- 假设电梯（轿厢）正在 1 楼开门等待，这时 3 楼有人按下该楼层的上升的呼叫按钮（参照下一页的顺序动作图）。

顺序〔1〕 乘客在 3 楼按下电路⑨中的该楼层上行呼叫按钮 F3。

〔2〕 呼叫按钮 F3 被按下后，电流流过电路⑨中的 3 楼上行呼叫继电器 U3 的动作线圈，继电器 U3 动作。

〔3〕 继电器 U3 动作后，电路⑩中的自锁常开触点 U3-m 闭合，实现自锁。

〔4〕 即使乘客放开 3 楼上行呼叫按钮 F3，继电器 U3 也会通过起保停电路⑩继续保持动作状态。

- 接下来，假设又有其他乘客在 4 楼按下该楼层的下行呼叫按钮。

〔5〕 电路⑮中的 4 楼下行呼叫按钮 F4 被按下。

〔6〕 呼叫按钮 F4 被按下后，电流流过电路⑮中的 4 楼下行呼叫继电器 D4 的动作线圈，继电器 D4 动作。

〔7〕 继电器 D4 动作后，电路⑯中的自锁常开触点 D4-m 闭合，实现自锁。

〔8〕 即使乘客放开按下 4 楼下行呼叫按钮 F4，继电器 D4 也会通过起保停电路⑯，继续保持动作状态。

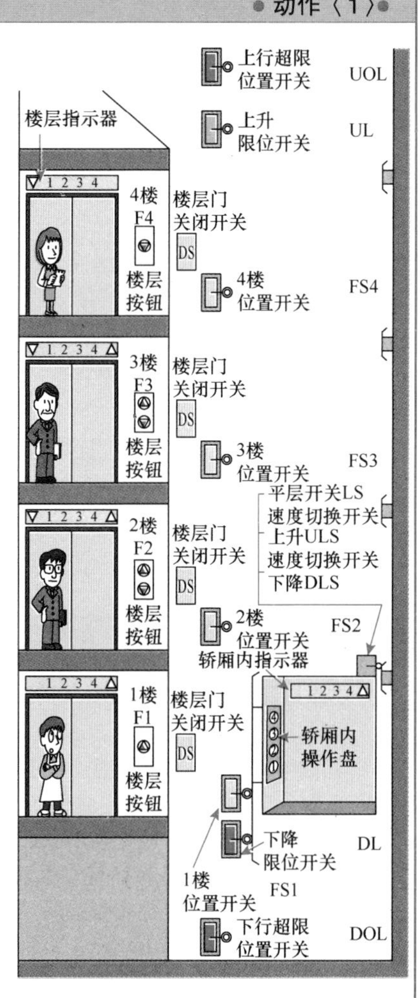

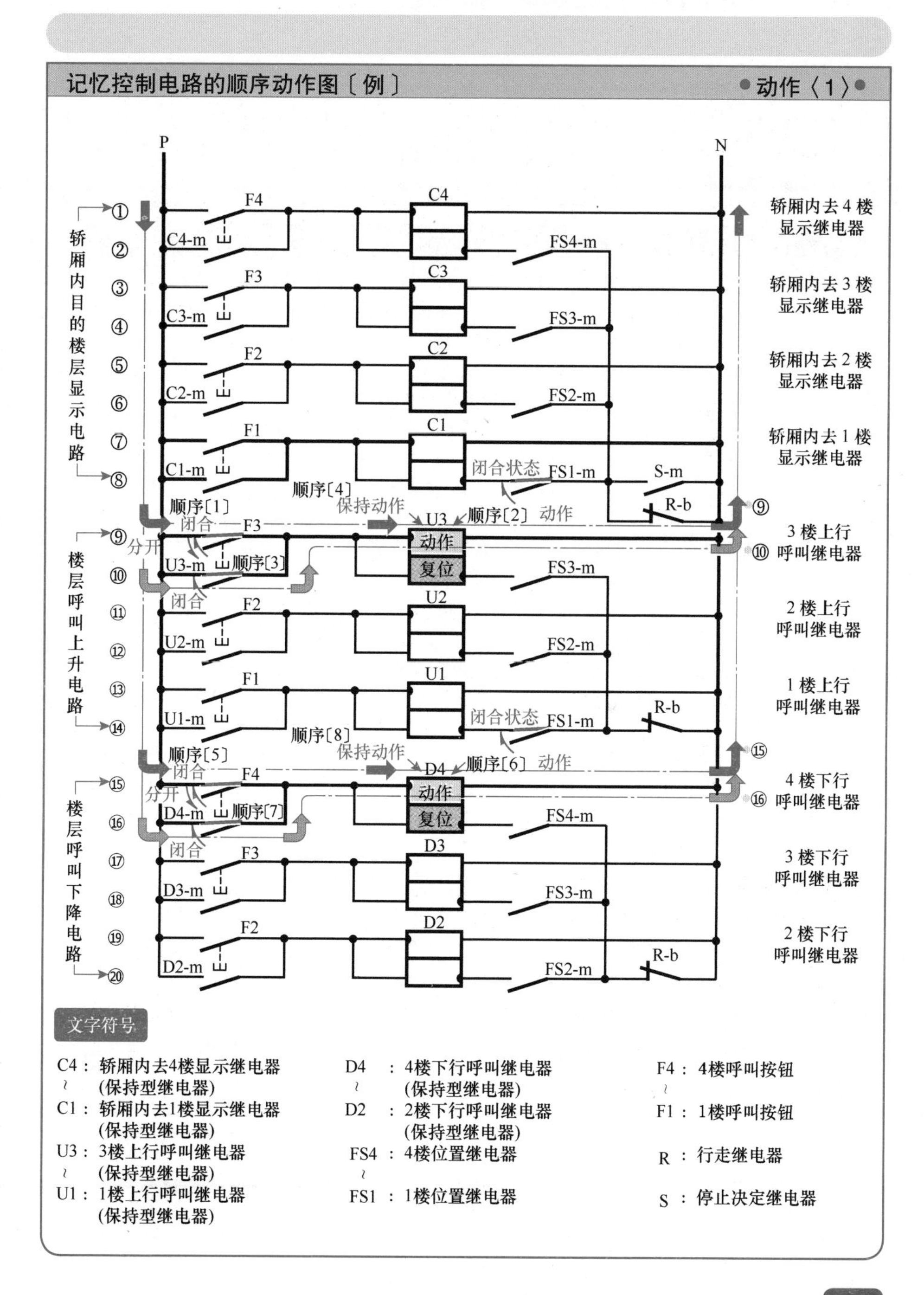
记忆控制电路的顺序动作图〔例〕
动作〈1〉
P
N
轿厢内目的楼层显示电路
楼层呼叫上升电路
楼层呼叫下降电路
F4
F3
F2
F1
C4-m
C3-m
C2-m
C1-m
U3-m
U2-m
U1-m
D4-m
D3-m
D2-m
C4
C3
C2
C1
U3
U2
U1
D4
D3
D2
FS4-m
FS3-m
FS2-m
FS1-m
S-m
R-b
动作
复位
闭合
分开
闭合状态
保持动作
顺序〔1〕
顺序〔2〕
顺序〔3〕
顺序〔4〕
顺序〔5〕
顺序〔6〕
顺序〔7〕
顺序〔8〕
轿厢内去4楼显示继电器
轿厢内去3楼显示继电器
轿厢内去2楼显示继电器
轿厢内去1楼显示继电器
3楼上行呼叫继电器
2楼上行呼叫继电器
1楼上行呼叫继电器
4楼下行呼叫继电器
3楼下行呼叫继电器
2楼下行呼叫继电器
文字符号
C4：轿厢内去4楼显示继电器（保持型继电器）
~
C1：轿厢内去1楼显示继电器（保持型继电器）
U3：3楼上行呼叫继电器（保持型继电器）
~
U1：1楼上行呼叫继电器（保持型继电器）
D4：4楼下行呼叫继电器（保持型继电器）
~
D2：2楼下行呼叫继电器（保持型继电器）
FS4：4楼位置继电器
~
FS1：1楼位置继电器
F4：4楼呼叫按钮
~
F1：1楼呼叫按钮
R：行走继电器
S：停止决定继电器

10-2 电梯的方向选择控制电路

1 电梯的方向选择控制电路的顺序动作

方向选择控制电路

❖ **方向选择控制电路**是用存储在记忆控制电路中的各楼层上升或下降的呼叫信号以及轿厢内目的楼层的指示信号，与当前轿厢的位置相比较，以判断需要上升或者下降的逻辑电路。

方向选择控制电路的动作顺序 •动作〈2〉•

❖ 在记忆控制电路中，“3 楼的上升呼叫”和“4 楼的下降呼叫”被记忆。

顺序〔1〕 由于电梯轿厢在 1 楼，因此 1 楼位置开关 FS1 动作，电路④的常开触点 FS1-m 闭合。

〔2〕 1 楼位置开关的常开触点 FS1-m 闭合后，电流流过电路④中的 1 楼位置继电器的线圈 FS1▭，1 楼位置继电器 FS1 动作。

〔3〕 1 楼位置继电器 FS1 动作后，电路㉓中的常闭触点 FS1-b 分开。

〔4〕 根据记忆控制电路（本书第 160 页的动作〈1〉）的顺序〔2〕，3 楼上行呼叫继电器 U3 处于动作状态，因此电路⑧中的常开触点 U3-m 闭合。

〔5〕 3 楼上行呼叫继电器的常开触点 U3-m 闭合后，电流流过电路⑧（U3-m → FS4-b → D1-b → U1）中的上行方向继电器的线圈 U1▭，上行方向继电器 U1 动作，确定为“上行方向”。

〔6〕 上行方向继电器 U1 动作后，电路⑰中的常闭触点 U1-b 分开，下行方向继电器 D1 被互锁。

〔7〕 上行方向继电器 U1 动作后，电路㉕中的常开触点 U1-m 闭合。

〔8〕 根据记忆控制电路（160 页的动作〈1〉）的顺序〔6〕，4 楼下行呼叫继电器 D4 处于动作状态，因此电路⑦中的常开触点 D4-m 闭合。

〔9〕 即使 4 楼的下行呼叫继电器的常开触点 D4-m 闭合，由于常闭触点 FS1-b 和常闭触点 U1-b 在电路（D4-m → FS3-b → FS2-b → FS1-b → U1-b → D1）⑦中为分开状态，所以下行方向继电器 D1 不动作。

电梯设备的结构

❖ 有关表示电梯设备的实际构造以及记忆控制电路、方向选择控制电路等各控制电路相关的电梯设备全体控制系统的构成，请参见本书第 14、15 页以及 184 页。

❖ 在实际的电梯中，为了缩短等待时间，对多部电梯使用了优化运行的群管理控制系统。

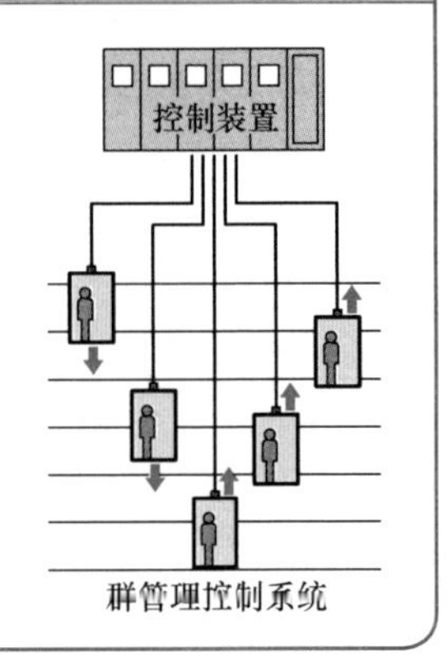

群管理控制系统

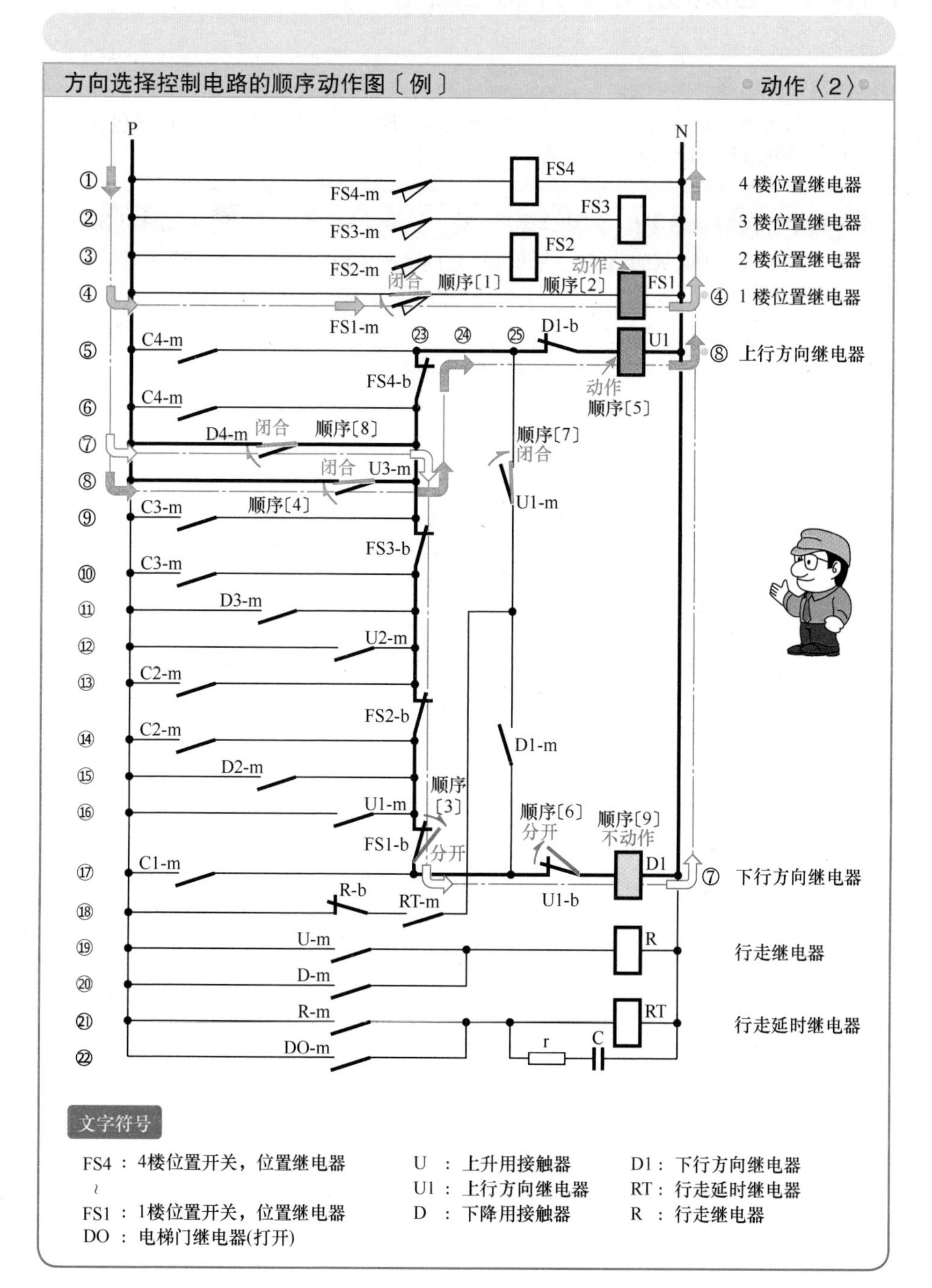
方向选择控制电路的顺序动作图〔例〕
动作〈2〉
P
N
FS4
FS4-m
4楼位置继电器
FS3
FS3-m
3楼位置继电器
FS2
FS2-m
2楼位置继电器
FS1
FS1-m
1楼位置继电器
闭合
顺序〔1〕
动作
顺序〔2〕
C4-m
㉓
㉔
㉕
D1-b
U1
上行方向继电器
FS4-b
动作
顺序〔5〕
D4-m
闭合
顺序〔8〕
顺序〔7〕
闭合
U3-m
U1-m
顺序〔4〕
C3-m
FS3-b
D3-m
U2-m
C2-m
FS2-b
D1-m
D2-m
U1-m
顺序〔3〕
顺序〔6〕
分开
顺序〔9〕
不动作
FS1-b
分开
C1-m
D1
下行方向继电器
U1-b
R-b
RT-m
U-m
R
行走继电器
D-m
R-m
RT
行走延时继电器
DO-m
r
C
文字符号
FS4：4楼位置开关，位置继电器
～
FS1：1楼位置开关，位置继电器
DO：电梯门继电器(打开)
U：上升用接触器
U1：上行方向继电器
D：下降用接触器
D1：下行方向继电器
RT：行走延时继电器
R：行走继电器

10-3 电梯的指示灯控制电路（Ⅰ）

1 电梯指示灯控制电路（Ⅰ）的顺序动作

指示灯控制电路

❖ 指示灯控制电路是指在各楼层和轿厢中显示电梯运行状态的指示灯，以及包含各楼层呼叫按钮在内的应答灯电路。

电梯指示灯控制电路（Ⅰ）的动作顺序 ● 动作〈3〉●

❖ 请参见本书第 160 页的动作〈1〉和 162 页的动作〈2〉，阅读下面的动作顺序。

〈楼层指示灯电路〉……请参见下一页的楼层指示灯电路顺序动作图（A）

顺序〔1〕 根据记忆控制电路（见本书第 160 页的动作〈1〉）的顺序〔2〕，3 楼上行呼叫继电器 U3 为动作状态，因此电路 ⑭ 中的常开触点 U3-m 闭合。

〔2〕 3 楼上行呼叫继电器的常开触点 U3-m 闭合后，电路 ⑭ 中的 3 楼上行呼叫按钮的应答灯 U3L▲点亮，表示该按钮的状态已被记忆。

〔3〕 根据记忆控制电路（见本书第 160 页的动作〈1〉）的顺序〔6〕，4 楼下行呼叫继电器 D4 为动作状态，因此电路 ⑬ 中的常开触点 D4-m 闭合。

〔4〕 4 楼下行呼叫继电器的常开触点 D4-m 闭合后，电路 ⑬ 中的 4 楼层下行呼叫按钮的应答灯 D4L▼点亮，表示该按钮的状态已被记忆。

〔5〕 根据方向选择控制电路（见本书第 162 页的动作〈2〉）的顺序〔2〕，1 楼位置继电器 FS1 为动作状态，因此电路⑤中的常开触点 FS1-m 闭合。

〔6〕 1 楼位置继电器的常开触点 FS1-m 闭合后，电路⑤、⑪ 中的各楼层的指示灯 1 ⊗点亮，表示轿厢在 1 楼。

〔7〕 根据方向选择控制电路（见本书第 162 页的动作〈2〉）的顺序〔5〕，上行方向继电器 U1 为动作状态，因此电路①中的常开触点 U1-m 闭合。

〔8〕 上行方向继电器的常开触点 U1-m 闭合后，每个楼层指示器上面的方向指示灯▲点亮，表示轿厢正在上行。

〈轿厢内指示灯电路〉……请看下一页的轿厢内指示灯电路的顺序动作图（B）。

〔9〕 1 楼位置继电器 FS1 为动作状态（见本书第 162 页动作〈2〉的顺序〔2〕），因此电路④中的常开触点 FS1-m 闭合。

〔10〕 1 楼位置继电器的常开触点 FS1-m 闭合后，电路④中的轿厢内指示灯 1 ⊗点亮，表示轿厢正在 1 楼。

〔11〕 上行方向继电器 U1 为动作状态（见本书第 162 页动作〈2〉的顺序〔5〕），因此电路⑤中的常开触点 U1-m 闭合。

〔12〕 上行方向继电器的常开触点 U1-m 闭合后，轿厢内指示器的方向指示灯 U1L ▲点亮，表示轿厢正在上行。

楼层指示灯电路的顺序动作图〔A〕 ● 动作〈3〉●

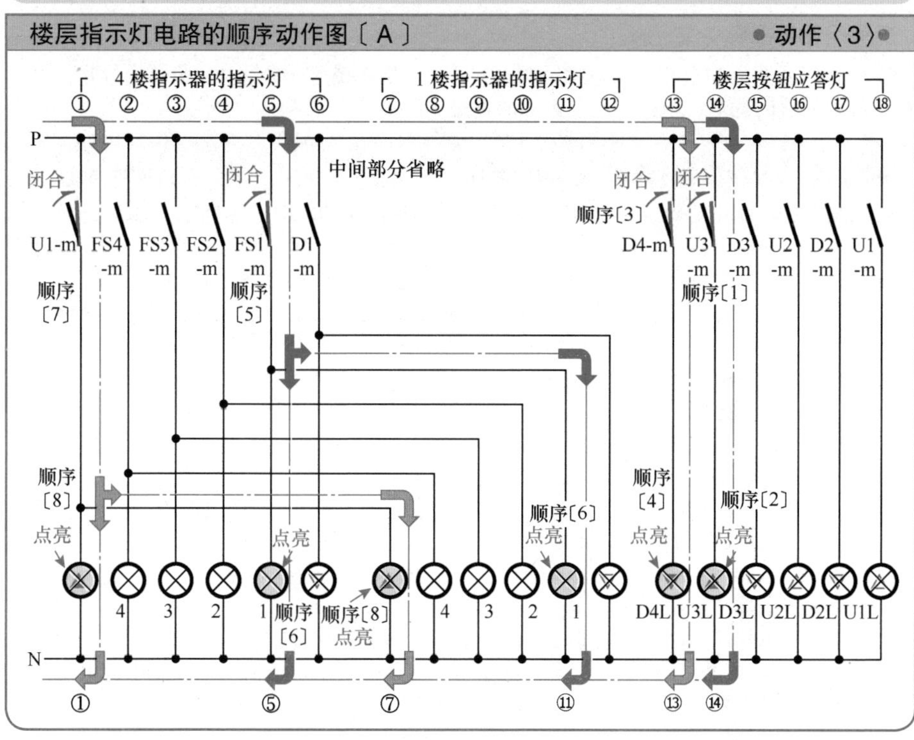

轿厢内指示灯电路的顺序动作图〔B〕 ● 动作〈3〉●

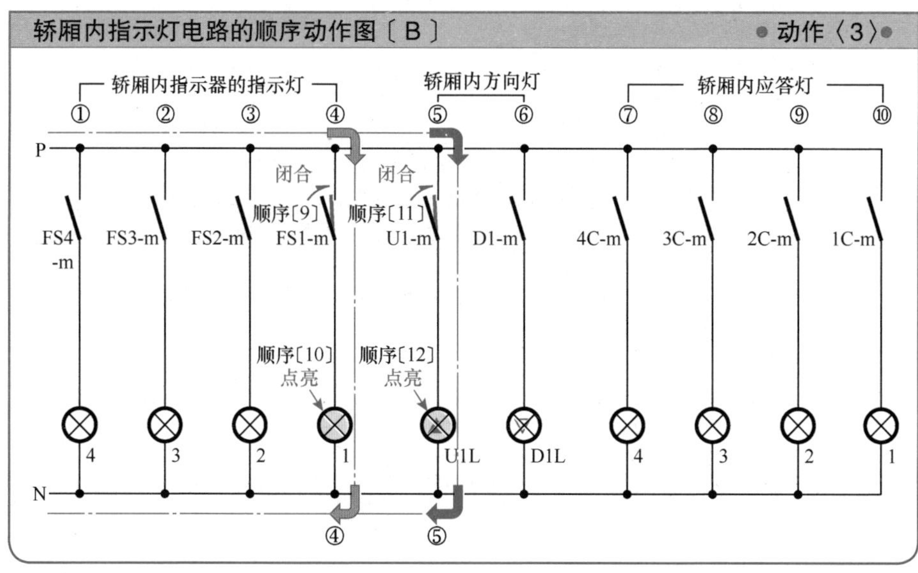

10-4 电梯门开闭控制电路（门关闭）

1 电梯门开闭控制电路（门关闭）的顺序动作

电梯门开闭控制电路

❖ 电梯门开闭控制电路是指电梯轿厢平层（到达指定楼层）时，电梯门自动打开，再经过一段时间后，电梯门自动关闭的电路。

电梯门开闭控制电路（关闭）的动作顺序

动作〈4〉

❖ 方向选择控制电路确定为“上行方向”后，电梯门驱动电动机将会自动关闭电梯门。

顺序〔1〕根据方向选择控制电路（见本书第 162 页的动作〈2〉）的顺序〔5〕，上行方向继电器 U1 为动作状态，因此电路②中的常开触点 U1-m 闭合。

〔2〕上行方向继电器的常开触点 U1-m 闭合后，电流流过电路③中的控制继电器的线圈 K▭，控制继电器 K 动作。

〔3〕继电器 K 动作，电路③中的自锁触点 K-m 闭合，实现自锁。

〔4〕控制继电器 K 动作，电路④中的常开触点 K-m 闭合。

〔5〕控制继电器的常开触点 K-m 闭合后，电流流过电路④中的电梯门控制继电器 DK 的线圈 DK▭，电梯门控制继电器 DK 动作。

〔6〕电梯门控制继电器 DK 动作，电路⑤中的自锁常开触点 DK-m 闭合，电梯门控制继电器 DK 实现自锁。

〔7〕电梯门控制继电器 DK 动作，电路⑥中的常闭触点 DK-b 分开，电梯门继电器（开）DO 被互锁。

〔8〕电梯门控制继电器 DK 动作，电路⑦中的常开触点 DK-m 闭合。

〔9〕电梯门控制继电器的常开触点 DK-m 闭合后，电流流过电路⑦中的电梯门继电器（关）DC 的线圈 DC▭，电梯门继电器（关）DC 动作。

〔10〕电梯门继电器（关）DC 动作，电路⑥中的常闭触点 DC-b 分开，电梯门继电器（开）DO 被互锁。

〔11〕电梯门继电器（关）DC 动作，电路 ⑪ 中的主常闭触点 DC-b 分开，断开电梯门制动电阻器 DBR。

〔12〕电梯门继电器 DC 动作后，电路⑧、⑨中的主常开触点 DC-m 闭合。

〔13〕主常开触点 DC-m 闭合后，电流流过电路⑨（P 侧 DC-m →电梯门电动机→ N 侧 DC-m），电梯门电动机 M 沿正方向旋转，电梯门被关闭。

〔14〕电梯门关闭后，位于轿厢上方的电路⑦中的电梯门限位开关（关）CL 动作，其常闭触点 CL-b 分开。

〔15〕电梯门关闭后，位于轿厢上方的电路⑥中的电梯门限位开关（开）OL 动作，其常开触点 OL-m 闭合。

〔16〕常闭触点 CL-b 分开后，电路⑦中的电梯门继电器（关）DC 复位。

〔17〕电梯门继电器（关）DC 复位，电路⑧、⑨中的主常开触点 DC-m 分开，电梯门电动机断电。

〔18〕电梯门继电器 DC 复位，电路 ⑪ 中的主常闭触点 DC-b 闭合。

〔19〕主常闭触点 DC-b 闭合后，电梯门制动电阻器 DBR 连接到电梯门电动机的端子之间，进行再生发电制动，使门缓慢关闭。

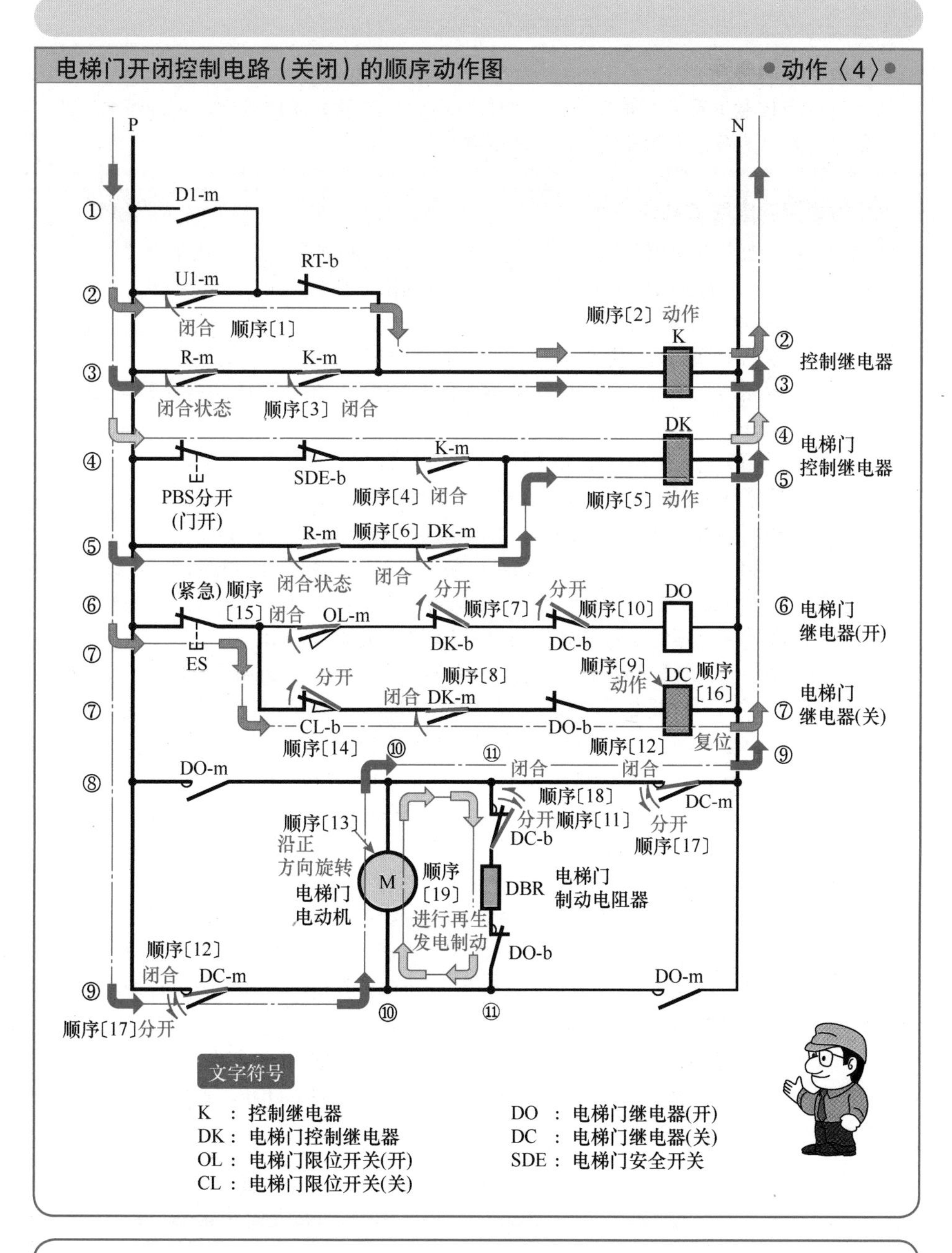

❖ 关于电梯门的开闭，请参见本书第 176 页的轿厢门机构示例。

10-5 电梯的运行指令控制电路

1 电梯的运行指令控制电路的顺序动作

运行指令控制电路

❖ 运行指令控制电路是指根据方向选择控制电路确定的方向信号和表示轿厢平层的信号，发出上升、下降和停止指令的电路。

运行指令控制电路的动作顺序 ●动作〈5〉●

❖ 根据方向选择控制电路（见本书第 162 页动作〈2〉的顺序〔5〕），确定为“上行方向”，并且确认电梯门已关闭、各种安全措施到位，则上升用接触器动作，向起动控制电路发送“起动”信号。

顺序〔1〕 根据电梯门开闭控制电路（见本书第 166 页动作〈4〉的顺序〔13〕），当轿厢门关闭时，轿厢门关紧继电器 GS 动作，电路⑤中的常开触点 GS-m 闭合。

〔2〕 轿厢门关紧继电器的常开触点 GS-m 闭合后，电流流过电路⑤中的轿厢门关紧继电器的线圈 GS□，轿厢门关紧继电器 GS 动作。

〔3〕 轿厢门关紧继电器 GS 动作，电路①中的常开触点 GS-m 闭合。

〔4〕 1 楼的门关闭后，电路⑥中的 1 楼门关紧继电器的常闭触点 DS1-b 闭合。

〔5〕 1 楼门关紧继电器的常闭触点 DS1-b 闭合后，电流流过电路⑥中的楼层门关紧继电器的线圈 DS□，楼层门关紧继电器 DS 动作。

〔6〕 楼层门关紧继电器 DS 动作，电路①中的常开触点 DS-m 闭合。

〔7〕 楼层门关紧继电器的常开触点 DS-m 闭合后，电流流过电路①中的安全确认继电器的线圈 SC□，安全确认继电器 SC 动作。

- 安全确认继电器 SC 动作的必要条件是：轿厢内紧急停止按钮 ES “闭合”、上行超限位置开关 UOL-b “闭合”、下行超限位置开关 DOL-b “闭合”，速度限制开关 GOV-b “闭合”、过电流继电器 OCR “闭合”、楼层门关紧继电器 DS-m “闭合”、轿厢门关紧继电器 GS-m “闭合”。

〔8〕 安全确认继电器 SC 动作，电路②中的常开触点 SC-m 闭合。

〔9〕 安全确认继电器的常开触点 SC-m 闭合后，电流流过电路②中的上升用接触器的线圈 U□，上升用接触器 U 动作，并将“上升”的运行指示信号发送到起动控制电路（见本书第 171 页的动作〈7〉）。

〔10〕 上升用接触器 U 动作，电路③中的自锁常开触点 U-m 闭合，实现自锁。

〔11〕 上升用接触器 U 动作，电路④中的常闭触点 U-b 分开，下降用接触器 D 被互锁。

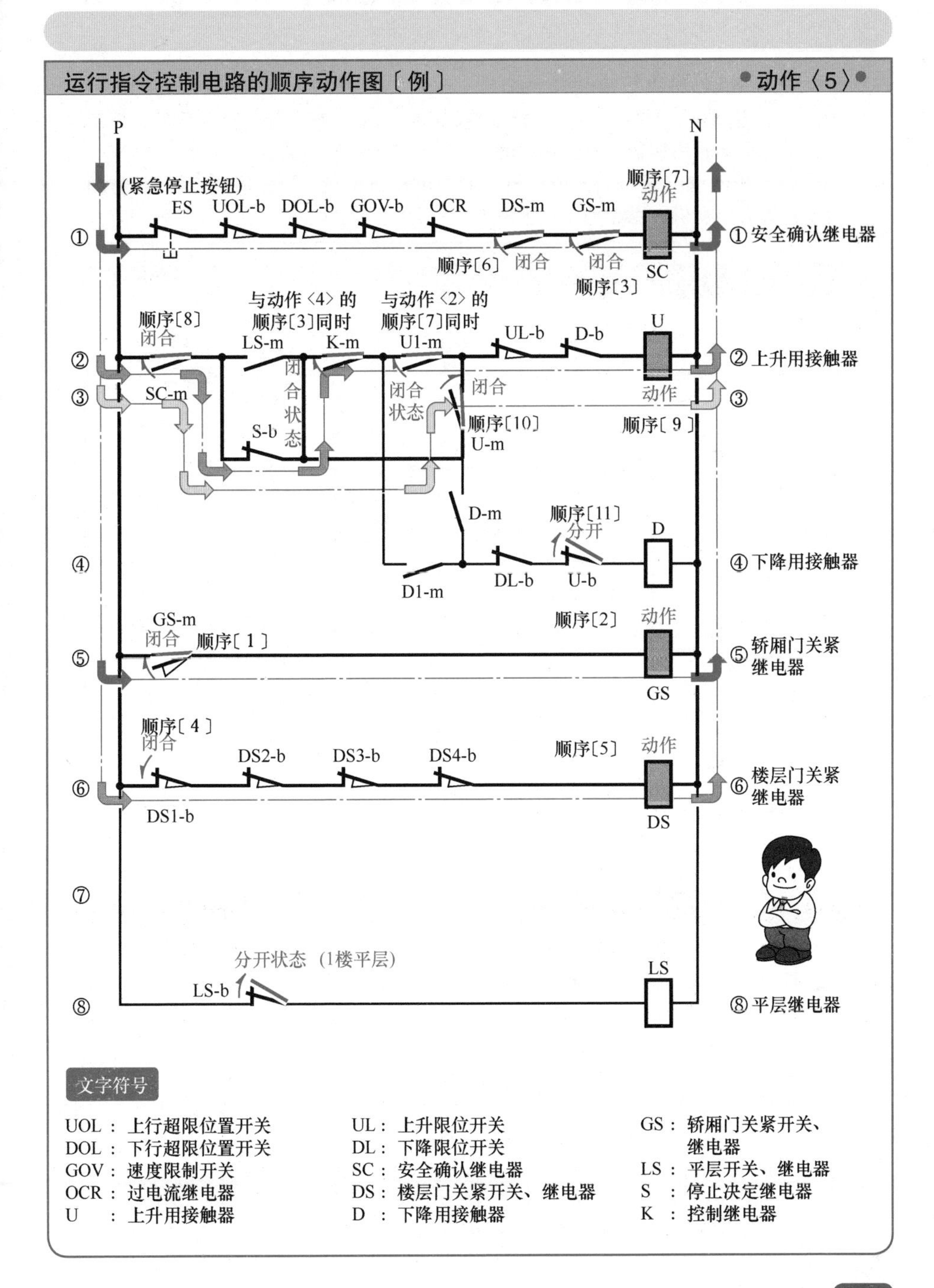

运行指令控制电路的顺序动作图〔例〕
动作〈5〉
P
N
(紧急停止按钮)
ES
UOL-b
DOL-b
GOV-b
OCR
DS-m
GS-m
顺序〔7〕
动作
SC
顺序〔6〕
闭合
闭合
顺序〔3〕
①安全确认继电器
与动作〈4〉的顺序〔3〕同时
与动作〈2〉的顺序〔7〕同时
顺序〔8〕
闭合
LS-m
K-m
U1-m
UL-b
D-b
U
闭合状态
SC-m
S-b
闭合状态
闭合
顺序〔10〕
U-m
动作
顺序〔9〕
②上升用接触器
③
D-m
顺序〔11〕
分开
D
D1-m
DL-b
U-b
④下降用接触器
GS-m
闭合
顺序〔1〕
顺序〔2〕
动作
GS
⑤轿厢门关紧继电器
顺序〔4〕
闭合
DS2-b
DS3-b
DS4-b
顺序〔5〕
动作
DS1-b
DS
⑥楼层门关紧继电器
⑦
分开状态（1楼平层）
LS-b
LS
⑧平层继电器
文字符号
UOL：上行超限位置开关
DOL：下行超限位置开关
GOV：速度限制开关
OCR：过电流继电器
U：上升用接触器
UL：上升限位开关
DL：下降限位开关
SC：安全确认继电器
DS：楼层门关紧开关、继电器
D：下降用接触器
GS：轿厢门关紧开关、继电器
LS：平层开关、继电器
S：停止决定继电器
K：控制继电器

10-6 电梯的起动控制电路（主电路）

1 电梯的起动控制电路（主电路）顺序动作

起动控制电路（主电路）

❖ 起动控制电路是指根据来自运行指令控制电路的上升和下降的指令信号，控制提升电动机的运转用接触器，实现起动提升电动机的控制电路。

❖ 提升电动机的主电路由高速电动机和低速电动机构成，可以实现 2 段速度控制。为了使提升电动机平稳起动，系统采用了二次电阻控制方式。

提升电动机主电路的顺序动作图〔例〕 ● 动作〈6〉●

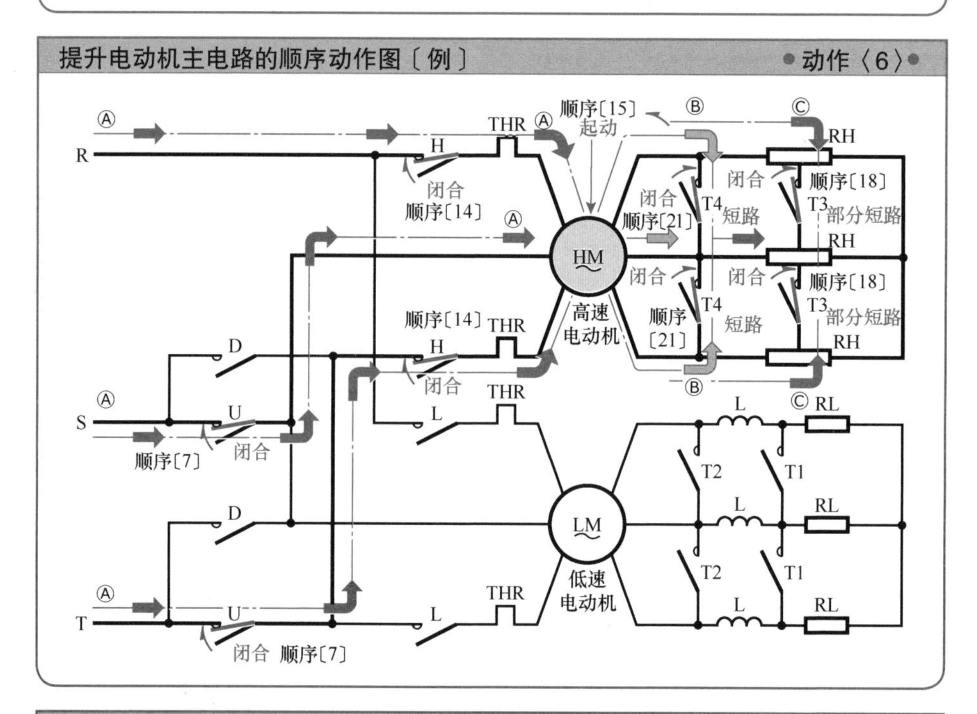

主电路、起动控制电路的动作顺序〔1〕 ● 动作〈6〉·〈7〉●

❖ 根据运行指令控制电路（见本书第 168 页动作〈5〉的顺序〔9〕）给出“上升”的运行指令信号，高速电动机 HM 起动，电梯轿厢向上运动。

● 在阅读下面的动作顺序时，请参见本书第 170 页的动作〈6〉图和 173 页的动作〈7〉图。

〔1〕根据运行指令控制电路（见本书第 168 页的动作〈5〉）的顺序〔2〕，由于轿厢门关紧继电器 GS 为动作状态，因此电路②（见本书第 173 页的动作〈7〉图）中的轿厢门关紧继电器的常开触点 GS-m 闭合。

〔2〕根据运行指令控制电路（见本书第 168 页的动作〈5〉）的顺序〔7〕，由于安全确认继电器 SC 为动作状态，因此电路①（见本书第 173 页的动作〈7〉图）中的安全确认继电器的常开触点 SC-m 闭合。

主电路、起动控制电路的动作顺序〔2〕 动作〈6〉·〈7〉

〔3〕 轿厢门关紧继电器的常开触点 GS-m 闭合、安全确认继电器的常开触点 SC-m 闭合后，电流流过电路③（见本书第 173 页的动作〈7〉图）中的速度切换继电器的线圈 SS▭，速度切换继电器 SS 动作。

- 速度切换继电器 SS 动作，以下顺序〔4〕、〔5〕、〔6〕的动作同时进行（见本书第 173 页的动作〈7〉图）。

〔4〕 速度切换继电器 SS 动作，电路②中的常开触点 SS-m 闭合。

〔5〕 速度切换继电器 SS 动作，电路①中的常闭触点 SS-b 分开，低速电动机用接触器 L 被互锁。

〔6〕 速度切换继电器 SS 动作，电路⑨中的常闭触点 SS-b 分开。

〔7〕 根据运行指令控制电路（见本书第 168 页的动作〈5〉）的顺序〔9〕，由于上升用接触器 U 为动作状态，因此主电路（电路Ⓐ）（见本书第 170 页的动作〈6〉图）的主触点 U 闭合。

- 当上升用接触器 U 动作，以下顺序〔8〕、〔9〕、〔10〕的动作同时进行。

〔8〕 上升用接触器 U 动作，电路⑥中的常闭触点 U-b 分开。
（173 页的动作〈7〉图：顺序〔8〕、〔9〕、〔10〕、〔11〕、〔12〕、〔13〕、〔16〕）

〔9〕 上升用接触器 U 动作，电路 ⑬ 中的常开触点 U-m 闭合。

〔10〕 上升用接触器 U 动作，电路②中的常开触点 U-m 闭合。

〔11〕 上升用接触器的常开触点 U-m 闭合，电流流过电路②中的高速电动机用接触器的线圈 H▭，高速电动机用接触器 H 动作。

- 高速电动机用接触器 H 动作后，以下顺序〔12〕、〔14〕、〔16〕的动作同时进行。

〔12〕 高速电动机用接触器 H 动作，电路 ⑬ 中的常开触点 H-m 闭合。

〔13〕 高速电动机用接触器的常开触点 H-m 闭合后，电流流过电路 ⑬ 中的制动用接触器的线圈 B▭，制动用接触器 B 动作。

- 制动用接触器 B 动作后，电磁制动器松开。

〔14〕 高速电动机用接触器 H 动作后，主电路（电路Ⓐ）中的主触点 H 闭合（见本书第 170 页的动作〈6〉图）。

〔15〕 主电路（电路Ⓐ）中的主触点 H（见本书第 170 页的动作〈6〉图）闭合后，高速电动机 HM 起动，电梯轿厢开始上升。

〔16〕 高速电动机用接触器 H 动作，电路⑧中的常闭触点 H-b 分开（见本书第 173 页的动作〈7〉图）。

主电路、起动控制电路的动作顺序〔3〕 ● 动作〈6〉·〈7〉●

〈高速电动机的二次电阻控制〉

顺序〔17〕高速电动机用接触器的常闭触点 H-b 分开后，电路⑧中的定时器 TLR-3（瞬时动作延时复位定时器）断电（见本书第 173 页的动作〈7〉图）。

〔18〕定时器 TLR-3 断电，经过设定时间后，通过瞬时动作延时复位触点使短路用接触器 T3（电路图中未示出）动作，主电路（电路Ⓒ）（见本书第 170 页的动作〈6〉图）中的短路用接触器的主触点 T3 闭合，使二次电阻 RH 的一部分被短路。

〔19〕定时器 TLR-3 断电，经过设定时间后，电路⑪（见本书第 173 页动作〈7〉图）中的定时器的瞬时动作延时复位常开触点 TLR-3m 分开。

〔20〕定时器的瞬时动作延时复位常开触点 TLR-3m 分开后，电路⑪（见本书第 173 页动作〈7〉图）中的定时器 TLR-4（瞬时动作延时复位定时器）断电。

〔21〕定时器 TLR-4 断电，经过设定时间后，通过瞬时动作延时复位触点，使短路用接触器 T4（电路图中未示出）动作，主电路（电路Ⓑ）中的短路用接触器的主触点 T4 闭合（见本书第 170 页中的工作〈6〉图），高速电动机 HM 的二次电阻 RH 被短路，完成起动。

● 低速电动机 LM 不参与起动过程。

电梯带齿轮的提升机的构成示例

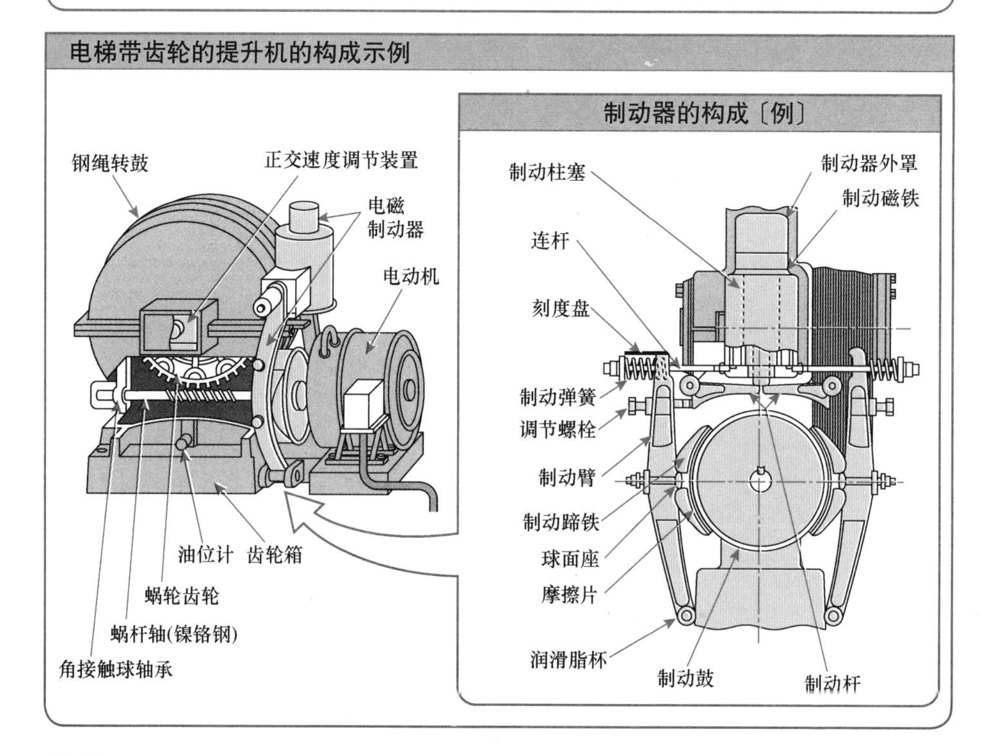

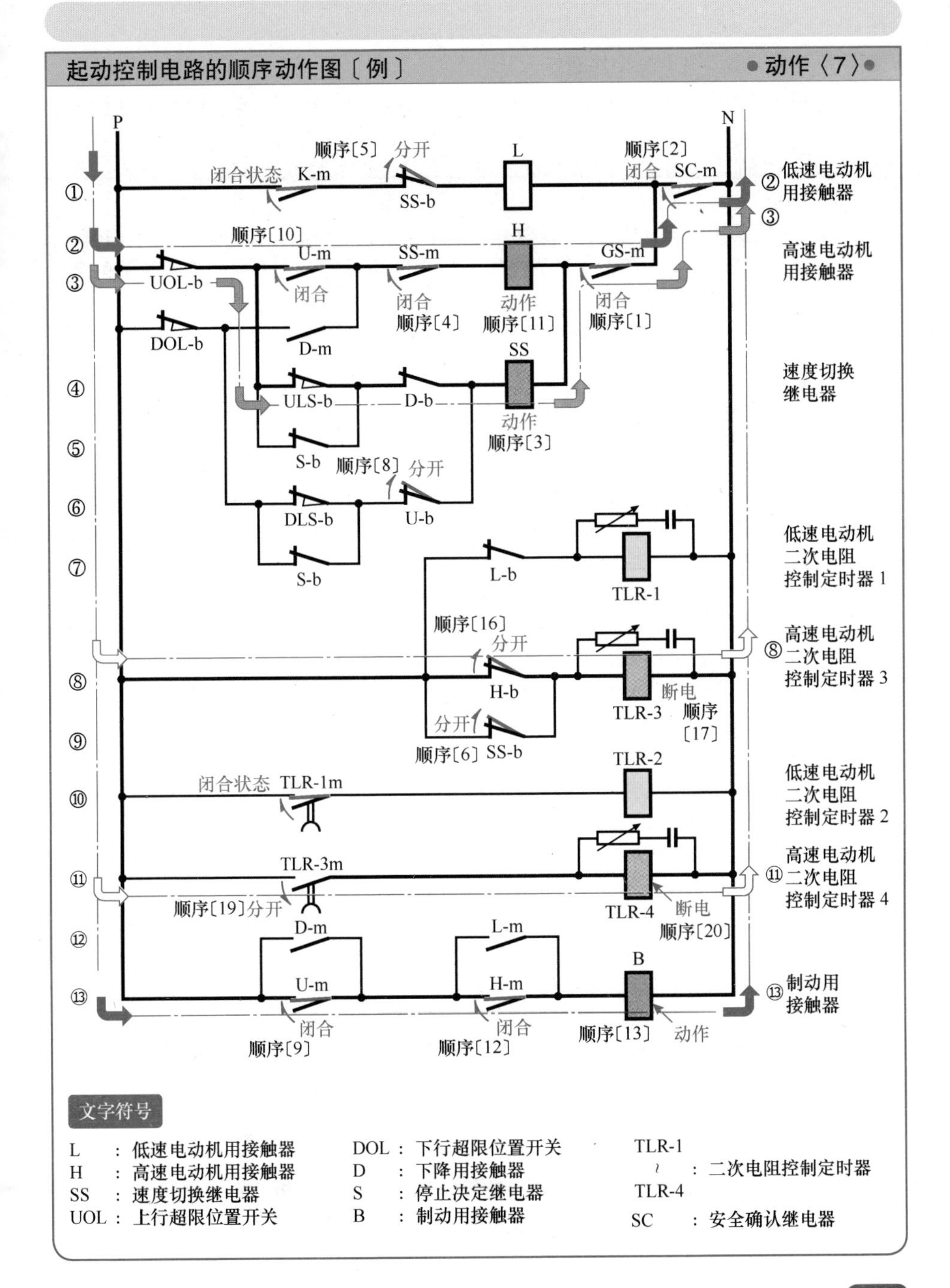
起动控制电路的顺序动作图〔例〕
动作〈7〉
P
N
顺序〔5〕 分开
L
顺序〔2〕
闭合 SC-m
闭合状态 K-m
SS-b
②低速电动机用接触器
③
顺序〔10〕
H
U-m
SS-m
GS-m
高速电动机用接触器
UOL-b
闭合
闭合
动作
闭合
顺序〔4〕
顺序〔11〕
顺序〔1〕
DOL-b
D-m
SS
速度切换继电器
ULS-b
D-b
动作
顺序〔3〕
S-b
顺序〔8〕 分开
DLS-b
U-b
S-b
L-b
TLR-1
低速电动机二次电阻控制定时器 1
顺序〔16〕
分开
H-b
TLR-3
断电
顺序〔17〕
⑧高速电动机二次电阻控制定时器 3
分开
顺序〔6〕 SS-b
TLR-2
闭合状态 TLR-1m
低速电动机二次电阻控制定时器 2
TLR-3m
顺序〔19〕分开
TLR-4
断电
顺序〔20〕
⑪高速电动机二次电阻控制定时器 4
D-m
L-m
B
U-m
H-m
闭合
闭合
顺序〔9〕
顺序〔12〕
顺序〔13〕
动作
⑬制动用接触器
①
②
③
④
⑤
⑥
⑦
⑧
⑨
⑩
⑪
⑫
⑬
文字符号
L ：低速电动机用接触器
H ：高速电动机用接触器
SS ：速度切换继电器
UOL ：上行超限位置开关
DOL ：下行超限位置开关
D ：下降用接触器
S ：停止决定继电器
B ：制动用接触器
TLR-1 ~ TLR-4 ：二次电阻控制定时器
SC ：安全确认继电器

10-7 电梯的指示灯控制电路（Ⅱ）

① 电梯指示灯控制电路（Ⅱ）的顺序动作

指示灯控制电路（Ⅱ）的动作顺序 动作〈8〉

❖ 当电梯上升时，1 楼轿厢内指示灯和楼层指示灯熄灭，当电梯到达 3 楼时，3 楼指示灯点亮。

● 阅读下述的动作顺序时，请参见本书第 163 页的动作〈2〉图和 175 页的动作〈8〉图。

顺序〔1〕 电梯轿厢上升后，1 楼位置开关 FS1 从凸轮上脱离，从而使方向选择控制电路（见本书第 163 页的操作〈2〉图）中的电路④的 1 楼位置开关的常开触点 FS1-m 分开。

〔2〕 1 楼位置开关的常开触点 FS1-m 分开后，电路④中的 1 楼位置继电器 FS1（见本书第 163 页的动作〈2〉图）复位。

● 1 楼位置继电器 FS1 复位后，以下顺序〔3〕、〔5〕的动作同时进行。

〔3〕 一楼位置继电器 FS1 复位，轿厢内指示器的指示灯电路（见本书第 175 页动作〈8〉图（C））中的电路④的常开触点 FS1-m 分开。

〔4〕 1 楼位置继电器的常开触点 FS1-m 分开后，同上的电路④中的轿厢内指示器的 1 楼指示灯 1⊗熄灭。

〔5〕 1 楼位置继电器 FS1 复位，楼层指示器的指示灯电路（见本书第 175 页动作〈8〉图（D））中的电路⑤的常开触点 FS1-m 分开。

〔6〕 1 楼位置继电器的常开触点 FS1-m 分开后，同上电路⑤、⑪ 中的各楼指示器的指示灯 1⊗熄灭，表示电梯轿厢离开 1 楼。

〔7〕 电梯轿厢继续上升并接近目标 3 楼时，凸轮使 3 楼的位置开关 FS3 动作，方向选择控制电路（见本书第 163 页的动作〈2〉图）中的电路②的常开触点 FS3-m 闭合。

〔8〕 3 楼位置开关的常开触点 FS3-m 闭合后，方向选择控制电路（见本书第 163 页动作〈2〉图）中的电路②的 3 楼位置继电器 FS3 动作。

〔9〕 3 楼位置继电器 FS3 动作后，轿厢内指示器的指示灯电路（见本书第 175 页动作〈8〉图（C））中的电路②的常开触点 FS3-m 闭合。

〔10〕 3 楼位置继电器的常开触点 FS3-m 闭合后，轿厢内指示器的指示灯电路中的电路②的轿厢内指示器的 3 楼指示灯 3⊗点亮。

〔11〕 3 楼位置继电器 FS3 动作后，楼层指示器的指示灯电路（见本书第 175 页动作〈8〉图（D））中的电路③的常开触点 FS3-m 闭合。

〔12〕 3 楼位置继电器的常开触点 FS3-m 闭合后，楼层指示器的指示灯电路中的电路③、⑨的各楼指示器的指示灯 3⊗点亮，表示电梯轿厢到达 3 楼。

轿厢内指示灯电路的顺序动作图〔C〕 •动作〈8〉•

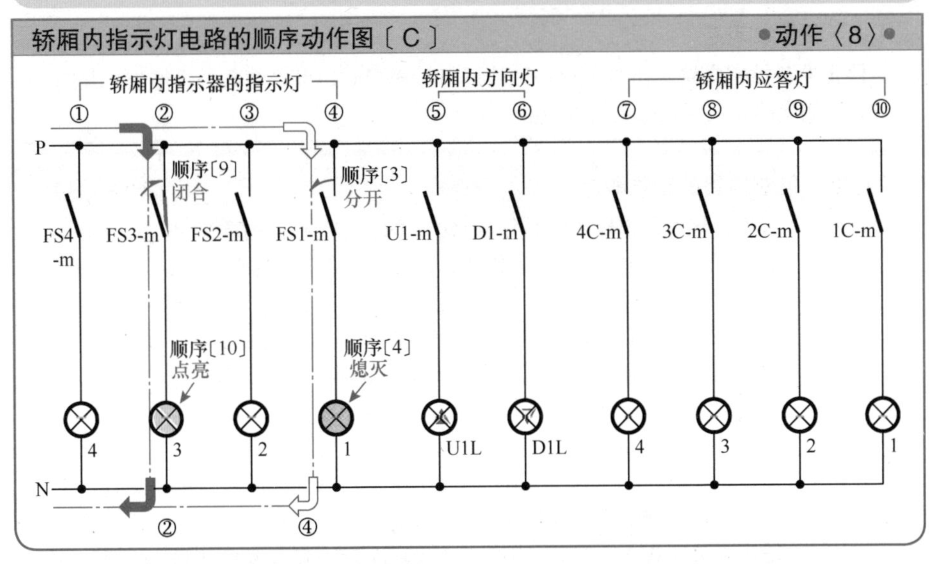

楼层指示灯电路的顺序动作图〔D〕 •动作〈8〉•

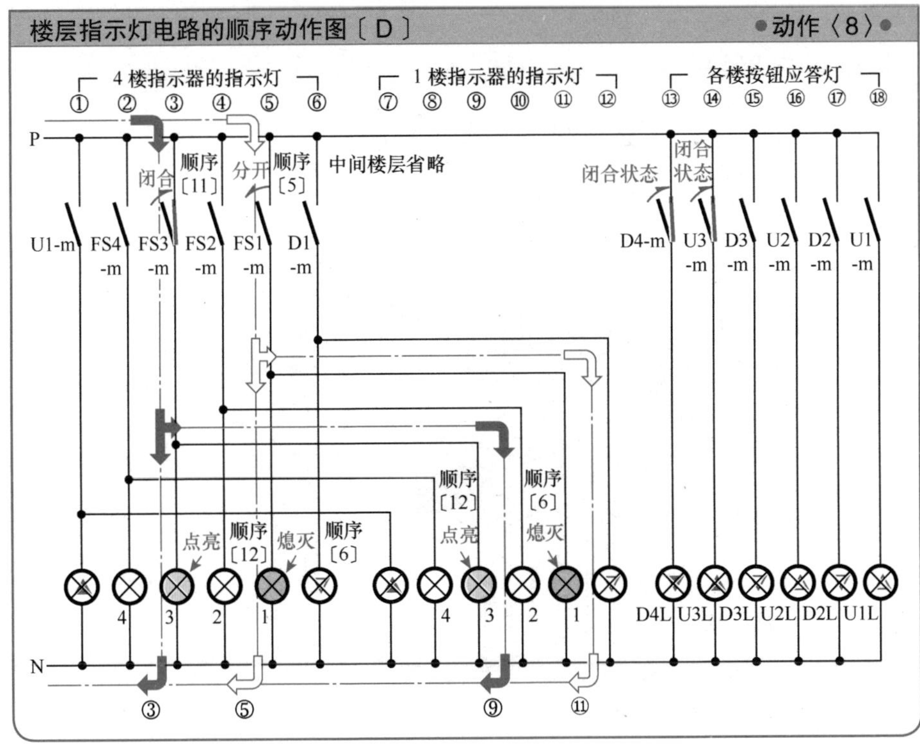

10-8 电梯的停止准备控制电路

1 电梯的停止准备控制电路的顺序动作

停止准备控制电路

❖ **停止准备控制电路**是指当电梯轿厢接近目标楼层时，可以判断是否停止，并向停止控制电路发送停止决定信号的电路。

停止准备控制电路的动作顺序

●动作〈9〉●

顺序〔1〕 根据记忆控制电路（见本书第160页的动作〈1〉）的顺序〔2〕，由于3楼的上行呼叫继电器U3为动作状态，因此电路⑤中的常开触点U3-m闭合。

〔2〕 根据运行指令控制电路（见本书第168页的动作〈5〉）的顺序〔9〕，由于上升用接触器U为动作状态，因此电路④中的常开触点U-m闭合。

〔3〕 根据指示灯控制电路（见本书第174页的动作〈8〉）的顺序〔8〕，由于3楼位置继电器FS3为动作状态，因此电路⑤中的常开触点FS3-m闭合。

〔4〕 3楼位置继电器的常开触点FS3-m闭合后，电流从电路⑤流到停止决定继电器（电路⑩）的线圈S□，停止决定继电器S动作，停止决定信号被发送到停止控制电路（见本书第178页10-9节）。

〔5〕 停止决定继电器S动作，电路⑬中的自锁常开触点S-m闭合，实现自锁。

轿厢门机构〔例〕

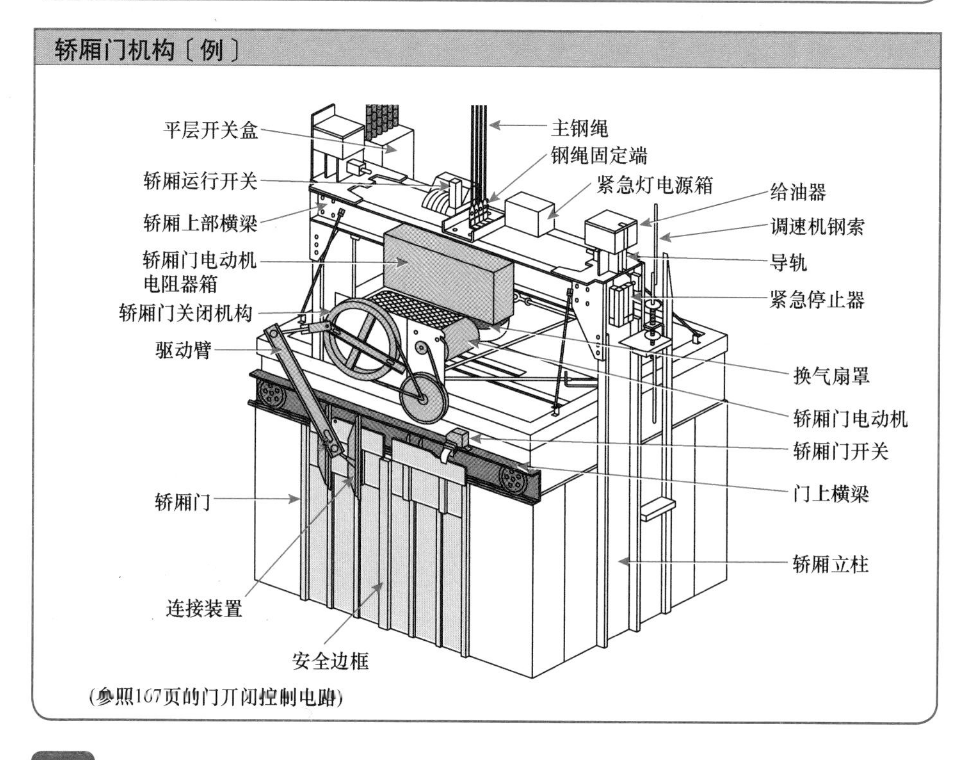

(参照167页的门开闭控制电路)

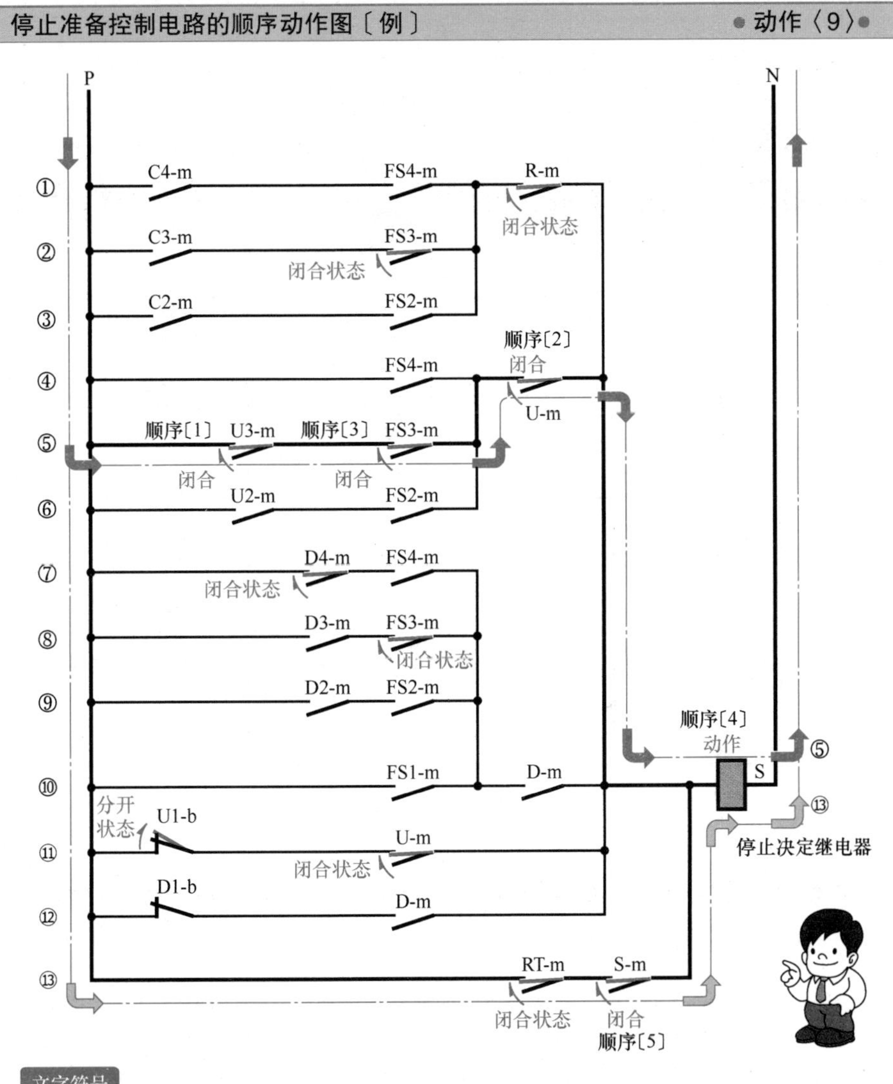

文字符号

C4 ：轿厢内去4楼指令继电器
～
C2 ：轿厢内去2楼指令继电器
U3 ：3楼上行呼叫继电器
U2 ：2楼上行呼叫继电器

D4 ：4楼下行呼叫继电器
～
D2 ：2楼下行呼叫继电器
FS4 ：4楼位置继电器
～
FS1 ：1楼位置继电器

R ：行走继电器
U ：上升用接触器
D ：下降用接触器
S ：停止决定继电器
RT ：行走延时继电器

10-9 电梯的停止控制电路（主电路）

1 电梯的停止控制电路（主电路）的顺序动作

停止控制电路（主电路）

❖ **停止控制电路**是指当电梯接近要停止的楼层时，根据停止准备控制电路发出的停止决定信号，将提升电动机从高速电动机切换到低速电动机，再加入速度控制，并通过电磁制动使其停止的电路。

提升电动机主电路的顺序动作图〔例〕 ● 动作〈10〉●

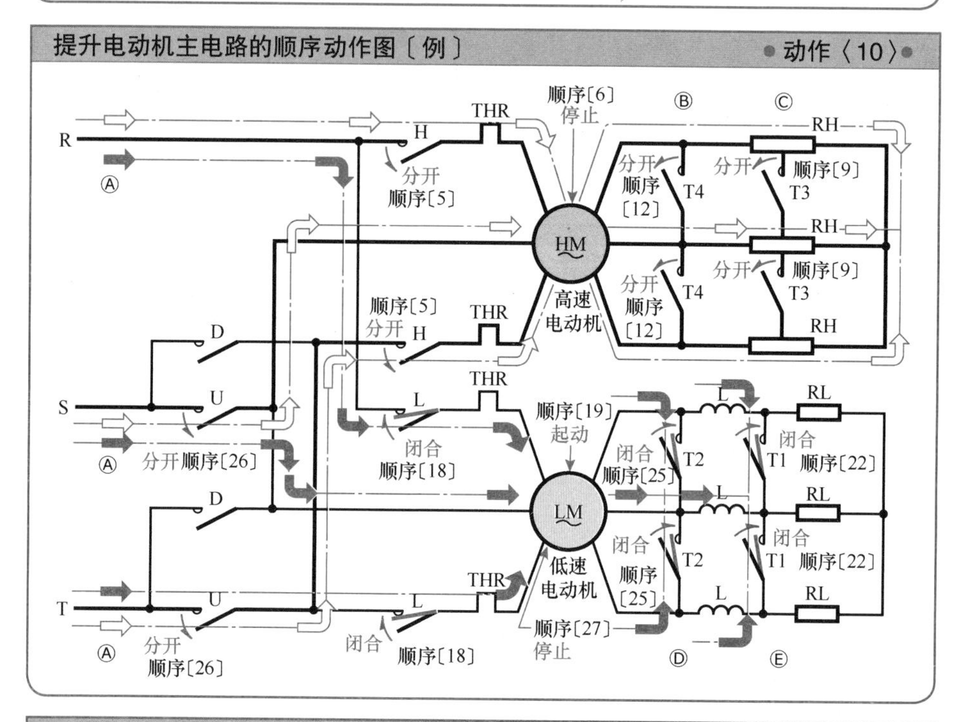

主电路、停止控制电路的动作顺序〔1〕 ● 动作〈10〉·〈11〉●

● 在阅读下面的动作顺序时，请参见本书第 178 页的动作〈10〉图和 179 页的动作〈11〉图。

顺序〔1〕 电梯接近 3 楼时，凸轮使速度切换开关（上升）ULS 动作，从而使电路④中的常闭触点 ULS-b（见本书第 179 页中的动作〈11〉图）断开。

〔2〕 速度切换开关的常闭触点 ULS-b 断开后，电流不再流过电路④中的速度切换继电器的线圈 SS□，速度切换继电器 SS 复位。

● 速度切换继电器 SS 复位后，以下顺序〔3〕、〔7〕、〔15〕的动作同时进行。

〔3〕 速度切换继电器 SS 复位，电路②中的常开触点 SS-m 分开。

〔4〕 常开触点 SS-m 分开后，电流不再流过电路②中的高速电动机用接触器的线圈 H□，高速电动机用接触器 H 复位。

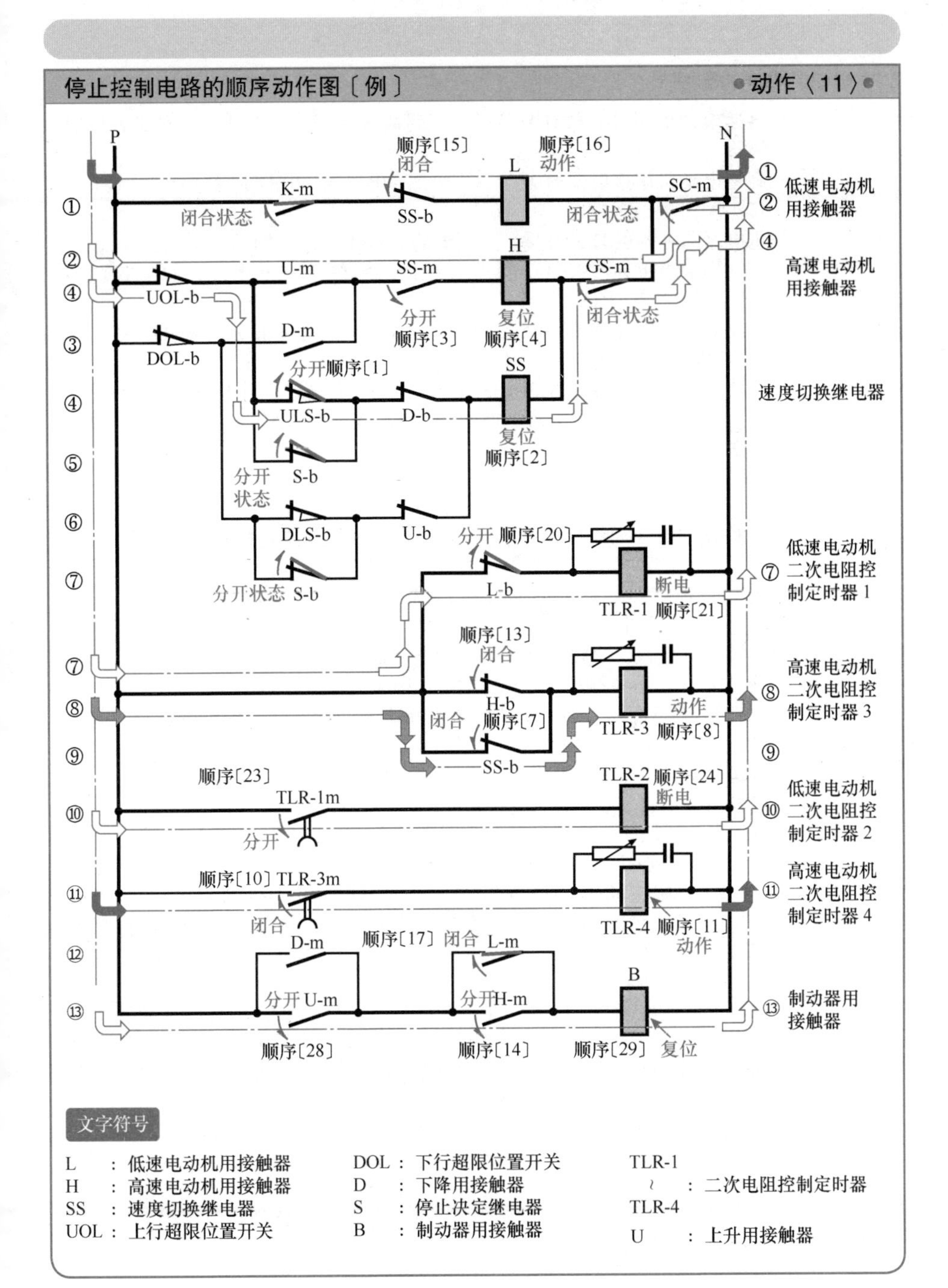
停止控制电路的顺序动作图〔例〕
动作〈11〉
P
N
顺序〔15〕闭合
顺序〔16〕动作
L
K-m
SS-b
SC-m
闭合状态
低速电动机用接触器
H
U-m
SS-m
GS-m
UOL-b
分开 顺序〔3〕
复位 顺序〔4〕
高速电动机用接触器
D-m
DOL-b
分开顺序〔1〕
SS
ULS-b
D-b
复位 顺序〔2〕
速度切换继电器
分开状态
S-b
DLS-b
U-b
分开 顺序〔20〕
L-b
断电
TLR-1 顺序〔21〕
低速电动机二次电阻控制定时器 1
顺序〔13〕闭合
H-b
闭合
顺序〔7〕
SS-b
TLR-3
动作 顺序〔8〕
高速电动机二次电阻控制定时器 3
顺序〔23〕
TLR-1m
分开
TLR-2 顺序〔24〕断电
低速电动机二次电阻控制定时器 2
顺序〔10〕TLR-3m
闭合
TLR-4 顺序〔11〕动作
高速电动机二次电阻控制定时器 4
D-m
顺序〔17〕闭合 L-m
分开 U-m
分开 H-m
B
顺序〔28〕
顺序〔14〕
顺序〔29〕复位
制动器用接触器
文字符号
L ：低速电动机用接触器
H ：高速电动机用接触器
SS ：速度切换继电器
UOL：上行超限位置开关
DOL：下行超限位置开关
D ：下降用接触器
S ：停止决定继电器
B ：制动器用接触器
TLR-1 ~ TLR-4 ：二次电阻控制定时器
U ：上升用接触器

主电路、停止控制电路的动作顺序〔2〕

●动作〈10〉·〈11〉●

- 高速电动机用接触器 H 复位后，下列顺序〔5〕、〔13〕、〔14〕的动作同时进行。

〔5〕 高速电动机用接触器 H 复位，主电路（电路Ⓐ）中的主触点 H（见本书第 178 页中的动作〈10〉图）断开。

〔6〕 主电路的主触点 H 断开后，高速电动机 HM 停止（无电压）。

〔7〕 速度切换继电器 SS 复位，电路⑨中的常闭触点 SS-b 闭合（见本书第 179 页的动作〈11〉图）。

〔8〕 速度切换继电器的常闭触点 SS-b 闭合后，电路⑧中的定时器 TLR-3 动作（瞬时动作延时复位）。

〔9〕 电路⑧中的定时器 TLR-3 动作后，主电路（电路Ⓒ）（见本书第 178 页的动作〈10〉图）的短路用接触器的触点 T3 断开（省略定时器 TLR-3 和短路用接触器 T3 的动作电路）。

〔10〕定时器 TLR-3 动作，电路 ⑪ 中的常开触点 TLR-3m 闭合。

〔11〕触点 TLR-3m 闭合后，电路 ⑪ 中的定时器 TLR-4 动作（瞬时动作）。

〔12〕定时器 TLR-4 动作后，主电路（电路Ⓑ）中的短路用接触器的触点 T4 断开（见本书第 178 页的动作〈10〉图），并且通过二次电阻对高速电动机 HM 进行制动（省略定时器 TLR-4 和短路用接触器 T4 的动作电路）。

〔13〕高速电动机用接触器 H 复位（顺序〔4〕），电路⑧中的常闭触点 H-b 闭合。

〔14〕接触器 H 复位，电路 ⑬ 中的常开触点 H-m 分开。

〔15〕继电器 SS 复位（顺序〔2〕），电路①中的常闭触点 SS-b 闭合。

〔16〕常闭触点 SS-b 闭合后，电流流过电路①中的低速电动机用接触器的线圈 L□，低速电动机用接触器 L 动作。

〔17〕低速电动机用接触器 L 动作，电路 ⑫ 中的常开触点 L-m 闭合。

〔18〕接触器 L 动作，主电路（电路Ⓐ）中的主触点 L 闭合。

〔19〕低速电动机用接触器的主触点 L 闭合后，低速电动机 LM 起动，并与高速电动机 HM 切换（178 页的动作〈10〉图）。

〔20〕~〔25〕低速电动机 LM 的起动顺序与高速电动机 HM 的相同（见本书第 171 页、172 页的起动控制电路的顺序〔16〕~〔21〕），按定时器 TLR-1，TLR-2 的顺序延时复位，并使电阻器 RL 和电抗器 L 短路，从而执行二次电阻控制。

〔26〕轿厢以低速电动机 LM 进一步上升时，凸轮打开平层开关 LS，停止决定继电器 S 按 176 页的动作〈9〉的顺序〔4〕动作，因此运行指示控制电路（见本书第 169 页的动作〈5〉图）中的电路②的常闭触点 S-b 分开，上升用接触器 U 复位，主电路（电路Ⓐ）的主触点 U 断开。

〔27〕主触点 U 断开后，低速电动机 LM 停止（无电压：惯性旋转）。

〔28〕上升用接触器 U 复位，电路 ⑬ 中的常开触点 U-m 断开。

〔29〕上升用接触器的常开触点 U-m 分开后，电路 ⑬ 中的制动器用接触器的线圈 B□因没有电流流过而复位，电磁制动器在弹簧的弹力作用下，制动蹄铁的摩擦片压紧刹车鼓，使低速电动机停止旋转。

10-10 电梯的呼叫清除控制电路

1 电梯的呼叫清除控制电路的顺序动作

呼叫清除控制电路

❖ **呼叫清除控制电路**是指当电梯轿厢到达目的楼层时，通过使记忆控制电路的呼叫继电器复位来清除呼叫信号的电路。

呼叫清除控制电路的顺序动作图〔例〕 ●动作〈12〉●

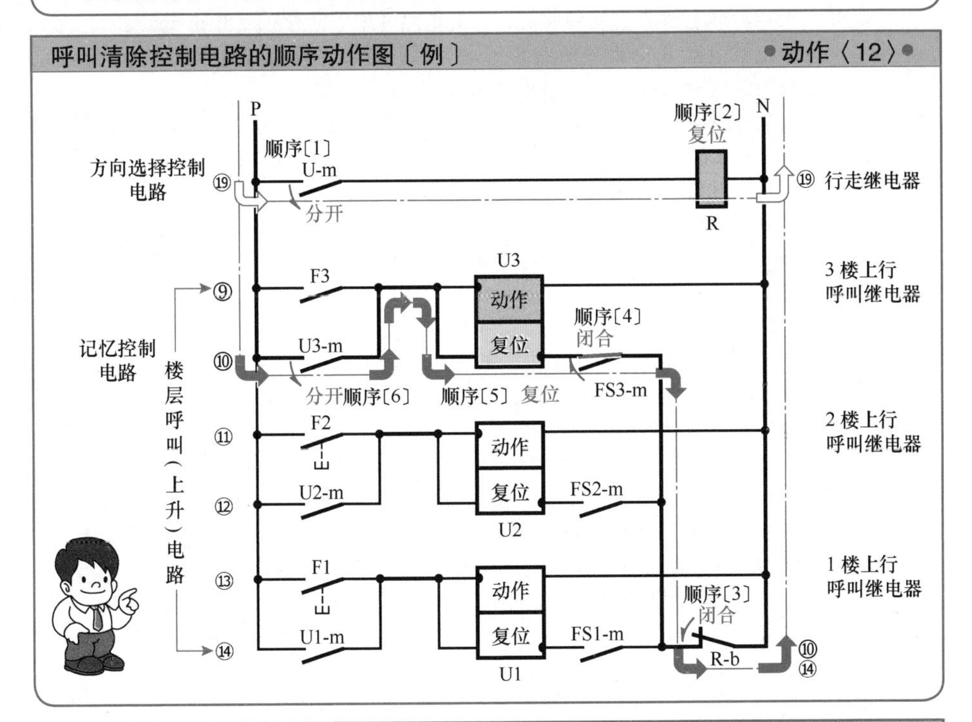

呼叫清除控制电路的动作顺序 ●动作〈12〉●

顺序〔1〕 根据停止控制电路（见本书第 180 页的动作〈11〉）的顺序〔26〕，由于上升用接触器 U 为复位状态，因此方向选择控制电路的电路 ⑲ 中的常开触点 U-m 分开。

〔2〕 上升用接触器的常开触点 U-m 分开后，电流不再流过电路 ⑲ 中的行走继电器的线圈 R▭（如上图所示），行走继电器 R 复位。

〔3〕 行走继电器 R 复位，电路 ⑭（上图）中的常闭触点 R-b 闭合。

〔4〕 根据指示灯控制电路（见本书第 174 页的动作〈8〉）的顺序〔8〕，由于 3 楼位置继电器 FS3 为动作状态，因此电路⑩中的常开触点 FS3-m 闭合。

〔5〕 3 楼位置继电器的常开触点 FS3-m 闭合后，电路⑩中的 3 楼上行呼叫继电器 U3 的复位线圈通电，3 楼上行呼叫继电器 U3 复位，3 楼上行呼叫信号被清除。

〔6〕 3 楼上行呼叫继电器 U3 复位，电路⑩中的自锁常开触点 U3-m 分开，解除自锁。

10-11 电梯门开闭控制电路（门打开）

1 电梯门开闭控制电路（门“打开”）的顺序动作

电梯门开闭控制电路（“打开”）的动作顺序　动作〈13〉

❖ 当电梯桥厢到达 3 楼时，电梯门自动打开。

顺序〔1〕 根据呼叫清除控制电路（见本书第 181 页的动作〈12〉）的顺序〔2〕，由于行走继电器 R 为复位状态，因此电路③中的常开触点 R-m 分开。

〔2〕 行走继电器 R 的常开触点 R-m 分开后，电流不再流过电路③中的控制继电器的线圈 K▭，控制继电器 K 复位。

〔3〕 控制继电器 K 复位，电路③中的自锁常开触点 K-m 分开，解除自锁。

〔4〕 由于行走继电器 R 已经复位，因此电路⑤中的常开触点 R-m 分开。

〔5〕 控制继电器 K 复位，电路④中的常开触点 K-m 分开。

〔6〕 控制继电器的常开触点 K-m 分开后，电流不再流过电路④中的电梯门控制继电器的线圈 DK▭，电梯门控制继电器 DK 复位。

〔7〕 电梯门控制继电器 DK 复位，电路⑤中的自锁常开触点 DK-m 分开，解除自锁。

〔8〕 电梯门控制继电器 DK 复位，电路⑦中的常开触点 DK-m 分开。

〔9〕 电梯门控制继电器 DK 复位，电路⑥中的常闭触点 DK-b 闭合。

〔10〕 电梯门控制继电器的常闭触点 DK-b 闭合后，电流流过电路⑥中的电梯门继电器（打开）线圈 DO▭，电梯门继电器（打开）DO 动作。

〔11〕 电梯门继电器（打开）DO 动作，电路⑦中的常闭触点 DO-b 分开，电梯门继电器（关闭）DC 被互锁。

〔12〕 电梯门继电器 DO 动作，电路 ⑪ 中的常闭触点 DO-b 分开。

〔13〕 电梯门继电器 DO 动作，电路⑧、⑨中的主常开触点 DO-m 闭合。

〔14〕 主常开触点 DO-m 闭合后，电流通过电路⑧（P 侧 DO-m →电梯门电动机→ N 侧 DO-m），电梯门电动机反向旋转，将门打开。

电梯门的构造　电梯

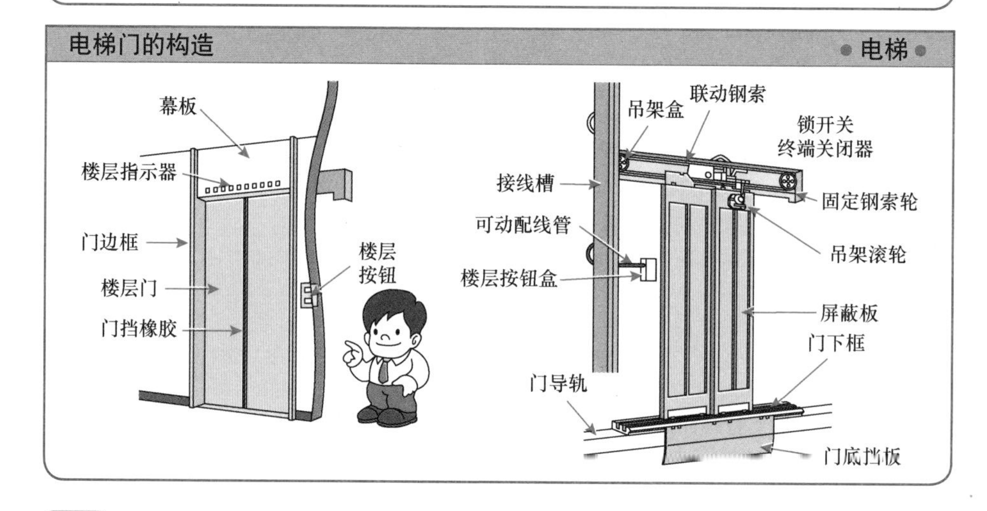

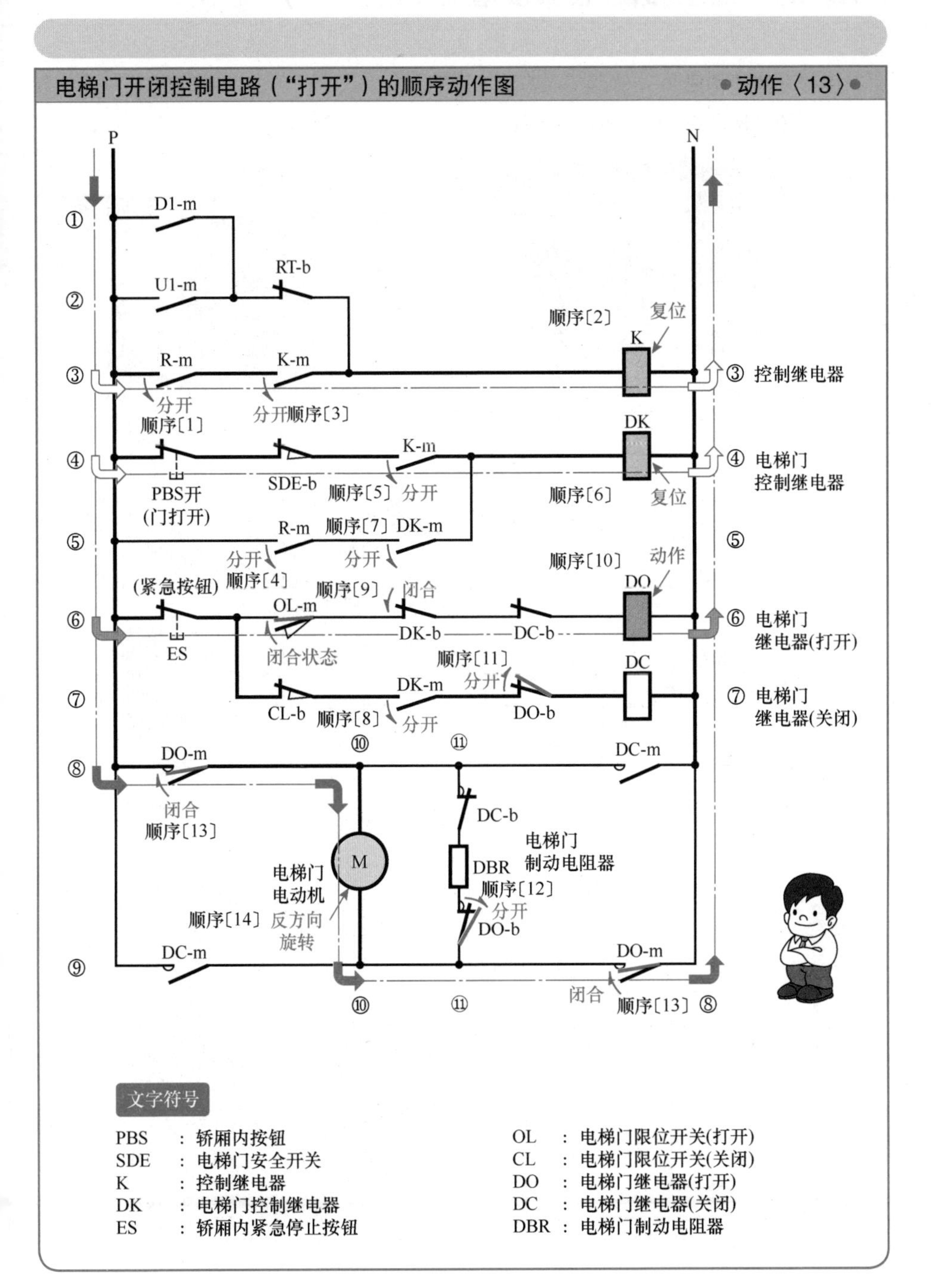
电梯门开闭控制电路（“打开”）的顺序动作图
动作〈13〉
P
N
D1-m
U1-m
RT-b
R-m
K-m
顺序〔2〕
复位
K
③ 控制继电器
分开
顺序〔1〕
分开顺序〔3〕
DK
K-m
④ 电梯门
控制继电器
PBS开
(门打开)
SDE-b
顺序〔5〕 分开
顺序〔6〕
复位
R-m
顺序〔7〕 DK-m
分开
顺序〔4〕
分开
顺序〔10〕
动作
(紧急按钮)
顺序〔9〕 闭合
OL-m
DO
ES
闭合状态
DK-b
DC-b
⑥ 电梯门
继电器(打开)
顺序〔11〕
分开
DC
DK-m
CL-b
顺序〔8〕
分开
DO-b
⑦ 电梯门
继电器(关闭)
DO-m
DC-m
闭合
顺序〔13〕
DC-b
电梯门
制动电阻器
M
DBR
电梯门
电动机
顺序〔12〕
分开
DO-b
顺序〔14〕 反方向
旋转
DC-m
DO-m
闭合
顺序〔13〕
文字符号
PBS ：轿厢内按钮
SDE ：电梯门安全开关
K ：控制继电器
DK ：电梯门控制继电器
ES ：轿厢内紧急停止按钮
OL ：电梯门限位开关(打开)
CL ：电梯门限位开关(关闭)
DO ：电梯门继电器(打开)
DC ：电梯门继电器(关闭)
DBR ：电梯门制动电阻器

10-12　三层楼的电梯设备

1 电梯的构成与结构

三层楼电梯的构成

例

❖ 三层楼电梯设备的构成如下图所示。

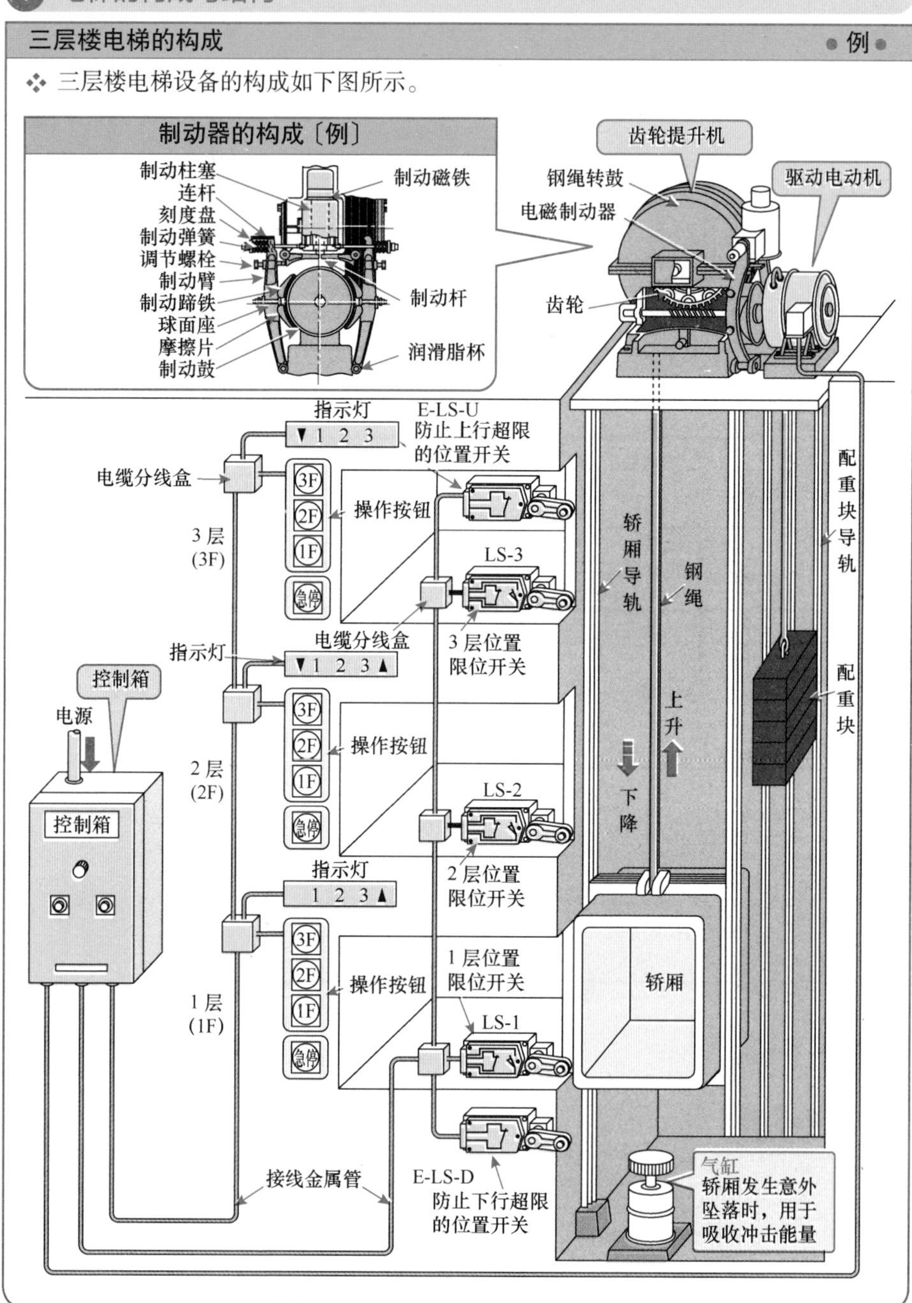

2 三层楼电梯设备的顺序动作

电源合闸动作、在 1 楼按下 1F 呼叫轿厢按钮的动作

❖ 当断路器 CB 合闸，并按下紧急停止复位（起动）按钮 RST 后，电源电压被施加到控制电路（从顺序〔1〕到顺序〔7〕）。

● 请对照本页和下页的顺序动作图并依照动作顺序的序号读图。

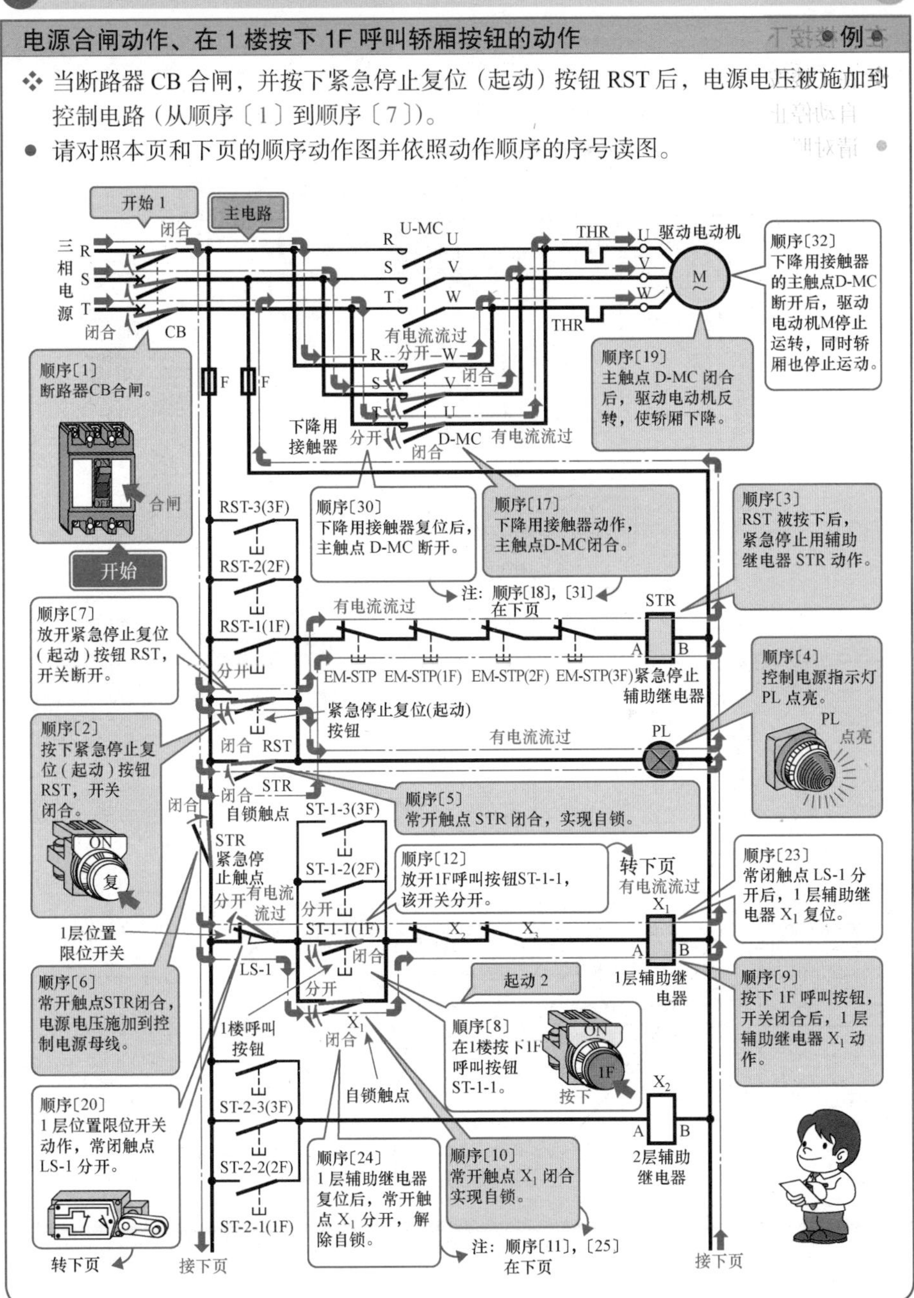

在 1 楼按下 1F 呼叫轿厢按钮的动作（续）

●例●

❖ 在 1 楼按下 1F 呼叫按钮 ST-1-1 时，即使轿厢位于 2 层或 3 层，也会下降到 1 层后自动停止（从顺序（8）到顺序（32））。

● 请对照本页和上一页的顺序动作图并依照动作顺序的序号读图。

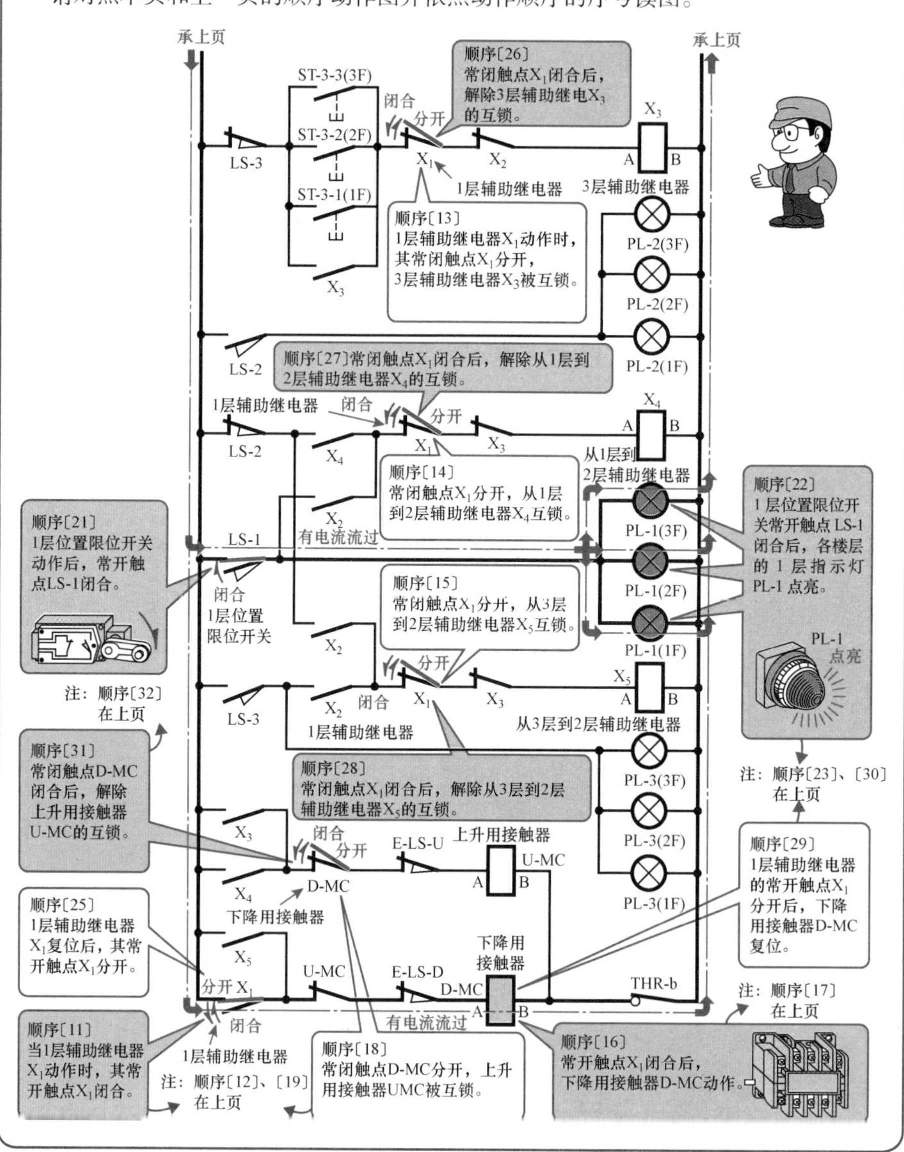

第 11 章

给排水设备的顺序控制

本章关键点

本章以实际装置为例，介绍了采用无浮子液位继电器的给水控制和排水控制。

（1）利用无浮子液位继电器检测出水池的水位，自动控制电动水泵的运转、停止，以便经常保证一定的蓄水量。本章详细地介绍了“给水控制”的顺序动作。

（2）在给水控制中，当水池的水位异常低而出现缺水的情况时，则可发出警报，并自动地将电动水泵停止。本章介绍了这种“带有异常缺水警报的给水控制”。

（3）通过无浮子液位继电器检测出排水池的水位，自动控制电动水泵的运转、停止，以便将水池的水位保持在某个水位以下。本章详细地介绍了“排水控制”的顺序动作。

（4）在排水控制中，系统自动进行排水。当水池的水位异常上升，超过警戒水位时发出警报。本章介绍了“带有异常满水警报的排水控制”。(采用浮子式液位开关的自动扬水装置的控制，请参阅《图解顺序控制电路 入门篇》)。

11-1 使用无浮子液位继电器的给水控制

1 给水控制的实际接线图和顺序图

使用无浮子液位继电器的给水控制电路的实际接线图

❖ 下图是给水控制设备的实际接线图示例。用电动水泵从水源抽水到水池，这里采用无浮子液位继电器自动控制水池的液位。

使用无浮子液位继电器的给水控制电路的实际接线图〔例〕

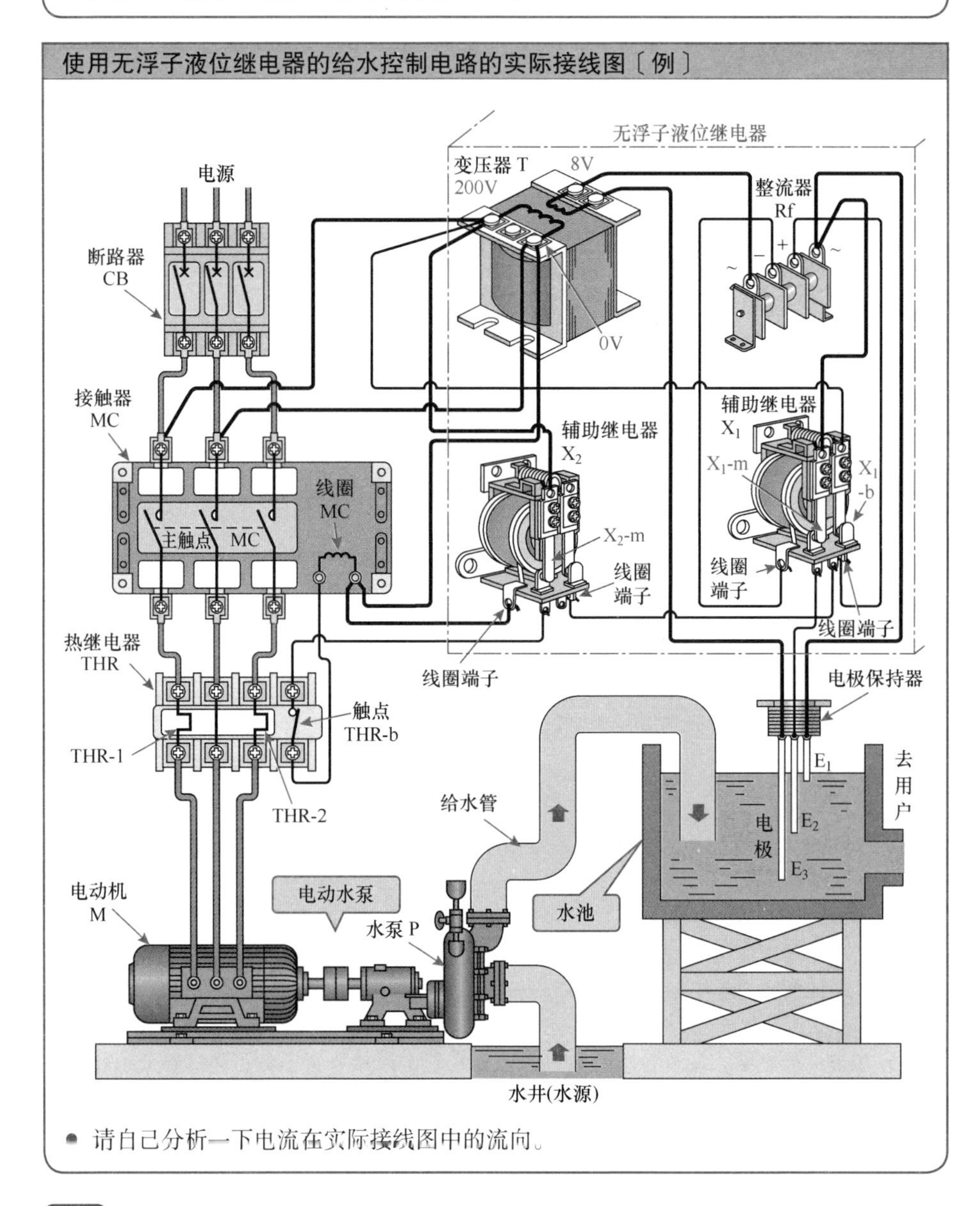

● 请自己分析一下电流在实际接线图中的流向。

使用无浮子液位继电器的给水控制电路的顺序图

- 将无浮子液位继电器的给水控制设备的实际接线图改画成为顺序图，如下图所示。
- 如果在无浮子液位继电器的电极之间直接施加交流 200V 的电压是很危险的，所以通过变压器把电压降低到 8V。

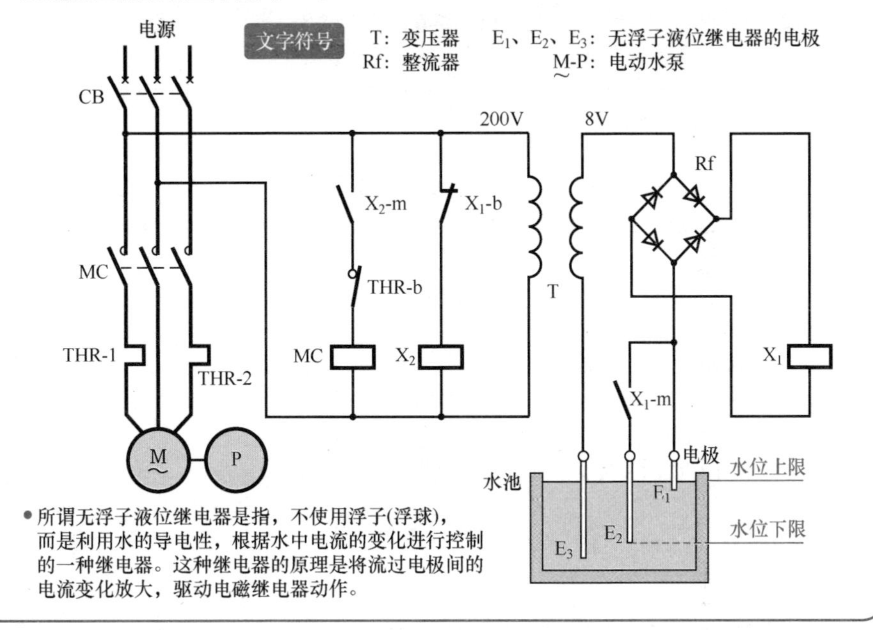

● 所谓无浮子液位继电器是指，不使用浮子(浮球)，而是利用水的导电性，根据水中电流的变化进行控制的一种继电器。这种继电器的原理是将流过电极间的电流变化放大，驱动电磁继电器动作。

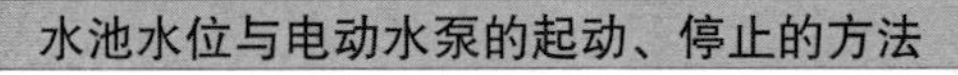

水池水位与电动水泵的起动、停止的方法

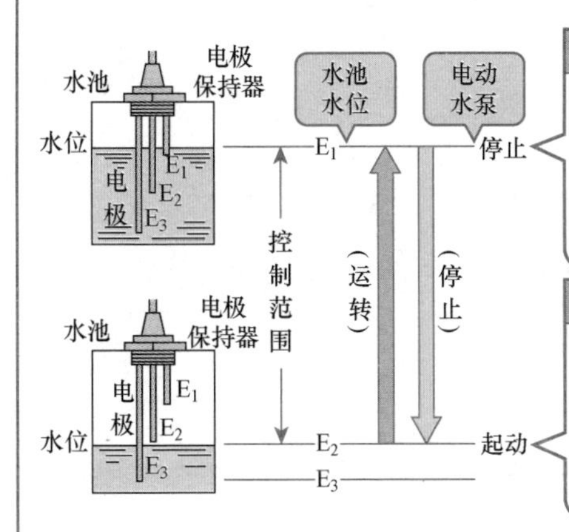

● 电动水泵的停止 ●

- 电动水泵运转后水池的水位逐渐上升，当到达无浮子液位继电器的电极E_1时，电极E_1和E_3导通，使电动水泵停止，供水结束。
- 电动水泵的停止状态一直会持续到水池的水位低于电极E_2。

● 电动水泵的起动 ●

- 由于水池的水被使用，水位逐渐降低到比无浮子液位继电器的电极E_2更低时，电极E_2(E_1)和E_3不再导通，电动水泵起动，向水池供水。
- 电动水泵持续运转，直至水池的水位上升达到电极E_1后停止。

电动水泵的起动动作顺序

● 向水池供水 ●

❖ 当水池的水位下降到比无浮子液位继电器的电极 E_2 更低时，电动水泵起动，向水池供水。

顺序〔1〕将电路①中的断路器 CB（电源开关）合闸。

〔2〕当水池的水位比无浮子液位继电器的电极 E_2 更低时，在电极 E_2 和 E_3 之间因无水不导电而开路，电流不会流过电路④。

〔3〕因电路④中没有电流流过，同样也没有电流流过整流器 Rf 输出侧电路⑤中的线圈 X_1▭，辅助继电器 X_1 复位。

〔4〕当辅助继电器 X_1 复位时，电路④中的常开触点 X_1-m 分开。

〔5〕当辅助继电器 X_1 复位时，电路③中的常闭触点 X_1-b 闭合。

〔6〕辅助继电器 X_1 的常闭触点 X_1-b 闭合后，电流会流过电路③中的线圈 X_2▭，辅助继电器 X_2 动作。

〔7〕当辅助继电器 X_2 动作时，电路②中的常开触点 X_2-m 闭合。

〔8〕辅助继电器 X_2 的常开触点 X_2-m 闭合后，电流流过电路②中的线圈 MC▭，接触器 MC 动作。

〔9〕当接触器 MC 动作时，电路①中的主触点 MC 闭合。

〔10〕接触器的主触点 MC 闭合后，电路①中的电动机 M 通电起动。

〔11〕电动机 M 的起动带动水泵 P 运转，从水源向水池供水。

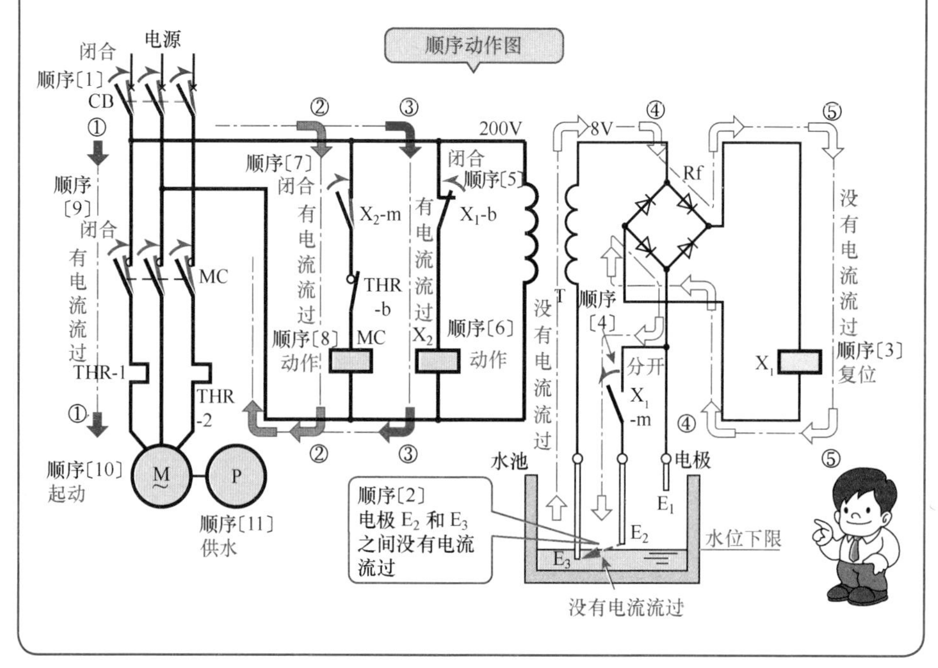

电动水泵的停止动作顺序

● 停止向水池供水 ●

❖ 当水池的水位上升、到达无浮子液位继电器的电极 E_1 时，电动水泵停止，不再向水池供水。

顺序〔12〕当水池的水位上升、到达无浮子液位继电器的电极 E_1 时，电极 E_1 和 E_3 之间因有水导电而闭路，电流会流过电路④。

〔13〕在电流流过电路④的同时，电流也会流过整流器 Rf 输出侧的电路⑤中的线圈 X_1▭，辅助继电器 X_1 动作。

〔14〕当辅助继电器 X_1 动作时，电路④中的常开触点 X_1-m 闭合。

〔15〕当辅助继电器 X_1 动作时，电路③中的常闭触点 X_1-b 分开。

〔16〕辅助继电器 X_1 的常闭触点 X_1-b 分开后，电流不再流过电路③中的线圈 X_2▭，辅助继电器 X_2 复位。

〔17〕当辅助继电器 X_2 复位时，电路②中的常开触点 X_2-m 分开。

〔18〕辅助继电器 X_2 的常开触点 X_2-m 分开后，电流不再流过电路②中的线圈 MC▭，接触器 MC 复位。

〔19〕当接触器 MC 复位时，电路①中的主触点 MC 分开。

〔20〕接触器 MC 的主触点 MC 分开后，电路①中的电动机 M 断电停止运转。

〔21〕电动机 M 停止运转，水泵 P 也停止运转，停止向水池供水。

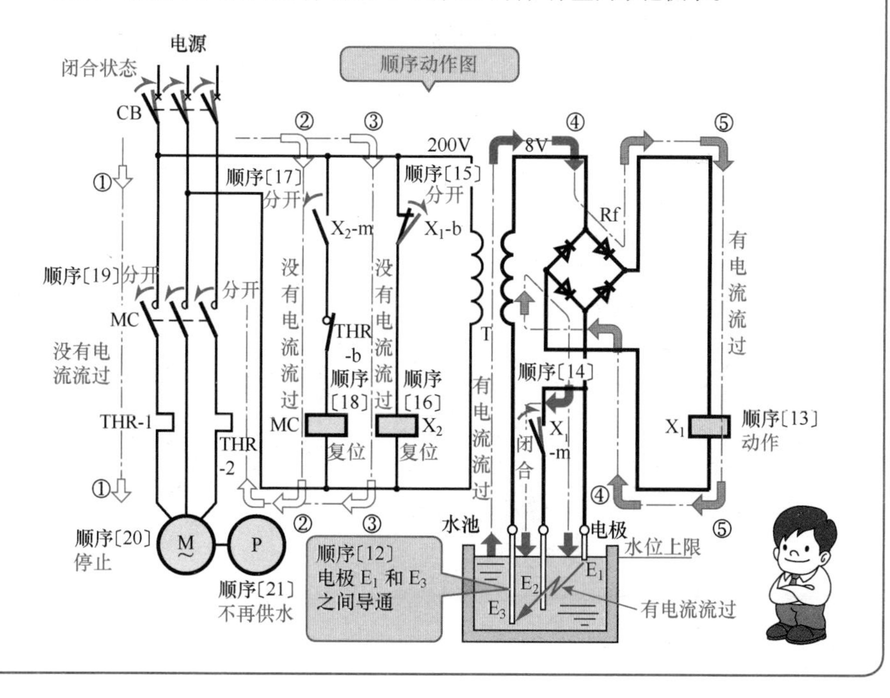

11-2 带有异常缺水警报的给水控制

1 带有异常缺水警报的给水控制的实际接线图

带有异常缺水警报的给水控制电路的实际接线图

❖ 下图是带有异常缺水警报的给水控制设备的实际接线图的一个示例。

在这个电路中，利用无浮子液位继电器（异常缺水警报式）自动向水池供水。当水池的水位出现异常缺水时，蜂鸣器鸣响发出警报，并自动停止电动水泵，以防止电动水泵因过负载而烧毁。

带有异常缺水警报的给水控制电路的实际接线图〔例〕

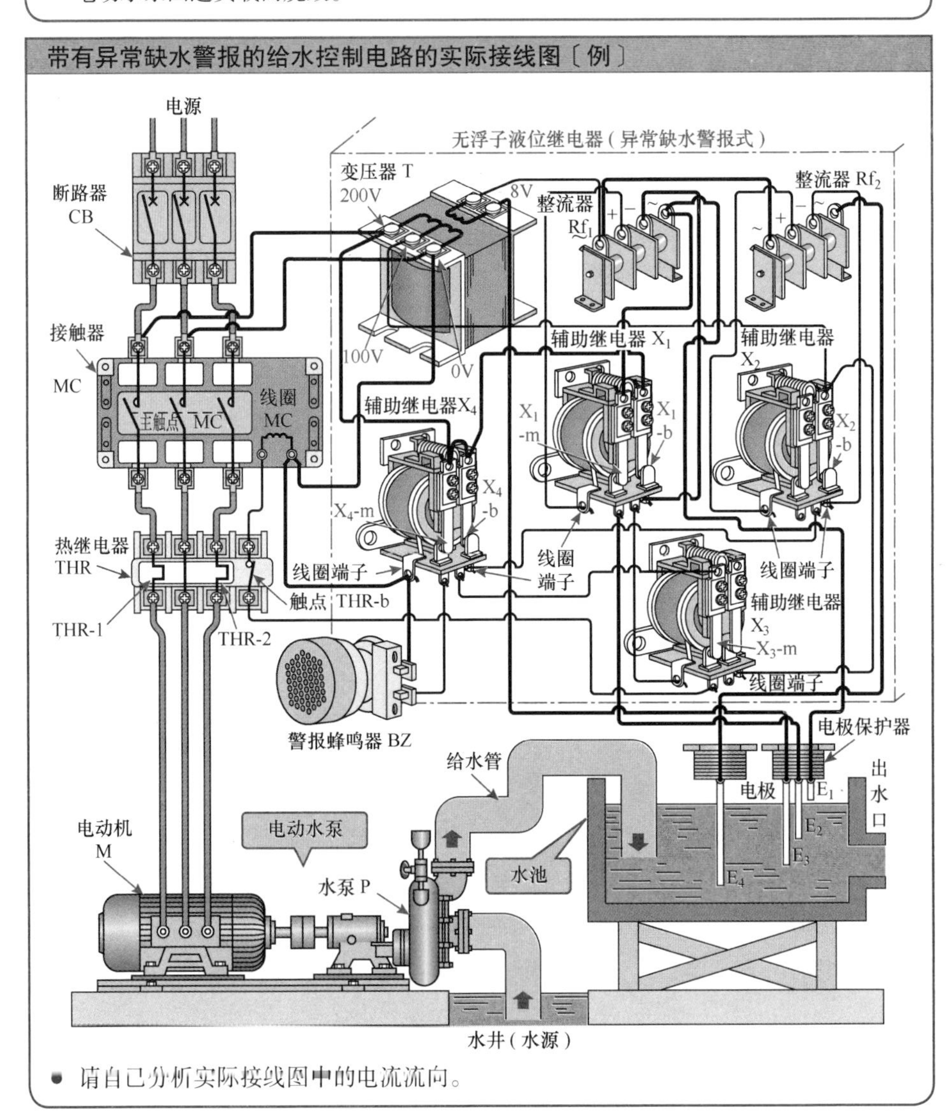

● 请自己分析实际接线图中的电流流向。

2 带有异常缺水警报的给水控制电路的顺序动作

电动水泵的停止动作顺序 ● 不再向水池供水 ●

❖ 水池的水位上升到达无浮子液位继电器的电极 E_1 时，电动水泵停止，不再向水池供水。

顺序〔1〕 将电路①中的断路器 CB（电源开关）合闸。

〔2〕 当水池的水位上升，到达无浮子液位继电器的电极 E_1 时，电极 E_1 和电极 E_3 之间因有水导电而闭路，电流流过电路⑥。

〔3〕 在电流流过电路⑥的同时，电流也会流过整流器 Rf_1 输出侧电路⑦中的线圈 X_1▭，所以辅助继电器 X_1 动作。

〔4〕 当辅助继电器 X_1 动作时，电路⑥中的常开触点 X_1-m 闭合。

〔5〕 当辅助继电器 X_1 动作时，电路④中的常闭触点 X_1-b 分开。

〔6〕 辅助继电器 X_1 的常闭触点 X_1-b 分开后，电流不再流过电路④中的线圈 X_3▭，辅助继电器 X_3 复位。

〔7〕 当辅助继电器 X_3 复位时，电路③中的常开触点 X_3-m 分开。

〔8〕 辅助继电器 X_3 的常开触点 X_3-m 分开后，电流不再流过电路③中的线圈 MC▭，接触器 MC 复位。

〔9〕 当接触器 MC 复位时，电路①中的主触点 MC 断开。

〔10〕 接触器的主触点 MC 断开后，电路①中的电动机 M 断电停止运转。

〔11〕 电动机 M 停止运转后，水泵 P 也随之停止运转，结束向水池供水。

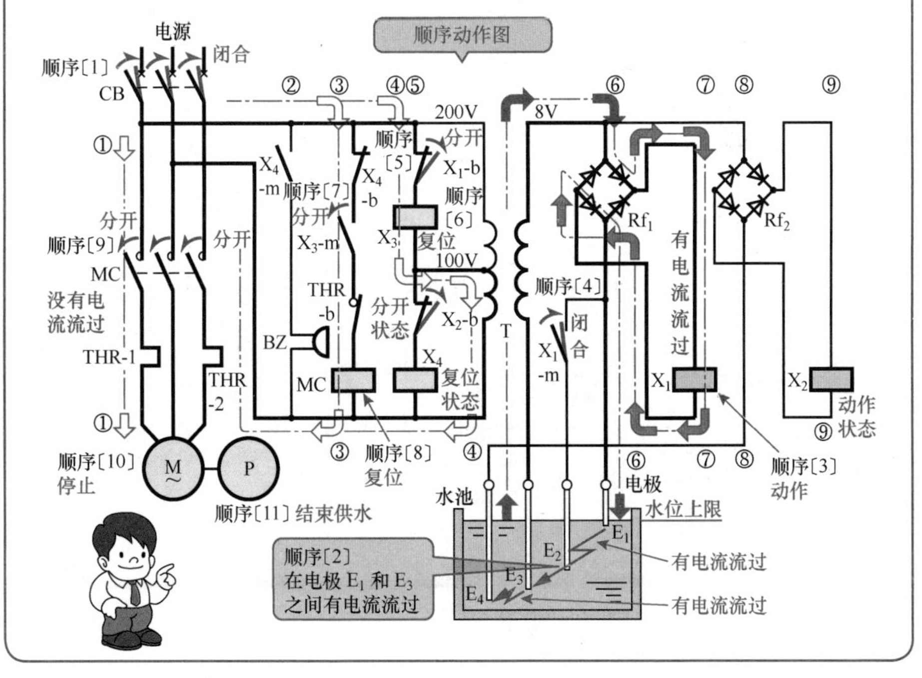

电动水泵的起动动作顺序

● 向水池供水 ●

❖ 当水池的水位下降，低于无浮子液位继电器的电极 E_2 时，电动水泵起动，向水池供水。

顺序〔12〕当水池的水位下降，低于无浮子液位继电器的电极 E_2 时，电极 E_2 和 E_3 之间因无水不导电而开路，电流不再流过电路⑥。

〔13〕当电流不再流过电路⑥时，电流也不再流过整流器 Rf_1 输出侧电路⑦中的线圈 X_1 ▭，辅助继电器 X_1 复位。

〔14〕当辅助继电器 X_1 复位时，电路⑥中的常开触点 X_1-m 分开。

〔15〕当辅助继电器 X_1 复位时，电路④中的常闭触点 X_1-b 闭合。

〔16〕辅助继电器 X_1 的常闭触点 X_1-b 闭合后，电流会流过电路④中的线圈 X_3 ▭，辅助继电器 X_3 动作。

〔17〕当辅助继电器 X_3 动作时，电路③中的常开触点 X_3-m 闭合。

〔18〕辅助继电器 X_3 的常开触点 X_3-m 闭合后，电流会流过电路③中的线圈 MC ▭，接触器 MC 动作。

〔19〕当接触器 MC 动作时，电路①中的主触点 MC 闭合。

〔20〕接触器的主触点 MC 闭合后，电路①中的电动机 M 通电起动运转。

〔21〕电动机 M 起动运转后，水泵 P 也随之运转，向水池供水。

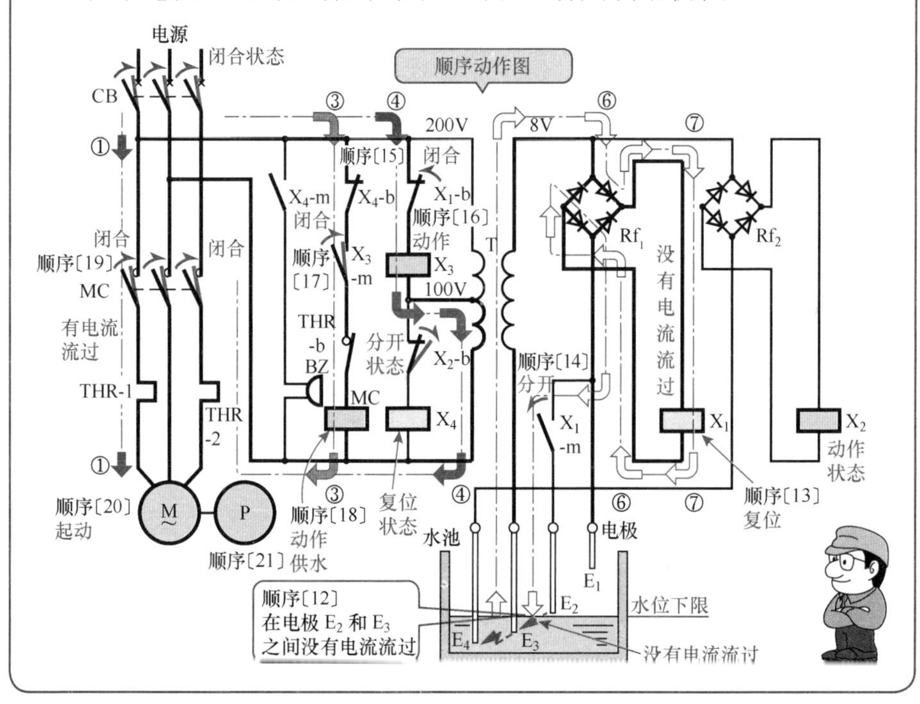

异常缺水警报的动作顺序 ● 发出警报，停止电动水泵 ●

❖ 当由于异常缺水，水池的水位低于无浮子液位继电器的电极 E_3 时，使蜂鸣器鸣响发出警报，同时使电动水泵停止运转，以防止由于过负载而导致电动水泵烧毁。

顺序〔22〕当水池的水位下降，低于无浮子液位继电器的电极 E_3 时，电极 E_3 和 E_4 之间因无水不导电而开路，电流不再流过电路⑧。

〔23〕当电流不再流过电路⑧时，电流也就不再流过整流器 Rf_2 输出侧的电路⑨中的电磁线圈 X_2▭，辅助继电器 X_2 复位。

〔24〕当辅助继电器 X_2 复位时，电路⑤中的常闭触点 X_2-b 闭合。

〔25〕辅助继电器 X_2 的常闭触点 X_2-b 闭合后，电流流过电路⑤中的线圈 X_4▭，辅助继电器 X_4 动作。

● 当辅助继电器 X_4 动作时，接下来的顺序〔26〕、〔28〕的动作同时进行。

〔26〕当辅助继电器 X_4 动作时，电路②中的常开触点 X_4-m 闭合。

〔27〕常开触点 X_4-m 闭合后，电路②中的蜂鸣器 BZ 鸣响，发出警报。

〔28〕当辅助继电器 X_4 动作时，电路③中的常闭触点 X_4-b 分开。

〔29〕辅助继电器 X_4 的常闭触点 X_4-b 分开后，电流不再流过电路③中的线圈 MC▭，接触器 MC 复位。

〔30〕当接触器 MC 复位时，电路①中的主触点 MC 断开。

〔31〕主触点 MC 断开后，电路①中的电动机 M 断电停止运转。

〔32〕电动机停止运转后，水泵 P 也随之停止运转，结束向水池供水。

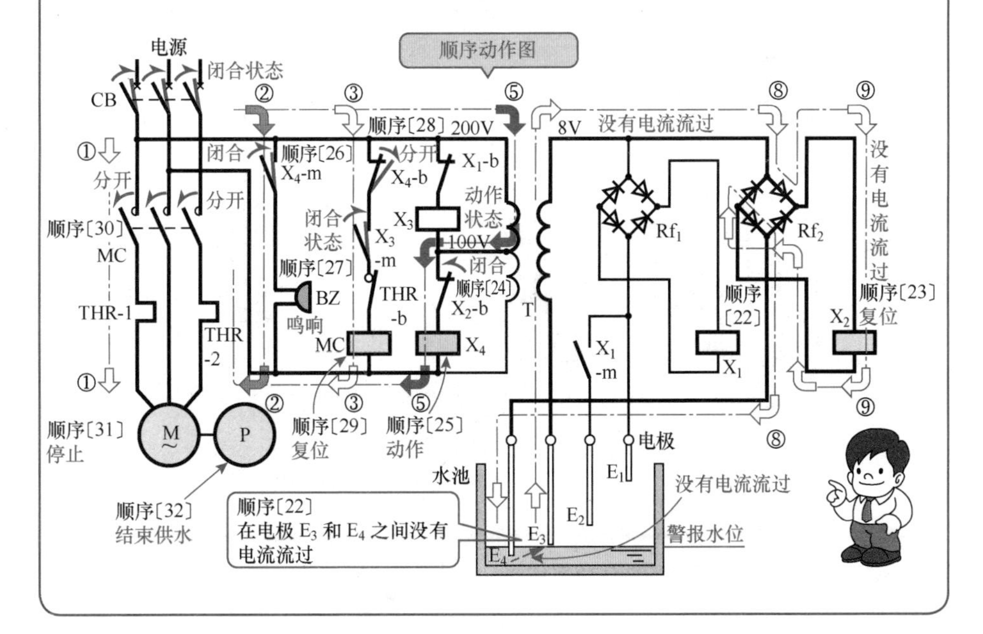

11-3 使用无浮子液位继电器的排水控制

1 排水控制的实际接线图和顺序图

使用无浮子液位继电器的排水控制电路的实际接线图

❖ 下图是使用无浮子液位继电器自动控制电动水泵排水，使水池水位不超过限制值的排水控制设备的实际接线图。

使用无浮子液位继电器的排水控制电路的实际接线图〔例〕

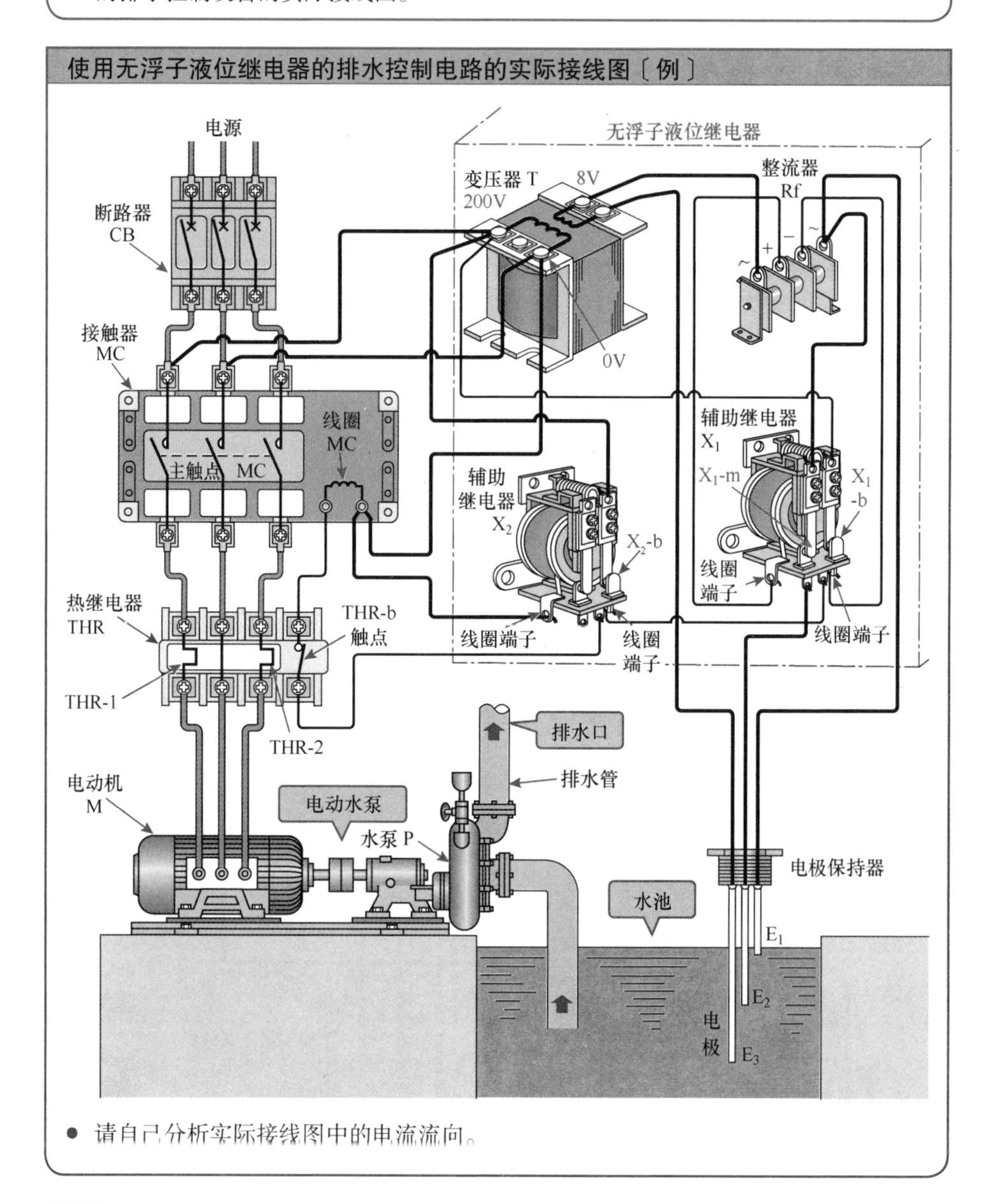

● 请自己分析实际接线图中的电流流向。

使用无浮子液位继电器的排水控制电路的顺序图

- 将使用无浮子液位继电器的排水控制设备的实际接线图改画成顺序图，如下图所示。
- 如果在无浮子液位继电器的电极之间直接施加交流 200V 的电压是很危险的，所以通过变压器把电压降低到 8V。

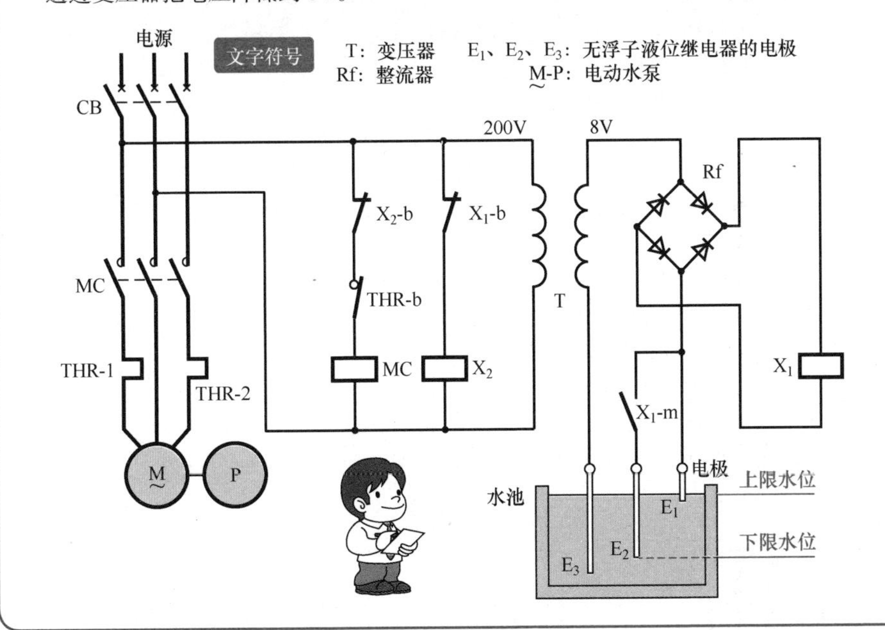

水池水位与电动水泵的起动、停止方法

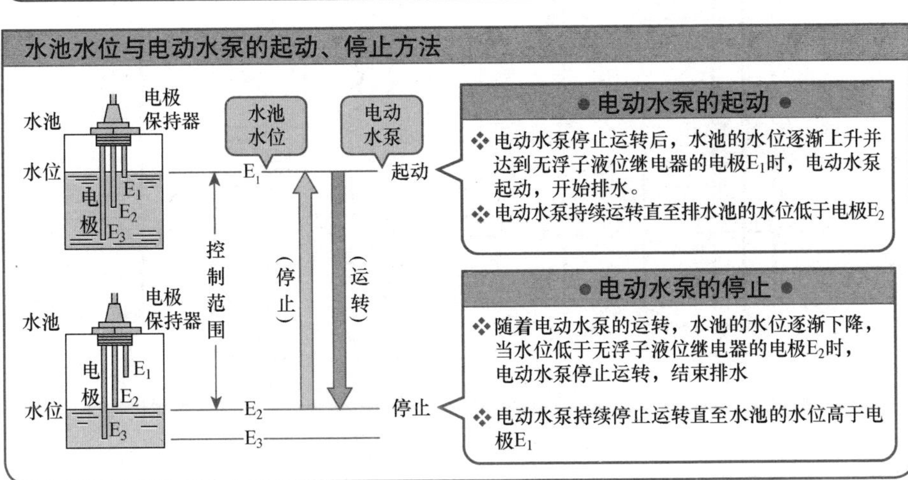

● 电动水泵的起动 ●

- 电动水泵停止运转后，水池的水位逐渐上升并达到无浮子液位继电器的电极E_1时，电动水泵起动，开始排水。
- 电动水泵持续运转直至排水池的水位低于电极E_2

● 电动水泵的停止 ●

- 随着电动水泵的运转，水池的水位逐渐下降，当水位低于无浮子液位继电器的电极E_2时，电动水泵停止运转，结束排水
- 电动水泵持续停止运转直至水池的水位高于电极E_1

2 排水控制电路的顺序动作

电动水泵的起动动作顺序

● 从水池中排水 ●

❖ 当水池的水位上升，达到无浮子液位继电器的电极 E_1 时，电动水泵起动，从水池中排水。

顺序〔1〕 将电路①中的断路器 CB（电源开关）合闸。

〔2〕 当水池的水位上升，达到无浮子液位继电器的电极 E_1 时，电极 E_1 和 E_3 之间因有水导电而形成闭合回路，电流流过电路④。

〔3〕 当电流流过电路④时，电流也会流过整流器 Rf 输出侧的电路⑤中的线圈 X_1 ▭，辅助继电器 X_1 动作。

〔4〕 当辅助继电器 X_1 动作时，电路④中的常开触点 X_1-m 闭合。

〔5〕 当辅助继电器 X_1 动作时，电路③中的常闭触点 X_1-b 分开。

〔6〕 辅助继电器 X_1 的常闭触点 X_1-b 分开后，电流不再流过电路③中的线圈 X_2 ▭，辅助继电器 X_2 复位。

〔7〕 当辅助继电器 X_2 复位时，电路②中的常闭触点 X_2-b 闭合。

〔8〕 辅助继电器 X_2 的常闭触点 X_2-b 闭合后，电流会流过电路②中的电磁线圈 MC▭，接触器 MC 动作。

〔9〕 当接触器 MC 动作时，电路①中的主触点 MC 闭合。

〔10〕 接触器的主触点 MC 闭合后，电路①中的电动机 M 通电起动。

〔11〕 电动机 M 起动后，水泵 P 也随之运转，开始从水池中排水。

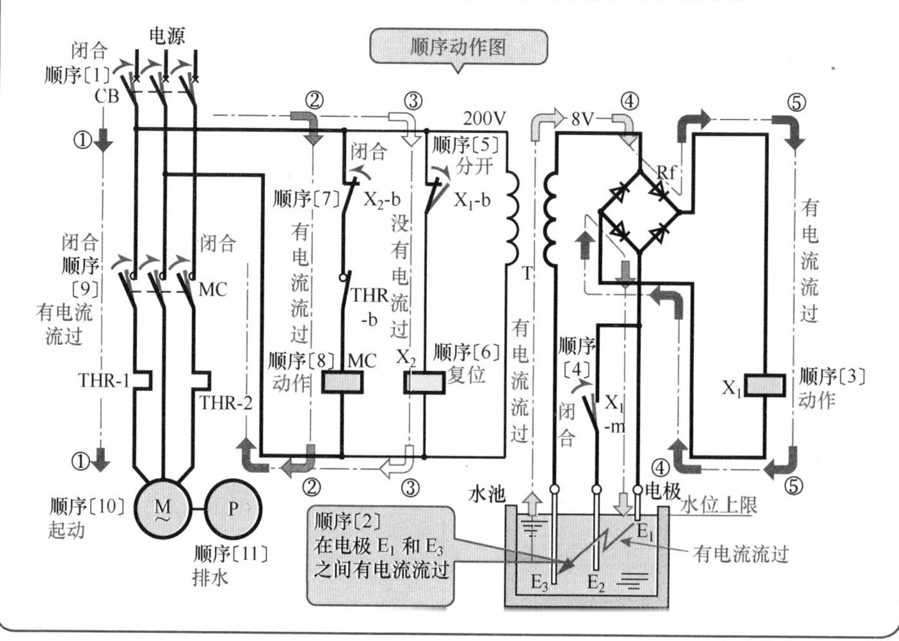

电动水泵的停止动作顺序

●不再从水池排水●

❖ 当水池的水位降低到比无浮子液位继电器的电极 E_2 更低时，电动水泵停止运转，结束从水池排水。

顺序〔12〕当水池的水位降低，到达比无浮子液位继电器的电极 E_2 更低时，在电极 E_2 和 E_3 之间因无水不导电而开路，电流不会流过电路④。

〔13〕当电流不再流过电路④时，电流也不会流过整流器 Rf 输出侧的电路⑤中的线圈 X_1▭，辅助继电器 X_1 复位。

〔14〕当辅助继电器 X_1 复位时，电路④中的常开触点 X_1-m 分开。

〔15〕当辅助继电器 X_1 复位时，电路③中的常闭触点 X_1-b 闭合。

〔16〕辅助继电器 X_1 的常闭触点 X_1-b 闭合后，电流会流过电路③中的线圈 X_2▭，辅助继电器 X_2 动作。

〔17〕当辅助继电器 X_2 动作时，电路②中的常闭触点 X_2-b 分开。

〔18〕辅助继电器 X_2 的常闭触点 X_2-b 分开后，电流不再流过电路②中的线圈 MC▭，接触器 MC 复位。

〔19〕当接触器 MC 复位时，电路①中的主触点 MC 断开。

〔20〕接触器的主触点 MC 断开后，电路①中的电动机 M 断电，停止运转。

〔21〕电动机 M 停止运转，水泵 P 也随之停止运转，结束从水池排水。

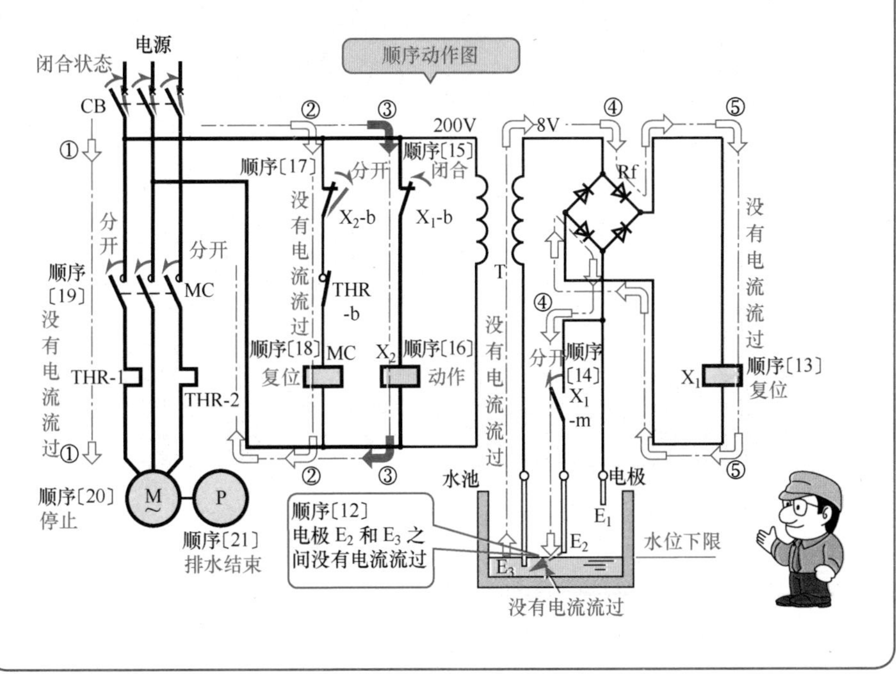

11-4 带有异常满水警报的排水控制

1 带有异常满水警报的排水控制电路的实际接线图

带有异常满水警报的排水控制电路的实际接线图

❖ 下图是带有异常满水警报的排水控制电路的实际接线图。

电路中使用了无浮子液位继电器（异常满水警报式），当排水池水位过高，超过警戒水位时，除了从水池中自动排水之外，还会使蜂鸣器鸣响，发出警报。

带有异常满水警报的排水控制电路的实际接线图〔例〕

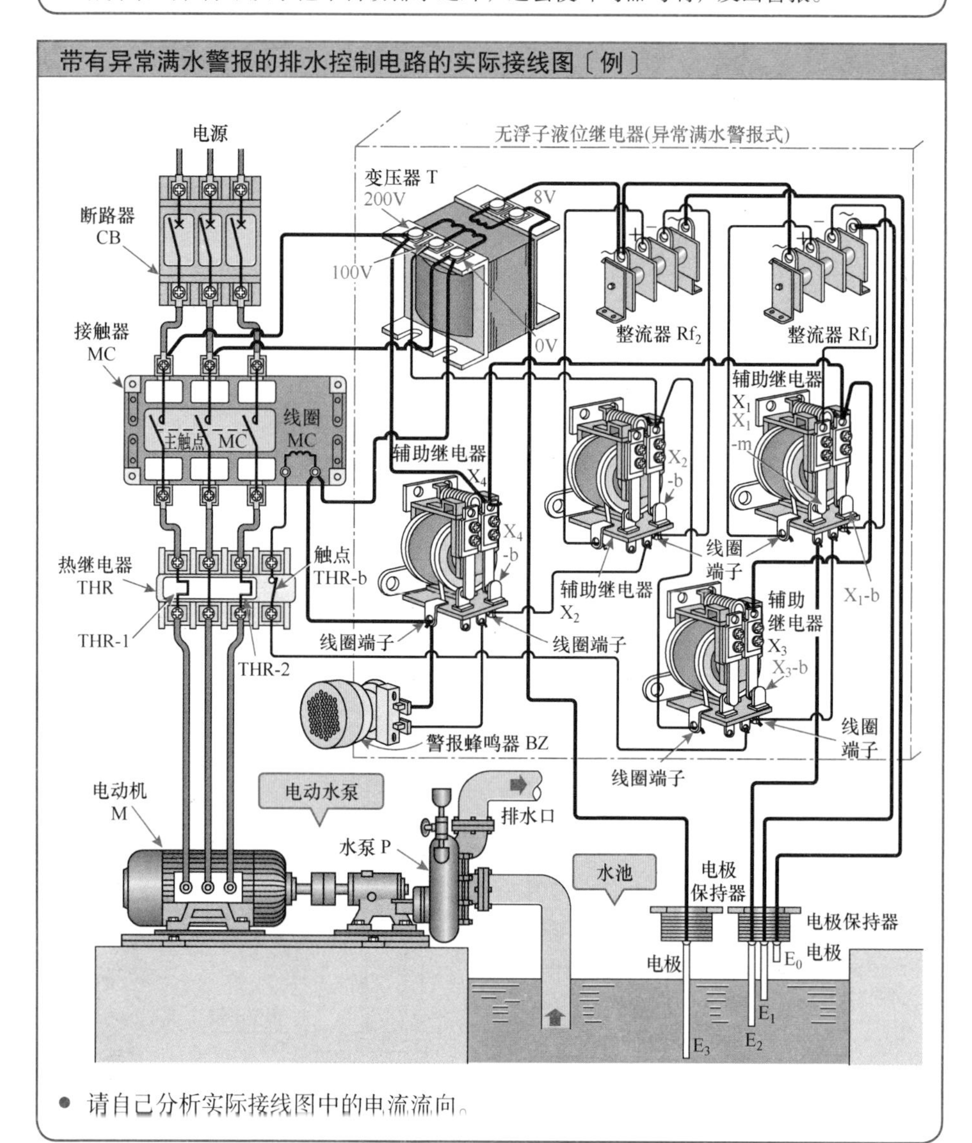

● 请自己分析实际接线图中的电流流向。

2 带有异常满水警报的排水控制电路的顺序动作

电动水泵的停止动作顺序　● 停止从水池中排水 ●

❖ 当水池的水位降低，比无浮子液位继电器的电极 E_2 更低时，电动水泵停止运转，结束从水池中排水。

顺序〔1〕将电路①中的断路器 CB（电源开关）合闸。

〔2〕当水池的水位降低，比无浮子液位继电器的电极 E_2 更低时，在电极 E_2 和 E_3 之间因无水不导电而开路，电流不再流过电路⑥。

〔3〕当电流不再流过电路⑥时，电流也不会流过整流器 Rf_1 输出侧电路⑦中的线圈 X_1▭，辅助继电器 X_1 复位。

〔4〕当辅助继电器 X_1 复位时，电路⑥中的常开触点 X_1-m 分开。

〔5〕当辅助继电器 X_1 复位时，电路④中的常闭触点 X_1-b 闭合。

〔6〕辅助继电器 X_1 的常闭触点 X_1-b 闭合后，电流流过电路④中的线圈 X_3▭，辅助继电器 X_3 动作。

〔7〕当辅助继电器 X_3 动作时，电路③中的常闭触点 X_3-b 分开。

〔8〕辅助继电器 X_3 的常闭触点 X_3-b 分开后，电流不再流过电路③中的线圈 MC▭，接触器 MC 复位。

〔9〕当接触器 MC 复位时，电路①中的主触点 MC 断开。

〔10〕接触器的主触点 MC 断开后，电流不再流过电路①中的电动机 M，电动机停止运转。

〔11〕电动机 M 停止运转，水泵 P 也随之停止运转，结束从水池中排水。

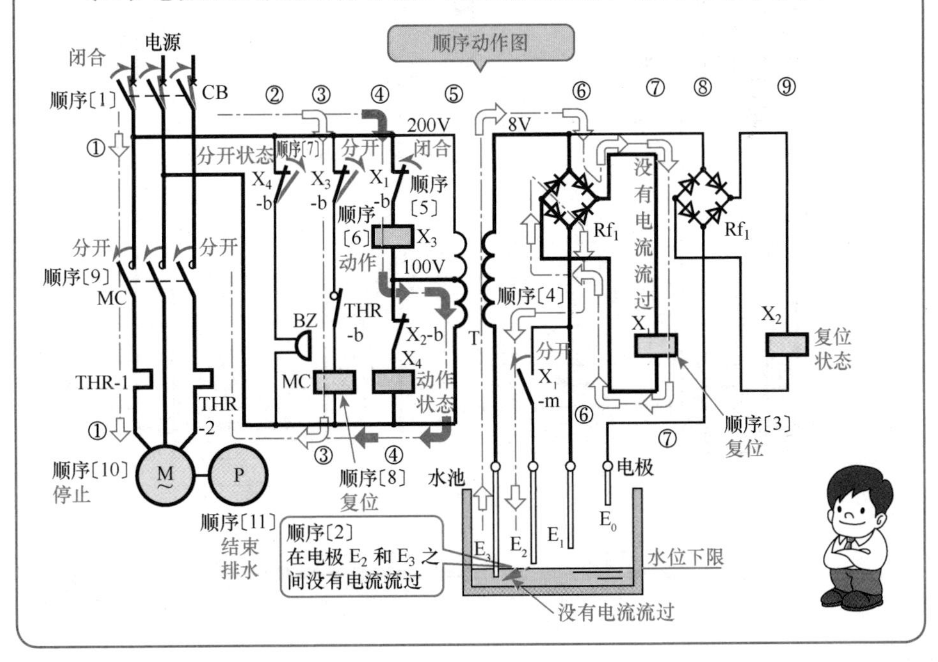

电动水泵的起动动作顺序

● 从水池中排水 ●

❖ 当水池的水位上升，到达无浮子液位继电器的电极 E_1 时，电动水泵起动，从水池中排水。

顺序〔12〕当水池的水位上升，到达无浮子液位继电器的电极 E_1 时，电极 E_1 和 E_3 之间因有水导电而形成闭合回路，电流流过电路⑥。

〔13〕当电流流过电路⑥时，电流也会流过整流器 Rf_1 输出侧电路⑦中的线圈 X_1 ▭，辅助继电器 X_1 动作。

〔14〕当辅助继电器 X_1 动作时，电路⑥中的常开触点 X_1-m 闭合。

〔15〕当辅助继电器 X_1 动作时，电路④中的常闭触点 X_1-b 分开。

〔16〕辅助继电器 X_1 的常闭触点 X_1-b 分开后，电流不再流过电路④中的线圈 X_3 ▭，辅助继电器 X_3 复位。

〔17〕当辅助继电器 X_3 复位时，电路③中的常闭触点 X_3-b 闭合。

〔18〕辅助继电器 X_3 的常闭触点 X_3-b 闭合后，电流会流过电路③中的线圈 MC ▭，接触器 MC 动作。

〔19〕当接触器 MC 动作时，电路①中的主触点 MC 闭合。

〔20〕接触器的主触点 MC 闭合后，电路①中的电动机 M 通电起动。

〔21〕电动机 M 起动后，水泵 P 也随之运转，开始从水池中排水。

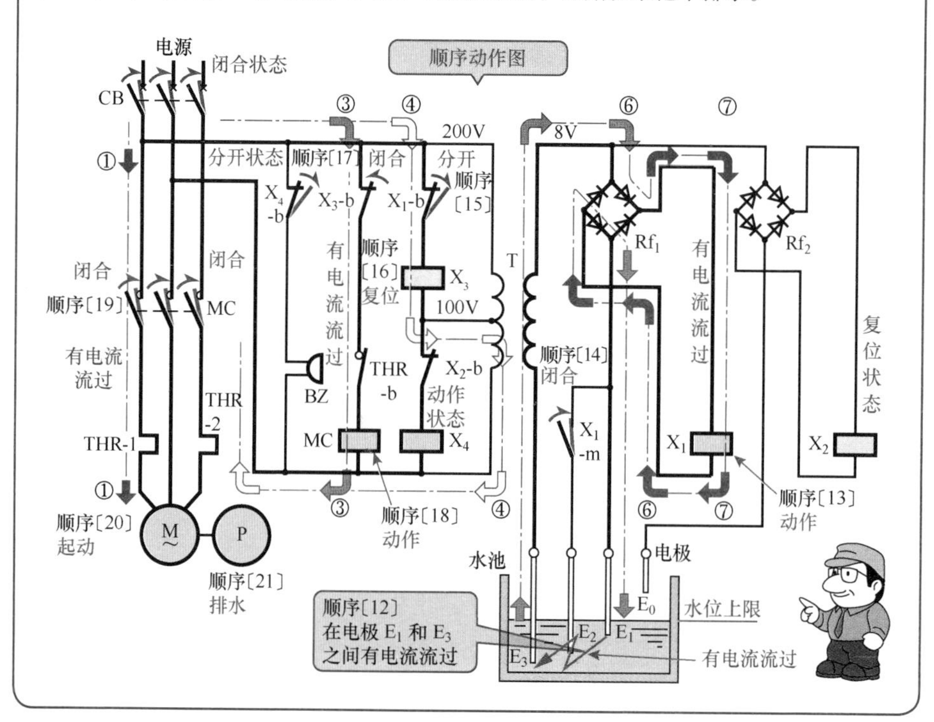

异常满水警报的动作顺序 ● 发出警报 ●

❖ 当水池的水位上升出现异常，到达无浮子液位继电器的电极 E_0 时，蜂鸣器鸣响发出警报。

顺序〔22〕当水池的水位上升出现异常，到达无浮子液位继电器的电极 E_0 时，电极 E_0 和 E_3 之间因有水导电而形成闭合回路，电流流过电路⑧。

〔23〕当电流流过电路⑧时，电流也会流过整流器 Rf_2 输出侧电路⑨中的线圈 X_2 ■，辅助继电器 X_2 动作。

〔24〕当辅助继电器 X_2 动作时，电路⑤中的常闭触点 X_2-b 分开。

〔25〕辅助继电器 X_2 的常闭触点 X_2-b 分开后，电流不再流过电路⑤中的线圈 X_4 ■，辅助继电器 X_4 复位。

〔26〕当辅助继电器 X_4 复位时，电路②中的常闭触点 X_4-b 闭合。

〔27〕辅助继电器 X_4 的常闭触点 X_4-b 闭合后，电流会流过电路②中的蜂鸣器 BZ，蜂鸣器鸣响，发出警报。

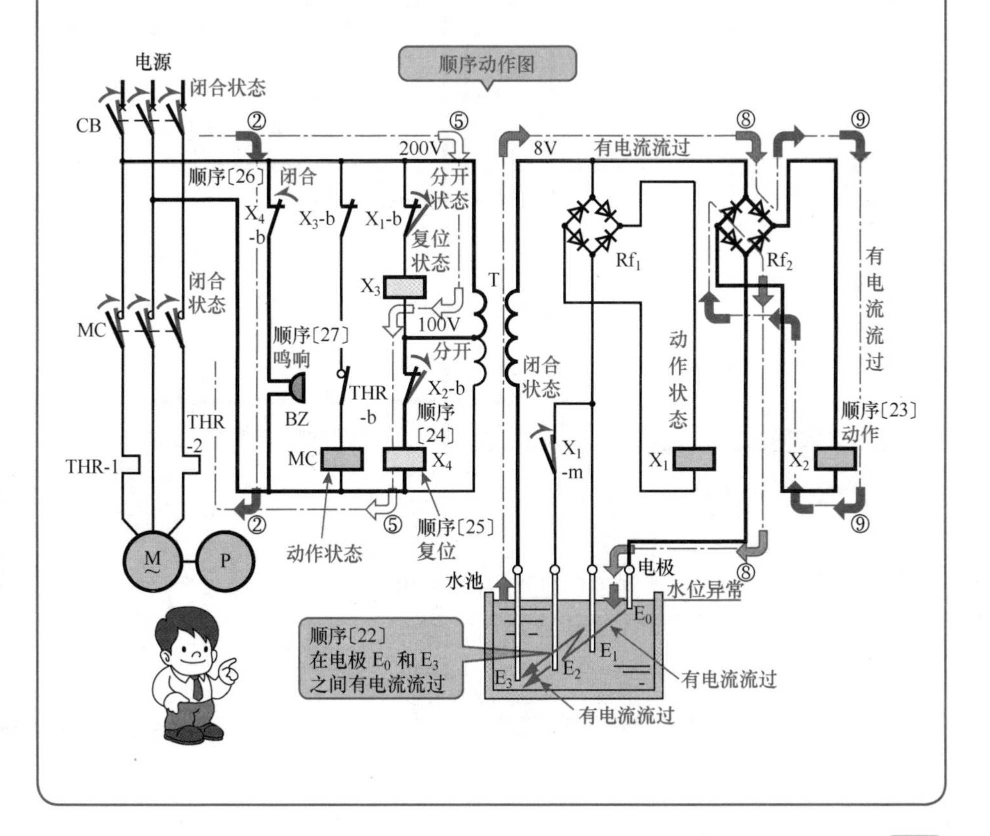

11-5 楼宇的给排水卫生设备

1 上水、勤杂用水双系统排水卫生设备

上水、勤杂用水双系统排水卫生设备〔例〕

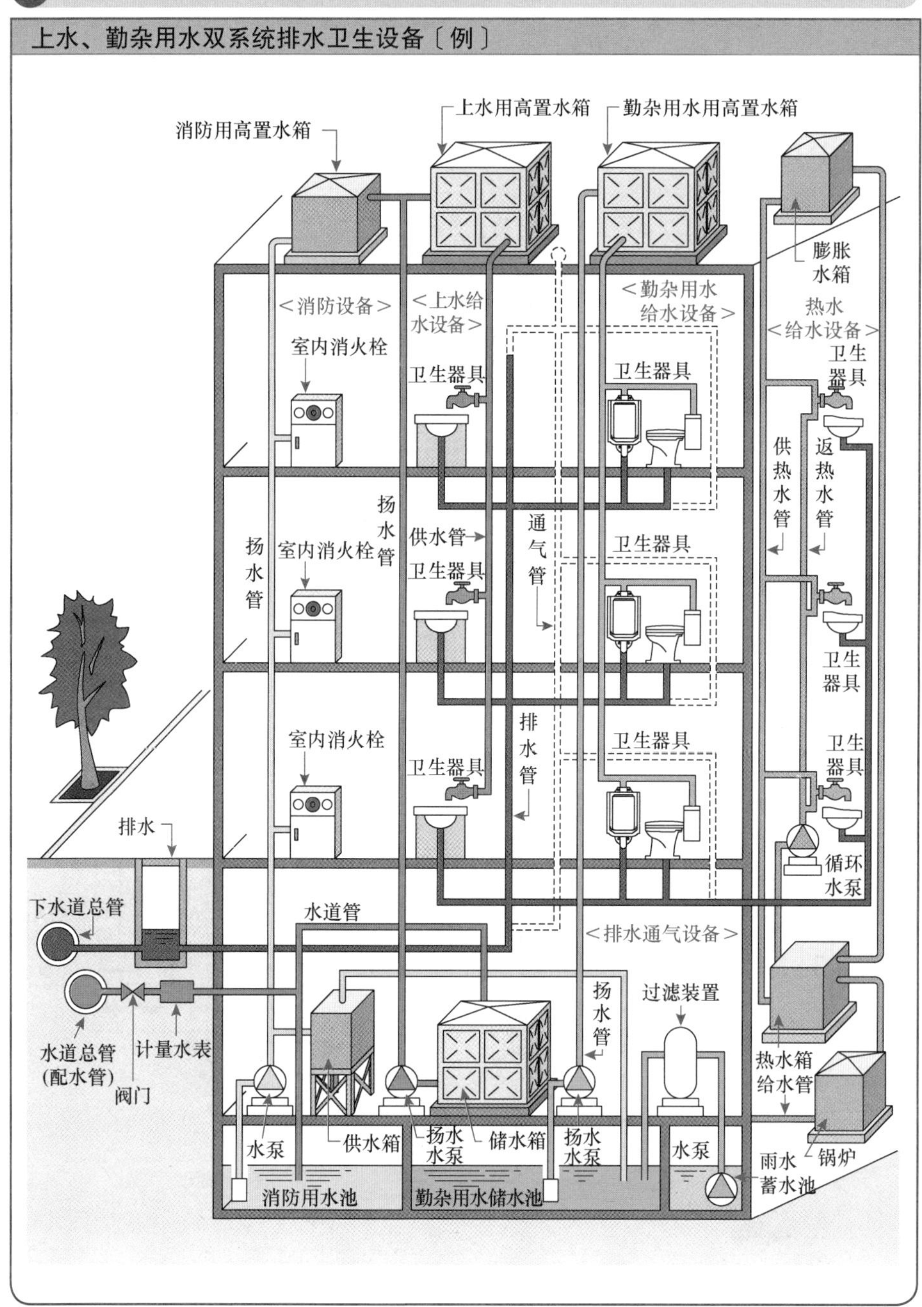

2 排水配管、通气配管系统图

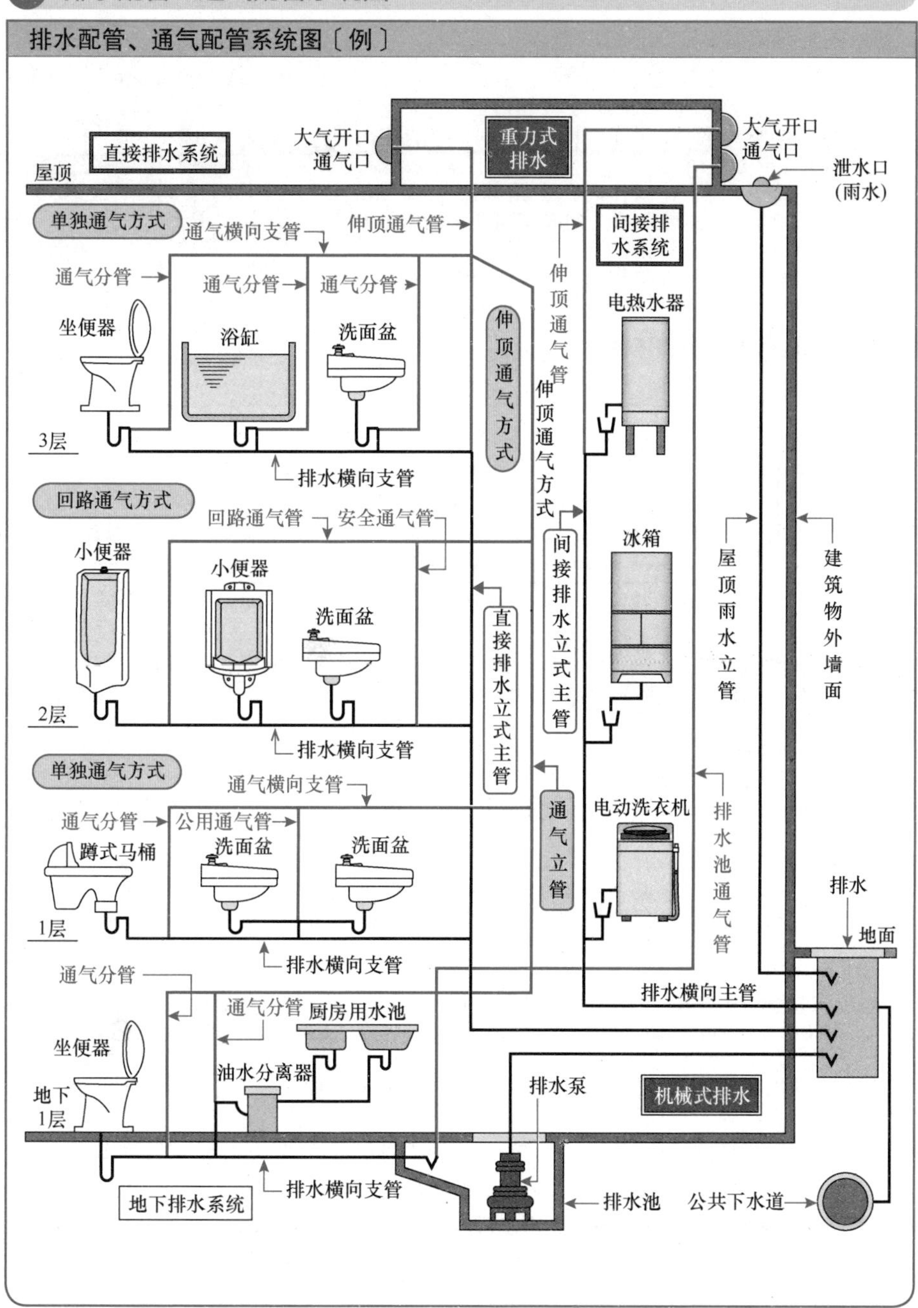

资料　使用 3 个定时器的喷水延时控制电路

喷水的延时控制

电磁阀 V_1 电路的开关动作顺序

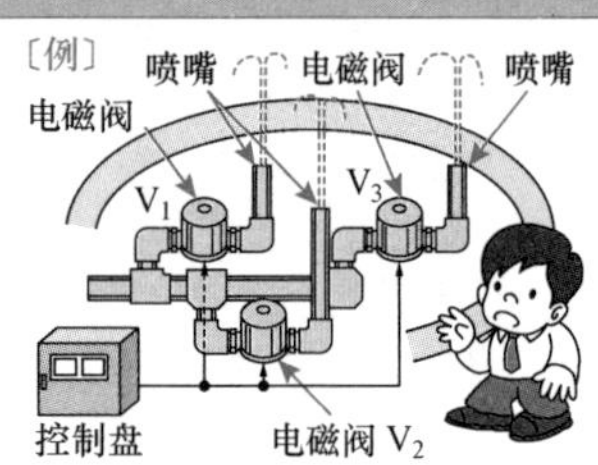

（1）当按下支路①中的起动按钮 PBS起时，支路③中的辅助继电器 X_1 动作，同时支路②中的定时器 TLR-1 开始计时。

（2）当辅助继电器 X_1 动作时，支路③中的自锁触点 X_1-m1 闭合，实现自锁。同时支路④中的常开触点 X_1-m2 闭合，辅助继电器 X_2 动作。

（3）当辅助继电器 X_2 动作时，支路⑤中的常开触点 X_2-m 闭合，电磁阀 V_1 动作，打开阀门，喷嘴开始喷水。

喷水的延时控制的顺序图

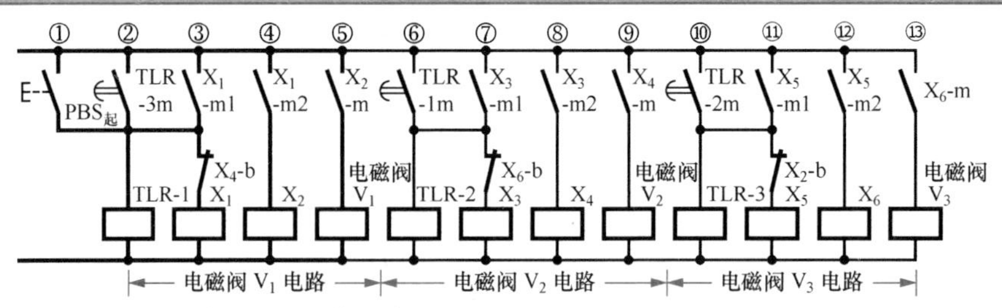

电磁阀 V_2 电路的开关动作顺序

（4）经过定时器 TLR-1 的设定时间（T_1）后，支路⑥中的延时动作瞬时复位常开触点 TLR-1m 闭合，支路⑦中的辅助继电器 X_3 动作，同时支路⑥中的定时器 TLR-2 开始计时。

（5）当辅助继电器 X_3 动作时，支路⑦中的自锁常开触点 X_3-m1 闭合，实现自锁。同时支路⑧中的常开触点 X_3-m2 闭合，辅助继电器 X_4 动作。

（6）当辅助继电器 X_4 动作时，支路⑨中的常开触点 X_4-m 闭合，电磁阀 V_2 动作，打开阀门，喷嘴喷水。

（7）当辅助继电器 X_4 动作时，支路③中的常闭触点 X_4-b 分开，辅助继电器 X_1 复位，支路④中的常开触点 X_1-m2 分开，使辅助继电器 X_2 复位。

（8）当辅助继电器 X_2 复位时，支路⑤中的常开触点 X_2-m 分开，电磁阀 V_1 复位，关闭阀门，喷嘴停止喷水。

电磁阀 V_3 电路的开关动作顺序

（9）经过定时器 TLR-2 的设定时间（T_2）后，支路⑩中的延时动作瞬时复位常开触点 TLR-2m 闭合，支路⑪中的辅助继电器 X_5 动作，同时支路⑩中的定时器 TLR-3 开始计时。

（10）当辅助继电器 X_5 动作时，支路⑪中的自锁常开触点 X_5-m1 闭合，实现自锁。同时支路⑫中的常开触点 X_5-m2 闭合，辅助继电器 X_6 动作。

（11）当辅助继电器 X_6 动作时，支路⑬中的常开触点 X_6-m 闭合，电磁阀 V_3 动作，打开阀门，喷嘴喷水。

（12）当辅助继电器 X_6 动作时，支路⑦中的常闭触点 X_6-b 分开，辅助继电器 X_3 复位，使辅助继电器 X_4 复位，电磁阀 V_2 关闭，停止喷水。

补充：经过定时器 TLR-3 的设定时间（T_3）后，支路②中的延时动作瞬时复位常开触点 TLR-3m 闭合，接下来从顺序（1）开始重复执行上述动作。

第 12 章

传送带和升降机等设备的顺序控制

本章关键点

在本章中，以装置示例为基础，介绍了传送带、货运升降机等搬运设备的顺序控制。

（1）传送设备的控制是生产中常见的。本章介绍了在组装生产线中，传送带移动一定距离后暂时停止一段时间，实施加工作业，然后再重新起动的“传送带的暂停控制”。

（2）最近，在茶馆、食堂、小件寄存处等场所，在 1 层和 2 层之间设置货运升降机的情况越来越多，本章中介绍了“货运升降机的自动反转控制”。看到顺序图就会明白，这就是电动机正反转控制（参照《图解顺序控制电路 入门篇》）的应用。可以对照这两部分内容，领会每个动作的原理。

12-1 传送带的暂停控制

1 传送带的暂停控制的实际接线图

传送带的暂停控制电路的实际接线图

❖ 在产品生产线上，为了在固定的工位加工传送带上的部件，会根据作业时间使传送带暂停，然后再重新起动。下图便是这种传送带的暂停控制电路的实际接线图示例。

传送带的暂停控制电路的实际接线图〔例〕

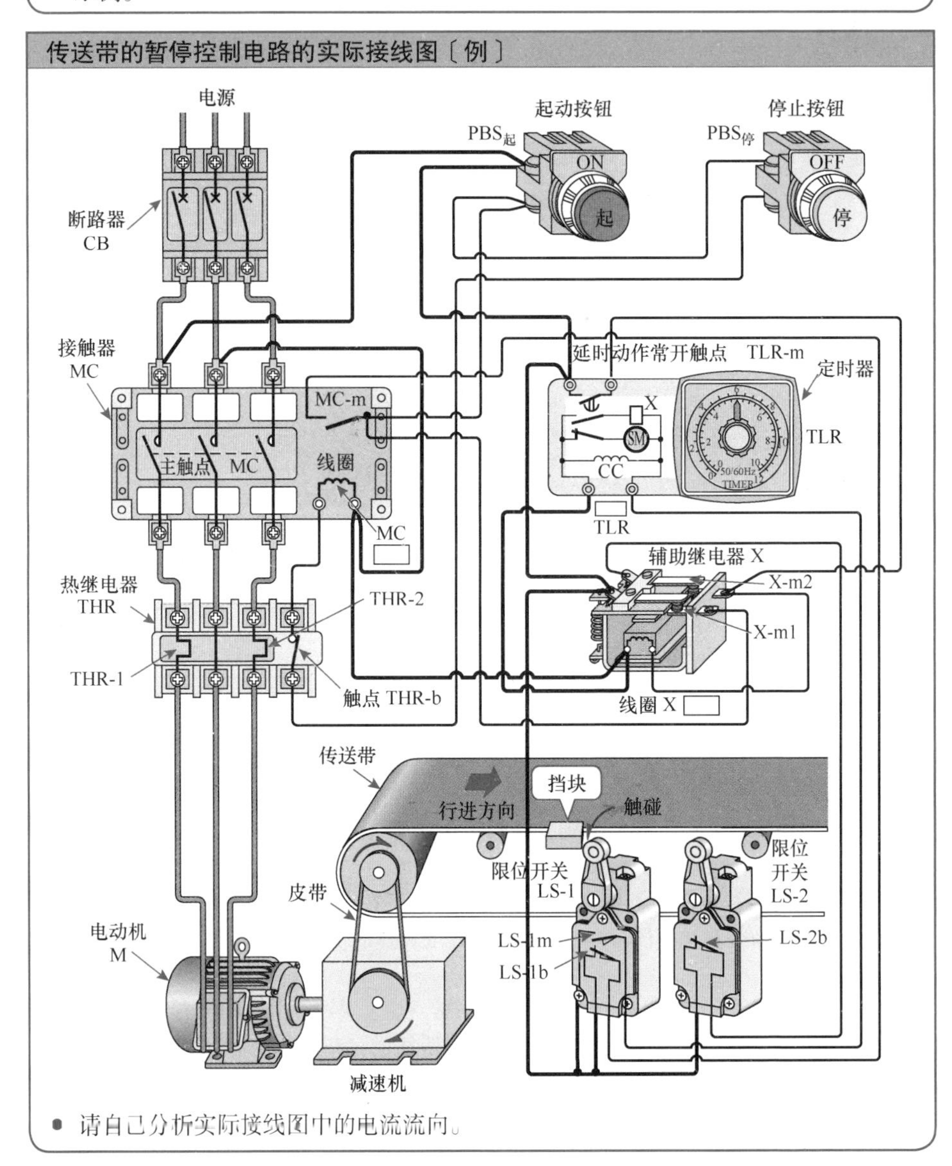

- 请自己分析实际接线图中的电流流向。

2 传送带的暂停控制电路的顺序动作

由起动按钮 PBS起操作的起动动作顺序 ●传送带起动●

❖ 按下起动按钮后，电动机起动，传送带开始移动。

顺序〔1〕 将电路①中的断路器 CB（电源开关）合闸，接通电源。

〔2〕 按下电路②中的起动按钮 PBS起，使其闭合。

〔3〕 起动按钮 PBS起闭合后，电流会流过电路②中的线圈 MC▭，接触器 MC 动作。

〔4〕 当接触器 MC 动作时，电路④中的自锁常开触点 MC-m 闭合，实现自锁。

〔5〕 当接触器 MC 动作时，电路①中的主触点 MC 闭合。

〔6〕 接触器的主触点 MC 闭合后，电流流过电路①中的电动机 M，电动机起动，传送带开始移动。

〔7〕 当按下起动按钮 PBS起的手放开时，开关分断。

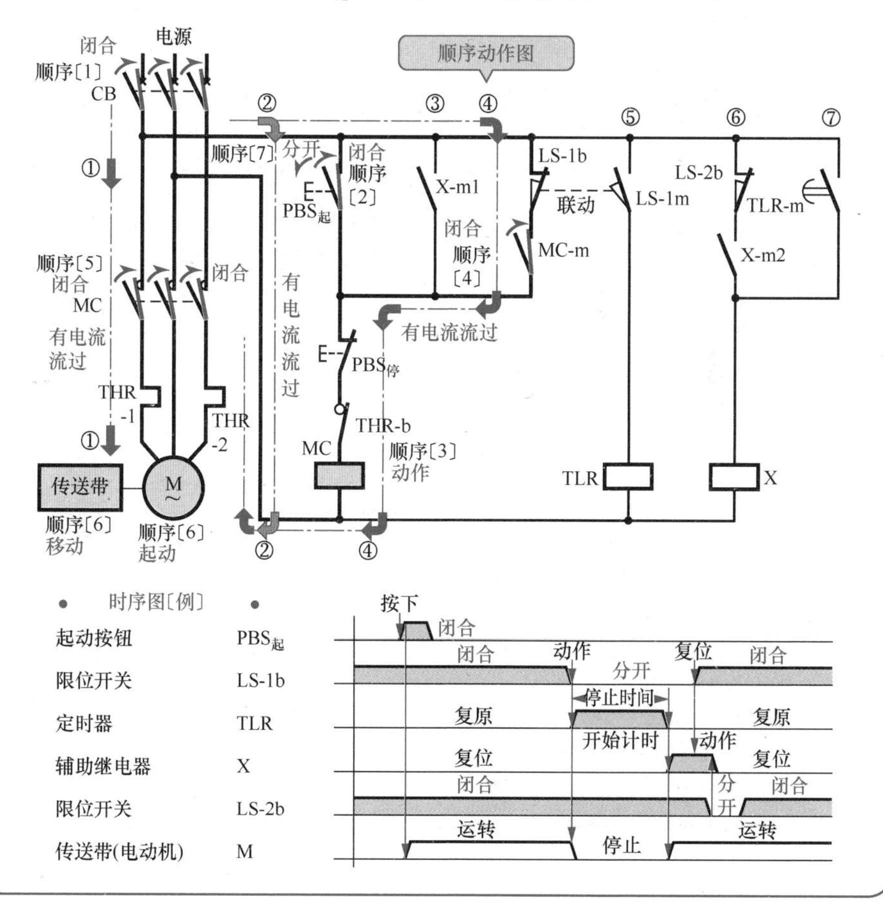

2 传送带的暂停控制电路的顺序动作（续）

由限位开关 LS–1 控制的停止动作顺序 ● 传送带停止 ●

❖ 当装设在传送带上的挡块因传送带的移动而触碰到限位开关 LS-1 时，电动机自动停止运转，传送带停止移动。

顺序〔8〕 当装设在传送带上的挡块因传送带的移动而触碰到限位开关 LS-1 时，电路⑤中的常开触点 LS-1m 闭合，电路④中的常闭触点 LS-1b 分开（联动的动作）。

〔9〕 限位开关 LS-1 的常开触点 LS-1m 闭合后，电流会流过电路⑤中的定时器线圈 TLR▭，定时器 TLR 开始计时。

〔10〕 限位开关 LS-1 的常闭触点 LS-1b 分开后，电流不再流过电路④中的线圈 MC▭，接触器 MC 复位。

〔11〕 当接触器 MC 复位时，电路①中的主触点 MC 断开。

〔12〕 接触器的主触点 MC 断开后，电路①中的电动机 M 断电停止运转，传送带停止移动。

〔13〕 当接触器 MC 复位时，电路④中的自锁常开触点 MC-m 分开，解除自锁。

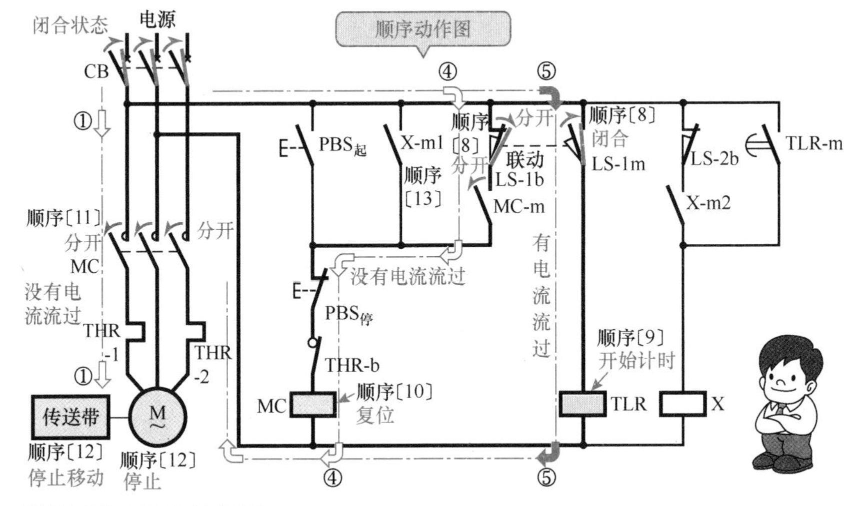

● 限位开关 LS–2 的作用 ●

（1） 虽然限位开关 LS-1 被挡块压着处于动作状态，但是，当传送带移动后，LS-1 复位，其常闭触点闭合，常开触点分开，在此期间会出现接触器线圈瞬间断电，使接触器往往不能完成自锁㊀。

（2） 为了保证在接触器 MC 完成自锁之后，定时器的延时动作瞬时复位常开触点 TLR-m 再分开，有必要设定一定的时间间隔（时间延迟）。

（3） 因此，要设置限位开关 LS-2 与 LS-1 留有少许距离，将其动作的时间差作为时间间隔，上述电路便是这样设置的。

㊀ 在没有限位开关 LS-2 及 X 的自锁常开触点 X-m2 回路的情况下。

由定时器 TLR 控制的起动动作顺序 ●传送带起动●

❖ 经过定时器的设定时间（传送带的暂停时间）后，电动机再度起动，传送带又开始移动。

顺序〔14〕经过定时器的设定时间后，定时器动作，电路⑦中的延时动作瞬时复位常开触点 TLR-m 闭合。

〔15〕延时动作瞬时复位常开触点 TLR-m 闭合后，电流会流过电路⑦中的线圈 X▭，辅助继电器 X 动作。

〔16〕当辅助继电器 X 动作时，电路⑥中的自锁常开触点 X-m2 闭合，实现自锁。

〔17〕当辅助继电器 X 动作时，电路③中的常开触点 X-m1 闭合。

〔18〕辅助继电器 X 的常开触点 X-m1 闭合后，电流会流过电路③中的线圈 MC ▭，接触器 MC 动作。

- 限位开关 LS-1 复位（顺序〔22〕）时，因为常开触点 X-m1 是在常闭触点 LS-1b 闭合后才会分开（顺序〔28〕），所以接触器 MC 会继续保持动作。

〔19〕当接触器 MC 动作时，电路①中的主触点 MC 闭合。

〔20〕接触器的主触点 MC 闭合后，电流会流过电路①中的电动机 M，电动机起动，传送带开始移动。

〔21〕当接触器 MC 动作时，电路④中的自锁常开触点 MC-m 闭合。

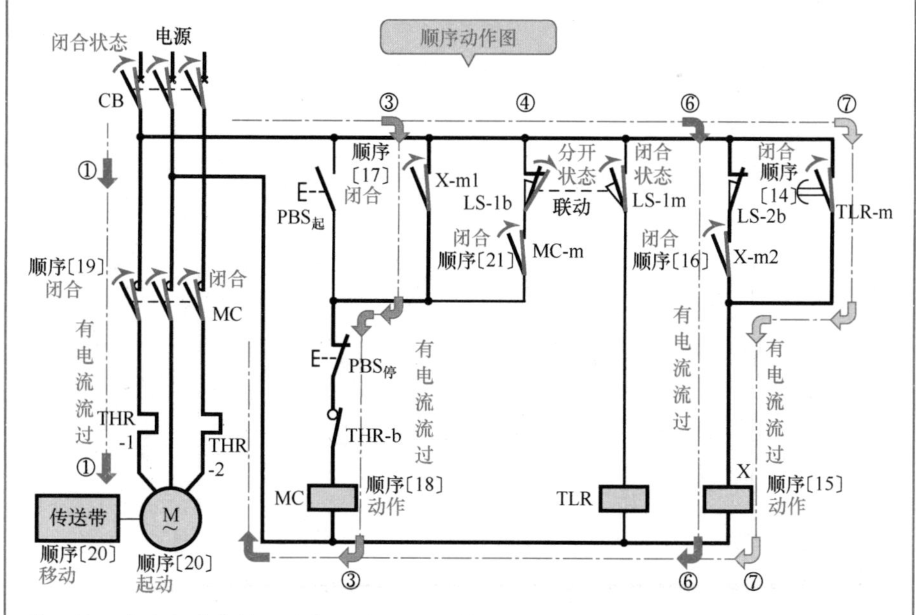

注：关于这个电路中的“限位开关 LS-2 的作用”，请参照本书第 210、212 页。

限位开关 LS-1、LS-2 的动作顺序　● 传送带继续向前移动 ●

❖ 当传送带向前移动时，挡块离开限位开关 LS-1 之后就会触碰到限位开关 LS-2，在这期间，传送带仍会继续向前移动。

顺序〔22〕当传送带向前移动时，限位开关 LS-1 离开挡块并且复位，电路⑤中的常开触点 LS-1m 分开，电路④中的常闭触点 LS-1b 闭合（虽然这个分开、闭合一瞬间的时间内会形成“瞬间断电”，但接触器 MC 会按顺序〔18〕所述，通过电路③中闭合的常开触点 X-m1 的通路来保持动作）。

〔23〕常开触点 LS-1m 分开后，电流不再流过电路⑤中的定时器线圈 TLR☐，定时器 TLR 复原。

〔24〕定时器 TLR 复原时其触点也会同时复位，电路⑦中的延时动作瞬时复位常开触点 TLR-m 分开。

〔25〕传送带继续前行，挡块触碰到限位开关 LS-2 时，电路⑥中的常闭触点 LS-2b 因动作而分开。

〔26〕限位开关 LS-2 的常闭触点 LS-2b 分开后，电流不再流过电路⑥中的线圈 X☐，辅助继电器 X 复位。

〔27〕当辅助继电器 X 复位时，电路⑥中的自锁常开触点 X-m2 分开。

〔28〕当辅助继电器 X 复位时，电路③中的常开触点 X-m1 分开。

- 即使触点 X-m1 分开，接触器 MC 也会通过电路④而继续动作。

〔29〕传送带继续前行，挡块离开限位开关 LS-2，电路⑥中的常闭触点 LS-2b 因复位而闭合。

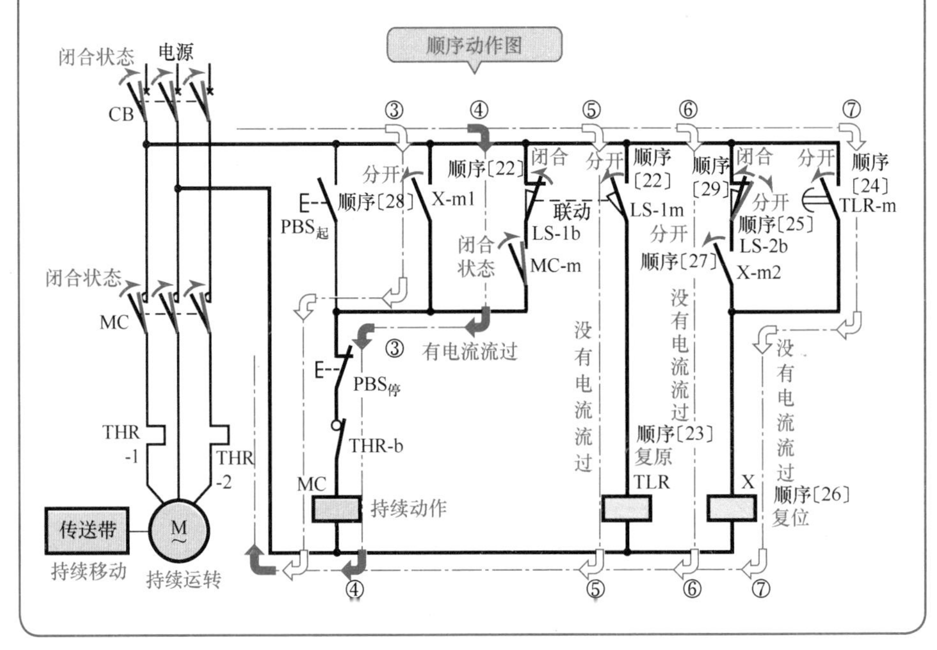

12-2 货运升降机的自动反转控制

1 货运升降机的自动反转控制的实际接线图

货运升降机的自动反转控制电路的实际接线图

❖ 在车间的 1 层和 2 层之间用来运送货物的升降机的实际接线图如下图所示。在这个电路中，按下起动按钮 PBS-F$_{起}$，货运升降机开始上升，到达 2 层时，触碰到限位开关 LS-2 升降机停止，同时，定时器 TLR 开始计时。经过定时器的设定时间后，其触点动作使电动机自动反转，升降机下降。当触碰到 1 层的限位开关 LS-1 时，升降机停止。

货运升降机的自动反转控制电路的实际接线图〔例〕

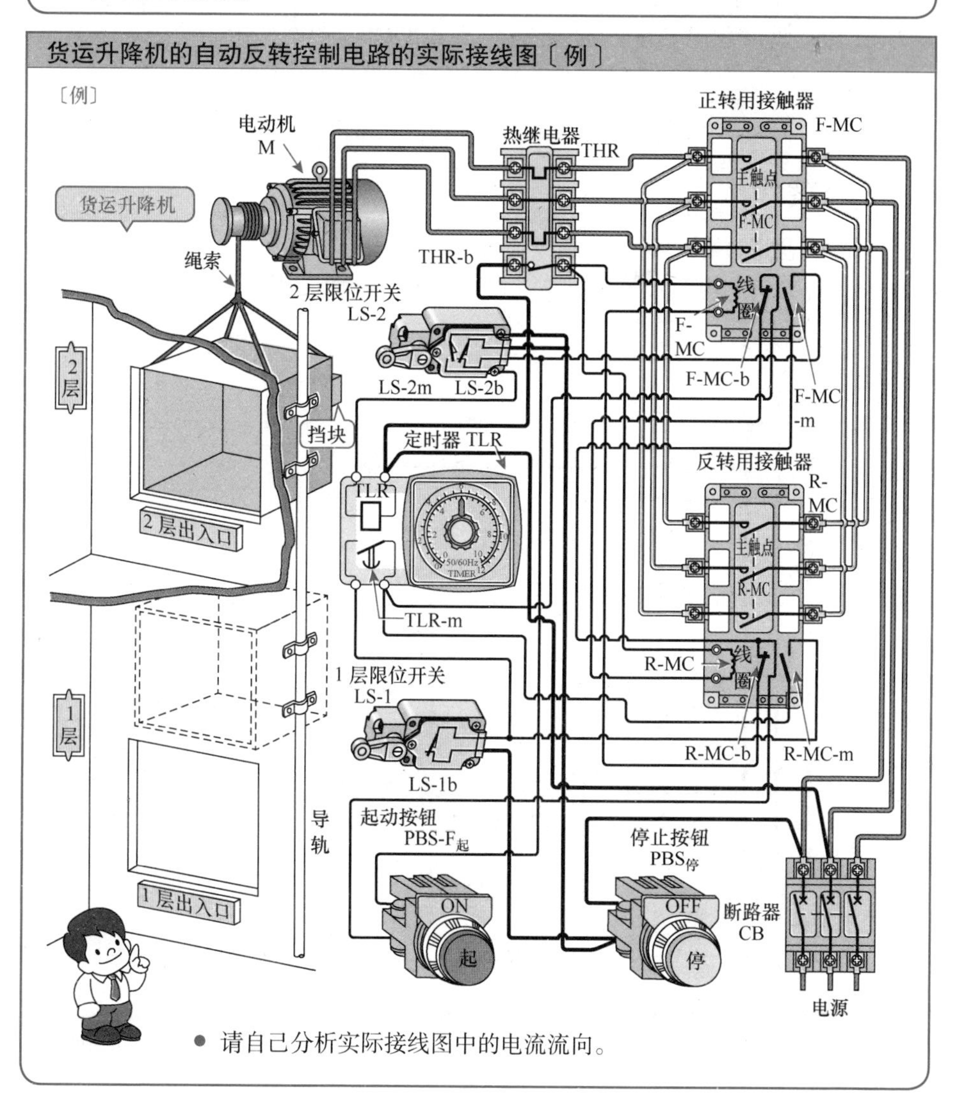

● 请自己分析实际接线图中的电流流向。

2 货运升降机的自动反转控制电路的顺序动作

由起动按钮 PBS-F起操作的起动动作顺序 • 升降机上升 •

❖ 按下起动按钮后，电动机正向旋转，货运升降机从 1 层向 2 层上升。

顺序〔1〕 合上电路①中的断路器 CB（电源开关），接通电源。

〔2〕 按下电路④中的起动按钮 PBS-F起，其触点闭合。

〔3〕 起动按钮 PBS-F起触点闭合后，电流流过电路④中的线圈 F-MC▭，正转用接触器 F-MC 动作。

〔4〕 当正转用接触器 F-MC 动作时，电路①中的主触点 F-MC 闭合。

〔5〕 正转用接触器的主触点 F-MC 闭合后，电路①中的电动机 M 通电正转，货运升降机从 1 层向 2 层上升。

〔6〕 当正转用接触器 F-MC 动作时，电路⑤中的自锁常开触点 F-MC-m 闭合，实现自锁。

〔7〕 当正转用接触器 F-MC 动作时，电路⑦中的常闭触点 F-MC-b 分开，反转用接触器 R-MC 被互锁。

〔8〕 当按下电路④中的起动按钮 PBS-F起的手放开时，其触点分开。

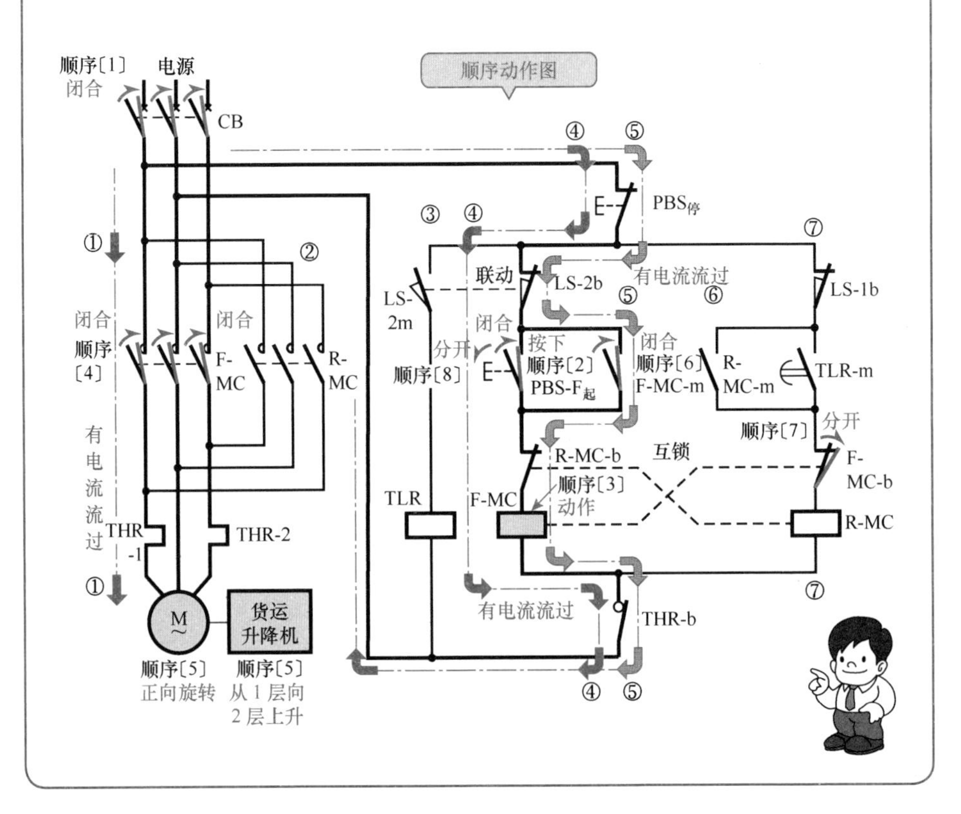

由限位开关 LS-2 控制的停止动作顺序 • 升降机在 2 层停止 •

❖ 随着货运升降机上升，安装在升降机上的挡块触碰到设置在 2 层的限位开关 LS-2，限位开关动作使升降机停止在 2 层。

顺序〔9〕 随着货运升降机上升，安装在升降机上的挡块触碰到限位开关 LS-2，限位开关动作，电路③中的常开触点 LS-2m 闭合，电路④、⑤中的常闭触点 LS-2b 分开（联动的动作）。

〔10〕限位开关 LS-2 的常开触点 LS-2m 闭合后，电流流过电路③中的定时器线圈 TLR■，定时器开始计时。

〔11〕限位开关 LS-2 的常闭触点 LS-2b 分开后，电流不再流过电路⑤中的线圈 F-MC■，正转用接触器 F-MC 复位。

〔12〕当正转用 F-MC 复位时，电路①中的正转用主触点 F-MC 断开。

〔13〕正转用接触器的主触点 F-MC 断开后，电路①中的电动机 M 断电停止运转，货运升降机停止在 2 层。

〔14〕当正转用接触器 F-MC 复位时，电路⑤中的自锁触点 F-MC-m 分开，解除自锁。

〔15〕当正转用接触器 F-MC 复位时，电路⑦中的常闭触点 F-MC-b 闭合，反转用接触器 R-MC 的互锁被解除。

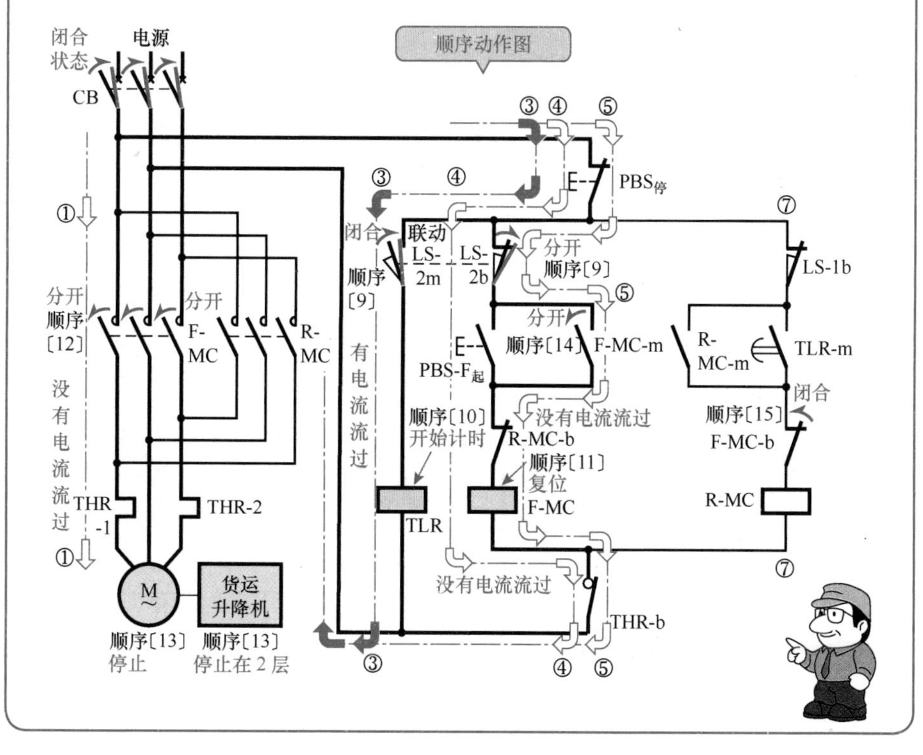

由定时器 TLR 控制的反转动作顺序 ● 升降机下降 ●

❖ 经过定时器的设定时间（升降机停止的时间）后，电动机会自动反转，货运升降机开始从 2 层向 1 层下降。

顺序〔16〕经过设定时间后，定时器 TLR 动作，电路⑦中的延时动作瞬时复位常开触点 TLR-m 闭合。

〔17〕延时动作瞬时复位常开触点 TLR-m 闭合后，电流会流过电路⑦中的线圈 R-MC▭，反转用接触器 R-MC 动作。

〔18〕当反转用接触器 R-MC 动作时，电路②中的反转用主触点 R-MC 闭合。

〔19〕主触点 R-MC 闭合后，电流通过电路②流入电动机 M，电动机反方向旋转，货运升降机从 2 层向 1 层下降。

〔20〕当反转用接触器 R-MC 动作时，电路⑥中的自锁常开触点 R-MC-m 闭合，实现自锁。

〔21〕当反转用接触器 R-MC 动作时，电路④中的常闭触点 R-MC-b 分开，正转用接触器 F-MC 被互锁。

〔22〕当货运升降机从 2 层向 1 层下降时，限位开关 LS-2 离开挡块而复位，电路③中的常开触点 LS-2m 分开，电路④中的常闭触点 LS-2b 闭合（联动的动作）。

〔23〕限位开关 LS-2 的常开触点 LS-2m 分开后，电流不再流过电路③中的定时器线圈 TLR▭，定时器 TLR 断电复位。

〔24〕当定时器 TLR 复位时，电路⑦中的延时动作瞬时复位常开触点 TLR-m 分开。

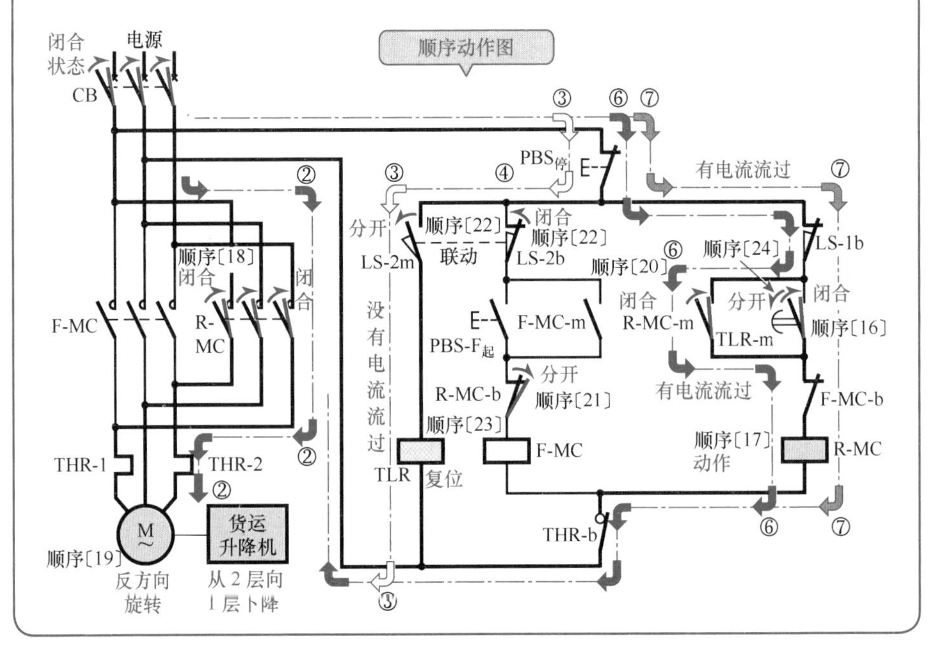

由限位开关 LS-1 控制的停止动作顺序 ●升降机在 1 层停止●

❖ 随着货运升降机下降，安装在升降机上的挡块触碰到设置在 1 层的限位开关 LS-1，限位开关动作，使升降机停止在 1 层。

顺序〔25〕随着货运升降机下降，安装在升降机上的挡块触碰到限位开关 LS-1，限位开关动作，电路⑥、⑦中的常闭触点 LS-1b 分开。

〔26〕限位开关 LS-1 的常闭触点 LS-1b 分开后，电流不再流过电路⑥中的线圈 R-MC▇，反转用接触器复位。

〔27〕当反转用接触器 R-MC 复位时，电路②中的反转用主触点 R-MC 断开。

〔28〕反转用接触器的主触点 R-MC 断开后，电路②中的电动机 M 断电停止运转，货运升降机停止在 1 层。

〔29〕当反转用接触器 R-MC 复位时，电路⑥中的自锁常开触点 R-MC-m 分开，解除自锁。

〔30〕当反转用接触器 R-MC 复位时，电路④中的常闭触点 R-MC-b 闭合，正转用接触器 F-MC 的互锁被解除。

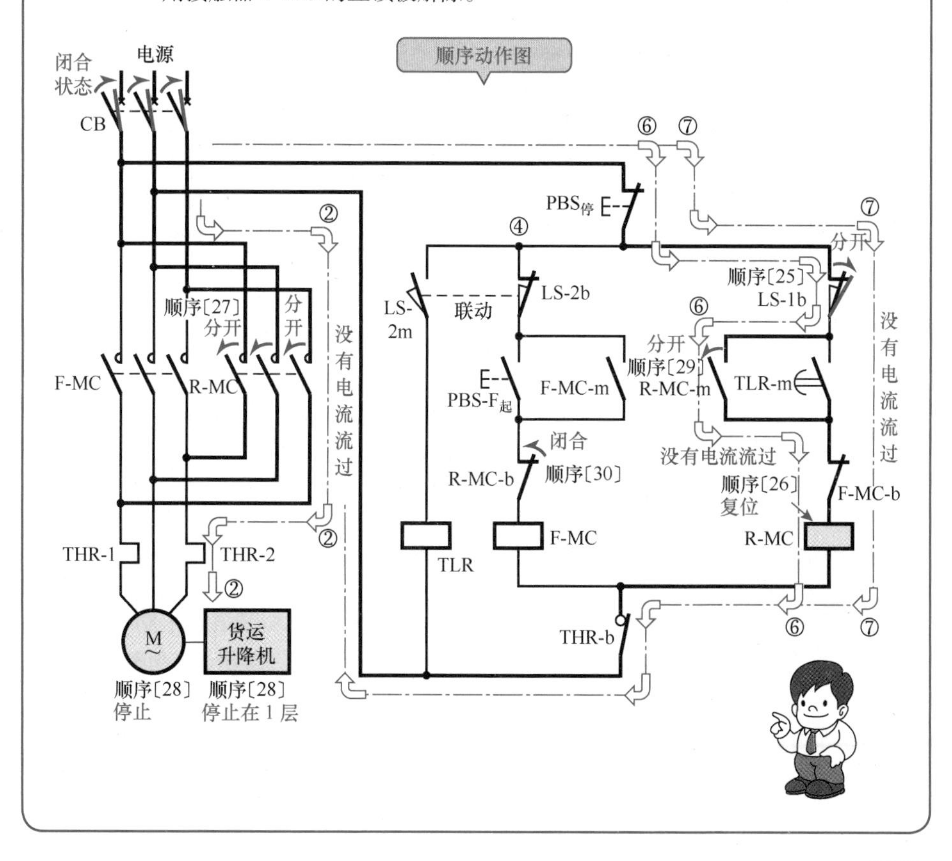

卷帘门的自动开闭控制

❖ 在楼宇、车间等处的入口，常常设有卷帘门。如果能够实现卷帘门的自动开闭控制，这对于出入将是很方便的。

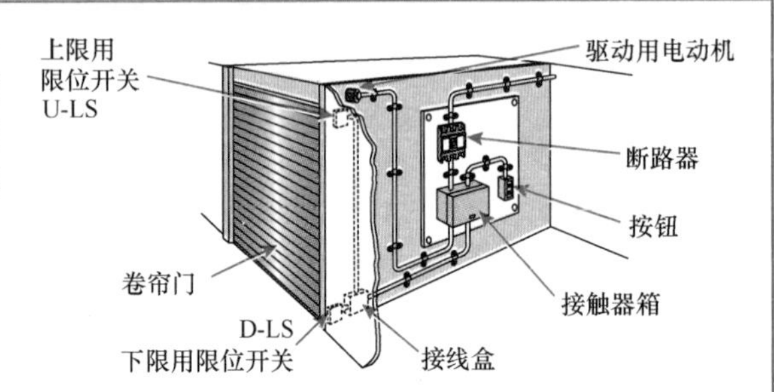

卷帘门自动开闭控制的顺序图

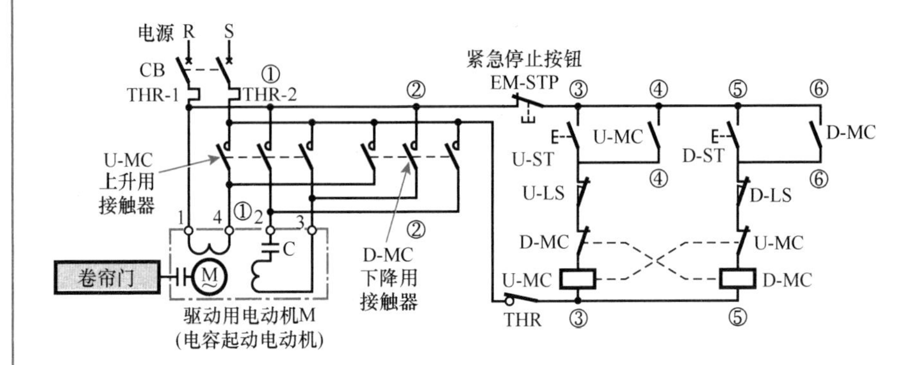

1. 卷帘门的“开启”动作顺序

（1）将断路器 CB（电源开关）合闸，按下电路③中的上升用按钮 U-ST 之后，上升用接触器 U-MC 动作，电路④中的自锁常开触点 U-MC 以及电路①中的主触点 U-MC 闭合，驱动用电动机 M 正向旋转，卷帘门上升、开启。

（2）当卷帘门上升到上限位置时，电路③中的上限用限位开关 U-LS 因动作而分开，上升用接触器复位，电路④中的自锁常开触点 U-MC 以及电路①中的主触点 U-MC 断开，驱动用电动机 M 停止运转，卷帘门停止开启。

2. 卷帘门的“关闭”动作顺序

（1）按下电路⑤中的下降用按钮 D-ST 后，下降用接触器 D-MC 动作，电路⑥中的自锁常开触点 D-MC 以及电路②中的主触点 D-MC 闭合，驱动用电动机 M 反向旋转，卷帘门下降、关闭。

（2）当卷帘门下降到下限位置时，电路⑤中的下限用限位开关 D-LS 就会因动作而断开，下降用接触器就会复位，电路⑥中的自锁常开触点 D-MC 以及电路②中的主触点 D-MC 就会断开，驱动用电动机 M 停止运转，卷帘门停止关闭。

第 13 章

水泵设备的顺序控制

本章关键点

本章的内容虽然和第 11 章的给排水设备相关联，但重点是讲述水泵的运转方面的知识，并以实际装置为例，介绍水泵运转的控制顺序。

（1）“水泵的反复运转控制”是指水泵不连续运转，即运转一定时间后停止，经过一定时间后再次自动起动的运转方式。这种方式需要使用 2 个定时器，所以请以时序图为基础，仔细分析其顺序动作的时间过程。

（2）在两台水泵中，“水泵的顺序起动控制”规定从 No.1 水泵开始起动。这种电路除了用于水泵控制，还可用于输送机的串联运行，燃烧器的自动点火和灭火，空调的起动等电路。所以要牢固掌握这种电路的原理，并将这些知识变成自己的东西。

13-1 水泵的反复运转控制

1 水泵的反复运转控制的实际接线图

水泵的反复运转控制电路的实际接线图

❖ 水泵运转一段时间后自动停止，停止一段时间后再次自动起动运转，这就是水泵的反复运转控制。下图是水泵的反复运转控制电路的实际接线图的一个例子。

水泵的反复运转控制电路的实际接线图〔例〕㊀

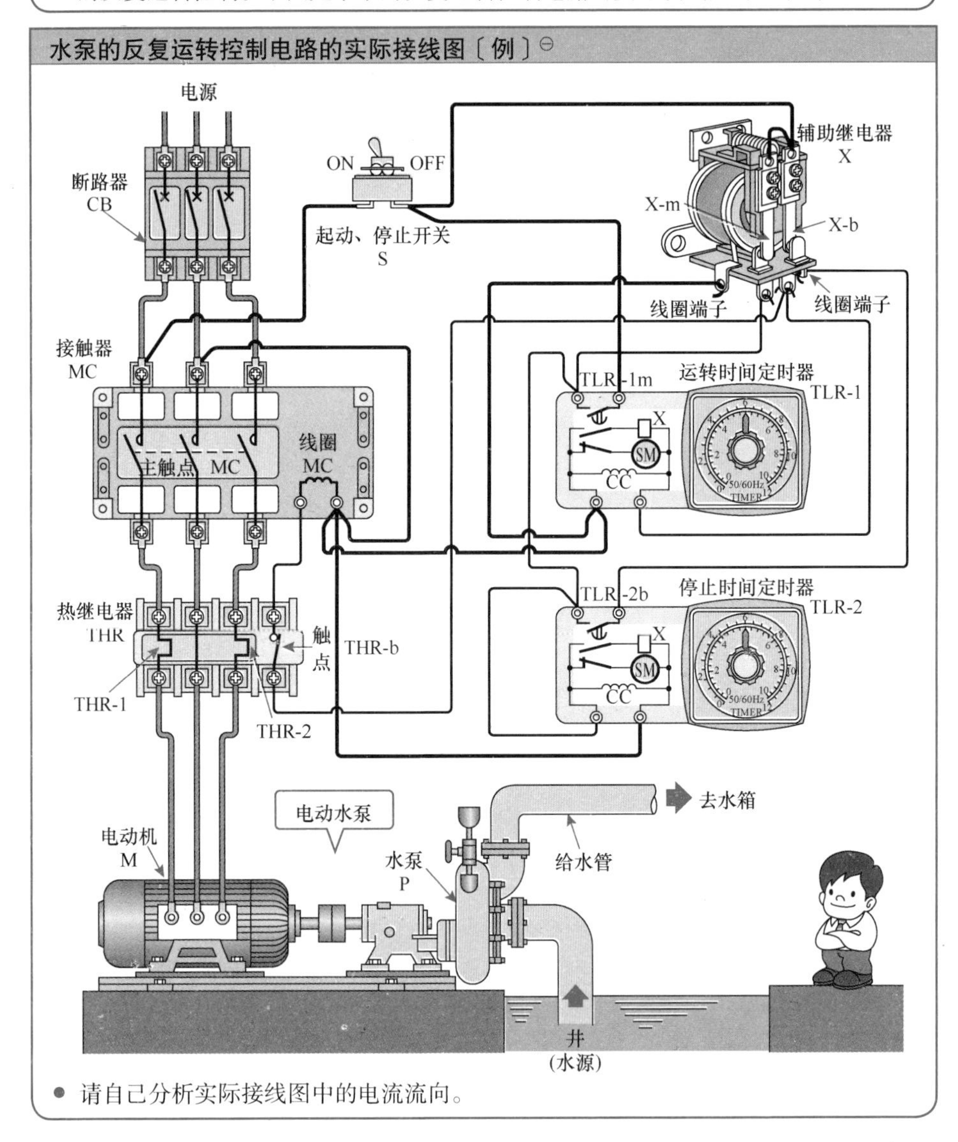

● 请自己分析实际接线图中的电流流向。

㊀ 实际接线图中的开关 S 是钮子开关，而后面顺序图中用的图形符号是按钮。——译者注

2 水泵反复运转控制电路的顺序动作

由起动开关控制的起动动作顺序 ●水泵的起动●

❖ 当起动开关 S 接通时，电动机起动，水泵开始抽水。

顺序〔1〕 合上电路①断路器 CB（电源开关）。

〔2〕 合上电路②的起动开关 S。

〔3〕 起动开关 S 闭合后，电路②中的运转时间定时器 TLR-1 通电，开始计时。

〔4〕 起动开关 S 闭合后，电流流过电路③中的线圈 MC▭，接触器 MC 动作。

〔5〕 接触器 MC 动作，电路①中的主触点 MC 闭合。

〔6〕 接触器的主触点 MC 闭合，电路①中的电动机通电起动。

〔7〕 电动机 M 起动后，水泵 P 也随之运转，开始从水源抽水。

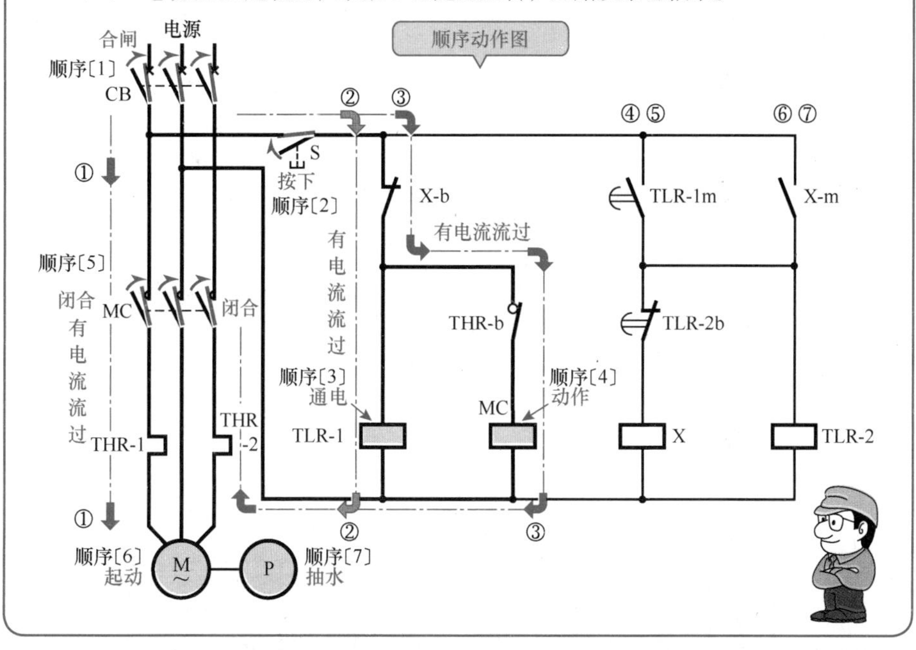

水泵反复运转控制的时序图〔例〕

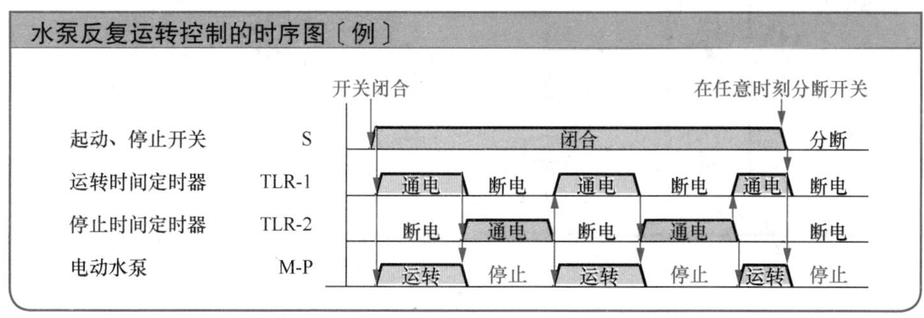

由运转时间定时器 TLR–1 控制的停止动作顺序　● 水泵的停止 ●

❖ 当运转时间定时器 TLR-1 经过设定时间（运转时间）后，电动机自动停止运转，水泵停止抽水。

顺序〔8〕 运转时间定时器 TLR-1 经过设定时间后动作，电路④、⑤中的延时动作瞬时复位常开触点 TLR-1m 闭合。

〔9〕 延时动作瞬时复位常开触点 TLR-1m 闭合后，电流流过电路⑤中的线圈 TLR-2▭，停止时间定时器 TLR-2 通电，开始计时。

〔10〕 延时动作瞬时复位常开触点 TLR-1m 闭合后，电流流过电路④中的线圈 X▭，辅助继电器 X 动作。

〔11〕 当辅助继电器 X 动作时，电路⑥、⑦中的自锁常开触点 X-m 闭合，实现自锁。

〔12〕 当辅助继电器 X 动作时，电路②、③中的常闭触点 X-b 分开。

● 触点 X-b 分开后，以下的顺序〔13〕和〔17〕的动作同时进行。

〔13〕 辅助继电器 X 的常闭触点 X-b 分开后，电流不再流入电路③中的线圈 MC▭，接触器 MC 复位。

〔14〕 当接触器 MC 复位时，电路①中的主触点 MC 分开。

〔15〕 接触器的主触点 MC 分开后，电路①中的电动机 M 断电，停止运转。

〔16〕 电动机 M 停止运转后，水泵 P 也随之停止运转，并停止从水源抽水。

〔17〕 辅助继电器 X 的常闭触点 X-b 分开后，电流不再流过电路②中的定时器线圈 TLR-1▭，运转时间定时器 TLR-1 断电。

〔18〕 当运转时间定时器 TLR-1 断电时，电路④、⑤中的延时动作瞬时复位常开触点 TLR-1m 分开。

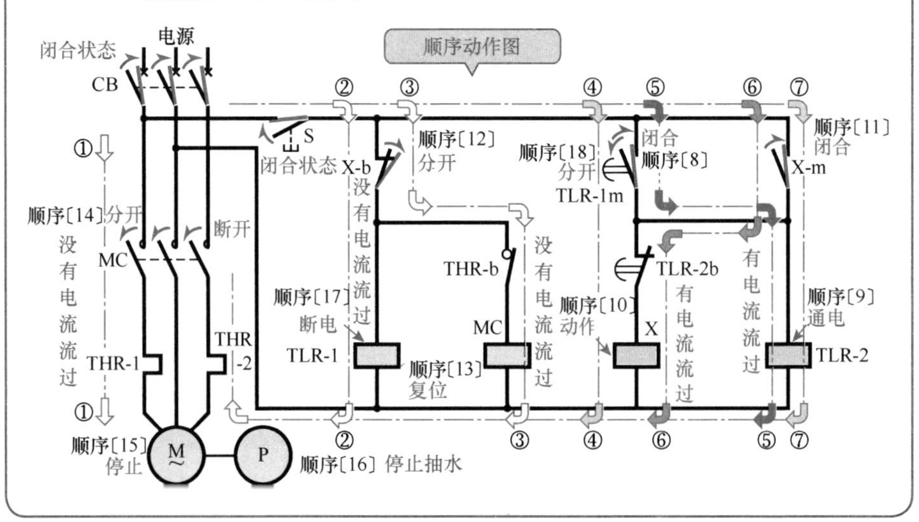

由停止时间定时器 TLR–2 控制的起动动作顺序 ● 水泵的起动 ●

❖ 停止时间定时器 TLR-2 经过设定时间（停止时间）后，电动机自动起动，水泵开始抽水。

顺序〔19〕停止时间定时器 TLR-2 经过设定时间后动作，电路⑥中的延时动作瞬时复位常闭触点 TLR-2b 分开。

〔20〕延时动作瞬时复位常闭触点 TLR-2b 分开后，电流不再流过电路⑥中的线圈 X▆，辅助继电器 X 复位。

- 辅助继电器 X 复位后，顺序〔21〕和〔27〕的动作同时进行。

〔21〕当辅助继电器 X 复位时，电路②、③中的常闭触点 X-b 闭合。

〔22〕辅助继电器 X 的常闭触点 X-b 闭合后，电流流过电路②中的定时器线圈 TLR-1▆，运转时间定时器 TLR-1 通电，开始定时。

〔23〕辅助继电器 X 的常闭触点 X-b 闭合后，电流流过电路③中的线圈 MC▆，接触器 MC 动作。

〔24〕当接触器 MC 动作时，电路①中的主触点 MC 闭合。

〔25〕接触器的主触点 MC 闭合后，电路①中的电动机 M 通电起动。

〔26〕电动机 M 起动后，水泵 P 随之运转，开始从水源抽水。

〔27〕当辅助继电器 X 复位时，电路⑥、⑦中的自锁常开触点 X-m 分开，解除自锁。

〔28〕辅助继电器 X 的自保常开触点 X-m 分开后，电流不再流过电路⑦中的定时器线圈 TLR-2▆，停止时间定时器 TLR-2 断电。

〔29〕当停止时间定时器 TLR-2 断电时，电路⑥中的延时动作瞬时复位常闭触点 TLR-2b 闭合。

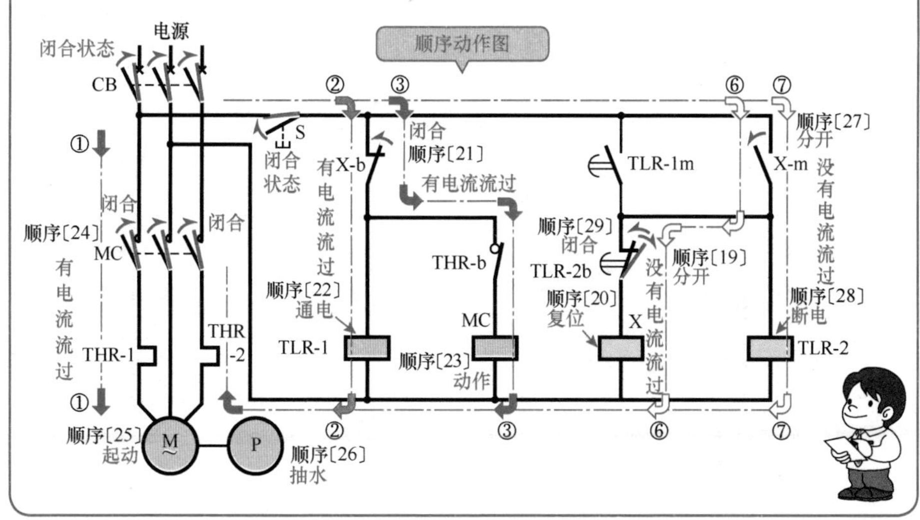

13-2　水泵的顺序起动控制

1　水泵的顺序起动控制的实际接线图

水泵的顺序起动控制的实际接线图

❖ 如下面的实际接线图所示，当按下起动按钮时，两个水泵中的 No.1 水泵总是先起动，经过一段时间后 No.2 水泵再起动。这是水泵的顺序起动控制的示例。

水泵的顺序起动控制的实际接线图〔例〕

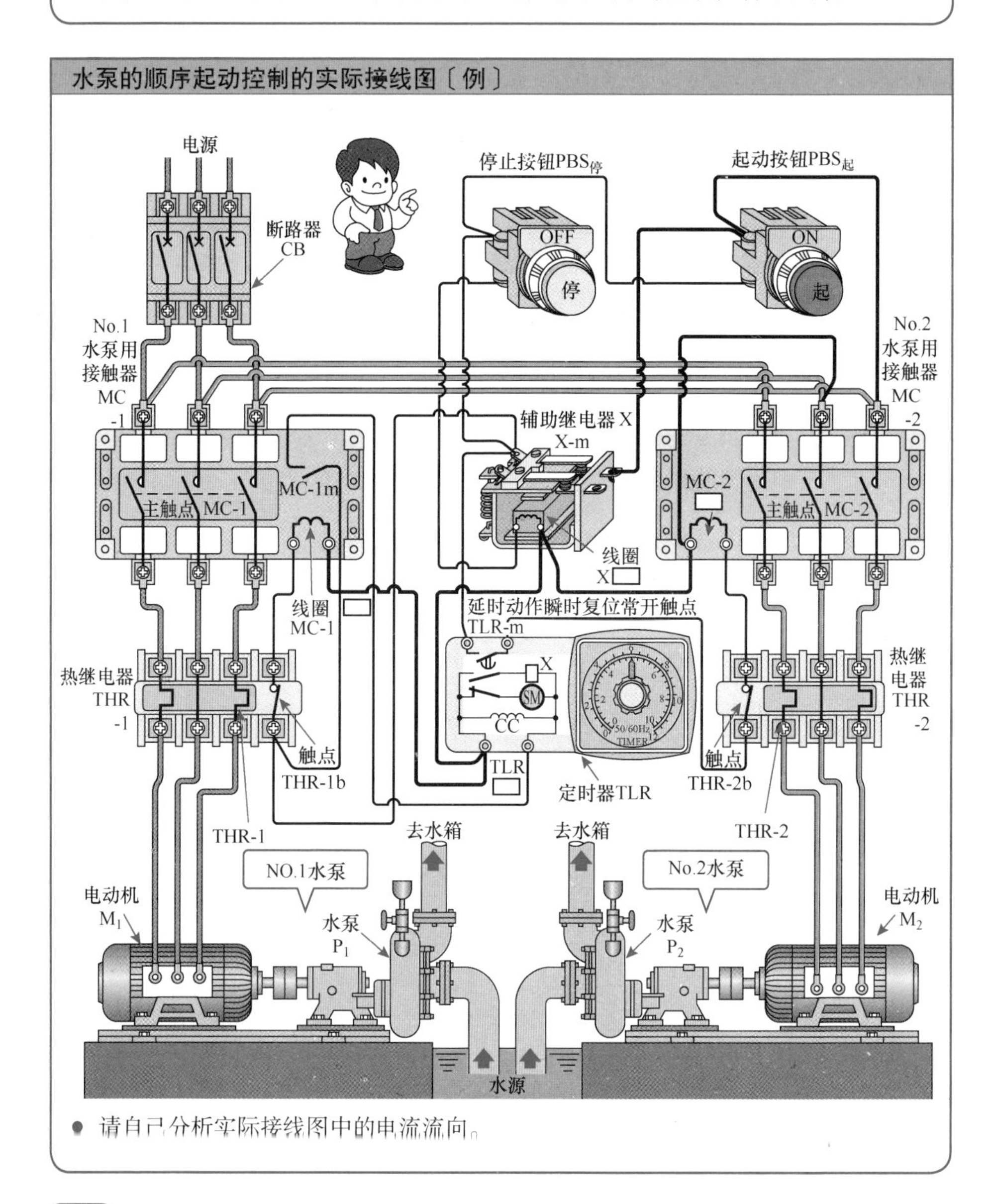

● 请自己分析实际接线图中的电流流向。

2 水泵的顺序起动控制电路的顺序动作

No.1 水泵的起动动作顺序 ● No.1 水泵的起动 ●

❖ 按下起动按钮，No.1 水泵起动，开始抽水。

〔1〕 将电路①中断路器 CB（电源开关）合闸。

〔2〕 按下电路③中的起动按钮 PBS$_{起}$，其触点闭合。

〔3〕 按下起动按钮 PBS$_{起}$后，电流流过电路③中的线圈 X▢，辅助继电器 X 动作。

〔4〕 当辅助继电器 X 动作时，电路④的自锁常开触点 X-m 闭合，实现自锁。

〔5〕 辅助继电器 X 的自锁常开触点 X-m 闭合后，电流流过电路⑤中的线圈 MC-1▢，No.1 水泵用接触器 MC-1 动作。

〔6〕 No.1 水泵用接触器 MC-1 动作时，电路①中的 No.1 水泵用接触器的主触点 MC-1 同时闭合。

〔7〕 No.1 水泵用接触器的主触点 MC-1 闭合后，电路①中的 No.1 水泵用电动机 M_1 起动，水泵 P_1 开始抽水。

〔8〕 当 No.1 水泵用接触器 MC-1 动作时，电路⑥中的 No.1 水泵用接触器的常开触点 MC-1m 闭合。

〔9〕 No.1 水泵用接触器的常开触点 MC-1m 闭合后，电流流过电路⑥中的定时器的线圈 TLR▢，定时器 TLR 通电，开始计时。

〔10〕 按下电路 ③中的起动按钮 PBS$_{起}$的手放开后，触点分开。

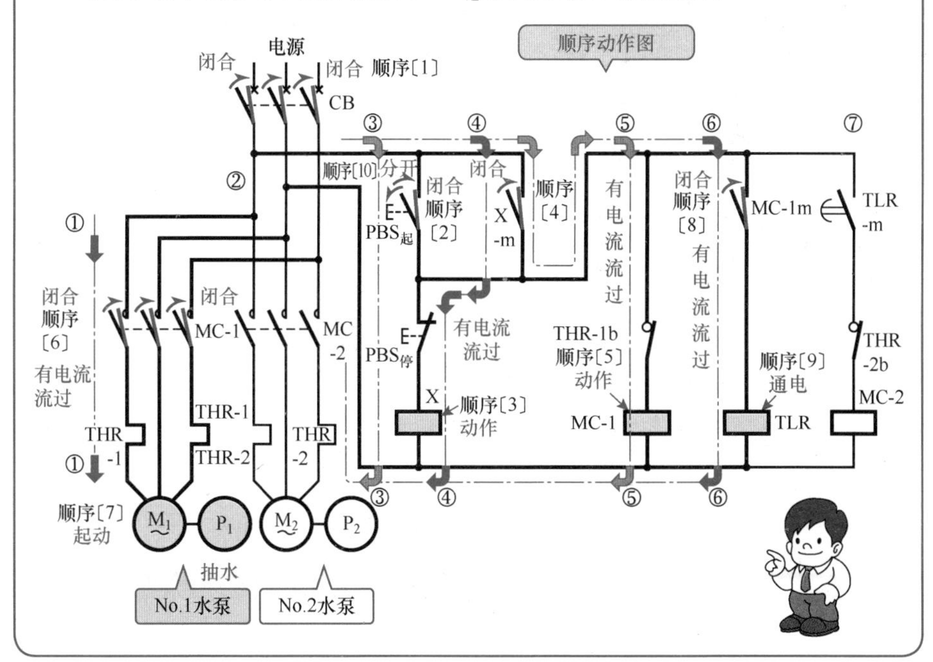

No.2 水泵的起动动作顺序

● No.2 水泵的起动 ●

❖ 定时器经过设定时间（No.1 水泵和 No.2 水泵之间的运转间隔时间）后，No.2 水泵起动，开始抽水。

顺序〔11〕定时器 TLR 经过设定时间后动作，电路⑦中的延时动作瞬时复位常开触点 TLR-m 闭合。

〔12〕延时动作瞬时复位常开触点 TLR-m 闭合后，电流流过电路⑦中的线圈 MC-2▢，No.2 水泵用接触器 MC-2 动作。

〔13〕当接触器 MC-2 动作时，电路②中的主触点 MC-2 闭合。

〔14〕No.2 水泵用接触器的主触点 MC-2 闭合后，电路②中的 No.2 水泵电动机 M_2 起动，水泵 P_2 开始抽水。

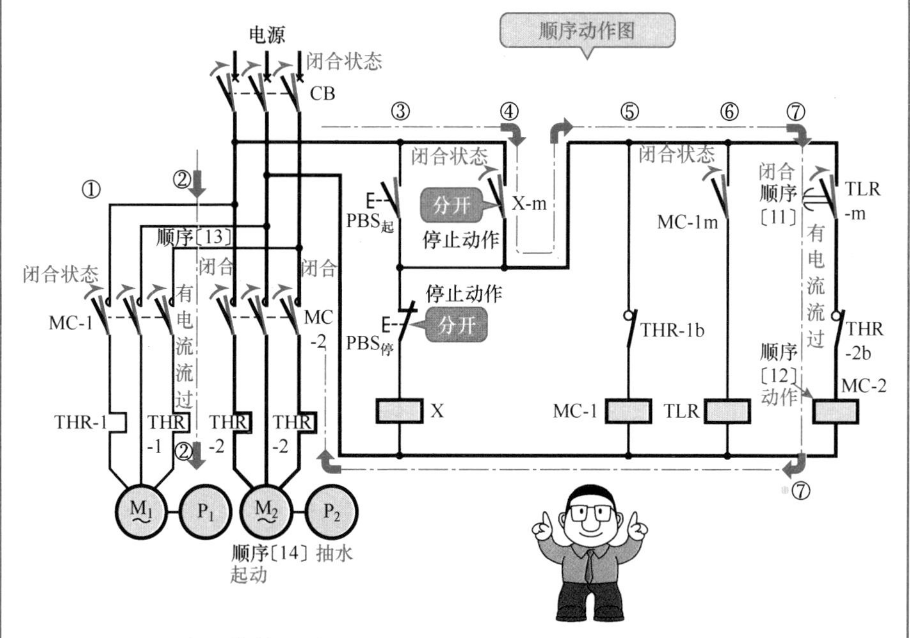

● No.1，No.2 水泵的停止动作顺序 ●

❖ 当按下停止按钮时，No.1 水泵和 No.2 水泵同时停止。

（1）按下电路③中的停止按钮 $PBS_{停}$时，触点分开，辅助继电器 X 复位，电路④中的自锁常开触点 X-m 分开，解除自锁。

（2）自锁触点 X-m 分开后，电流不再流过电路⑤中的 MC-1、电路⑥中的 TLR 和电路⑦中的 MC-2，三者全部复位。

（3）MC-1、MC-2 复位，电路①中的主触点 MC-1、电路②中的主触点 MC-2 分开，No.1 水泵和 No.2 水泵也同时停止运转。

第 14 章

停车场设备和防灾设备的顺序控制

本章关键点

本章基于装置实例，介绍了写字楼、工厂等处的停车场设备和防灾设备的顺序控制。

（1）毫无疑问，对于有车族或者司机来说，理应熟悉停车场的顺序控制，即使是不开车的人士，也有必要阅读本章的内容。

（2）“停车场的空位、满位指示控制电路”，是由简单的“常开触点的串联电路”和“常闭触点的并联电路”构成的，请详细理解其动作原理。

（3）对于采用 2 个光电开关的“停车场卷帘门的自动开闭控制电路”，是按照动作顺序来解说的。

（4）比如说发生火灾的时候，你将会怎么做呢？这个防灾设备的顺序控制会起到一定的指导作用。

（5）本章介绍了采用热传感器的“火灾警报器的控制电路”，这个电路在发生火灾时能够发出警报。

（6）本章介绍了只要按下火灾警报器的按钮，消防泵就会自动动作的“消防泵控制电路”。

14-1 停车场设备的顺序控制

1 停车场的空位、满位指示控制电路

停车场的空位、满位指示控制

❖ 停车场的空位、满位指示控制是指采用光电开关检测停车场内的各个车位状况，并用灯光指示出是空位还是满位的控制方式。其中要用到电磁继电器触点构成的常开触点的串联电路和常闭触点的并联电路。

〔例〕

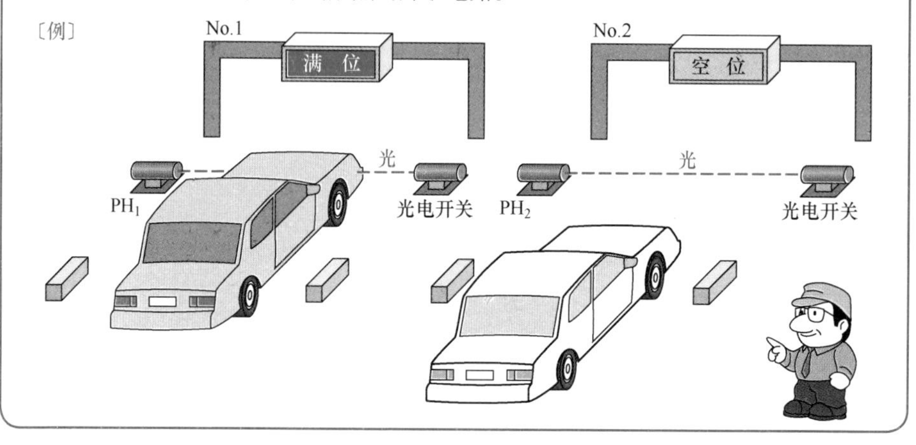

立体停车场

❖ 立体停车场可以有效地利用城市中高价的土地，所以普及立体停车场会带来显著的效益。

（1）**多层循环方式立体停车场：**
对于两层以上的平面停车场，有使平面停车位水平循环移动的方式，将水平循环动作与升降机的升降动作组合的方式。

（2）**垂直循环方式立体停车场：**
使停车位垂直循环来保管汽车，即所谓的旋转木马方式。

（3）**水平循环方式立体停车场：**
对于在平面上排列 2 列以上的停车场，有使停车位水平方向循环的方式，将循环动作与升降机的升降动作组合的方式。

1 停车场的空位、满位指示控制电路（续）

停车场的空位、满位指示控制的顺序　● 可以停 3 台车的情况 ●

● 动作〔1〕车辆进入到停车场的 No.1 停车位的时候 ●

（1）当车辆进入停车场的 No.1 停车位时，电路①中的光电开关 PH_1 发出的光被车体遮挡，其常开触点 PH_1-m 闭合。

（2）光电开关 PH_1 的常开触点 PH_1-m 闭合后，电路①中的辅助继电器 X_1 动作，电路④中的常开触点 X_1-m 闭合，电路⑤中的常闭触点 X_1-b 分开。

（3）在电路④中，即使常开触点 X_1-m 闭合，也会因为常开触点 X_2-m、常开触点 X_3-m 是分开的，红灯依旧是熄灭的。

（4）即使电路⑤中的常闭触点 X_1-b 分开，也会因为电路⑥中的常闭触点 X_2-b、电路⑦中的常闭触点 X_3-b 是闭合的，绿灯依旧是点亮的。

● 动作〔2〕车辆进入到停车场的 No.2 停车位的时候 ●

（1）当车辆进入停车场的 No.2 停车位时，电路②中的光电开关 PH_2 动作，其常开触点 PH_2-m 闭合，辅助继电器 X_2 动作。

（2）当辅助继电器 X_2 动作时，电路④中的常开触点 X_2-m 闭合，电路⑥中的常闭触点 X_2-b 分开。

（3）因为电路④中的常开触点 X_3-m 是分开的，所以红灯 RL 并不点亮；因为电路⑦中的常闭触点 X_3-b 是闭合的，所以绿灯 GL 依旧点亮。

● 动作〔3〕车辆进入到停车场的 No.3 停车位的时候 ●

（1）当车辆进入停车场的 No.3 停车位时，电路③中的光电开关 PH_3 动作，其常开触点 PH_3-m 闭合，辅助继电器 X_3 动作。

（2）当辅助继电器 X_3 动作时，电路④中的常开触点 X_3-m 闭合，电路⑦中的常闭触点 X_3-b 分开。

（3）在电路④中，因为常开触点 X_1-m、常开触点 X_2-m、常开触点 X_3-m 全部闭合，所以红灯点亮，给出满位指示。

（4）因为常闭触点 X_1-b、常闭触点 X_2-b、常闭触点 X_3-b 全部分开，所以绿灯熄灭，不再指示空位。

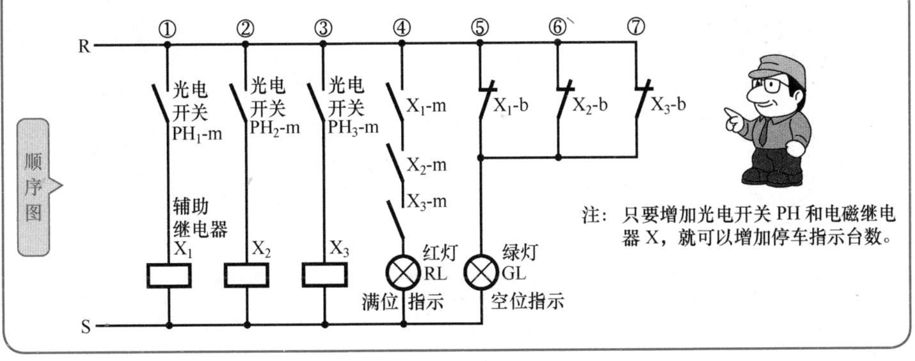

注：只要增加光电开关 PH 和电磁继电器 X，就可以增加停车指示台数。

2 停车场卷帘门的自动开闭控制电路

停车场卷帘门的自动开闭控制

- 当汽车接近停车场的卷帘门、遮挡住光电开关 PH_1 发出的光时，卷帘门就会自动开启。通过上限限位开关 U-LS 的动作，使得卷帘门停止上升。
- 当汽车通过卷帘门、遮挡住来自下一个光电开关 PH_2 的光时，卷帘门就会自动关闭。通过下限限位开关 D-LS 的动作，使得卷帘门停止下降。

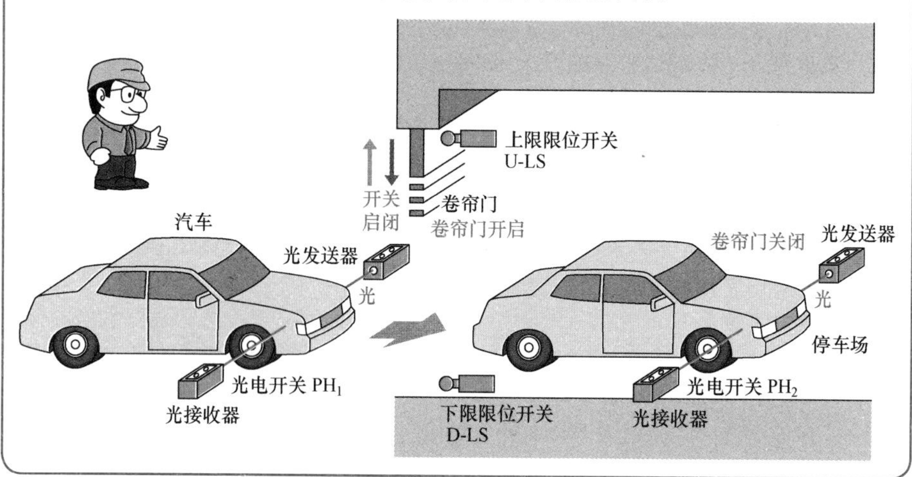

停车场卷帘门的自动开闭控制顺序图〔例〕

• 采用2个光电开关的情况 •　　　　—动作说明：参照下页—

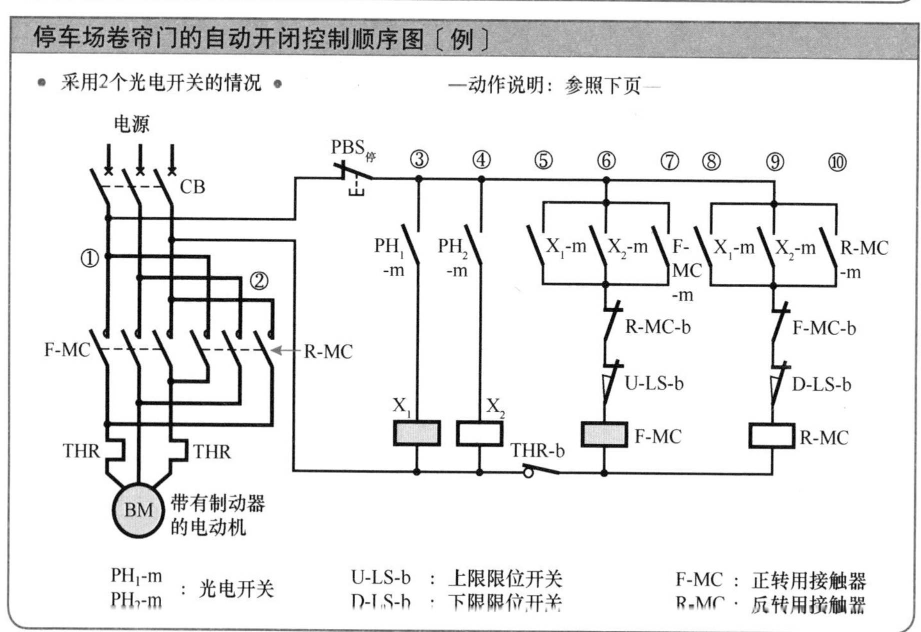

2 停车场卷帘门的自动开闭控制电路（续）

停车场卷帘门的自动开闭控制的顺序动作

● 汽车从外部进入停车场时 ●　　— 参照前页的顺序图 —

1. 卷帘门“打开”的动作（注意：从停车场出来时也是相同的动作）

（1）当汽车遮挡了来自停车场前面的光电开关 PH_1 的光时，电路③中的常开触点 PH_1-m 闭合，使辅助继电器 X_1 动作，电路⑤中的常开触点 X_1-m 闭合，正转用接触器 F-MC 动作（因为卷帘门是关闭着的，所以电路⑨中的常闭触点 D-LS-b 是分开的，R-MC 不会动作）。

（2）当正转用接触器 F-MC 动作时，电路①中的主触点 F-MC 闭合，带有制动器的电动机 BM 正向旋转，使卷帘门上升、开启。

（3）当卷帘门上升，触碰到上限限位开关 U-LS 时，电路⑥中的常闭触点 U-LS-b 因动作而分开，使正转用接触器 F-MC 复位，电路①中的主触点 F-MC 分开，带有制动器的电动机 BM 停止运转，卷帘门停止上升。

2. 卷帘门“关闭”的动作

（1）当汽车通过卷帘门，遮挡了来自光电开关 PH_2 的光时，电路④中的常开触点 PH_2-m 闭合，使辅助继电器 X_2 动作，电路⑨中的常开触点 X_2-m 闭合，反转用接触器 R-MC 动作。

（2）当反转用接触器 R-MC 动作时，电路②中的主触点 R-MC 闭合，带有制动器的电动机 BM 反向旋转，使卷帘门下降、关闭。

（3）当卷帘门下降，触碰到下限限位开关 D-LS 时，电路 ⑨中的常闭触点 D-LS-b 因动作而分开，使反转用接触器 R-MC 复位，电路②中的主触点 R-MC 分开，带有制动器的电动机 BM 停止运转，卷帘门停止下降。

由 2 级箱形循环方式构成的立体停车场

❖ 由 2 级箱形循环方式构成的立体停车场是指两侧设有升降机，中间设有横向传送部分的停车场。汽车停泊在托盘（承载车体用）上，垂直方向用升降机移动，水平方向在导轨上移动。两个升降机上总是保持有 1 张托盘，控制上的重点是对托盘部分实施定位控制。

❖ 现在假设 B1 层的某个托盘要被调出。首先是出入库口的托盘（升降机 A）下降到 B2（此时升降机 B 也在 B2 并是空位），所有托盘依次左移，升降机 A 的托盘横向移入 B2 层。然后两升降机同时升到 B1 层，在 B1 层所有的托盘再依次右移，向升降机 A 移入 1 张托盘，升降机 B 的托盘移入 B1。经过多次循环操作，最后将需要调出的托盘移送到升降机 A 上后，再由升降机 A 上升运送到出入库口。

<2 级箱形循环方式的立体停车场>

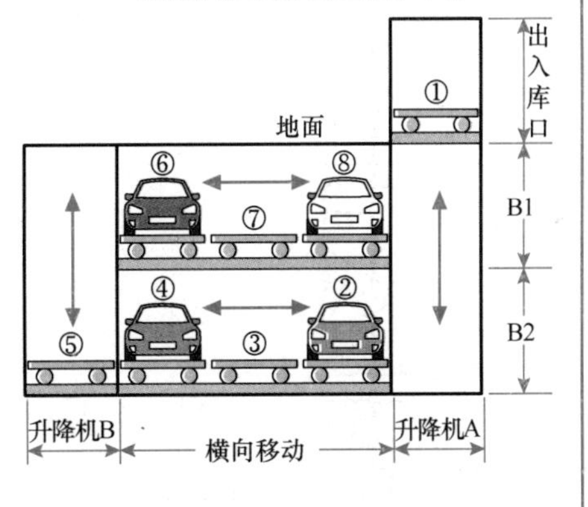

译者注：图中的数字序号表示托盘循环移动的顺序。

14-2　防灾设备的顺序控制

1　火灾警报器的控制电路

火灾警报器的控制

- 如果不分时间和地点，只是依靠值班人员巡视和人们的感觉来发现火情，可想而知，效果是有很大的局限性。
- 火灾警报器的作用是，当发生火灾时，热传感器就会因温度变化而动作，其中的触点闭合使蜂鸣器鸣响，发出警报。

热传感器的结构〔例〕

- 双金属片式热传感器
  当周围的温度达到高温（70℃以上）时，圆形双金属片反转而使触点闭合。

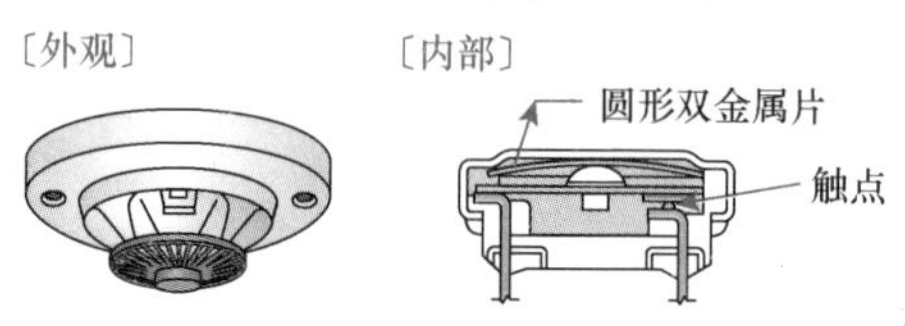

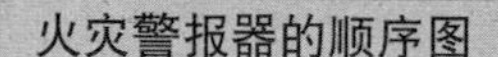

火灾警报器的顺序图

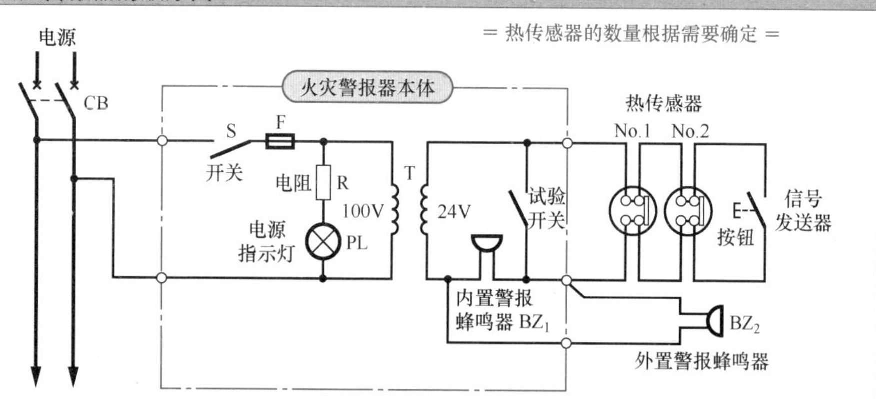

● 顺序动作 ●

（1）将火灾警报器的开关 S 闭合，电源指示灯 PL 点亮。

（2）如果发生火灾，热传感器 No.1 或者 No.2 的周围就会出现高温情况，使热传感器动作（内部的圆形双金属片弯曲），触点闭合，内置的警报蜂鸣器 BZ_1 和外置的警报蜂鸣器 BZ_2 鸣响，发出警报。

（3）如果有人发现火情，只须用手指将信号发送器表面的保护膜戳破，按下按钮，使其中的触点闭合，警报蜂鸣器 BZ_1 和 BZ_2 便会鸣响。

2 消防泵的控制电路

消防泵的控制

- 消防泵是在灭火活动中确保必需水量的装置（动作说明：参照下页）。当发生火灾时，通过操作火情地点附近的火灾警报器按钮来起动消防泵，将地下蓄水池的水输送到屋顶的储水箱中。
- 因为在灭火中需要大量的水，所以尽管屋顶的储水箱已经满水，或者地下蓄水池的水量降到规定值以下，消防泵都不能自动停止。

〔例〕

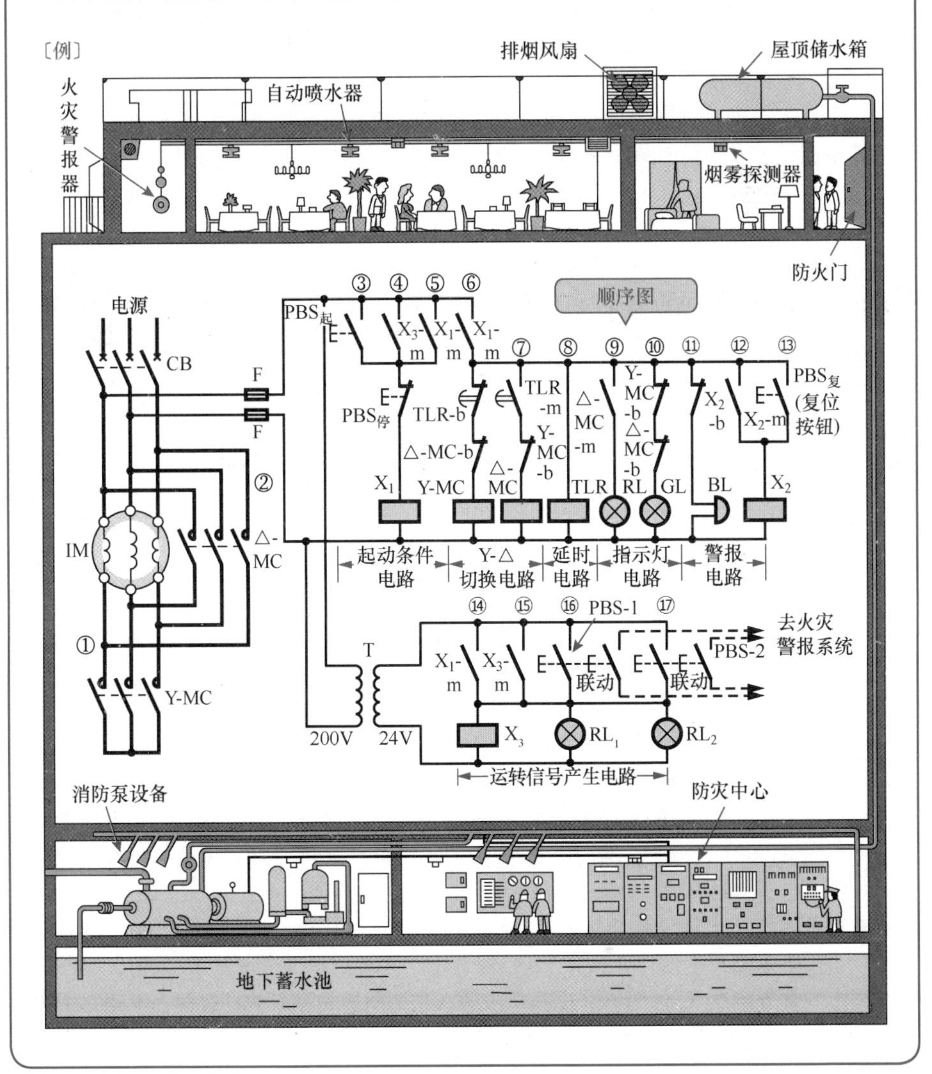

消防泵起动电路的动作顺序

● **以丫联结起动消防泵** ●　　　　— 参照前页的顺序图 —

（1）当有人发现火情迅速按下火灾警报器的按钮 PBS-1 时，电路 ⑯ 中的常开触点 PBS-1 闭合，电路 ⑭ 中的灭火装置用辅助继电器 X_3 动作，在实现自保的同时，电路 ⑯、⑰ 中的红灯 RL_1、RL_2 点亮。

（2）当辅助继电器 X_3 动作时，电路④中的常开触点 X_3-m 闭合，消防泵用起动条件辅助继电器 X_1 动作，电路⑤中的常开触点 X_1-m 闭合实现自锁；电路⑥中的常开触点 X_1-m 也闭合，点亮电路⑩中的绿灯 GL，使电路 ⑪ 中的警报铃 BL 鸣响，发出警报。

（3）电路⑥中的常开触点 X_1-m 闭合后，使电路⑧中的定时器 TLR 开始计时，同时电流流过电路⑥中的线圈 Y-MC▭，使丫联结用接触器 Y-MC 动作。

（4）当丫联结用接触器 Y-MC 动作时，电路①中的主触点 Y-MC 闭合，消防泵用电动机 IM 以丫联结起动，消防泵将水从地下蓄水池输送到屋顶的储水箱中。

消防泵运转电路的动作顺序

● **泵以△联结运转** ●　　　　— 参照前页的顺序图 —

（5）经过定时器 TLR 的设定时间后，定时器动作，电路⑥中的延时动作瞬时复位常闭触点 TLR-b 分开，电路⑦中的延时动作瞬时复位常开触点 TLR-m 闭合。

（6）常闭触点 TLR-b 分开后，电流不再流过电路⑥中的线圈 Y-MC▭，丫联结用接触器 Y-MC 复位，电路①中的主触点 Y-MC 分开。

（7）常开触点 TLR-m 闭合后，电流流过电路⑦中的线圈△-MC▭，△联结用接触器△-MC 动作，电路②中的主触点△-MC 闭合，消防泵用电动机 IM 成为△联结而被施加全电压，进入运转状态。

（8）当△联结用接触器△-MC 动作时，电路⑨中的常开触点△-MC-m 闭合，红灯 RL 点亮，表示消防泵在运转中。

- 关于电动机的丫-△起动控制，请参阅本书的姐妹篇《图解顺序控制读本 入门篇》。

● **警报铃的复位动作顺序** ●

（9）当按下电路 ⑬ 中的复位按钮 $PBS_{复}$时，辅助继电器 X_2 动作，电路 ⑫ 中的常开触点 X_2-m 闭合自锁，同时电路 ⑪ 中的常闭触点 X_2-b 分开，电流不再流过警报铃 BL，警报铃停止鸣响。

● **消防泵的停止电路动作顺序** ●

（10）当按下电路④中的停止按钮 $PBS_{停}$时，电路④中的辅助继电器 X_1 复位，电路⑥中的常开触点 X_1-m 分开，电路⑦中的△联结用接触器△-MC 复位，电路②中的主触点△-MC 分开，消防泵停止运转。

3 自动火灾报警设备的控制电路

自动火灾报警设备 • 楼宇的情况 •

- 当发生火灾时，热传感器或烟雾传感器动作，向接收器发送火灾信号。接收器点亮警戒区域专用的火灾发生区域代码灯和火灾指示灯，并发出警报铃声以通知安保人员火灾发生的位置。
- 在规模较大的楼宇中，警戒区域的数量会很多，仅凭观看指示板很难判断火灾发生的具体位置。所以，要借助于地图式或楼层式图形面板、显示器（CRT）CRT 显示是借助于彩色显示器，用图形方式反映火灾发生的具体位置，才能迅速判断火灾发生的具体区域。

防灾系统〔例〕 • 从火灾发生到火灾熄灭 •

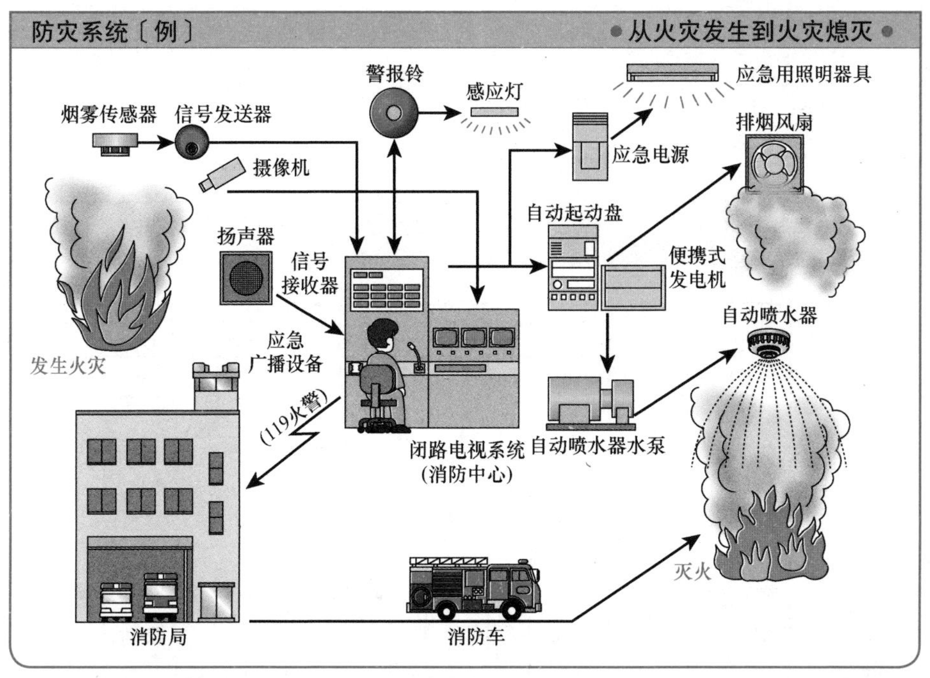

自动火灾报警系统〔例〕

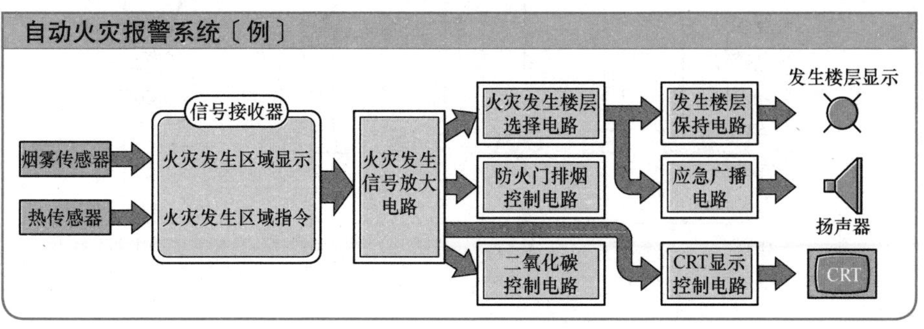

3 自动火灾报警设备的控制电路（续）

自动火灾报警设备的顺序动作

（1）当火灾信号通过烟雾传感器或者热传感器发送到信号接收器时，火灾指示灯点亮，火灾发生区域代码灯点亮，警报铃鸣响。

（2）由于信号接收器的发生区域指令 B_1~B_n 的动作，与其对应的辅助继电器 X_1~X_n 动作。

（3）辅助继电器 X_1~X_n 动作后，火灾发生楼层指示继电器 XF_1~XF_m 动作。

（4）由于火灾发生楼层指示继电器 XF_1~XF_m 动作，图形面板上的灯 R_1~R_m 点亮闪烁，警报铃鸣响，告知火灾发生的楼层。

（5）由于火灾发生楼层指示继电器 XF_1~XF_m 的动作，通往紧急广播电路、电气室集中管理设备的触点闭合。

（6）当火灾发生在地下停车场时，将二氧化碳排放用指令触点和防火门、防火卷帘门、排烟门等关闭指令触点闭合。

（7）按下警铃停止按钮后，辅助继电器 BL_x 动作，警铃 BL 停止鸣响。

自动火灾报警设备的顺序图

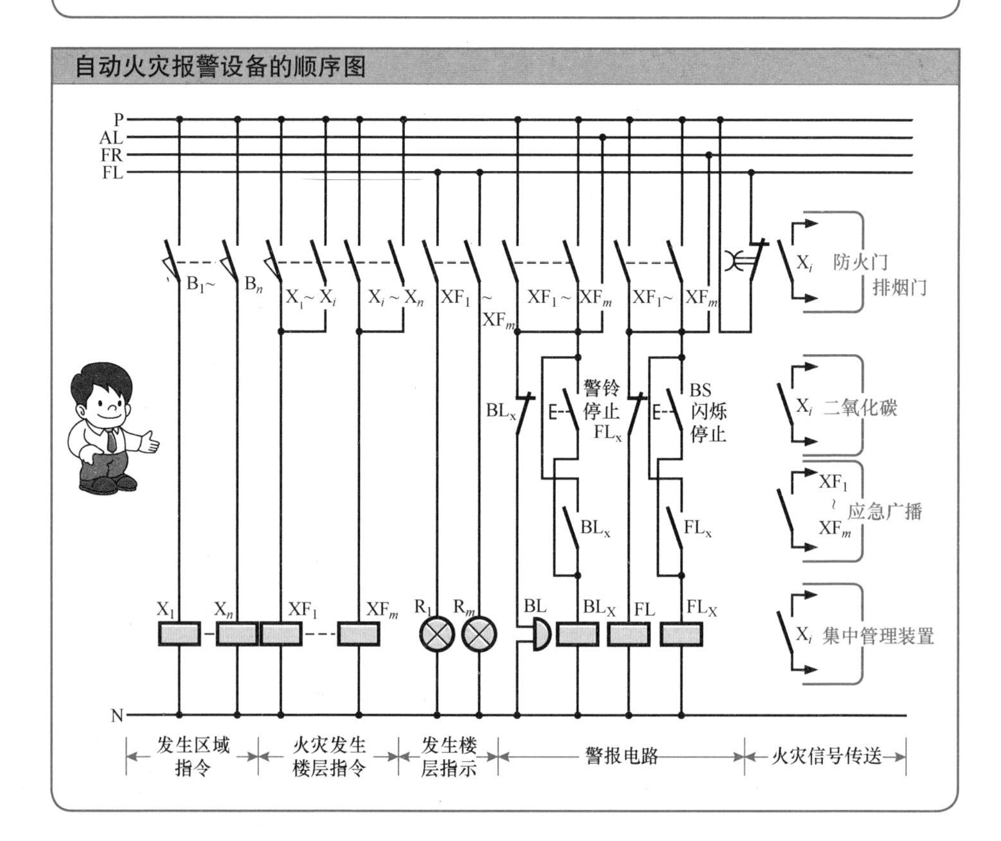